Welding Engineering

용접공학개론

이용일 저

문운당

머리말

용접공학은 기존의 기계적 결합과는 달리 금속이나 모재의 용융을 수반하는 야금학적 결합을 연구하는 학문 분야이다. 현재까지 선박 건조 등의 조선공업, 화학 플랜트, 기계나 구조물 제작 등 많은 분야에서 중요한 접합방법으로 활용되어 왔다. 최근에는 로봇용접이나 레이저용접, 전기저항용접 등 다양한 용접방법을 활용한 다양한 분야에서 결합방법으로서, 또한 우주항공분야나 심해 구조물 설비 등의 영역에서 비철금속이나 특수합금 등의 첨단 소재의 결합법으로서 그 가치와 유용성이 기대되는 분야이기도 하다.

이러한 제반 필요성을 인식하고, 대학에서 다년간 학생들에게 강의하면서 내용을 수정·보완할 필요성을 느꼈으며, 용접공학 분야에 종사하는 현장 실무자들이 점차 첨단화되는 접합방법이나 다양한 재료, 최신 용접 기술을 취급하는 용접방법 등에 대한 이해를 돕기 위해 본서에 사용된 그림을 컬러판으로 출간하게 되었다.

본서를 출간함에 있어서 그동안 강의에 사용하였던 자료와 학회지, 실무 자료 등의 용접공학 분야의 다양한 자료를 수집하여 참고하였으며, 이에 대학과 현장의 기술분야에서 기존의 용접공학과 관련분야의 많은 서적을 저술하신 선배제현들께도 머리 숙여 감사드리는 바입니다.

본서를 발간하며 많은 부족함을 느끼며, 향후 부족한 분야를 보완, 개정할 것이며 관련 분야의 전문 지식과 경험을 갖추신 선배·제현들의 많은 가르침을 기대합니다.

마지막으로 용접공학 발간에 많은 지원과 노고를 아끼지 않으신 문운당 사장님과 편집부 여러분께 감사를 드립니다.

2024. 6.

저 자

목 차

제 1 편 용접공학 개요

제 2 편 용접법 및 용접관련 공정

제 4 편

용접부 검사

제 1 장

용접공학의 개요

Chapter 1 용접개요

1.1 용접의 정의

용접이란, 2개 이상의 금속을 열이나 압력을 단독으로 가하거나 열과 압력을 동시에 가해 접합하는 것을 의미하며, 넓은 의미에서 용접은 떨어져 있는 금속을 연속성이 있도록 접합시키는 것(용접) 외에 절단, 용사, 접착 등을 포함하기도 한다. 최근에는 용접 대상이 되는 재료가 금속재료뿐만 아니라 세라믹 등 무기재료 그리고 플라스틱 등의 유기재료까지 확장되었고 이종 재료간의 용접도 중요한 의미를 갖게 되었다.

1.2 용접의 원리

금속과 금속이 충분히 근접할 때, 그들 사이에 작용하는 원자간의 인력으로 두 금속은 서로 굳게 결합하며 보통 10^{-10}m(1Å)가량 접근되었을 때 원자가 결합한다. 실제로 두 금속을 충분히 밀착시켜도 금속의 표면은 항상 넓은 산화막으로 덮여 있어서 금속 원자는 직접 결합하지 못한다. 또한 금속 표면은 평활하게 보여도 크게 확대시켜 보면 상당한 요철을 이루고 있기 때문에 넓은 면적에서 원자간의 인력이 작용할 정도가 되지 못하므로 강력한 결합을 할 수 없다. 따라서 용접을 통한 접합 목적을 달성하기 위해서는 먼저 산화막을 제거하여 산화물에 의한 피용접물간의 접합 방해를 방지하고 그 다음에는 표면의 원자들이 서로 근접할 수 있도록 하여야 한다.

1.3 용접법의 종류

재료를 접합하는 방법은 크게 기계적 접합법과 야금적 접합법으로 나눌 수 있다. 기계적 접합법은 볼트, 리벳, 키 등을 이용한 접합법이며 야금적 접합법은 다음과 같은 방법으로 세분한다.

융접(fusion welding)은 금속을 기계적 압력 또는 타격을 가하지 않고 연소열, 전기 등의 열원을 사용해서 금속을 용융시켜 접합하는 것이다.

압접(pressure welding)은 접합부를 냉간 상태 또는 적당한 온도로 가열한 후, 압력을 가하여 접합하는 것이다. 재료의 재결정온도 이하에서의 가공을 냉간압접, 재결정온도 이상에서의 가공을 열간압접이라고 하며, 표 1-1에 주요 금속의 재결정온도를 나타내었다.

납땜(brazing or soldering)은 용접되는 모재 금속보다 저융점의 용융 금속을 접합면 틈에 채우고 원자간 확산 및 침투에 의해 2개의 금속을 접합하는 것이다.

이러한 용접법은 용접 방법에 따라서 여러 가지로 분류할 수 있으나, 특히 용접 기구면에서 분류하면 표 1-2와 같으며, 미국용접학회(AWS)의 분류에 따르면 표 1-3과 같고, 표 1-4에 각 용접법과 연관공정의 종류 및 영문 표기를 나타내었다.

표 1-1 주요 금속의 재결정 온도

금속원소	재결정 온도, ℃	금속원소	재결정 온도, ℃
Au	200	Al	150~240
Ag	200	Zn	5~25
Cu	200~300	Sn	-7~25
Fe	350~450	Pb	-3
Ni	530~660	Pt	450
W	1000	Mg	150

1.4 용접의 특징

용접 기술은 리벳이나 볼트 등 기계적 접합에 비하여 다음과 같은 장점을 갖는다.

① 이음 형상과 구조가 단순하며 자유스럽다.
② 재료가 절약된다. (경량화 가능)
③ 이음 시 인력절감이 가능하고 생산성이 높다. (소요 공정이 적다)
④ 기밀성, 수밀성과 유밀성을 확보할 수 있다.
⑤ 이음부의 효율이 우수하다. (이음부의 강도가 우수하고 소요 재료가 적다)
⑥ 이음부 (재료 또는 모재)의 판두께에 제한이 없다. (cf. 볼트, 리벳)
⑦ 공정이 간단하다. (시간 절약)
⑧ 제품의 성능과 수명이 향상된다. (이음 효율 향상)
⑨ 이종 재료의 조합이 가능하다. (세라믹과 금속, 이종 금속 등)
⑩ 용접 준비 및 용접 작업이 간단하고, 용접방법에 따라 용접 작업의 자동화가 가능하다. (FCW, Solid wire 등)
⑪ 보수 및 수리가 용이하다. (추가 공정이 불필요)

용접의 단점으로는 다음과 같다.

① 용접 작업 중 발생한 용접열에 의해 재질 변화가 발생한다. (재료의 용융점 이상 가열)
② 변형과 잔류 응력이 발생한다. (응력 집중에 민감)
③ 재료에 따라 용접이 곤란한 경우가 있다. (고융점, 고강도, 고열전도도, 고열팽창계수 재료 등)
④ 용접부에 결함이 발생할 경우 용접부가 파괴될 수 있다. (잔류응력, 응력집중)
⑤ 품질검사가 기술적으로 곤란한 경우가 있다. (용접부가 구조적, 야금학적으로 복잡)
⑥ 용접사의 기량에 따라 품질이 좌우된다.
⑦ 저온 취성의 발생 가능성이 높다. (용접균열, 응력집중)

용접에 있어서 광의의 정의는 융접(fusion welding), 압접과 납땜을 포함한다고 할 수 있으며, 협의의 정의는 두 금속의 표면을 원자간 결합거리(1Å)이내로 좁혀주는 금속학적 공정으로 정의할 수 있다.

표 1-2 용접법의 종류

- **용접법**
  - **융**
    - 아크 용접
      - 탄소 전극
        - 보호 아크 용접
        - 맨아크 용접
      - 금속 전극
        - 보호
          - 피복 아크 용접
          - 가스 보호 스터드 용접
          - 서브머지드 아크 용접
          - 불활성 가스 아크 용접 (TIG 용접, MIG 용접)
          - 이산화탄소 아크 용접
        - 맨 아크
          - 맨스터드 용접
          - 맨와이어 아크용접
    - 가스 용접
      - 산소 아세틸렌 용접
      - 공기 아세틸렌 용접
      - 산소 수소 용접
    - 특수 용접
      - 테르밋 용접
      - 일렉트로 슬래그 용접
      - 전자빔 용접
  - **압**
    - 단접
    - 냉간
    - 저항
    - 유도 가열 용접
    - 초음파 용접
    - 마찰 용접
    - 가압 테르밋 용접
    - 가스 압접
  - **납**
    - 연납땜 – 인두 납땜
    - 경납땜
      - 가스 납땜
      - 노내 납땜
      - 저항 납땜
      - 담금 납땜
      - 진공 납땜
      - 유도가열 납땜

표 1-3 용접법 및 용접관련 공정의 분류 (미국용접학회)

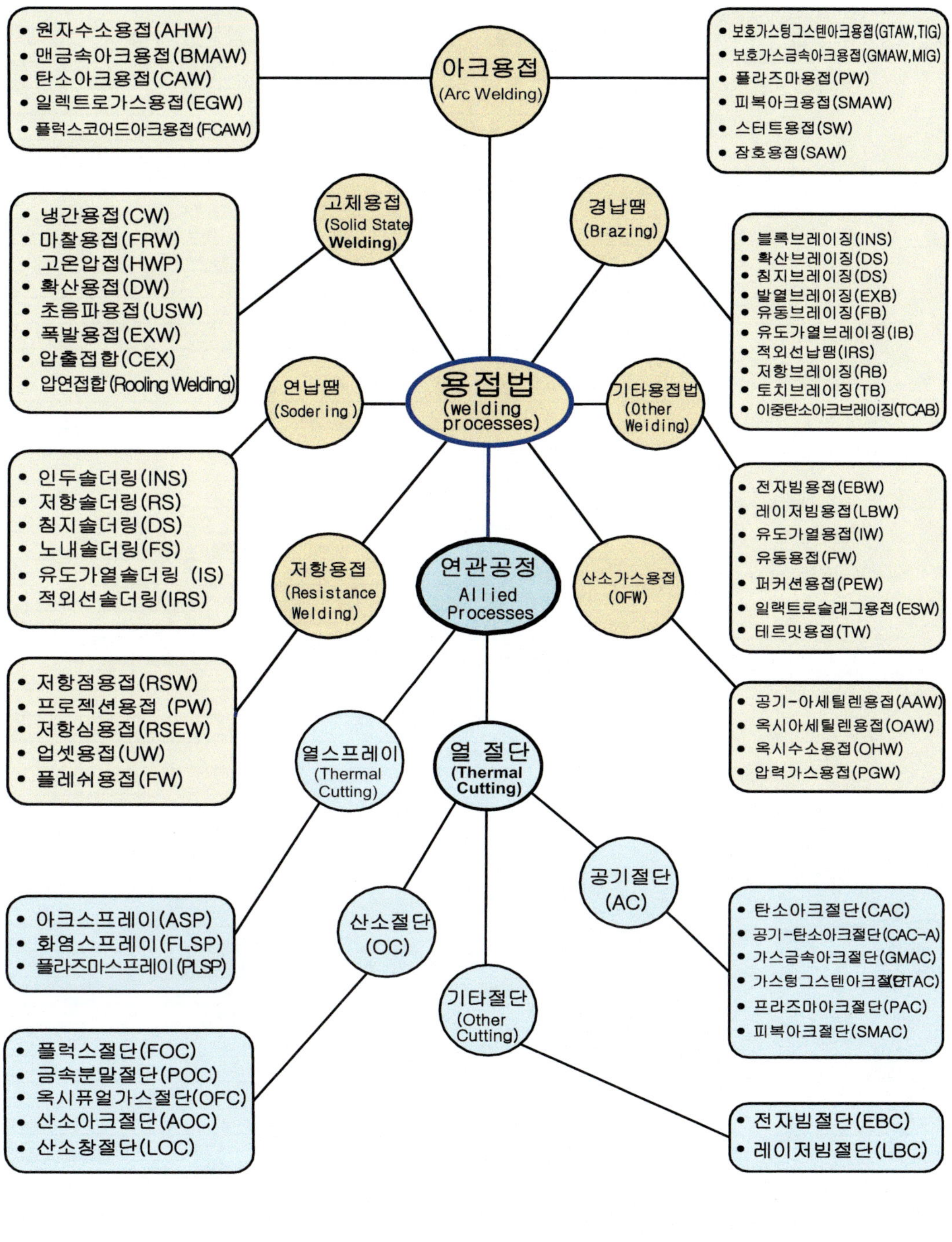

표 1-4 용접법의 종류 및 영문표기법

용접법	용접기호	영문표기법
아크용접법 (AW, Arc Welding)	원자수소용접, AHW	atomic hydrogen welding
	금속 아크 용접, BMAW	bare metal arc welding
	탄소아크용접, CAW	carbon arc welding
	일렉트로가스용접, EGW	electrogas welding
	플럭스코어드아크용접, FCAW	flux cored arc welding
	미그 용접, GMAW	gas metal arc welding
	티그 용접, GTAW	gas tungsten arc welding
	피복아크용접, SMAW	shielded metal arc welding
	스터드 용접, SW	stud arc welding
	잠호용접, SAW	submerged arc welding
고상용접법 (SSW, Solid State Welding)	공압출용접, CEW	coextrusion welding
	냉간 접합, CW	cold welding
	확산 용접, DFW	diffusion welding
	폭발 용접, EXW	explosion welding
	단조 접합, FOW	forge welding
	마찰 용접, FRW	friction welding
	초음파 용접, USW	ultrasonic welding
저항용접법 (RW, Resistance Welding)	플래쉬 용접, FW	flash welding
	프로젝션 용접, PW	projection welding
	저항심용접, RSEW	resistance seam welding
	저항점용접, RSW	resistance spot welding
	업셋용접, UW	upset welding
브레이징 (B, Brazing)	확산 브레이징, CAB	diffusion brazing
	침지 브레이징, DB	dip brazing
	로 브레이징, FB	furnace brazing
	유도 브레이징, IB	induction brazing
	저항 브레이징, RB	resisance brazing
	적외선 브레이징, IRB	infrared brazing
솔더링 (S, Soldering)	확산 솔더링, CAB	diffusion brazing
	침지 브레이징, DS	dip soldering
	로 브레이징, FS	furnace soldering
	유도 브레이징, IS	induction soldering
	저항 솔더링, RS	resisance soldering
	적외선 솔더링, IRS	infrared soldering
	초음파 솔더링, USS	ultrasonic soldering
기타용접법 (Other Welding)	전자빔 용접	electron beam welding
	일렉트로슬래그 용접, ISW	electroslag welding
	유도 용접, IW	induction welding
	레이저빔 용접, LBM	laser beam welding
	퍼커션 용접, PEW	percussion welding
	테르밋 용접, TW	thermite welding
가스용접법 (Gas Welding)	공기 아세틸렌 용접, AAW	air acetylene welding
	산소 아세틸렌 용접, OAW	oxyacetylene welding
	산소 수소 용접, OHW	oxyhydrogen welding
	가압 가스 용접, PGW	pressure gas welding

1.5 용융 금속의 보호 (shielding)

모재와 용접봉 또는 용접 와이어의 일부가 아크열에 의해 용융하여 형성된 것을 용융지 또는 용융금속(molten pool)으로 불린다. 이 용융금속은 금속의 용융온도 이상의 고온이므로 상온에 비해 금속과 산소, 질소와의 반응이 활발하게 되어 공기중의 산소나 질소와 반응하여 산화물을 형성하거나 질화물을 형성하여 용접균열의 원인이 된다. 따라서 용접 작업 후 용접 제품의 균열을 방지하기 위해서는 용융금속을 대기로부터 효과적으로 차단할 필요가 있다. 이것을 용융금속의 보호(shielding)이라고 한다.

용융금속(molten pool)을 공기로부터 보호하는 방식에는 ① 직접 가스를 공급하는 방식(gas shielding, 가스 실드), ② 용접봉의 피복제가 아크열에 의해 가스를 형성하는 방식(electrode coating, 전극피복제 실드), ③ 플럭스 내부에 아크를 운용하거나 FCW (flux cored wire)를 사용하는 방식(flux shielding, 플럭스 실드)의 3가지 방법이 있다.

직접 가스를 공급하여 용융금속을 보호하는 가스 실드(gas shielding, 가스 실드)는 알곤(Ar)이나, 헬륨(He), 이산화탄소(CO_2) 등의 가스를 용접 작업을 진행하면서 용융지 주위에 분사하여 용융지를 공기와 효과적으로 격리시키는 방법이다.

피복제(electrode coating)는 피복제가 아크열에 의해 연소될 때 가스를 발생시켜 용융지와 공기와의 접촉을 방지하여 용융 금속의 산화 및 질화를 방지하는 방법으로 가스 용기를 운반하기 어려운 장소, 즉 현장용접에 널리 쓰이는 방법이다. 또한 피복제의 역할은 보호가스 발생, 슬래그 형성, 아크 내의 전기전도도 향상, 피복제 내의 원소 조절 등 다양하다.

플럭스 실드(flux shielding)은 적절한 분말속에서 아크를 발생시키는 방법으로서 가장 완벽한 공기 차단이 이루어질 수 있으나 용융지로의 용적이행과정을 육안으로 관찰할 수 없기 때문에 자동화 방법을 채택하고 있다. 주로 제조공장에서 용착량이 매우 많은, 두꺼운 소재를 용접할 때 사용하는 방법으로 잠호용접 (SAW, submerged arc welding) 등에서 널리 사용되고 있다.

1.5.1 플럭스(flux)의 역할

잠호 용접(SAW, submerged arc welding)의 플럭스 역할은 가스 생성을 제외하고는 피복 아크 용접(SMAW, shielded metal arc welding)의 피복제와 거의 유사한 역할을 한다. 가스 대신 고체 분말 또는 입자 상태의 플럭스가 용융금속 및 아크를 공기와 효과적으로 차단해 준다. 이 플럭스의 주요 역할은 다음과 같다.

① Slag 형성 : 용융금속 액적 및 용융 pool의 보호, 비드 형성, 냉각속도의 조절 및 진행 방향의 공간 형성
② 아크 영역에서의 전기 전도도 향상 : 점화 향상 및 아크의 안정화에 기여
③ 금속학적 효과 : 환원 및 합금 효과
④ 아크열손실 저감: 열효율 제고

1.5.2 가스 실드 (gas shielding)

가스를 용착금속 표면에 직접 불어 내는 방식은 전극과 용가제를 각각 별도로 사용하는 GTAW(TIG, gas tungsten arc welding, 티그 용접) 및 PAW(plasma arc welding, 플라스마 아크 용접)과 전극이 직접 용가제가 되는 GMAW(gas metal arc welding, MIG, 미그 용접) 및 FCAW(flux cored arc welding, 플럭스 코어드 아크 용접)으로 분류할 수 있다. 이때 GTAW 및 PAW에서는 보호가스로 불활성가스를 사용하며, GMAW 및 FCAW에서는 간혹 불활성 가스만 사용하기도 하지만 대체로 CO_2 또는 CO_2와 불활성 가스의 혼합가스를 사용한다.

1.5.3 실드 가스(shield gas)의 역할

실드가스는 보호가스 또는 차폐가스라고도 하는데, 이 차폐가스의 목적은 용융 금속을 대기로부터 차단하여 산화 및 질화를 방지하는 역할 이외에도 용접부에 다음과 같은 영향을 준다.

① 아크 특성 및 용적 이행 모드
② 용입 깊이 및 비드 형상 [아크 집중 등]
③ 용접 속도 및 언더컷 결함의 발생 정도
④ 청결 작용 (외부 이물질 차단)
⑤ 용착금속의 기계적 성질 및 용접 비용 등 (용접결함 방지 및 품질 개선)

1.6 용접성

용접성(weldability)란 재료에 최적이라고 생각되는 용접봉 또는 와이어와 용접법에 의해 양호한 성질을 갖는 용접을 시공할 수 있는 재료의 능력을 나타내는 것을 말하지만, 일반적으로 모재의 용접의 난이 정도를 나타내는 용어이다. 비싸고 번거로운 용접법이나 시공법, 용가제 등을 사용하지 않으면 만족한 용접을 할 수 없는 모재일수록 용접성이 떨어지며, 동일한 재료의 모재라도 재료의 치수나 형상에 따라서 용접성이 변화한다. 예를 들면 얇은 판의 용접에서는 용락이나 용접변형이, 두꺼운 판의 용접에서는 용접 균열이나 노치 인성 등이 용접성의 평가 대상으로 된다. 용접성은 가공상의 용접성(접합성이라고도 한다)과 사용 성능상의 용접성으로 대별된다.

1.6.1 가공상의 용접성 (접합성)

모재를 어떤 용접법으로 용접할 때, 만족한 접합이 이루어졌는지 여부를 나타내는 것으로 다음과 같은 인자들이 있다.

① 모재 및 용접금속(용접부)의 열적 성질 : 융점, 열전도율, 온도 확산율, 열팽창 계수 등
② 용접 결함

1.6.2 사용 성능상의 용접성

사용 성능상의 용접성은 용접 이음과 그 용접 구조물의 사용 목적을 만족하는 정도를 의미하며 다음과 같은 인자들이 있다.

① 모재 및 용접부의 기계적 성질 : 인장 강도, 연성, 노치 인성, 피로 강도, 크리프 강도 등
② 모재 및 용접부의 물리적, 화학적 성질 : 열팽창 계수, 열전도율, 내식성, 내산화성 등
③ 용접 변형과 용접 잔류 응력

이상의 것 외에 용접성에는 수많은 인자가 관련되지만 일반적으로 중요시되고 있는 것은 용접 결함, 특히 용접 균열에 대한 저항성이나 용접부 연성의 표준으로서 열영향부(용접부)의 경화성, 모재 및 용접부의 기계적 성질인 노치 인성과 연성 등이다.

미국용접학회(AWS)에서는 용접성을 "특정 구조물이 알맞게 설계되고, 계획된 제작

조건에 따라 만족하게 수행할 수 있는 접합 조건하에서 나타나는 용접 금속부의 기능" 이라고 정의하고 있다. 즉, 어떤 구조물 또는 압력용기의 용접부가 원래의 설계 목적대로 사용되는데 이상이 없으려면 그 용접설계가 우수한 용접성을 가져야 하며, 또한 용접사가 그 설계대로 용접작업을 수행할 수 있어야 한다. 용접사의 능력이 아무리 뛰어나도 용접부의 설계가 용접성을 갖추지 못하였거나, 실제 용접시에 설계대로 용접을 시행하지 않았다면 용접 직후 또는 사용 도중 시간의 경과에 따라 결함이 발생하게 되어 그 구조물 또는 기기가 건전성을 잃게 될 것이다.

1.6.3 용접성 시험 (weldability test)

모재의 재질 및 용접 방법의 선정이 적절했는지의 여부를 조사하는 시험을 용접성 시험이라고 한다. 용접성 시험은 모재의 재질 평가와 선정을 위하여 하는 표준적인 용접성 시험과 실제의 용접 구조물의 용접 시공법의 확립과 용접 시공 조건의 선정을 위하여 하는 실용적인 용접성 시험으로 대별된다.

어떤 정해진 용접 구조물을 어떤 모재, 용접 재료 및 용접법의 조합으로 제작할 때, 그 조합이 적당한가 여부를 판정하는 데는 아래의 시험 항목이 중요한 의미를 갖는다. 아래의 표 1-5에 용접성시험 항목을 나타내었다.

용접 과정 (Welding Process)

- 준비 (Preparation) : 표면 상태, 산화막 제거(Al 용접), edge 가공 및 희석률의 결정 등
- 용접 (Welding) : 소재와 구조물 크기 및 형태에 따른 heat input, 용접 방법의 선택, 예열 등
- 용접 후처리 (Postweld process) : 응력 제거(stress relief), 불림(normalizing) 처리 등의 후열 처리(post heating)

표 1-5 용접성 시험 항목

(1) 모재	(2) 용접 재료	(3) 용접성	(4) 이음 성능
• 화학 조성 : 분석 시험 • 기계적 성질 : 인장, 휨, 충격 시험 • 결함 존재의 유무 : 외관 및 비파괴 시험	• 화학 조성 : 분석 시험 • 기계적 성질 : 인장, 휨, 충격 시험 • 용착 금속의 수소량 시험 • 용접 재료의 작업성 시험 • 용접 균열 시험	• 노치 인성 : 충격 시험, COD 시험 등 • 경화성 및 연성 : 열영향부 경도, 조직, 용접 비드 휨, 용접 균열 시험 등	• 건전성 : 비파괴 및 이음 단면 시험 등 • 기계적 성질 : 인장, 휨, 취성 파괴 시험 등 • 기타 : 피로, 내식성, 고온 성능, 가공성 등

용접기량 시험은 단순히 용착능력만을 확인하기 때문에 완전한 용착 능력을 확인할 수 있는 비파괴검사(NDT)로도 가능하지만 용접성의 시험은 재료의 적합성, 공정의 가능성, 구조의 안전성 등이 모두 평가되어야 하기 때문에 여러가지 시험이 필요하게 된다. 이것은 시편에 대한 시험과 실제 용접물의 시험이 있으며 이 두 가지가 상호 보완적으로 실시되어야 한다.

1.7 용접자세

용접작업을 할 때 모재를 놓는 위치와 작업자의 자세에 따라 4가지 기본적인 자세가 있으며 그림 1-1에 용접자세를 나타내었다.

아래보기 자세(flat position)은 용접하려는 재료를 수평으로 놓고 용접봉을 아래로 향하여 용접하는 자세로 용접선을 수평선에서 15° 까지 경사시킬 수 있으며 수평 자세(horizontal position)는 모재의 용접면을 수평면에 대하여 80~150° 혹은 210~280° 의 회전을 할 수 있으며 15° 이하의 경사를 가지고 용접선이 수평이 되게 하는 용접자세이다.

수직 자세(vertical position)는 수직면에서 15° 이하의 경사를 갖는 면에 용접을 하며, 용접선은 수직면에 대하여 15° 이하의 경사를 가지고 수직면 앞쪽에서 용접하는 자세이다. 또한 위보기 자세(overhead position)는 용접봉을 모재의 아래쪽에 대고 모재의 아래쪽에서 용접하는 자세이며 전자세(all position)는 위 자세의 2가지 이상을 조합하거나 4가지 전부를 응용하는 자세이다. 그림 1-2에는 판의 맞대기, 관의 맞대기 및 판의 필릿이음 자세를 나타내었다. 용접자세의 기호는 아래보기 (F, flat position), 수직자세 (V, vertical position), 위보기자세 (OH, overhead position), 수평자세 (H, horizontal position)과 수평필릿 (H-Fil, horizontal fillet)으로 표시한다.

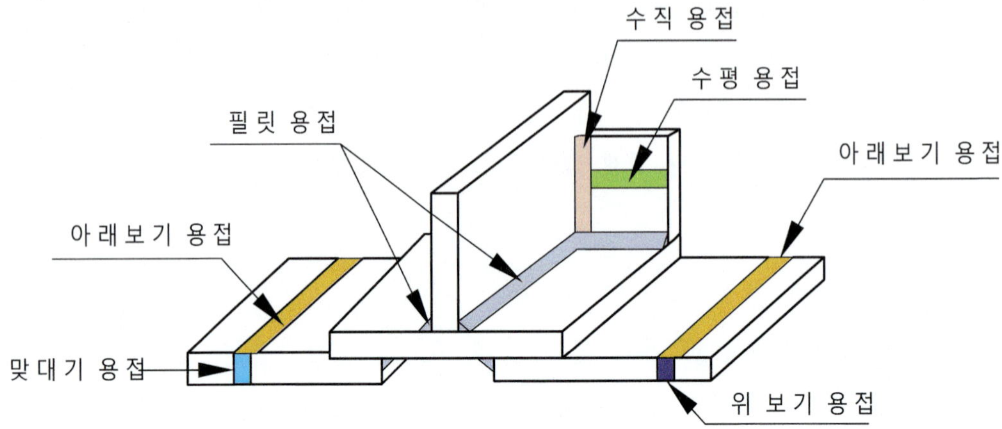

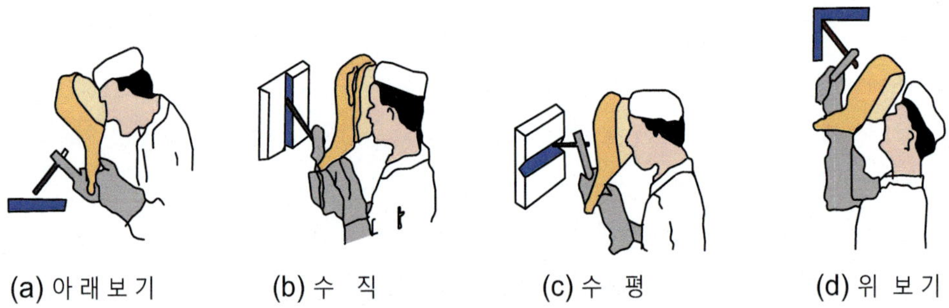

그림 1-1 용접자세

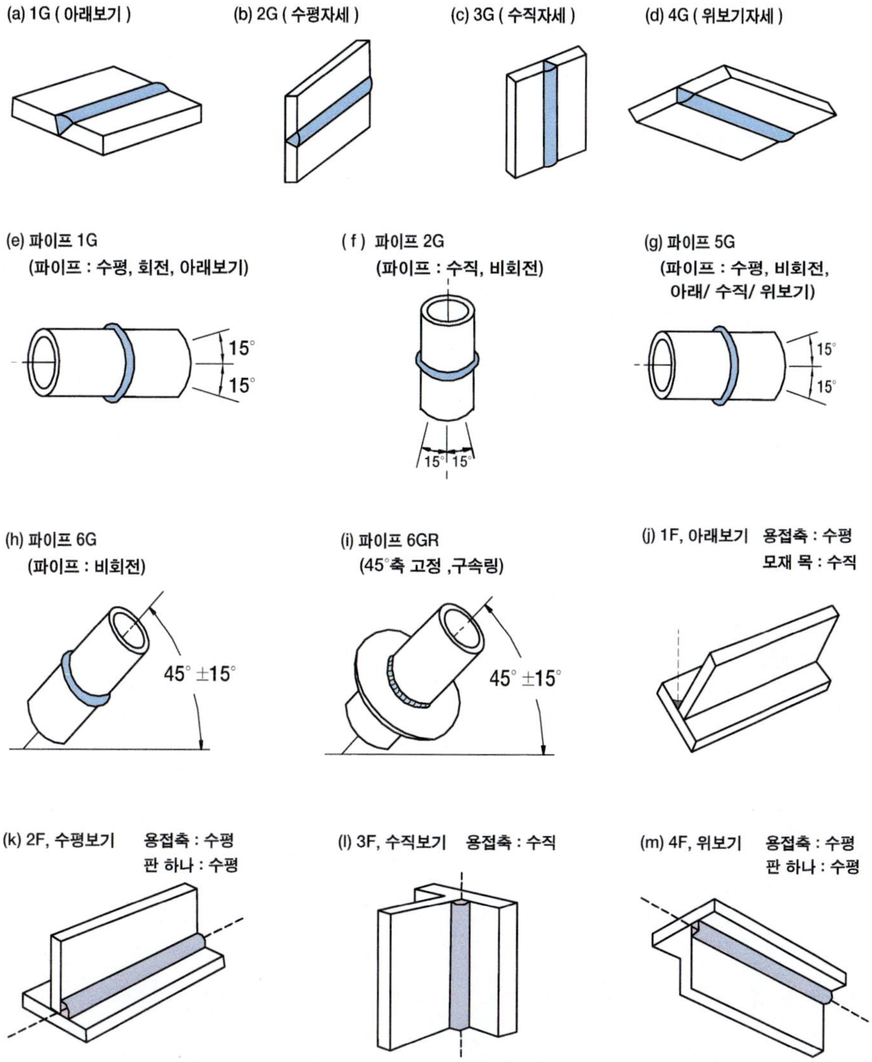

그림 1-2 판의 맞대기, 관의 맞대기 및 판의 필릿이음 자세

연 습 문 제

1 다음 중 용접의 단점이 아닌 것은?
① 응력집중에 민감하다.
② 재질의 변화가 생긴다.
③ 잔류응력이 존재한다.
④ 다른 종류의 금속과 접합이 불가능하다.

2 다음 중 압접법이 아닌 것은?
① 단접
② 테르밋 용접
③ 초음파 용접
④ 마찰 용접

3 피복아크 용접 시 용접 전류값 결정에 영향을 주는 요소 중 관계없는 것은?
① 용접물의 크기
② 용접자세
③ 용접속도
④ 아크길이

4 모재를 녹이지 않고 접합하는 것은?
① 가스 용접
② 아크 용접
③ 심 용접
④ 납땜

5 용접자세 중 "F" 가 의미하는 것은?
① 수평 자세
② 수직 자세
③ 위보기 자세
④ 아래보기 자세

 01④ 02② 03① 04④ 05④

6 다음 금속의 재결정 온도 중 가장 낮은 것은?

① Pb

② Pt

③ Mg

④ W

7 다음 중 기계적 접합방법과 관련이 적은 것은?

① 단접

② 테르밋 용접

③ 리벳 접합

④ 키 접합

8 다음 중 아크용접과 관계가 적은 것은?

① 가스 보호 스터드 용접

② 이산화탄소 용접

③ 피복아크용접

④ 일렉트로 슬래그 용접

9 다음 중 가스 실드 용접이 아닌 것은?

① 맨아크 용접

② 티그 용접

③ 미그 용접

④ 플라스마 아크 용접

10 다음 납땜법 중 경납땜이 아닌 것은?

① 가스 납땜

② 저항 납땜

③ 인두 납땜

④ 유도가열 납땜

06 ① 07 ② 08 ④ 09 ① 10 ③

Chapter

2 용접이음 및 용접기호 표기법

2.1 용접기호 및 용접자세

미국용접학회(American Welding Society, AWS)에서는 용접기호와 용접부 기호를 명확히 구분하고 있는데 용접부 기호는 특정한 용접 형태로 얻어지는 용접금속을 의미(즉, 용접부의 형태를 도표화한 것)하며, 용접기호는 용접부 기호를 포함한 여러 구성요소로 조합된 것을 말한다. 용접기호의 구성요소는 기준선, 화살표, 꼬리, 기본 용접기호, 크기 및 다른 데이터, 보충 기호, 마감 기호 등으로 구성된다. 이중에서 기준선과 화살표는 필수 요소이다. 그림 1-3에 용접기호 표기법을 나타내었다.

화살표는 용접부위를 나타내며, 통상 기준선(기선)을 기준으로 아래쪽은 화살표 방향을 표시하며, 기준선 윗부분은 화살표 반대 방향을 표시한다. 꼬리는 용접방법, 용접공정, 완전용입 등 필요한 사항을 기재하며, 특별히 기재할 사항이 없을 경우에는 생략한다. 표 1-6에 용접부의 표면 형상, 다듬질 방법, 현장용접 등의 보조용접기호를 나타내었다. 용접부의 표면형상은 표 1-6에 나타난 바와 같이 평평한 것(-), 위로 볼록한 것(⌒), 위로 오목한 것(⌣)으로 나타내며, 용접부의 다듬질 방법은 각각 연마다듬질(G, grinding), 치핑(C, chipping), 기계다듬질(M, machining)과 특별한 다듬질 방법을 표시하지 않을 경우 F로 나타낸다. 용접작업을 공장에서 하지 않고 작업 현장에서 할 경우는 현장용접기호(●)로 나타내며 , 전둘레 용접(온둘레, ○)과 온둘레 현장용접(◉)으로 표시한다.

그림 1-4와 1-5에는 한면 맞대기 용접과 양면 맞대기 용접의 용접기호 표기법의 예를 나타내었다.

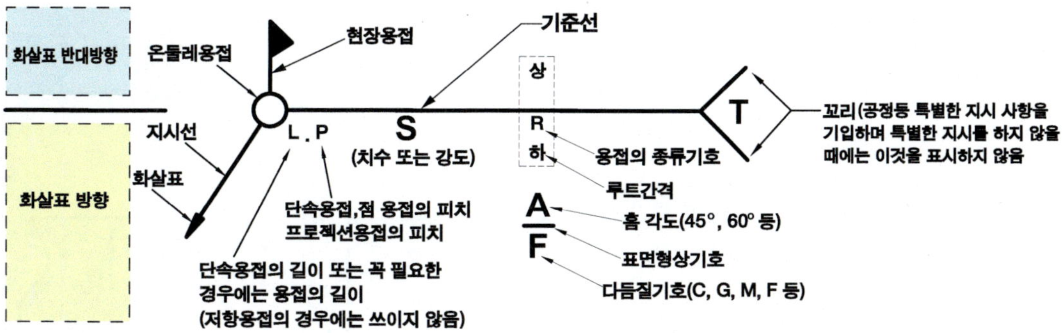

그림 1.3 용접기호 표기법

표 1-6 보조용접기호

구 분		기 호	비 고
용접부 표면형상	평평한것	—	
	볼록한것	⌒	기준선의 바깥쪽으로 볼록
	오목한것	◡	기준선의 바깥쪽으로 오목
용접부의 다듬질방법	치핑	C	다듬질 방법을 구별하지 않을 때에는 F
	연마다듬질	G	
	기계다듬질	M	
현장용접		● ▶	전둘레용접이 분명할 때는 생략
전둘레(온둘레)용접		○	
전둘레(온둘레) 현장용접		⊙	

[예제 1]

① 용접부를 기계 다듬질할 것

② 온둘레 현장용접

③ F.P.(완전용입) 용접할 것

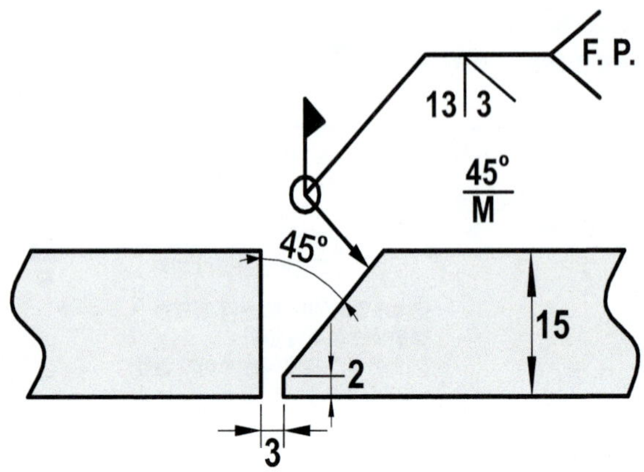

그림 1-4 한면 맞대기 용접의 용접기호 표시

[예제 2]

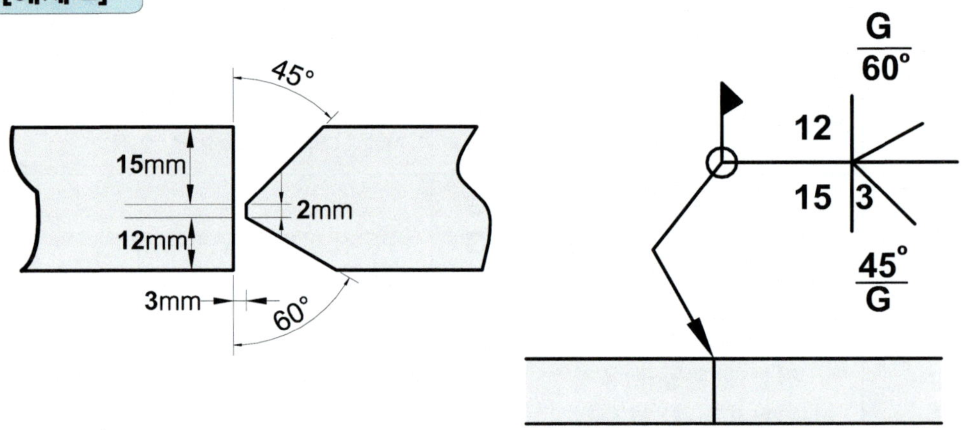

※ 용접조건

① 연마다듬질로 용접부를 다듬질 할것

② 현장용접

③ 온둘레용접

그림 1-5 양면 맞대기 용접의 용접기호 표시

2.2 용접이음

용접에 의해 접합된 접합부를 용접 이음부(welding joint)라 한다.

- 플러그 용접(plug welding) : 한쪽 모재 구멍을 이용하여, 구멍 안쪽과 다른 모재의 표면을 용접
- 필릿 용접(fillet welding) : 직교 또는 경사지는 부재의 교선을 따라 용접
- 슬롯 용접(slot welding) : 접합을 위해 겹쳐 놓은 두 부재의 한쪽을 구멍 대신 긴 홈을 만들어 용접
- 플래어 용접(flare welding) : 두 부재 사이의 휨 부분을 용접하는 이음 (V형, J형, K형)

그림 1-6에 각종 용접이음 형상에 대해 나타내었다.

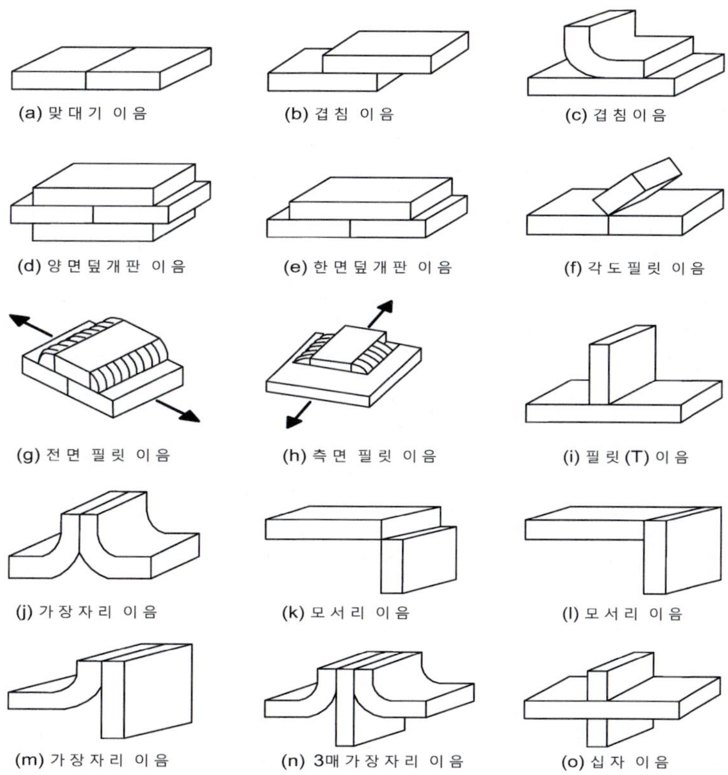

그림 1-6 각종 용접 이음의 종류

이때 모재의 두께에 따라 용접부는 끝을 홈 모양으로 가공하는데, 이 부분을 홈(groove)이라고 한다.

맞대기 용접은 동일 평면에 있는 두 개의 부재를 마주 붙여 용접하는 이음법으로 각부의 명칭은 다음과 같다.

① 토우(toe) : 용접 금속의 표면과 모재의 교선
② 용접 루트(welding root) : 용접 이음부에서 홈의 아래 부분
③ 덧붙이 또는 덧살 : 치수 이상으로 표면 위에 용착된 금속
④ 용입(penetration) : 모재가 용접에 의해 용접 금속으로 된 부분의 길이
⑤ 목두께(throat thickness) : 용착 금속의 단면에서 용접의 루트를 통과하는 최소 두께
⑥ 이면 비드(root pass bead or first pass bead) : 홈의 표면에서 용접하여 이면으로 나타난 비드
⑦ 한면 용접 : 부재의 한쪽에서만 용접
⑧ 양면 용접 : 부재의 양쪽, 즉 앞쪽, 뒤쪽의 양쪽에서 용접하며 후판에 적용.
⑨ 백 용접(back welding) : 한면 용접의 경우, 이면쪽에 나온 이면 비드의 용접 금속을 가우징하고 이면을 용접 (가우징 : 용접부의 홈파기)

필릿 용접부의 형상 및 각부의 명칭은 다음과 같다.

① 다리 길이(leg length) : 필릿의 루트에서 토우까지의 거리(L)
② 필릿의 크기 : 필릿 용접의 크기를 지정하기 위하여 설계상 이용하는 치수(h)
③ 목두께 : 실제의 목두께는 용입 아래 부분까지의 목두께이며, 이론상의 목두께는 모재가 용입되기 전의 표면을 두 변으로 하는 이등변 삼각형의 높이에 해당하는 길이를 의미한다.

그림 1-7부터 그림 1-11까지 용접부 명칭, 맞대기이음과 필릿 이음의 형상과 명칭을 나타내었다.

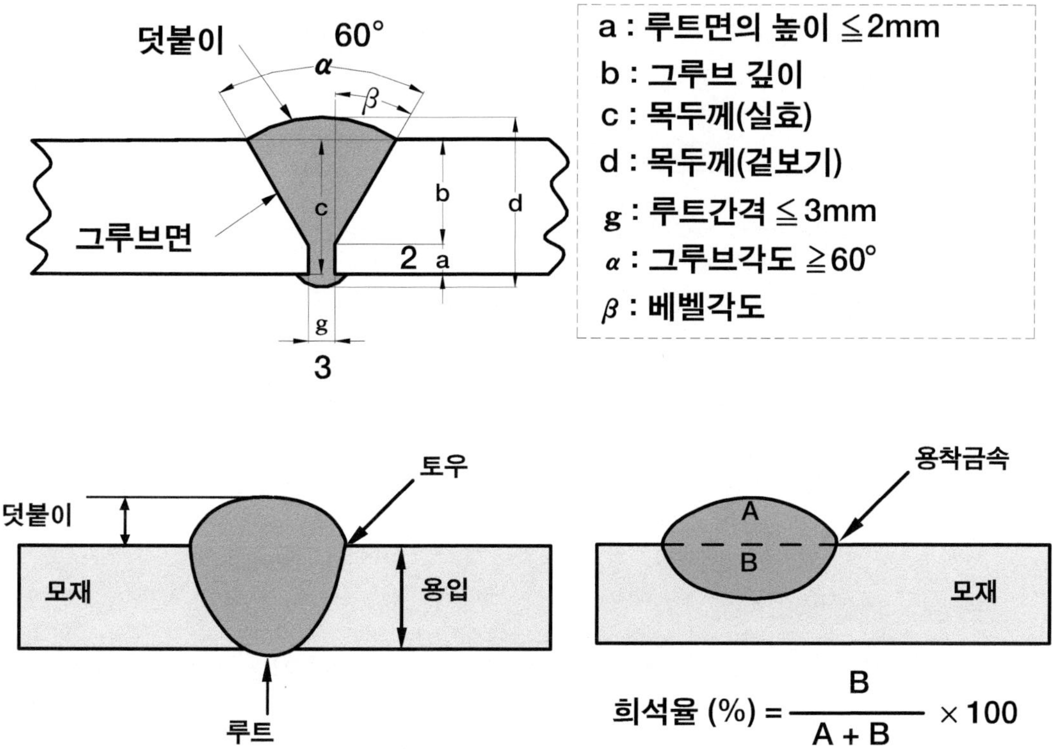

그림 1-7 용접부의 명칭

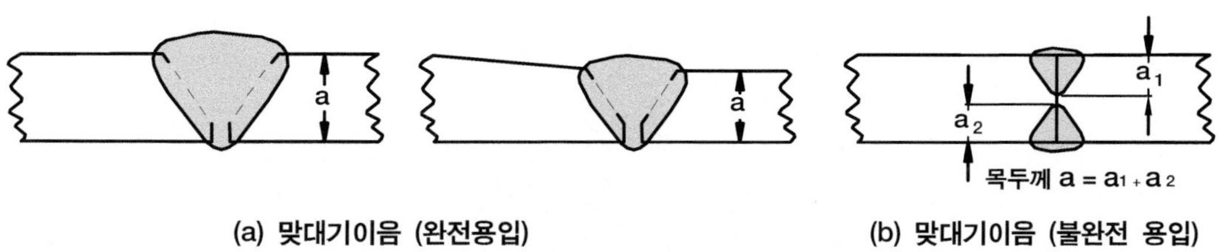

그림 1-8 맞대기 이음의 목두께, 완전용입과 불완전 용입

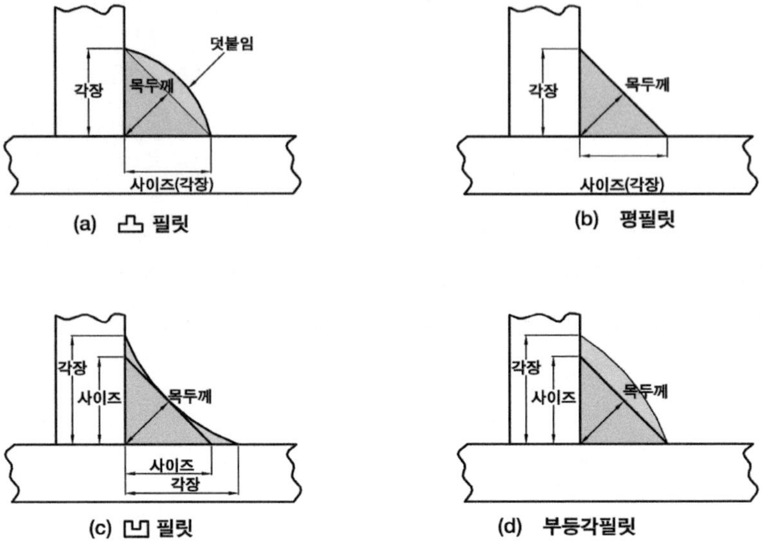

그림 1-9 필릿 용접부의 호칭

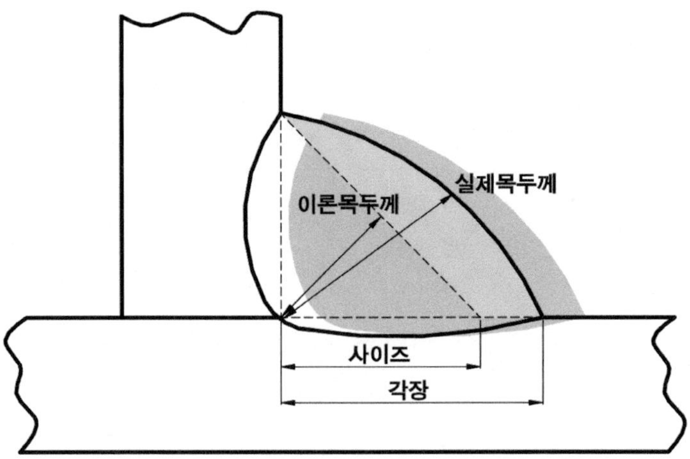

그림 1-10 필릿 용접부의 실제목두께와 이론목두께

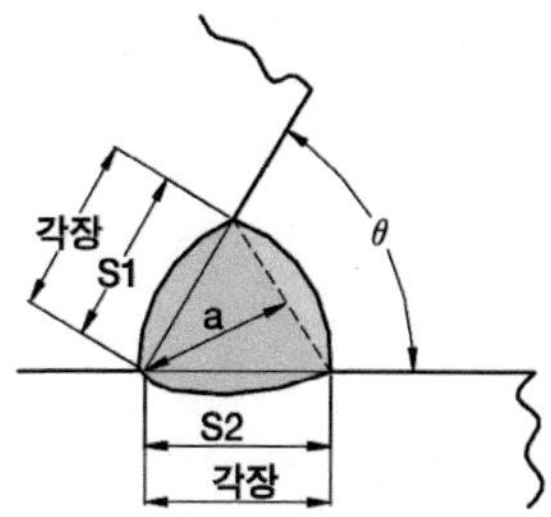

(a) 직각이 아닌 필릿 용접

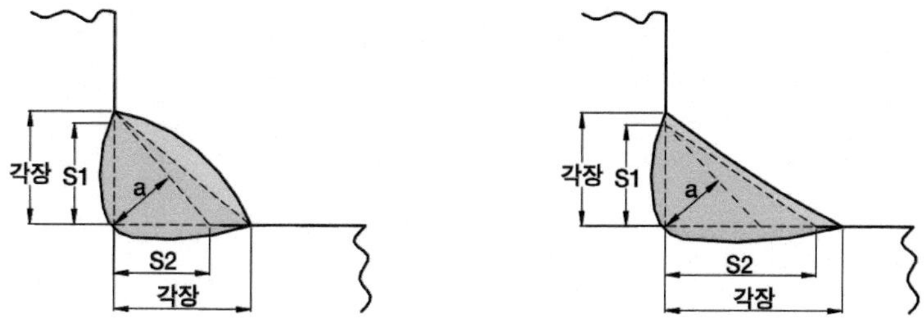

(b) 부등각장 필릿용접

그림 1-11 필릿 용접부의 호칭

2.3 용접기호 표기법

용접부 기호는 특정한 용접형태로 얻어지는 용접금속을 의미하고 용접기호를 구성하는 요소이다. 용접기호는 기준선과 화살표를 기본으로 하며, 용접부 기호를 포함한 여러 구성요소로 구성된다. 그림 1-12에 용접공학에서 중요한 용접기호를 나타내었다.

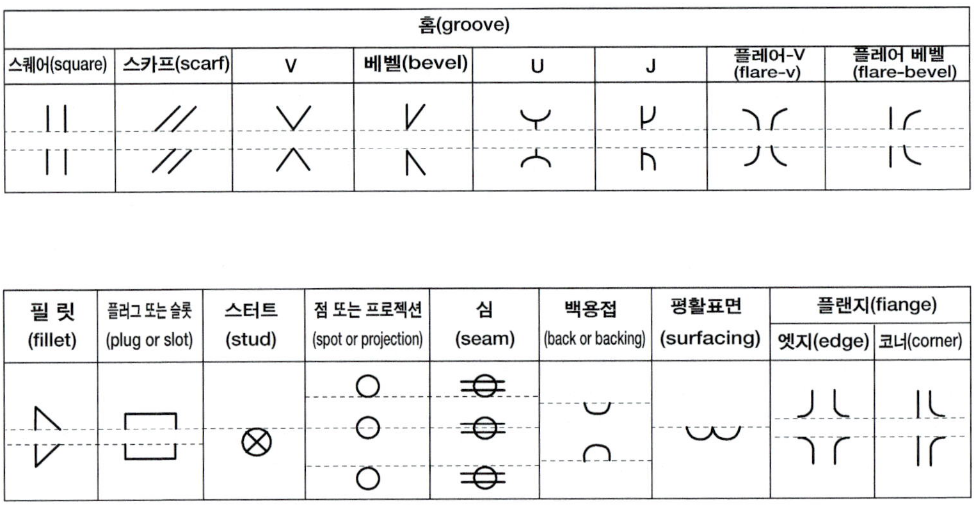

그림 1-12 용접 기호

용접기호 구성요소는 기준선과 화살표 등의 필수요소와 부가 기호로 설명할 수 있으며 그림 1-13에 나타내었다. 그림 1-14는 부가기호의 구성요소 중에서 용접방법과 용접부 형상 등을 표시한다.

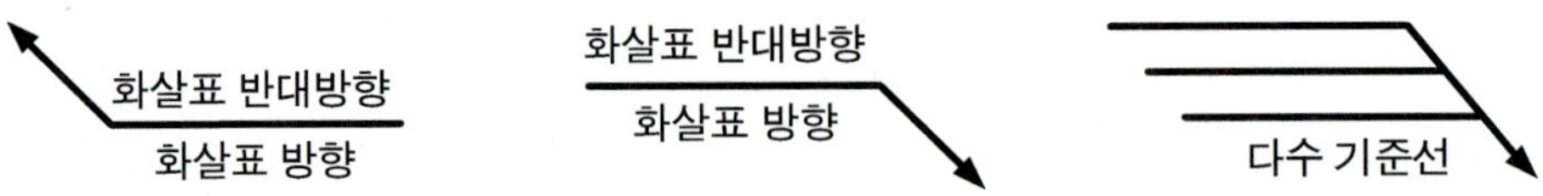

그림 1-13 기준선과 화살표

온둘레용접 (weld-all around)	현장용접 (field weld)	윤곽(contour)		
		평면 (flush or flat)	볼록 (convex)	오목 (concave)

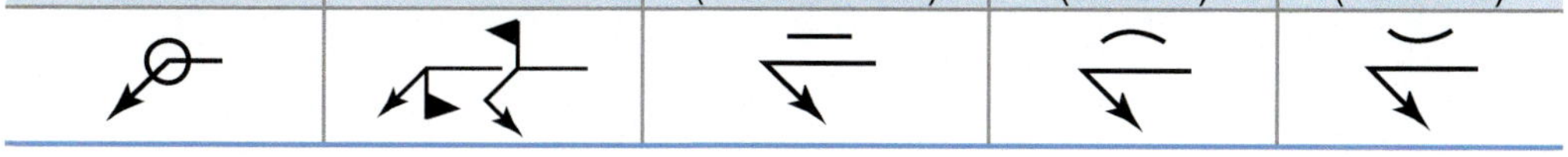

그림 1-14 부가 용접기호

그림 1-15에는 복합적인 용접기호와 다수의 기준선을 이용하여 용접기호 표시와 다수 기준선을 이용하여 여러 작업 순서를 표시하였다.

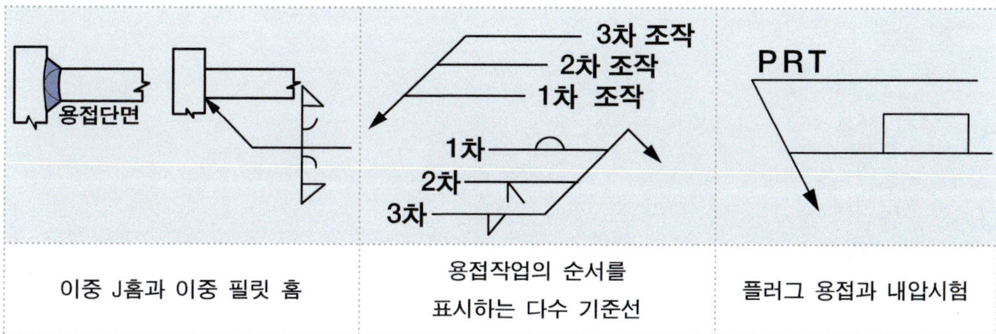

그림 1-15 용접 기호 및 용접 작업 과정

용접 마무리는 치핑(chipping, C), 연마(grinding, G), 해머링(hammering, H), 기계가공(machining, M), 압연(rolling, R), 비지정(unspecified, U)의 약어를 사용하며 그림 1-16과 같이 표기된다.

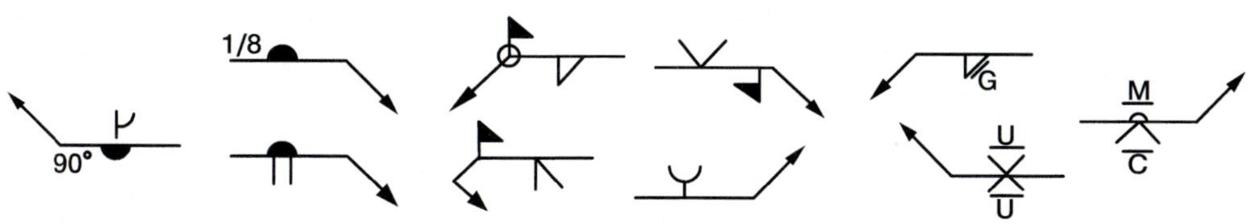

완전 용입 용융 용접 기호 (루트부에 보강부 형성)　　현장 용접 기호　　지정 또는 비지정 용접부 표시

그림 1-16 용접 보조 기호

연 습 문 제

1 다음 중 용접기호의 구성요소가 아닌 것은?
① 기준선
② 화살표
③ 기본용접기호
④ 은선

2 용접 기호 '◉' 이 의미하는 것은?
① 온둘레 현장용접
② 프로젝션 용접
③ 현장용접
④ 용접

3 그루브 형상 'Ⅱ' 이 의미하는 것은?
① 점용접
② 프로젝션 용접
③ 심 용접
④ square

4 용접기호중 'L' 자가 의미하는 것은 무엇인가?
① 루트 간격
② 용접선의 길이
③ 점 용접수
④ 점용접의 피치

5 용접기호중 기계다듬질을 의미하는 것은 무엇인가?
① C
② G
③ M
④ F

01④ 02① 03④ 04② 05③

6 용접기호 중 꼬리에 표시하는 내용이 아닌 것은?
① 공정
② 용접법
③ 용접의 피치
④ 특별한 지시사항

7 용접부 표면형상 기호 '-' 이 의미하는 것은?
① 볼록한 것
② 평평한 것
③ 오목한 것
④ 물결무늬

8 한쪽 모재 구멍을 이용하여, 구멍 안쪽과 다른 모재의 표면을 용접하는 용접법은 무엇인가?
① 플러그용접
② 필릿용접
③ 심 용접
④ 플래어용접

9 용접금속의 표면과 모재의 교선을 무엇이라고 하는가?
① 용입
② 목두께
③ 용접루트
④ 토우

10 용접기호 중 'PRT'가 의미하는 것은 무엇인가?
① 압축시험
② 인장시험
③ 내압시험
④ 기밀시험

06 ③ 07 ② 08 ① 09 ④ 10 ③

Chapter

3 용접잔류응력과 용접변형

3.1 용접잔류응력

응력(σ , stress)은 재료가 재료의 내외부에서 작용하는 하중을 받을 때 작용하는 하중을 재료의 단면적으로 나누어준 값으로 정의할 수 있다. 용접작업을 실시하면 용접부는 필연적으로 국부적인 급열과 급랭이 되는 열사이클을 경험하게 된다. 이렇게 재료의 급열과 급랭 과정에서 재료는 국부적인 팽창과 수축이 수반되어 용접작업 후에도 내, 외부적인 하중을 받는다. 특히 용접 부재의 변형을 억제하기 위해서 외부 구속을 가하면 이로 인해 용접부에 작용하는 내적인 힘은 증가하게 되는데 이 내적인 힘에 의해 용접작업후에도 용접부에 작용하는 응력을 용접잔류응력(welding residual stress)이라고 한다. 그림 1-17에 용접부재의 열응력과 잔류응력 분포를 나타내었다.

길이가 L인 금속재료가 △T의 온도 차이가 존재하는 경우, 이 온도차이에 의해 변형되는 길이는 △L이다. 이 때 재료의 열팽창계수를 α라고 하면, △L = L • α • △T가 된다. 금속 재료가 가열이 되면 팽창하여 △L은 + 값을 갖게 되고, 냉각이 되면 수축하여 △L은 - 값을 갖게 된다. 변형률(ε)은 변형량 (△L)을 변형되기 전의 길이(L)로 나누어 준 값으로 정의된다. 길이 L인 재료가 외부구속을 받는 상태에서 가열되어 길이가 △L만큼 증가하면, 재료의 탄성계수(Young' s modulus, 영 계수)가 E인 재료에 열응력(thermal stress)이 존재하는데 이 값은 다음 식 1-1과 같다.

$$\sigma = E \cdot \varepsilon = E \cdot (\triangle L/L) = E \cdot \alpha \cdot \triangle T \quad (1\text{-}1)$$

σ : 응력, stress

E: 탄성계수 (영 계수)

ε : 변형률

L: 변형되기 전 길이

△L: 변형량

α : 열팽창계수

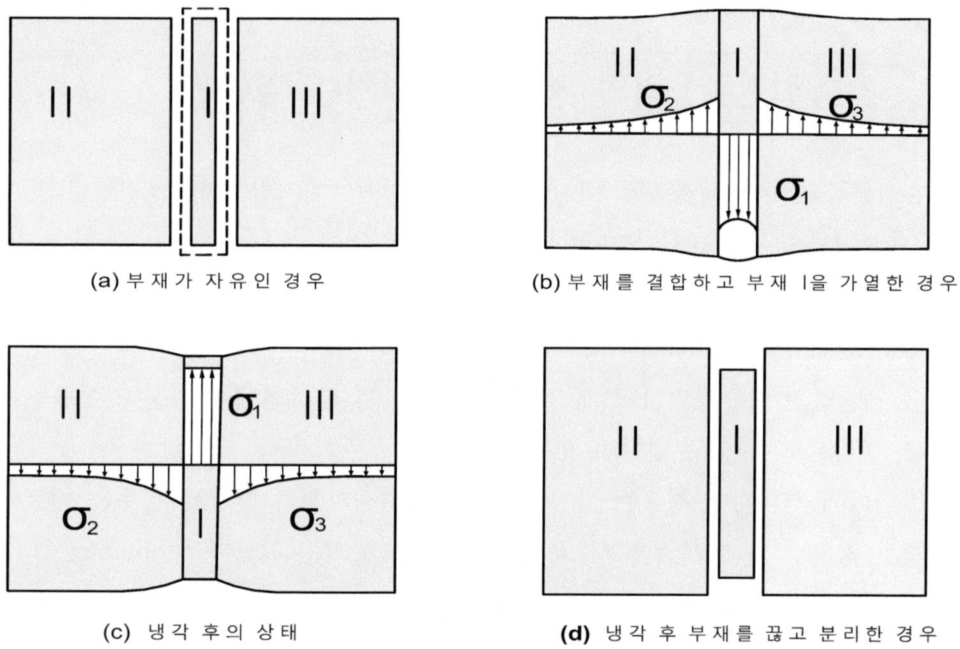

(a) 부재가 자유인 경우

(b) 부재를 결합하고 부재 I을 가열한 경우

(c) 냉각 후의 상태

(d) 냉각 후 부재를 끊고 분리한 경우

그림 1-17 용접부재의 열응력과 잔류응력 분포

용접이음부에는 외력이 작용하지 않더라도 용접작업에 수반되는 입열에 의해 응력이 발생한다. 이러한 잔류응력에 미치는 주요 인자는 용접이음의 종류, 용접방법, 입열량, 이음부 두께와 용착순서 등이다. 후판의 경우에는 박판에 비해 모재의 변형이 상대적으로 어려우므로 잔류응력이 크게 되고, 박판의 경우는 잔류응력은 작지만 용접변형이 크게 된다.

그림 1-17(a)의 경우는 각 부재가 자유인 경우, 부재 I이 가열되거나 냉각되어도 구속을 받지 않으므로 각각의 부재에는 특별히 응력이 발생하지 않는다. 그림 1-17(b)의 경우와 같이 각각의 부재가 결합된 상태에서 부재 I이 가열되면 부재 I에는 압축응력 σ_1이 발생하며 부재 II와 부재 III에는 σ_1과 균형을 이루는 인장응력 σ_2, σ_3가 발생한다. 그림

1-17(c)의 경우는 냉각 후의 과정으로 부재 I에는 인장응력, 부재 II, 부재 III에는 이와 균형을 이루는 압축응력이 발생한다. 냉각 후 각 부재를 끊고 분리하면 부재 I은 용접인장 잔류응력이 발생하게 된다.

용융금속의 가열 시 열팽창, 용접열사이클 중의 열영향부 소성변형과 용접금속의 응고 후 냉각하는 과정에서 생기는 수축과 소성변형 등 잔류응력의 발생원인은 많다. 이러한 용접잔류응력의 발생조건은 가열, 냉각 등 열사이클, 부재의 구속 등이 중요한 요인이다.

3.2 용접잔류응력이 용접부에 미치는 영향

용접잔류응력이 용접부에 미치는 영향은 정적파괴, 취성파괴, 피로파괴, 부식파괴 등 크게 4가지 관점에서 고려해 볼 수 있다.

재료에 연성이 있는 경우 파괴 모드는 소성변형을 수반하게 된다. 따라서 항복점에 가까운 잔류응력이 존재하여도 외력이 가해지면 소성변형을 시작하게 되며, 이 때 외력을 제거하면 잔류응력이 크게 감소한다. 따라서 항복점에 가까운 잔류응력이 존재하여도 정적강도에는 큰 영향이 없다.

반면에 취성파괴의 경우는 양상이 다르다. 취성파괴가 발생할 경우는 재료의 연성이 부족한 경우로 파괴 시 반드시 소성변형을 수반하지는 않는다. Robertson이 실험한 실험결과에 의하면 재료에 연성이 부족하여 소성변형 없이 파괴되는 경우에는 잔류응력이 큰 영향을 미치는데 , 잔류응력이 클수록 더 낮은 응력에서도 파괴가 발생한다. 동절기에 자주 경험하는 동파사고도 재료의 저지온도 이하의 저온이 되면 낮은 응력하에서도 파괴되는 좋은 예라고 할 수 있다. 그래서 잔류응력이 존재할 경우 용접구조물은 취성 저지온도 이상의 조건에서 사용해야 취성파괴를 방지할 수 있다.

피로강도의 경우, 연강 용접이음부에 항복점에 가까운 정하중을 가하면 잔류응력이 크게 감소한다. 반복하중을 가할 경우에도 잔류응력이 어느 정도 감소하지만 반복응력의 크기가 항복점보다 상당히 작을 경우는 잔류응력 제거 효과가 거의 없다. 용접균열, 언더컷, 슬래그 섞임과 같은 노치가 되는 용접결함이 있을 경우, 항복점에 비해 훨씬 작은 응력하에서도 피로파괴가 발생할 가능성이 있다.

재료에 잔류응력이 있을 경우 부식환경에 노출되면 응력부식균열(SCC, stress corrosion cracking)의 원인이 된다. 부식감수성이 큰 곳에서 침식되어 노치가 되고, 노치 선단에 응력이 집중되어 균열이 되고, 이 과정이 반복되면 결국 파괴에 이르게 된다. Al 합금, Mg 합금, Cu 합금, 오스테나이트계 스테인리스강 및 연강에서 SCC 발생 가능성이 크게 된다.

3.3 잔류응력 저감 방법

용접부에 잔류응력을 저감하기 위해서 여러 가지 방법을 고려할 수 있다. 먼저 용착금속의 양을 줄이기 위해 홈각도나 루트 간격을 줄이거나 용가재의 용착량을 최소화하는 용접을 채택하면 수축과 변형을 저감시키고 잔류응력 경감도 가능하다. 그러나 이 경우 접합부의 접합강도가 저하되지 않도록 유의하여야 한다. 다른 방법으로는 용착방법을 변경하는 방법이 있다. 용착법 중에서는 스킵법 (비석법)이 잔류응력이 가장 작고, 교호법도 상대적으로 잔류응력이 적게 된다. 다만 전진법, 후진법, 대칭법 등은 용접선 방향에 항복응력과 유사한 크기의 잔류응력이 발생한다. 그림 1-18에 각종 용착방법을 나타내었다. 이밖에 용접이음부를 50~150℃로 예열하거나 퍼지셔너 (positioner) 등을 이용하여 용접물의 위치를 바꾸고 고정하여 잔류응력을 저감할 수 있다.

부재의 용접순서도 잔류응력에 미치는 영향이 크므로 잔류응력 경감을 위해서 다음의 원칙을 준수하여야 한다.

① 대칭으로 용접한다.

② 중앙에서 밖으로 용접한다.

③ 필릿용접보다 맞대기 용접을 먼저 한다. (수축량이 큰 부분 우선 용접).

④ 수축은 자유롭게 발생하도록 한다.

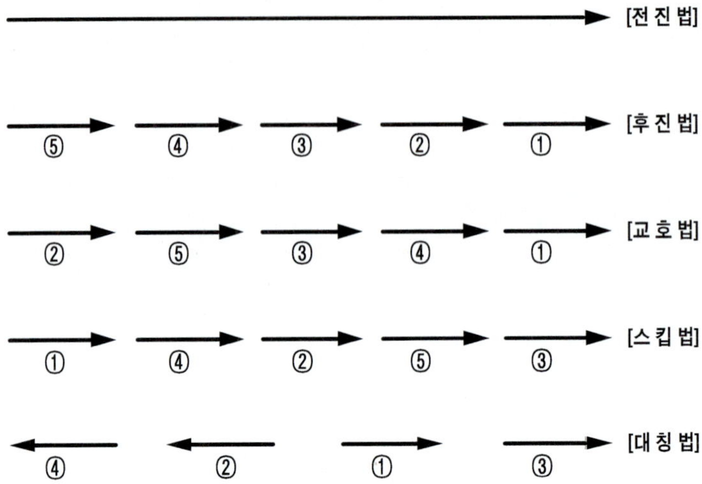

그림 1-18 용착법

용접작업 후 잔류응력을 저감하는 방법으로는 열처리에 의해 잔류응력을 완화하는 응력제거 어닐링법, 용접선으로부터 100 mm 정도 떨어진 양측을 150~200℃로 가열 후 즉시 수랭하여 용접부에 존재하는 인장 잔류응력을 제거하는 저온응력완화법이 있다. 또한 잔류응력이 존재하는 구조물에 하중을 부여하여 용접부를 일정 부분 소성변형시킨 후 제거하면 잔류응력이 현저하게 감소하는 기계적 응력 완화법(mechanical stress relief)와 용접부를 구면상의 선단을 갖는 피닝 해머로 연속적으로 타격하여 표면에 소성변형을 주어서 용접부의 잔류응력을 완화하는 피닝(peening)법이 있다.

3.4 용접변형

용접변형(welding deformation)은 용접작업 전에 비해 용접과정 중의 급열과 급랭과정을 통해 수반되는 뒤틀림, 팽창, 수축, 각변위 등을 총칭하는 용어이다. 용접변형과 잔류응력은 서로 상반되는 효과를 갖게 되는데 용접작업 시 구속이 작으면 용접변형이 증가하고 용접잔류응력은 적게 된다. 반대로 용접작업 시 구속이 크게 되면 용접변형은 작게 되지만 용접잔류응력은 증가하게 된다. 용접변형은 구조물의 외관을 불량하게 하고 국부적으로 응력이나 변형이 집중되어 구조물이 파괴되는 하나의 원인이 된다. 따라서 용접작업 후 과도한 변형이 발생하지 않도록 용접설계단계에서부터 세심한 주의가 필요하다.

용접변형에는 용접선과 직각방향의 가로변형, 용접선과 같은 방향의 세로변형, 그리고 용접홈의 각도가 변하여 간격이 벌어지거나 좁혀지는 회전변형으로 대별할 수 있다. 그림 1-19에 각종 용접변형을 도시하였다. 그림 1-19에 나타난 바와 같이, 용접변형은 면내변형과 면외변형으로 대별할 수 있다. 면내변형의 종류는 가로수축, 세로수축, 회전변형이 있으며, 면외변형은 각변형, 세로굽힘변형, 비틀림변형과 좌굴변형 등이 있다.

용접부의 수축변형을 방지하는 방법으로는 클램프나 고정구 등을 이용하여 변형을 억제하는 억제법, 변형을 고려하여 재료를 미리 반대방향으로 조정하는 역변형법이 있다. 용착순서를 바꾸는 방법으로는 대칭법 (symmetry method), 후퇴법 (back step method), 번갈아 가며 용접하는 비석법 (skip method), 전체용접선을 놓고 볼 때 처음과 끝, 그리고 중앙에 비드를 배치하고 다시 등분된 곳의 중앙에 비드를 배치하는 교호법 (alternate method)이 있다. 이외에 수랭동판이나 살수, 석면포를 사용하는 냉각법 (cooling method), 용접부를 전체 또는 국부적으로 가열 후 용접하는 가열법과 망치로 용접부를 두드려 용접부의 인장 잔류응력을 완화하고 용접변형을 경감시키며 용접금속의 균열을 방지하는 피닝법 등이 있다.

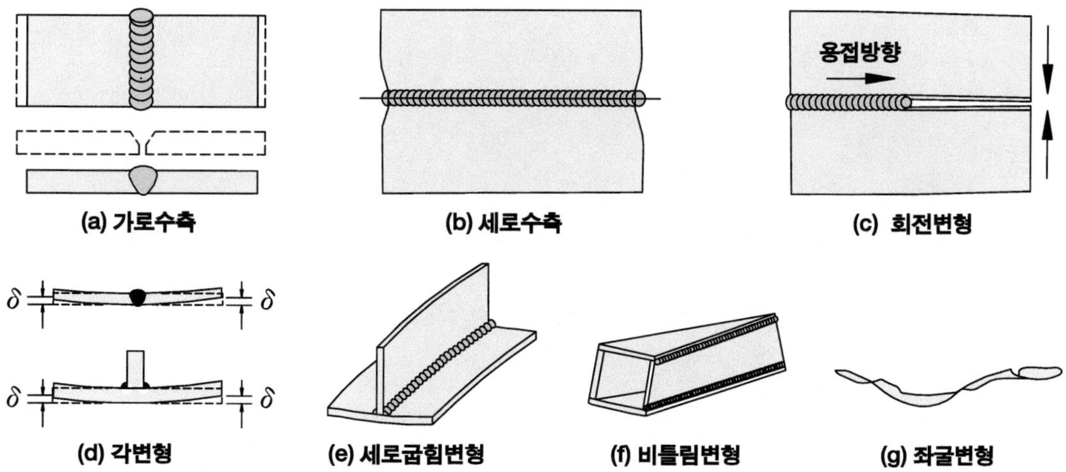

그림 1-19 용접변형의 종류

연습문제

1 다음 중 용접부의 수축변형을 방지하는 방법으로는 클램프나 고정구 등을 이용하는 방법은 무엇인가?
① 저응력법
② 응력제거 어닐링법
③ 억제법
④ 피닝법

2 용접잔류응력이 용접부에 미치는 영향 중 효과가 가장 적은 것은 무엇인가?
① 정적파괴
② 취성파괴
③ 피로파괴
④ 부식파괴

3 응력의 정의와 가장 가까운 것은 무엇인가?
① 힘 x 거리
② 하중/단면적
③ 변형률/탄성계수
④ 일

4 다음 중 응력부식균열과 가장 거리가 먼 것은 무엇인가?
① 재질 두께
② 부식환경
③ 온도
④ 잔류응력

5 다음 중 망치로 용접부를 두드려 용접부의 인장 잔류응력을 완화하고 용접변형을 경감시키며 용접금속의 균열을 방지하는 방법은 무엇인가?
① 역변형법
② 냉각법
③ 교호법
④ 피닝법

 01③ 02① 03② 04① 05④

6 다음 중 잔류응력 저감과 관계가 먼 것은 무엇인가?
① 수축은 자유롭게 발생하도록 한다.
② 필릿용접보다 맞대기 용접을 먼저한다.
③ 대칭으로 용접한다.
④ 밖에서 중앙으로 용접한다.

7 피닝법의 목적과 관계가 적은 것은 무엇인가?
① 용접금속의 강도 제고
② 인장 잔류응력 완화
③ 용접변형 경감
④ 용접금속의 균열 방지

8 다음 중 수랭동판이나 살수, 석면포를 사용하여 변형을 방지하는 방법은 무엇인가?
① 피닝법
② 냉각법
③ 역변형법
④ 교호법

9 다음 중 면내변형과 관련성이 먼 것은 무엇인가?
① 각변형
② 회전변형
③ 세로수축
④ 가로수축

10 다음 중 변형을 고려하여 재료를 미리 반대 방향으로 조정하여 변형을 방지하는 방법은 무엇인가?
① 교호법
② 냉각법
③ 역변형법
④ 피닝법

Chapter

4 용접설계

4.1 용접 시공

용접을 통해 각종 기계나 구조물을 제작할 때, 사용 목적이나 사용 조건에 적당한 용접 방법 및 용접 순서를 결정한 다음 용접 후 검사 및 사후 처리 방법 등을 선정하는 것을 용접 구조 설계(design of welding structure)라고 한다. 올바른 설계를 하고자 할 때는 용접 재료, 용접 이음의 형상 및 구조, 용접변형과 잔류응력의 발생, 용접 비용, 시공 방법, 용접부의 검사 등에 관한 지식이 필요하다. 따라서 용접은 용접기술의 기초가 되는 용접 재료, 용접법, 용접 역학, 용접 설계와 시공 및 용접부 시험 검사 등을 포함한다. 따라서 용접 구조설계를 할 경우, 다음의 사항을 고려하여야 한다.

① 용접 이음의 강도와 변형
② 적당한 용접법 및 시공법의 선정
③ 용접 구조물의 제반 특성 및 사용 환경
④ 용접성을 고려한 사용 재료의 선정 및 열영향 문제
⑤ 신뢰성 향상을 위한 용접시공 시 작업 관리 및 용접 사후 처리법의 선정

또한 ②번 하의 작업 방법의 한 예를 아크용접에서 보면 모재의 종류, 이음부의 홈 모양, 사용 용접봉의 종류, 용접 전류, 용접 속도, 운봉법, 용접층 수, 용착 방법, 용접 순서 및 예열, 후열 등을 포함한다.

용접절차서 (WPS, welding procedure specification)

용접절차서(WPS)는 welding procedure specification의 약자로 용접작업에 필요한 세부사항을 모두 포함한다. 적절하게 훈련된 용접사가 반복작업을 할 수 있도록 특정 용접부분에 요구되는 제반 용접조건을 자세하게 제시하는 시방서이며 용접작업에 사용되는 모재, 용접봉 등의 용접재료, 용접상세도, 회사명, 용접방법, 용접조건 등 용접 작업에 필요한 제반사항을 포함한다.

용접절차서의 필수 기재사항은 모재, 용접재료, 예열 및 후열처리 범위, 전류와 전압 등 용접작업의 주요변수인 전기적 조건과 용접방법이 포함된다. 모재의 종류가 바뀌면 용접조건도 변해야 하며, 용접성, 화학성분, 기계적 성질이 바뀌는 것으로 P-No로 정의되며 탄소강과 스테인리스강을 각각 P-1과 P-6로 나타낸다. 또한 충격치가 규정되어 있는 경우, 충격강도를 기준으로 분류한 것을 Group No라고 한다. 또한 용접재료의 용접성이 비슷한 것을 모아서 구분한 F-No와 용착금속의 화학성분을 기준으로 분류한 A-No가 있다.

용접절차서 인증시험 (PQR, procedure quality record)

용접절차서 인증시험 PQR은 procedure quality record의 약자로 용접작업에 대한 전반적인 시험을 통해 검증하는 것이다. 모재 및 용가재의 세부 스펙, 예열 및 후열처리 조건, 전기적조건, 용접방법, 인장시험과 굽힘시험, 인성시험 등의 세부시험을 포함한다. 통상 용접절차서 인증시험을 통해 용접작업 세부사항을 점검한 후에 본격적으로 용접작업을 실시한다. 미국용접학회(AWS)에서는 피복아크용접, 잠호용접, 미그, 플럭스 코어드 아크용접에 대해서 미국용접학회 규격에 수록된 이음형상에 대해서는 이미 인정시험이 된 것으로 판단하여 절차서 인정 없이도 사용 가능하다. (AWS D 1.1)

가접 시 고려사항

- 본 용접을 하기 전에 변형을 방지하기 위하여 용접 홈부분을 잠정적으로 고정하기 위한 용접을 의미한다.
- 홈 내에는 가접을 피하고, 본 용접 전에 제거하여야 한다.
- 부재의 끝, 모서리, 각 등과 같이 응력이 집중되는 곳을 피하며 언더컷이 생기지 않게 한다.
- 녹이나 기름 등의 이물질을 제거하고 가접작업을 한다.
- 재료 시작과 끝부분에는 결함이 생기지 않도록 엔드탭을 설치하고 가접한다.

4.2 용접이음 설계 개요

용접설계(welding design)는 기계부품 및 구조물의 일부 또는 전부를 제작함에 있어 적절한 접합소재와 이음형상을 선정하고, 최적의 용접이음 방법과 용접순서를 결정하며, 접합 후 검사, 사후처리까지를 포함한다. 이를 위해 기계나 구조물의 사용목적과 사용조건을 파악하여 재하(在荷)되는 하중의 크기와 종류를 고려하여 안전하고 내구성을 갖도록 설계해야 한다.

용접설계가 부적절할 경우 용접시공이 원만하지 못함은 물론, 용접변형 및 잔류응력의 발생과 다양한 용접결함이 발생하기 쉽다. 이 결함을 보수 및 제거하기 위해서는 추가적인 작업과 비용이 소요된다. 소재는 이미 열응력을 받아 재질변화 및 취화의 이력을 가져 기계적 성질의 불균일로 위험상태에 있게 된다. 설계자는 최적의 용접설계를 위해 용접소재의 특성, 용접시공 특성, 용접변형과 잔류응력 발생, 용접부 검사의 내용을 파악해야 한다. 그림 1-20에 용접이음 설계 시 주의사항을 나타내었다.

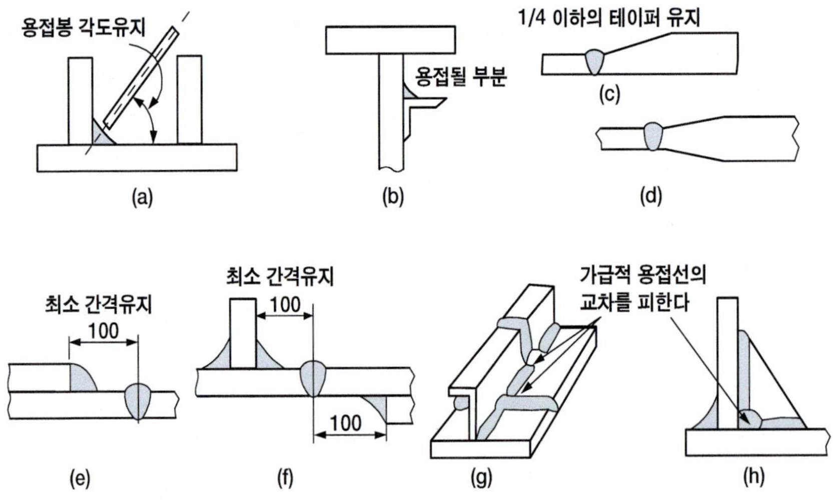

그림 1-20 용접이음 설계 시 주의사항

4.3 용접설계 시 기본원칙과 고려사항

용접이음의 설계는 용접부 구조와 정적, 동적, 반복하중에 대하여 충분히 검토하여야 하며, 설계원칙은 다음과 같다.

용접설계의 기본 원칙

- 구조물은 외적부하에 평행하고 안전성이 각부에 균등하게 분포되는 형상, 강도, 강성이 합리적인 구조일 것
- 동일한 용접구조에서는 큰 소재를 사용하며, 다른 기계가공을 병용하여 용접공정을 줄이거나 용착부를 감소시킬 것
- 용접 구조물의 특성을 파악하여 장점을 최대로 살리고 용접결함을 최소로 할 것

용접설계 시 고려사항

- 용접시공이 안전하고 작업이 용이한 형상의 구조로 한다.
- 용접선의 집중을 피하여 잔류응력과 열응력의 집중을 막는다.
- 주요부의 용접시공은 아래보기 자세로 하도록 한다.
- 용접변형에 대한 대책을 사전에 강구한다.
- 홈가공이 쉽고 충분한 용입이 얻어지게 한다.
- 용착량을 최소한으로 하고 입열량을 가급적 적게 한다.

용접순서 결정 시 고려사항

- 용접변형, 잔류응력과 구속응력이 최소화될 수 있는 구조와 순서로 한다.
- 대칭으로 용접하며, 중앙에서 양 끝을 향해 용접한다.
- 수축이 큰 이음부를 먼저 용접하고, 수축이 적은 이음부는 나중에 용접한다.
- 필릿용접보다 맞대기용접을 먼저 시행한다.
- 작은부품에서 큰 부품으로, 소조립에서 대조립 순으로 용접한다.
- 원통형 구조물은 길이방향을 먼저 용접하고, 원주방향은 나중에 용접한다.
- 전단응력, 인장응력, 압축응력이 걸리는 부분 순서로 용접한다.
- 다층용접 시 용접면의 방향과 용접방향을 층마다 바꾸어가며 용접한다.

- 구조물을 가장 강하게 보강하는 용접은 마지막에 용접한다.
- 박판용접은 구속재나 보강재를 먼저 용접한다.
- 변형을 먼저 교정한 후 용접한다.

4.4 용접설계의 순서

기본계획

사용목적, 사용조건, 경제성, 공기(工期)에 따른 구조의 재료, 형식의 기본사항을 구상한다.

강도계산

구조물이 받는 부재의 구조계산, 강도설계를 통해 사용 중 각종 하중과 응력구조, 이음강도, 안전성, 중량, 가공성, 경제성이 고려된 구조와 이음을 결정한다.

구조설계

강도계산 결과 시공조건을 고려하여 제품의 설계도면을 작성한다.

공작도면 작성

설계도면 및 공작법의 상세 지시도면을 작성한다.

재료적산

설계도면에 따라 중량의 기초가 되는 재료적산과 구입계획에 따른 소요재료를 파악하는 재료적산이 있다.

시방서 작성

용접구조물의 설계, 제작, 기타 지정사항의 명세서를 작성한다.

4.5 용접부의 구성 및 종류

4.5.1 용접부의 구성

용착금속

용접부에서 평활한 표면형상의 시험편을 제작하여 용착금속의 피로강도를 계산하여 결함이 없게 한다. 연강 용착금속의 회전굽힘시험에서는 인장강도의 40~50% 정도의 값을 갖는다.

표면형상

용접이음은 피로강도나 표면형상에 민감하여 용접부의 비드 높이가 있으면 언더컷이나 비드파형에 노치가 생겨 피로강도가 저하된다. 피로강도의 증가를 위해 용접부를 평활하게 다듬질해야 하며, 연삭가공의 경우는 다듬질 방향이 하중방향에 직각 또는 평행여부에 따라 피로강도에 차이가 생기므로 가공방향은 반드시 하중 방향과 일치시켜야 한다.

용접부

용접부는 용가재와 모재의 일부가 용융하여 응고된 용착부(weld metal zone), 용접열에 의해 용융되지 않았으나 조직과 특성이 변화된 열영향부(HAZ, heat affected zone), 용접부의 표면에 치수 이상 올라온 용착금속인 덧살붙임(reinforcement of weld)이 있다.

4.5.2 용접이음의 종류

용접 이음

용접이음은 맞대기 이음(butt joint), 겹치기 이음(lap joint), T이음(T-joint), 모서리 이음(corner joint), 덮개판 이음(strapped joint) 등이 있으며, 구조물의 종류, 형상, 재질, 두께, 용접법 등에 따라 채택해야 한다.

용접 홈의 설계

용접 홈은 용접구조물의 강도, 판 두께, 재질 형상을 고려하여 양호한 용접부, 홈 가공의 용이성, 적은 용착량이 되도록 홈 형상을 결정한다. 홈 폭이 좁으면 용접시간이 단축되지만 루트부의 용입이 잘 안된다. 루트간격은 용접봉 직경을 최대값으로 하며, 수동용접에서 판 두께로 보면 6 mm 이하는 I형, 6~20 mm에서는 V형, 그 이상은 X형, U형, H형 이음으로 한다. 그림 1-21에 각종 용접홈의 형상을 나타내었다.

• 시공상 작업성이 좋고 용입이 충분히 얻게 한다.

작업성과 충분한 용입을 얻어 용접부를 건전하고 고효율의 이음을 얻기 위해 홈 각도, 루트 간격을 크게 하여 용접 홈을 넓게 한다. 후판재료는 용착량이 비교적 적고, 루트 부분의 넓이가 여유가 있는 U형, J형으로 한다.

• 용착량을 최소한으로 하고 입열량을 가급적 적게 한다.

용착량을 적게 하여 용가재의 소비량이 줄이고 입열량이 감소시켜 모재의 변형이나 용접변형을 최소로 한다. 이를 위해 용접 홈 각도나 루트 간격을 적게 하여 용접 홈의 용적을 최소로 한다. 따라서 박판에는 V형, U형, J형이 후판에는 X형, H형으로 한다. 또한 한 면 홈보다는 양면 홈을 선택하여 용착량을 줄이고 용접변형을 상쇄시킨다.

• 용접 홈 가공이 용이하게 한다.

U형, J형의 곡선단면의 홈보다도 I형, V형, Y형 등의 직선단면형이 가공이 용이하고 양면가공보다는 한 면 홈 가공이 용접시공에서 유리하다. 판 두께, 하중, 재질, 구조물의 종류, 용접방법, 경제성을 고려하여 용접 홈을 설계해야 한다. 강도를 보증하는 이음을 선택해야 하므로 덧쌓기, 이면 용접 등 보강 용접을 병용해야 한다.

용접부 형상

용접부 형상은 맞대기 용접(butt welding), 필릿 용접(fillet welding), 플러그 용접(plug welding), 덧살올림 용접(builtup welding) 등이 있다.

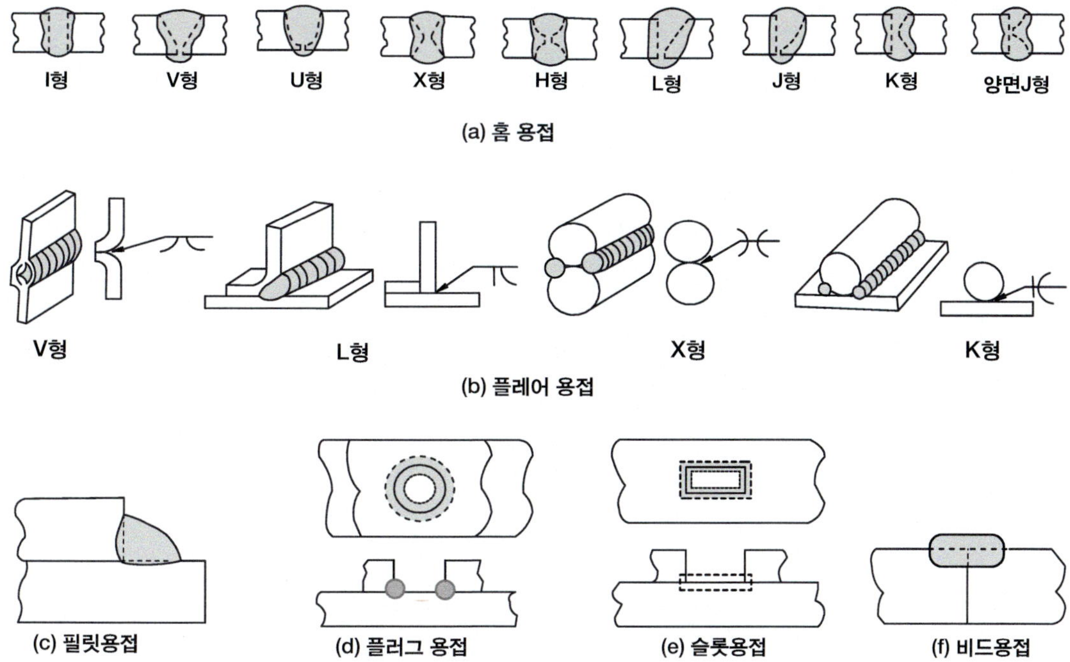

그림 1-21 각종 용접홈의 형상

4.6 용접부의 강도

4.6.1 용착금속의 강도

연강의 용착금속에 결함이 없는 경우 용접부의 강도는 모재 이상으로 기계적 성질이 우수하게 된다. 용착금속의 연신율과 충격값은 피복재 종류에 따라 큰 차이가 있으며, 고셀룰로이스계 용접봉(E4311)은 용착금속은 양호하나 고온 아크분위기에서 수소를 다량 함유하여 용접결함을 초래한다. 고산화티탄계(E4313)은 연신율과 충격값이 매우 저하되어 고강도를 요구하는 구조물에는 사용하지 않아야 한다. 한편, 저수소계(E4316) 용접봉은 기계적 성질이 우수하고 연성과 인성이 양호하나 작업성이 나쁘다. 일미나이트계(E4301)는 저수소계와 가스실드재료의 중간 정도 성능으로 가장 많이 사용되며, 철분산화티탄계(E4324) 용접봉은 기계적 성질이 양호하여 아래보기 및 수평 필릿용접에 많이 사용된다.

용착부가 400℃ 이상의 고온에서는 강도가 저하되어 필릿 용접에서의 언더컷과 같은 결함이나 모재균열이 쉽게 발생한다. 고온에서 강도변화의 우려가 있는 부재는 내열강, 저합금강 및 고합금강의 소재를 사용한다. 또한 저온에서는 용착부가 취성파괴를 야기할 수 있고, 이는 연신율 저하보다는 노치취성에 기인된다.

4.6.2 용접부의 정적강도

연강재의 용착부는 모재보다 강도가 높게 되어 용접결함이 없을 경우 용접 덧살붙이를 제거하여 인장시험을 할 경우 모재에서 파단된다. 따라서, 덧붙이 보강은 효과를 내지 못하고 오히려 피로강도를 저하시키며, 이음효율은 다음과 같이 나타낸다.

$$\text{이음효율}(\eta,\ \%) = \frac{\text{이음의 인장강도}}{\text{모재의 인장강도}} \times 100$$

용접부는 되도록 평탄하게 다듬질하는 것이 좋고 이음부의 단면변화가 심하면 응력집중이 커져 정적강도에는 영향이 적으나 피로강도에는 큰 영향을 준다.

맞대기 이음

연강 용접이음의 정적강도는 맞대기 이음에서는 모재의 강도와 동일하게 하며, 강도계산 식은 다음과 같다.

$$\text{응력}(\sigma) = \frac{\text{하중}(P)}{\text{목 두께}(h) \times \text{용접길이}(l)}$$

재료가 전단응력을 받을 경우 전단응력은 상기 계산식에서 하중을 전단하중으로 변경 후 계산하면 된다. 또한 굽힘하중을 받을 경우는 이음부의 굽힘모멘트(M)를 이음부 단면계수(Z)로 나누어 주면 굽힘응력(σ_b)을 계산할 수 있다.

필릿이음

필릿 용접이음의 강도는 이론 목 두께를 기준으로 결정하며 맞대기 이음의 약 70~90%의 강도를 가지며, 실제 용접강도의 60% 이상을 설계강도에 반영하지 않는다.

4.6.3 용접부의 충격강도

충격시험은 재료의 인성을 파악하는 시험으로 시험편은 노치를 가지며, 파괴에 소요되는 흡수에너지나 파면상황을 측정한다. 노치가 없는 시험편은 매우 낮은 저온에서도 정적강도 및 충격강도가 저하되지 않으나 노치를 갖는 시험편은 실온부근에서 노치 취성파괴를 일으킨다. 따라서, 인성을 증가시키기 위해서는 용접 후 뜨임(tempering)처리를 하거나 니켈을 첨가해야 한다.

4.6.4 용접부의 피로강도

용접부가 재료의 평균응력보다 낮은 응력상태에서 작용될 때 발생되는 파괴를 피로파괴라고 하며, 외관상 취성파괴와 유사하다. 대부분의 구조물에서 파괴의 원인이 되고 있으며, 용접부에서는 용접이음 형상이나 용접부 표면형상의 영향을 받는다.

피로파괴의 발생에는 세 가지 기본요소로서 최대하중이 일정한도 이상이 되어야 하고 하중의 변동 및 반복회수(cycle 수)가 일정한계를 초과해야 한다. 응력비 R(stress ratio)은 다음과 같이 표시된다.

$$R = \frac{\text{최소응력}}{\text{최대응력}} \qquad (-1 \le R \le 1)$$

피로시험에 있어서는 R = −1인 경우를 양진하중, R = 0인 경우를 편진 하중, R = 0.5인 경우를 반복하중이라 한다. 강의 경우 하중 반복 수 $N = 10^6$~10^7 이상의 회수에 대해 S-N곡선이 평탄하게 된다. 이 응력을 피로한도(fatigue limit)라고 하며, 피로한도 이하에서는 아무리 많은 회수를 가해도 파단되지 않으며, 피로강도에 영향을 주는 인자는 다음과 같다.

① 용접부의 재질과 모재의 재질 차
② 하중상태
③ 용접부의 표면 형상
④ 용접구조물의 응력집중
⑤ 용접결함
⑥ 부식 환경

4.6.5 용접부의 내식성

용접부는 외부에 노출 또는 부식성 물질에 접촉되는 용접구조물에서는 내식성이 문제가 되며, 이들은 용접열, 플럭스 및 슬래그의 제거, 잔류응력 존재, 재질에 관련이 있다. 동일한 형태의 용접이음이라도 입열량이 많은 구조물은 부식이 촉진되며, 반복응력과 화학적 부식을 동시에 영향을 받는 분위기에서는 부식피로(corrosion fatigue) 현상으로 부재의 피로강도가 크게 저하된다. 특히, 겹치기 이음형식은 맞대기 이음보다도 부식이 촉진되며, 플럭스나 슬래그의 잔존 여부도 부식을 촉진하는 원인이 된다.

스테인리스 강에서는 450~850℃사이에서 탄화크롬이 입계에 석출하는 입계부식이 발생한다. 스테인리스 부재가 한 곳에 집중하여 부식이 발생되는 피팅(pitting)현상이 발생하며, 이것이 응력집중의 원인이 되어 피로를 조장한다. 부식피로 방지를 위해서는 부식에 강한 소재를 선택하거나 표면이 코팅된 재료, 클래딩(cladding)재를 사용하거나 피닝처리를 한다.

4.6.6 용접 이음부 강도 계산

용접이음은 보통 인장응력만이 아니고 압축응력, 비틀림응력, 전단응력 등의 다양한 응력을 복합적으로 받게 된다. 따라서 용접이음의 응력을 정확하게 계산하기는 쉽지 않다. 다만 실용적인 관점에서 편의상 목단면에서의 평균응력을 용접부의 응력으로 고려한다. 설계시에는 통상 목단면에서 계산한 수직응력이나 전단응력이 허용응력보다 낮도록 설계한다. 허용응력은 통상 기준강도를 용접 재료의 안전율로 나눈 값으로 정의한다.

용접이음의 노치부 충격치 저하는 모재, 용착금속, 열영향부의 저항력으로 결정되며, 노치의 형태 및 위치에 따라 다르다. 선박이나 해양구조물의 용접 구조물과 같이 저온 충격강도가 요구되는 구조물은 노치취성에 대한 충격치를 구하여 용접설계에 활용한다. 용접이음의 노치취성은 사용온도, 하중속도, 피로강도, 용접부 변질, 표면형상 등의 용접결함, 응력집중, 잔류응력을 고려한다.

◎ 안전율 (safety factor)

구조물 설계 시 안전율의 정의는 기준강도를 허용응력으로 나눈 값으로 표시되며 기준강도는 통상 인장강도를 사용한다. 안전율은 재료의 종류와 하중의 종류에 따라 표 1-7과 같이 적용한다.

$$\text{안전율}(\%) = \frac{\text{기준강도}}{\text{허용응력}} \times 100$$

표 1-7 재료의 종류 및 하중별 안전율

하중 / 재료	정하중	동하중		충격하중
		반복하중	교번하중	
강	3	5	8	12
주강	3	5	8	15
주철	4	6	10	15
구리	5	6	9	15

안전율은 하중의 종류나 크기, 온도나 부식 등 외적환경, 마모나 부식환경의 영향, 재료의 노치나 응력집중, 취성파괴와 피로파괴의 가능성 등의 다양한 변수를 고려하여 결정된다.

맞대기 이음 용접

(a) V형 맞대기 이음에서 하중(P)는 다음과 같다. 여기서 h는 용입 깊이이며, l은 용접 길이, σ 는 응력을 의미한다.

$$P = h \cdot l \cdot \sigma$$

한편 인장응력(σ_t)와 전단응력($\sigma\tau$)는 다음과 같이 나타낸다.

$$\sigma(\tau) = \frac{P}{hl}$$

(b) X형 맞대기 용접이음에서 하중(P)는 다음과 같다.

$$P = (h_1 + h_2) \cdot l \cdot \sigma$$

한편, 인장응력(σ_t)과 전단응력(τ)은 다음과 같이 나타낸다.

$$\sigma(\tau) = \frac{P}{(h_1 + h_2)l}$$

필릿 용접이음

필릿 용접이음은 하중방향에 따라 전면필릿 용접이음과 측면필릿 용접이음의 경우가 있다. 필릿의 다리길이 f를 한 변으로 하는 직각이등변삼각형으로 보아, 그 높이 목두께 h는 다음과 같다.

$$h = f \cdot \cos 45° = \frac{f}{\sqrt{2}} = 0.707f$$

f를 모재 두께 h와 동일하게 할 경우는 다음과 같다.

$$t = 0.707h$$

전면필릿 용접이음의 경우 인장력 P에 의해 생기는 전단응력은 다음과 같다.

$$\tau = \frac{P}{tl} = \frac{P}{0.707hl} = \frac{1.414P}{hl}$$

측면 필릿 용접이음의 경우 용접부에 생기는 전단응력은 다음과 같다.

$$\tau = \frac{P}{2tl} = \frac{P}{2 \times 0.707hl} = \frac{0.707P}{hl}$$

표 1-8에 다양한 형상의 부재에 인장하중, 전단하중과 모멘트가 작용할 경우의 응력 계산식을 나타내었다.

표 1-8 응력 계산 도표

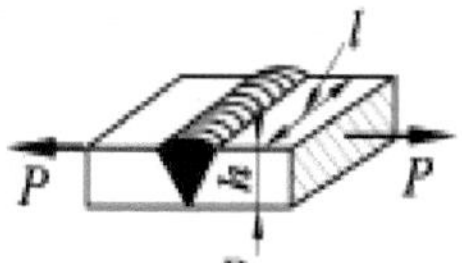 $\sigma = \frac{P}{hl}$	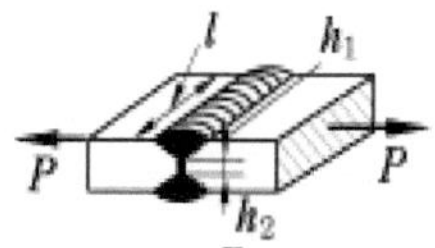 $\sigma = \frac{P}{(h_1+h_2)}$	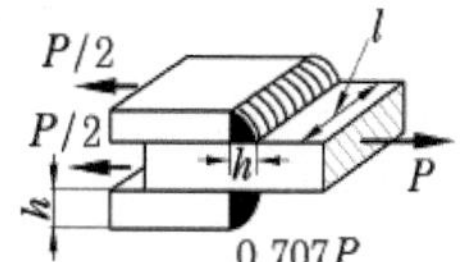 $\sigma = \frac{0.707P}{hl}$	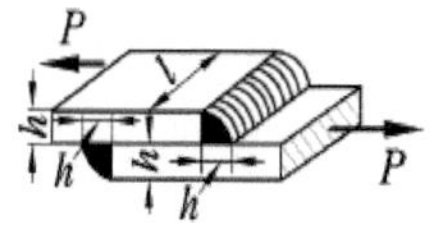 $\sigma = \frac{0.707P}{hl}$
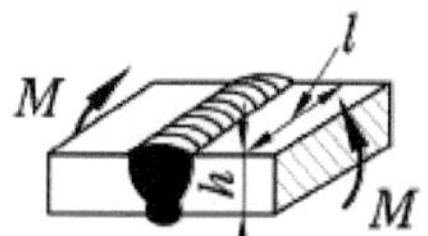 $\sigma_b = \frac{6M}{lh^2}$	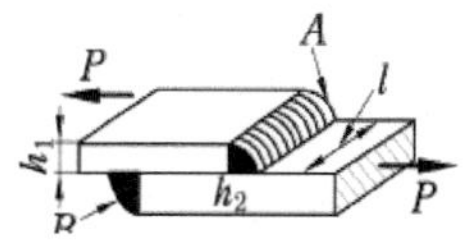 $\sigma = \frac{1.414P}{(h_1+h_2)l}$	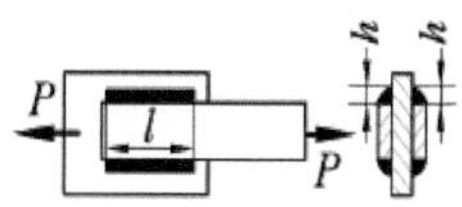 $\sigma = \frac{0.354P}{hl}$	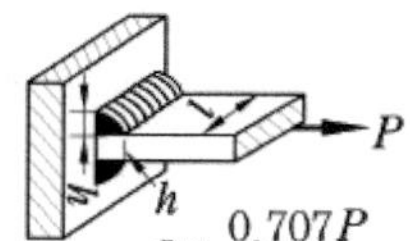 $\sigma = \frac{0.707P}{hl}$
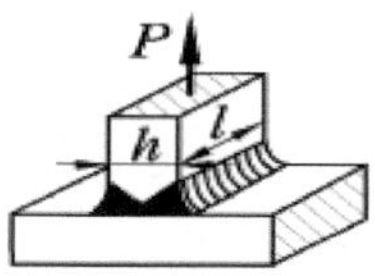 $\sigma = \frac{P}{hl}$	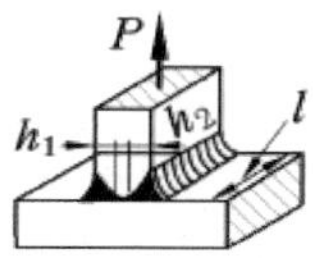 $\sigma = \frac{P}{(h_1+h_2)l}$	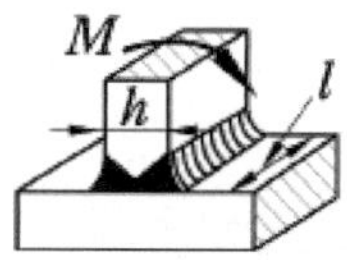 $\sigma_b = \frac{6M}{lh^2}$	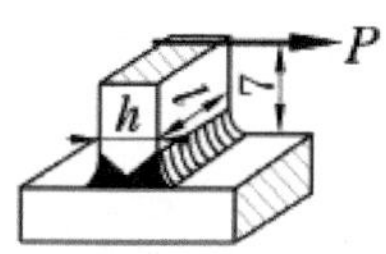 $\sigma_b = \frac{6PL}{lh^2}$ $\tau = \frac{P}{lh}$
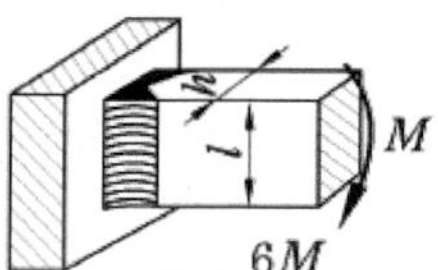 $\sigma_b = \frac{6M}{hl^2}$	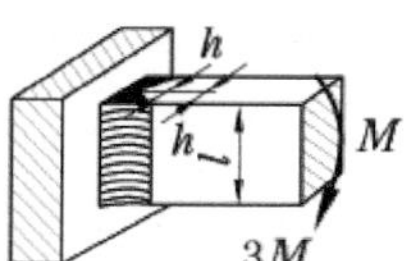 $\sigma_b = \frac{3M}{hl^2}$	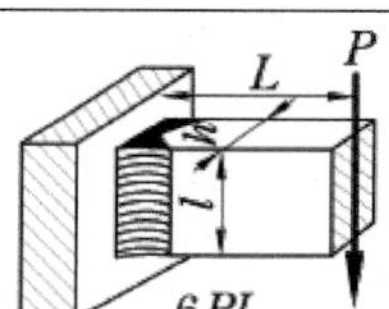 $\sigma_b = \frac{6PL}{hl^2}$ $\tau = \frac{P}{hl}$	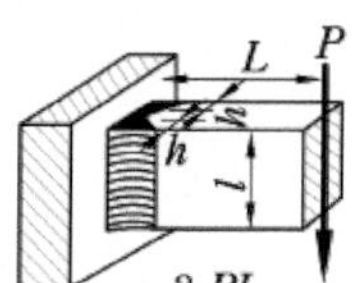 $\sigma_b = \frac{3PL}{hl^2}$ $\tau = \frac{P}{2hl}$

(P: 하중 M: 모멘트, l: 용접길이, h: 용접치수, σ: 수직응력, σ_b: 굽힘응력, τ: 전단응력)

연습문제

1 다음 중 용접 설계 시 고려사항이 아닌 것은?
① 용접시공이 안전하고 작업이 용이한 구조로 한다.
② 잔류응력과 열응력의 집중을 막는다.
③ 홈가공이 쉽고 충분한 용입이 얻어지게 한다.
④ 주요부의 용접은 위보기 자세로 한다.

2 용접 설계의 순서 중 고려할 항목으로 잘못된 것은?
① 기본계획
② 강도계산
③ 재료적산
④ 구조해석

3 용접부의 측정 강도로 주요하게 고려하는 강도가 아닌 것은?
① 충격강도
② 피로강도
③ 정적강도
④ 용접강도

4 용접홈의 설계 시 고려사항이 아닌 것은?
① 작업성
② 용착량
③ 입열량
④ 전열성

5 다음 중 용접홈의 형상이 아닌 것은?
① I형
② V형
③ X형
④ T형

01④ 02④ 03④ 04④ 05④

6 다음 중 용접 순서 결정 시 고려사항이 아닌 것은?
① 수축이 큰 용접부를 먼저 용접한다.
② 대칭으로 용접하며, 중앙에서 양끝을 향해 용접한다.
③ 용접 후 변형을 교정한다.
④ 박판용접은 구속재나 보강재를 먼저 용접한다.

7 가접 시 고려사항 중 적절하지 않은 것은?
① 홈 내에는 가접을 피한다.
② 가접은 가능한 튼튼하게 용접해야 한다.
③ 녹이나 기름 등의 이물질을 제거하고 가접작업을 한다.
④ 변형방지를 이해 엔드탭을 설치하고 가접한다.

8 다음 중 가장 견고한 용접이음 방법은 무엇인가?
① 맞대기이음
② 모서리이음
③ T이음
④ 가장자리이음

9 피로강도에 영향을 주는 인자가 아닌 것은?
① 부식환경
② 용접결함
③ 용접부의 표면형상
④ 재료의 전기전도도

10 다음 중 안전율에 대한 고려사항으로 적절하지 않은 것은?
① 사용자의 품성
② 재료의 노치나 응력집중
③ 온도나 부식 등 외적환경
④ 하중의 종류나 크기

제 2 장

용접법과 용접관련 공정

Chapter

1 아크 용접법

1.1 아크 용접의 정의 및 원리

아크 용접은 모재와 전극 사이에 아크를 발생시켜 모재 일부와 용접봉을 녹여서 용접하는 용극식(consumable electrode method) 용접법이다. 용접봉의 재질이 탄소일 경우 탄소아크용접(CAW, carbon arc welding)이라고 하며, 용접할 재료와 탄소 전극 사이에 아크를 발생시켜 용가재를 용융시켜 용융된 모재와 함께 접합하는 방식이다. 용접봉이나 용접와이어의 재질이 금속일 경우 금속아크용접이라고 하며, 용접봉 주위에 피복제 유무에 따라 피복아크용접(SMAW, shielded metal arc welding) 또는 비피복아크용접(BMAW, bare metal arc welding)으로 분류한다.

아크란, 2개의 서로 다른 전극 사이에 있는 기체가 통전 매체가 되어 이루어지는 전기적인 방전으로 전원에 접속한 2개의 전극을 한 번 접속시킨 후 떼면 약 4,000~5,000℃의 아크가 발생한다. 용접봉과 모재간에 발생한 아크의 고온에 의해 금속 증기와 주변의 기체 분자가 해리되어 양전기를 띈 양이온(positive ion)과 음전기를 띤 전자(electron)로 분리되어 양이온은 음극으로, 전자는 양극으로 이동하기 때문에 아크전류가 흐른다.

아크 용접의 원리는 용접 홀더로 지지한 피복 아크 용접봉과 모재 사이에 전압을 걸고 용접봉 끝을 살짝 접촉시킨 후 분리하면, 강한 빛과 열을 내는 아크가 발생한다. 이 아크열로 용접봉이 녹아 용적이 되고, 아크열에 용융되어 형성된 용융지에 용착이 되어 모재의 일부와 융합해 용접금속을 형성한다. 이때 용접 비드의 주위에 높은 열을 받아 금속 조직이 변화하여 취약한 성질의 조직이 되는 열영향부(HAZ, heat affected zone)가 형성되므로 용접 시 주의하여야 한다.

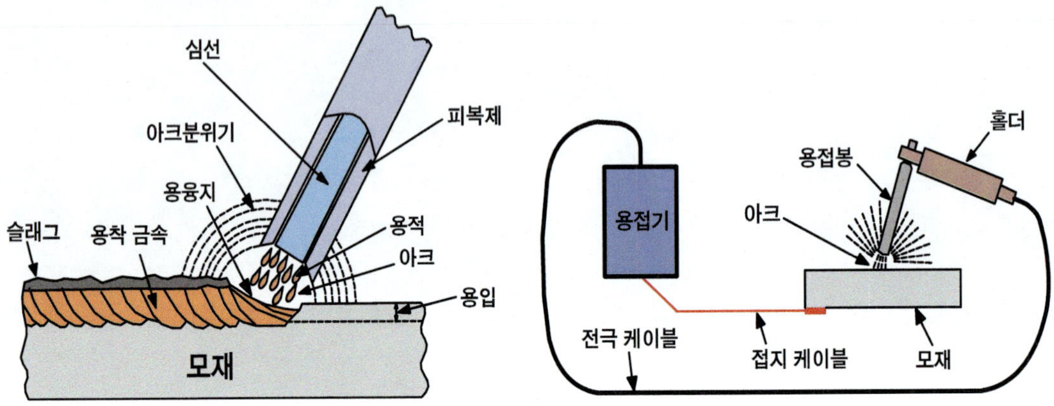

그림 2-1 피복 아크 용접의 원리 및 회로

피복아크 용접(SMAW, shielded metal arc welding)은 가장 일반적인 용접방법으로 피복제를 입힌 용접봉에 전류를 가해서 발생하는 아크열로 용접을 시행하는 방법이다. 아크는 청백색의 강렬한 빛과 열을 발생하는 것으로 온도가 가장 높은 부분은 약 6000℃에 달하며, 보통 3500-5000℃ 정도이다. 이 열에 의해 용접봉과 모재의 일부가 녹는데 이 때 녹는 모재의 깊이를 용입(penetration), 모재가 녹는 부분을 용융지(molten pool)이라 부른다. 여기에 용접봉이 녹아 이루어진 용적이 용융지에 융착되고, 모재의 일부로서 융합되어 용융금속(deposited metal) 또는 용접금속(weld metal)을 만든다. 그림 2-1에 피복 아크 용접법의 원리를 나타내었다. 피복 아크 용접에서는 그림 2-1에서와 같이 용접기, 전극 케이블, 용접봉 홀더, 용접봉, 아크, 모재 그리고 접지 케이블이 용접회로를 구성한다.

1.1.1 핀치(pinch) 효과

그림 2-2에 나타낸 바와 같이 평행한 도체에 직류 전류가 흐르면 동일한 방향에서는 도체 간 인력이 작용하고 반대의 방향일 경우에는 반발력이 생기는데 이를 전자력이라고 한다. 용접작업 시 발생하는 아크에는 전류가 흐르고 많은 전류 소선이 모여서 하나의 빔을 이루게 된다. 이 소선에는 동일 방향의 전류가 흐르고 상호인력이 작용한다. 따라서 소선이 중앙으로 끌리고 아크는 교축현상을 보이는데 이를 전자 핀치 효과이며, 주로 대전류에서 발생한다.

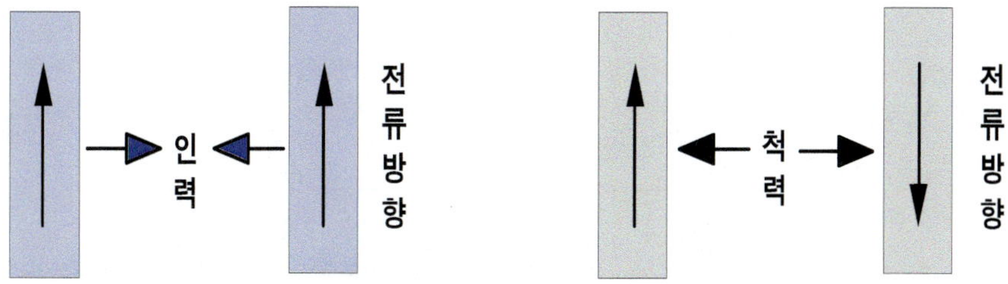

그림 2-2 전자력의 특징

Pinch 효과는 용접봉 원형 단면의 도체 중에 전류가 흐르면 전류 소선의 사이가 전자기력에 의해 서로 흡인력이 생겨서 전극단의 금속이 잘록하게 되어 용적의 이탈현상이 생기게 된다. 이를 pinch 효과라 한다. 비활성가스 금속 아크 용접법 (GMAW, gas metal arc welding)에서는 이러한 pinch 효과를 이용하여 용적의 이행을 행하고 있다. 또한 아크 기둥의 주위를 가스로 냉각하면 냉각된 부분은 전기 저항이 증가되어 전류가 흐르기 어렵게 되어 전류는 중앙부로 집중된다. 즉 아크는 교축되어 에너지가 중앙으로 집중하는데 이와 같은 현상을 열적 pinch 효과라고 한다. 플라스마(plasma) 절단에서는 플라스마를 교축하여 에너지를 집중시키기 위하여 노즐의 지름을 가늘게 하고 고속의 가스를 흘려 열적 pinch 효과를 적극적으로 이용한다.

1.1.2 자기불림(arc blow) 현상

도체에 전류가 흐르면 그 주위에 자장이 생긴다. 자기 불림(arc blow)은 모재와 용접봉과의 사이에 흐르는 전류를 따라 자계가 생겨 용접봉에 대하여 비대칭이 되면 아크가 자력선이 집중되지 않는 쪽으로 쏠리는 현상으로 아크의 불안정, 기공, 슬래그 섞임, 용착 금속의 재질 변화 등의 원인이 된다(그림 2-3 참조).

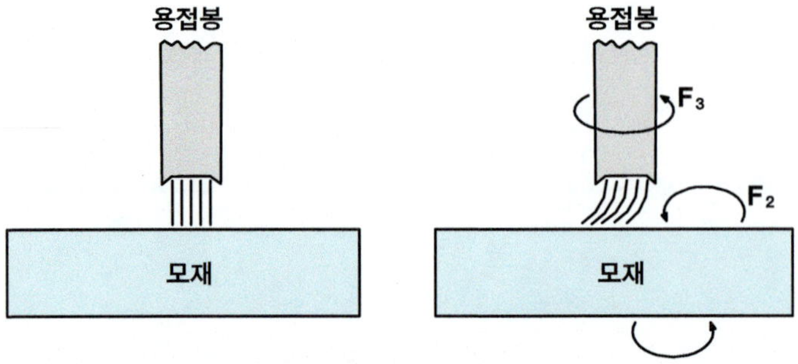

그림 2-3 자기불림 (arc blow) 현상

1.1.3 아크 전압 분포

두 전극 사이에 아크를 발생시켜서 아크 길이 방향으로 전압을 측정하면 양극과 음극 근처에서는 급격한 전압 강하가 있고, 아크 부근에서는 길이에 따라 일정한 비율의 전압 강하가 있다. 이때 전체 전압을 아크 전압(Va, arc voltage)라 하고 $Va = V_K + V_P + V_A$가 되며, 그림 2-4에 자세하게 나타내었다. 양극 전압 강하는 주로 전극 물질의 종류로서 결정되고, 아크 길이는 전류에는 거의 무관하다. 아크 기둥의 전압강하(V_P, arc column voltage drop)는 전극에서 정비례하여 변화하는데, 그 비례 정수는 용접봉의 피복제 종류와 아크 전류에 영향을 받는다. 또 아크 길이를 일정하게 하였을 경우, 아크 전압은 아크 전류의 증가와 더불어 약간 증가하는 경향이 있다. 직류 아크에서는 전체 발열량의 60~75%가 양극측에 발생하는데, 그 이유는 (-)전기를 띠는 전자가 음극에서 출발하여 고속으로 달려가 양극으로 충돌하기 때문이다. 음이온인 전자는 양이온보다 무게가 1/1840 수준으로 가벼우므로 운동속도가 양이온보다 빠르다. 그림 2-4에 아크의 전압 특성을 나타내었다.

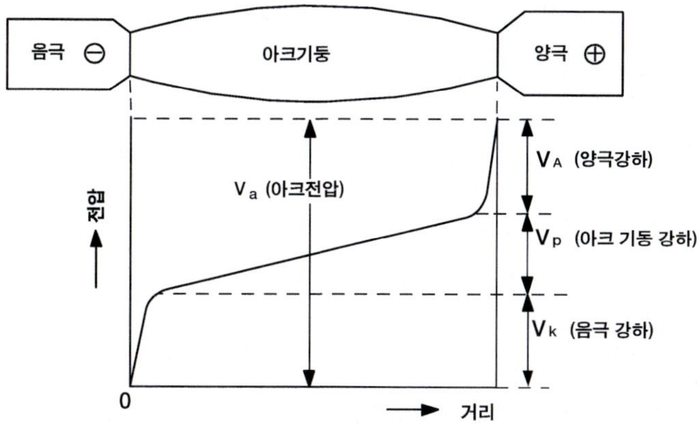

그림 2-4 아크의 전압 특성

1.2 아크 용접기

용접기는 용접 아크에 전력을 공급하는 장치이며, 용접 작업에 안정하게 전력을 공급하기 위하여 필요한 외부 특성을 갖춘 전원이다. 일반적으로 전류와 내부 구조에 따라 다음 표 2-1과 같이 분류한다.

1.2.1 직류 아크 용접기

직류 아크 용접기는 정류기형 용접기로서 안정된 아크를 필요로 하는 고품질의 용접이나 비철합금 및 스테인리스 강의 용접에 사용되며, 특히 저전류성의 범위가 크므로 박판 용접에 용이하다. 모재의 종류, 용접부의 모양, 용접의 자세에 따라서 정극성이나 역극성으로 선택, 사용할 수 있고 주요 특징은 다음과 같다.

① 아크가 교류에 비해 안정되나 아크 쏠림이 있다.
② 교류 용접기에 비해 무부하 전압이 낮아 감전의 위험이 적다.
③ 발전기형 직류 용접기는 소음이 나고 회전 부분 등의 고장이 많다.
④ 정류형인 경우 정류기의 손상, 먼지, 수분 등에 의한 고장에 주의해야 한다.

직류 용접기는 발전형과 정류형으로 구분할 수 있다.

① 발전형에는 교류 전원을 이용한 모터 발전형과 엔진 구동형의 두 가지가 있는데

모터 발전형은 우수한 용접부를 얻을 수 있으나 고장 발생 시 정비에 어려움이 있어 오늘날은 거의 사용하지 않는다. 엔진 구동형은 가솔린 또는 디젤 엔진으로 직류 또는 교류 혹은 직류와 교류를 동시에 얻을 수 있는데, 전원이 없는 야외에서 사용하기 편리하다.

표 2-1 용접기의 분류

- 직류 아크 용접기
  - 발전형 용접기
    - 전동기(모터) 구동형
    - 엔진 구동형
  - 정류형 용접기
    - 셀레늄 정류형
    - 실리콘 정류형
- 교류 아크 용접기
  - 가동 코일형 교류 용접기
  - 가동 철심형 교류 용접기
  - 탭 전환형 교류 용접기
  - 가포화 리액터형 교류 용접기

② 정류형은 셀레늄 정류기(selenium rectifier), 실리콘 다이오드(silicon diode) 또는 실리콘 정류기(SCR, silicon controlled rectifier)를 이용해서 교류를 직류로 정류한 용접기이다.

1.2.2 교류 아크 용접기

교류 아크 용접기는 보통 1차측을 200V의 동력선에 연결하고, 2차측의 무부하 전압은 70~80V가 되도록 만든다. 구조는 일종의 변압기로서 리액턴스에 의해서 수하 특성(drooping characteristic)을 얻고, 누설 자속(leakage magnetic flux)에 의해서 전류를 조정하며 일반적인 교류 아크 용접기의 특성은 다음과 같다.

① 아크가 불안정하다.

② 취급이 쉽고 고장이 적으며 보수가 용이하다.

③ 값이 싸다.

④ 무부하 전압이 직류보다 높아서 감전의 위험이 많다.

⑤ 역률이 낮고 효율이 나쁘다.

◎ 가동 코일형 용접기(adjusting coil spacing welder)

이 용접기는 조정 스크루에 의해 1차 코일을 이동시켜 전류 조정을 하는 것으로, 1차 코일을 2차 코일에 접근시키면 전류가 커지고 멀리하면 전류가 작아진다.

◎ 가동 철심형 용접기(movable core reactor welder)

조정 스크류에 의해 철심을 조정하여 연속적으로 전류를 세부 조정할 수 있으나 단점은 가동 철심을 중간 정도 빼냈을 때 누설 자속 경로의 영향으로 아크가 불안정하게 되고, 또 가동 부분의 마모에 의해 가동 철심이 진동하여 울리는 경우가 있다.

◎ 탭 전환형 용접기(tapped secondary coil welder)

이 용접기는 연속적인 2차 전류(아크 전류)의 조정이 불가능하고, 또 전류값을 작게 하려면 2차 코일의 권선수가 많으므로 무부하 전압이 높아지면 탭을 자주 전환하므로 탭의 고장이 많다. 따라서 주로 적은 용량의 용접기에 많이 이용된다.

◎ 가포화 리액터형 용접기(saturated reactor adjustable welder)

비교적 최근에 개발된 것으로 가변 저항에 의해서 조절된 가포화 리액터 자기 회로의 포화도에 따라 아크 전류값이 결정되므로, 전류 조정을 전기적으로 하기 때문에 원격 조정이 가능하다.

1.2.3 인버터(Inverter)식 용접기

Inverter는 직류를 교류로 교환하는 장치를 지칭하고 있으며, 인버터 용접기도 이러한 기능을 가진 용접기이다. 인버터식 용접전원장치는 상용 60 Hz 전원으로부터 직접 정류, 평활 시킨 후 전력소자에 의해 고주파로 변환시키고 다시 용접에 알맞은 전압으로 변압한 후 정류하여 출력하도록 되어 있다. 제어방식은 펄스 폭을 제어하는 펄스폭 변조(PWM, pulse width modulation) 방식과 펄스 폭을 일정하게 하고, 주파수를 제어하는 주파수 변조 (FM, frequency modulation) 방식이 있으나 대부분은 PWM 방식이다. 시스템의 응답속도와 출력전류를 더욱 능동적으로 제어할 수 있으므로 인버터 용접기의 사용이 증가하고 있다.

인버터 용접기의 특징

① 소형, 경량화가 가능하다.
② 저입력, 저유지비 실현이 가능하다.
③ 용접 품질이 안정된다.
④ Spatter 발생이 억제된다.
⑤ 단시간 용접이 가능하여 생산성을 향상시킬 수 있다.
⑥ 부하 밸런스가 좋다.
⑦ 용접전류의 고속제어 및 정밀제어를 할 수 있다(용적이행 제어가 용이하다).
반면에 고가이다(단상교류식의 약 4~5배).

1.2.4 아크 쏠림

아크 쏠림(arc blow)은 직류 용접에서 전류가 한 방향으로만 흐르기 때문에 도선 주위의 자장에 의해 아크가 한 방향으로만 쏠린다. 용접 전류의 아크 주위에 유기되는 자장이 아크에 비해 비대칭인 경우에 발생하며, 비피복 용접봉을 사용하는 경우에도 이와 유사한 아크 쏠림이 발생한다. 용입 불량이나 슬래그 혼입 등의 결함이 발생할 수 있고 낮은 전압일수록 아크가 짧고, 직진성이 강하여 높은 전압일 때와 비교하여 아크 쏠림의 영향이 적다. 이런 현상이 있을 때, 다음과 같은 대책이 필요하다.

① 접지점을 바꾼다.
② 가접을 크게 하든지 후진법으로 용접한다.
③ 아크 길이를 짧게 용접한다.
④ 교류 용접기를 사용한다.
⑤ 아크 쏠림이 일어나는 반대 방향으로 용접봉을 위치시킨다.

표 2-2 직류 및 교류 아크용접기 비교

순번	비교 항목	직류(DC) 용접기	교류(AC) 용접기
1	아크 안정	우 수	약간 불안
2	극성 이용	가 능	불가능
3	비피복 용접봉 사용	가 능	불가능 (전류 방향 변화)
4	무부하 전압	약간 낮음(40~60V)	높음(70~90V)
5	전격의 위험	낮다	높다 (무부하 전압이 높기 때문)
6	구 조	복 잡	간 단
7	고장률	회전기에 많다	적 다
8	역 률	매우 양호	불 량
9	가 격	비싸다	싸 다
10	소 음	회전기는 많고, 정류기는 적다.	적다(구동부가 없기 때문)
11	자기 쏠림 방지	어렵다	가능(자기쏠림이 거의 없다)

* 전격 : 전기 충격, 강한 전류를 갑자기 몸에 느꼈을 때의 충격
** 역률 : ((아크 입력 + 내부 손실) x 100) / 전원 입력

1.2.5 용접기 구비조건 및 취급상 주의사항

용접작업에서 사용되는 용접기가 구비하여야 할 주요조건은 다음과 같다.

① 역률과 효율이 좋아야 한다.
② 아크 발생이 용이해야 한다.
③ 전류 조정이 용이하고 일정한 전류가 흘러야 한다.
④ 단락(접촉)되었을 때 흐르는 전류가 적어야 한다.
⑤ 사용 중에 온도상승이 적어야 한다.
⑥ 가격이 저렴하고, 사용 유지비가 적어야 한다.
⑦ 구조 및 취급이 간단해야 한다.
⑧ 위험성이 적어야 한다. 필요 이상으로 무부하 전압이 높거나 용접기의 미절연 부분이 없어야 한다 (무부하 전압은 교류 용접에서 70~90V, 직류 용접에서 40~60V이다).

용접기 취급상 주의사항

① 정격 사용률 이상으로 사용하면 소손될 우려가 있으므로 주의한다.
② 2차측 단자의 한쪽과 용접기 케이스는 반드시 접지해야 한다.
③ 가동 부분, 냉각팬을 점검하고 주유한다. (회전부, 축 베어링 점검).
④ 탭 전환은 반드시 아크를 중지시킨 후에 행한다.
⑤ 전격 방지기를 반드시 부착하고, 작동여부를 주기적으로 점검한다.
⑥ 다음의 장소에서는 용접기 설치를 금하며, 부득이한 경우 조치 후 설치한다.
- 비에 노출되었거나 수증기 및 습기가 많은 곳
- 주위 온도가 -10℃ 이하인 곳
- 유해한 가스나 폭발성 가스가 존재하는 곳
- 진동 또는 충격을 받는 장소
- 먼지가 많은 장소

1.2.6 용접기에 필요한 전원 특성

수하특성(drooping characteristics, 가변속 송급방식, 아크전압제어)

용접 아크는 아크의 길이가 변화하는데 따라서 아크전압이 변화하는데, 수하특성은 아크 길이가 변화해도 전류변화가 거의 없는 특성으로 피복 아크 용접과 같은 수동용접에서 사용되는 입열량 제어방식이다. 아크 길이가 l_2에서 l_1로 길어졌을 때 용접기의 작동점은 S_2에서 S_1으로 이동하며, 그 결과 전류는 i_2에서 i_1으로 변한다. 그러나 그 변화량은 출력곡선이 수하특성이기 때문에 크지 않게 된다. 그 결과로 아크 길이를 일정하게 유지하는 것이 곤란한 경우에도 비교적 고른 전류로 용접을 할 수 있다(수하 특성(droop characteristic) - 부하 전류가 증가하면 단자 전압이 낮아지는 특성). 그림 2-5에 용접기의 수하특성과 정전압특성을 도시하였다.

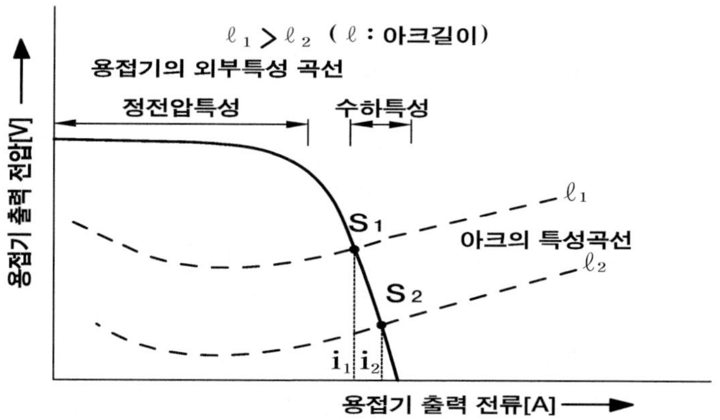

그림 2-5 용접기의 수하 특성

수하특성은 보통 지름이 큰 와이어에 적용되며 와이어 송급속도가 느리고 교류용접에 많이 사용된다. 아크길이가 길어지면 전압이 증가하여 와이어 송급속도가 증가하고, 아크길이의 제어는 전극의 송급속도를 아크전압에 따라 가변속 제어한다. 와이어 송급속도를 조절하여 최적의 아크길이로 제어하는 방식으로 잠호용접, FCW를 사용하는 이산화탄소 용접, 피복아크용접과 TIG 용접등에서 활용되는 방식이다.

정전압 특성 (Constant voltage(potential) characteristic, 정속송급방식)

정전압 특성은 자동용접에서 요구되는 입열량 제어방식으로 수하특성과는 반대의 특성으로 부하 전류가 변해도 단자 전압은 거의 변하지 않는 특성 (CP 특성)이다. 아크의 자기 제어 능력은 아크의 길이가 짧아지면 그때의 부하 전압은 일정하지만 전류가 커지게 된다. 따라서 용접봉 와이어는 정상보다 빨리 녹게 되어 정상적인 동작점으로 되돌아가면서 아크 길이가 일정하게 되는 것이다. 이와 반대로 아크 길이가 길어지게 되면 일정한 전압 상태에서 전류값이 감소하게 되고 이에 따라 와이어의 녹는 속도가 느려지면서 아크의 정상 길이를 스스로 맞추게 되는 것이다. 그러나 수하 특성인 경우는 전류값의 변화가 적은 관계로 아크 길이에 따라 와이어를 녹이는 속도가 변화하지 않으므로 아크의 자기 제어 능력이 없다.

정전압특성은 와이어 송급속도가 빠른 솔리드 와이어를 사용하는 용접이나 MIG 용접에 사용되며 전원에 따른 아크길이의 자기제어 방식이다. 와이어를 일정한 속도로 송급하고 용접전류를 변화시켜 아크길이를 일정하게 유지하며, 자동용접에 유리한 방식이다.

정전류 특성

정전류 특성은 교류 용접기가 수하 특성을 갖게 되면 아크 전압이 다소 변화하여도 용접 전류의 변화량이 극히 적게 되는 현상이다. 따라서 전류가 증가하면 전압은 급격하게 감소하는 전원특성으로, 용접 중 작업자 미숙으로 아크 길이가 일정 부분 변하더라도 전류의 변동폭이 작아서 용접입열의 변동이 적고, 결과적으로 용입불량이나 슬래그 혼입 등의 방지에 좋고, 용접봉의 용융속도가 일정해져서 균일한 용접 비드를 얻을 수 있다.

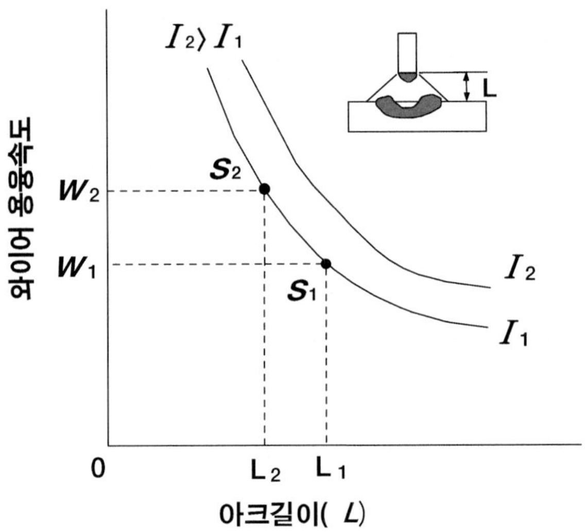

그림 2-6 정전류 전원과 송급방식

정전류특성은 용접전류가 일정한 가운데 와이어를 정속송급하여 아크길이의 변동에 따라 와이어의 용융속도가 증감하여 일정한 아크길이를 유지하게 된다. 그림 2-6과 같이 아크길이가 증가하면 와이어용융속도가 감소하고, 아크길이가 감소하면 와이어용융속도가 증가하여 일정한 아크길이를 유지하는 아크 고유의 자기제어방식으로 Al MIG 용접에 적용하는 방식이다.

상승 특성(rising characteristic)

상승특성은 용접기의 외부 특성 능력이 부하 전류의 증가에 의해서 단자전압이 상승하는 특성으로 자동이나 반자동 용접에 사용되는 지름이 가는 와이어는 큰 전류를 통할 때 아크는 상승 특성을 나타내는 것이다. 그림 2-7에 상승특성을 나타내었다. 상승 특성은 직류 용접기에 사용되는 것으로 아크의 자기 제어 능력이 있다는 점에서 정전압 특성과 같다.

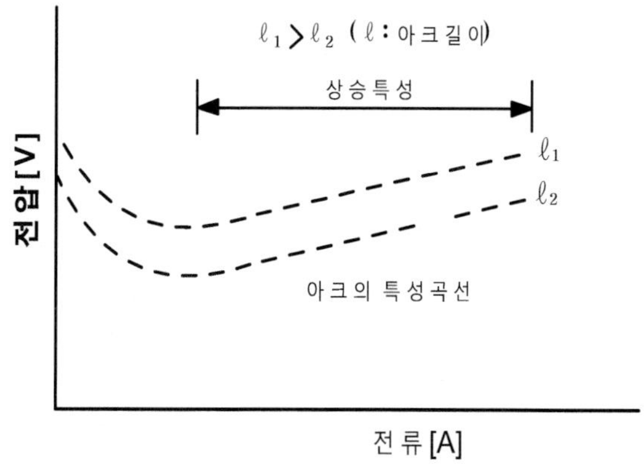

그림 2-7 용접기 상승특성

1.2.7 용접기 사용률, 역률과 효율

용접기 사용률

용접기의 사용률을 규정하는 것은 높은 전류로 계속 사용함으로서 용접기가 소손되는 것을 방지하기 위해서인데, 피복 아크 용접기는 일반적으로 사용률이 60% 이하이고 자동 용접기는 100%이다. 이와 같이 수동용접에서 사용률이 낮은 것은 용접봉을 갈아 끼우거나 슬래그 제거 등 실제 아크 시간보다 휴식 시간이 많기 때문에 100%로 할 필요성이 없다. 또한 사용률 40%라 하는 것은 정격 전류로서 용접하였을 경우, 10분 중 4분만 용접하고 6분을 쉰다는 의미이다.

$$\text{사용률(\%)} = \frac{\text{아크 시간}}{\text{아크 시간} + \text{휴식 시간}} \times 100$$

그러나 실제 용접에서 정격 전류보다 적은 전류로 용접하는 경우가 많은데 이때의 사용률을 허용 사용률이라 하고, 그 식은 다음과 같다.

$$\text{허용 사용률(\%)} = \frac{(\text{정격 2차 전류})^2}{(\text{실제 용접 전류})^2} \times \text{정격 사용률}$$

교류 용접기의 역률과 효율

용접기의 입력, 즉 1차 입력에 대한 2차 출력과 2차측의 내부 손실의 합의 비율을 역률(力律, power factor)이라 한다. 또한 2차 출력과 내부 손실에 대한 2차 출력의 비율을 효율(效率, efficiency)이라 한다.

1차 입력은 용접기로의 입력을 의미하며 전원입력 (kVA, 2차 무부하 전압 × 아크 전류)을 의미한다. 2차 출력은 아크에의 입력 (Kw, 아크 전압 × 아크 전류)을 의미하며 이 경우 역률 q와 효율 η는 다음과 같다.

$$\text{역률(q)} = \frac{\text{아크에의 입력} + \text{2차측 내부 손실}}{\text{전원 입력}} \times 100(\%)$$

$$\text{효율}(\eta) = \frac{\text{아크에의 입력}}{\text{아크에의 입력} + \text{2차측 내부 손실}} \times 100(\%)$$

역률을 개선하기 위해서는 2차 무부하 전압이 낮고 전원입력을 낮추거나 전력용 콘덴서를 용접기의 1차측에 병렬로 접속하여야 한다. 역률이 개선되면 전원입력이 낮아져 전력 요금이 감소하고 전원용량이 작아도 된다. 또한 배전선의 재료가 절약되고 전압 변동률이 작아진다.

용접 입열은 용접부의 외부에서 주어지는 열량을 용접 입열(weld heat input)이라 한다. 피복 아크 용접에서 아크가 단위 길이 1 cm 당 발생하는 전기적 에너지 즉, 용접 입열 H는 아크 전압 E, 아크 전류 I, 용접 속도 V(cm/min)라 하면 다음 식과 같다. 용접속도가 빠를수록 용접입열은 감소하며 전압과 전류값이 증가할수록 입열량이 증가하게 된다.

$$H = \frac{60EI}{V} \text{ (Joule/cm)}$$

1.2.8 극성(polarity)

극성(polarity)는 직류 아크 용접 시 전극과 용접물 사이의 전류의 흐름을 의미하며 회로에 전류가 흐르는 방향을 표시한다. 표 2-2에 직류 정극성과 역극성을 비교하였다.

직류 정극성은 용접봉 또는 전극은 음극에, 용접물(모재)은 양극에 접속하는 것으로 DCSP(direct current straight polarity)라고 한다. 양극측의 발열이 크기 때문에 다음의 특성을 갖는다.

① 모재의 용입이 깊다.
② 용접봉의 소모가 적다.
③ 비드폭이 좁다.
④ 일반적으로 널리 사용된다.

직류 역극성(DCRP, direct current reversed polarity)은 직류 정극성과 반대의 개념으로 표 2-3에 자세하게 비교하여 나타내었다. 용접물을 음극에, 용접봉 또는 전극을 양극에 접속하는 경우로 모재의 발열량이 용접봉에 발생되는 열량보다 작다. 모재의 용입은 얕지만 양극측의 발열이 크기 때문에 용착 효율을 높일 수 있고 살붙이기 용접, 보수 용접 등에 유효하다. MIG 용접에서는 TIG 용접 때와는 반대로 봉을 양극으로 할 때 용입이 깊고, 용융 금속의 이행 상태가 좋기 때문에 봉을 양극으로 하며 다음의 특성을 갖는다.

① 모재의 용입이 얕다.
② 용접봉의 소모가 많다.
③ 비드폭이 넓다.
④ 박판, 주철, 합금강, 비철 금속 등에 사용한다.

단, 교류용접에서는 전류의 방향이 1초 동안 60번 바뀌므로 용접봉 측과 모재측에 발생하는 열량은 서로 같다.

표 2-3 직류 정극성과 직류 역극성

구 분	정극성(DCSP, DCEN)	역극성(DCRP, DCEP)
(1) 전극 연결	모재: +극, 용접봉: −극	모재: −극, 용접봉: +극
(2) 특성	① 모재의 용입이 깊다. ② 용접봉의 용융이 느리다. ③ bead 폭이 좁다. ④ 일반적으로 널리 사용한다.	① 모재의 용입이 얕다. ② 용접봉의 용융이 빠르다. ③ bead 폭이 넓다. ④ 박판, 주철, 합금강, 비철금속에 주로 사용한다.
(3) 용접 적용	후판 용접	박판 용접
(4) 전극 결선	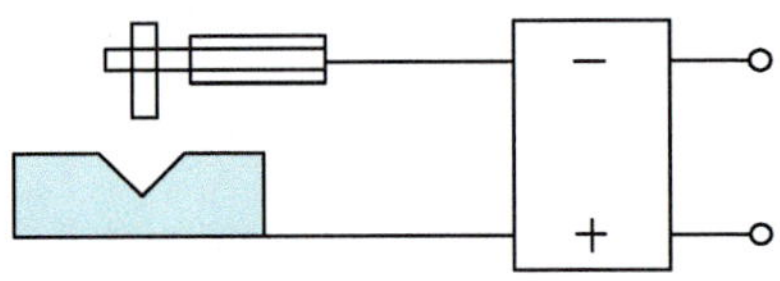	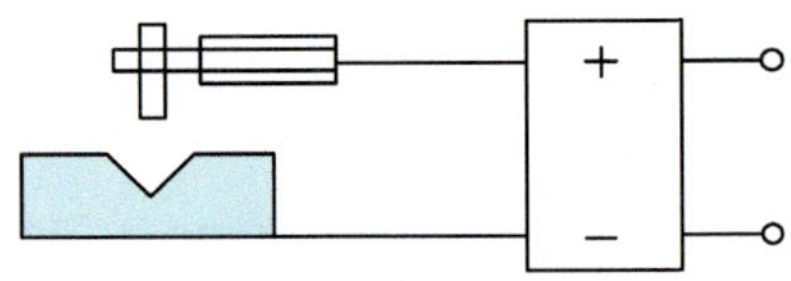
(5) 용입 깊이	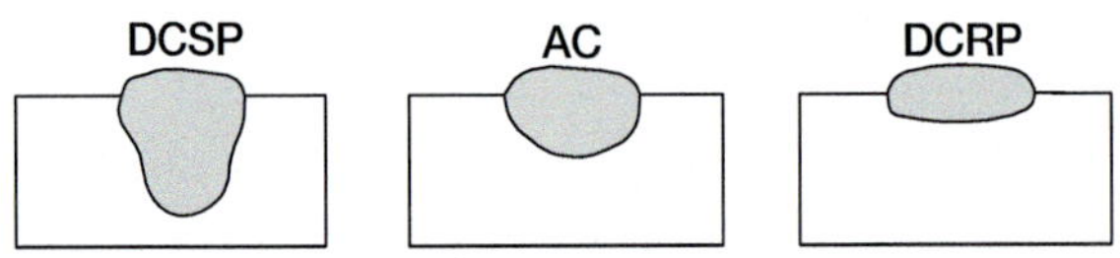	
(6) 극성 판별법	① bead가 흉하다. ② arc가 순하고 조용하다. ③ 절연전선을 연결 후 소금물에 담그면 용접봉(− 극)쪽에서 거품이 발생한다.	① spatter가 심하다. ② carbon이 달아오르고 부러진다. ③ 절연전선을 연결 후 소금물에 담그면 모재(− 극)쪽에서 거품이 발생한다.

1.2.9 아크의 부특성 또는 부저항특성

일반 전기회로는 옴의 법칙에 의해 동일 저항의 경우 전류는 그 전압에 비례하는데, 아크의 경우에는 전류가 크게 되면 저항이 적어져서 전압도 낮아진다. 이러한 현상을 아크의 부저항 또는 부특성이라고 한다.

절연회복특성은 교류 아크에서는 1 사이클에 2번, 전류 및 전압의 순간값이 0으로 되어 아크 발생이 중단되고 용접봉과 모재간은 절연이 된다. 이때 아크 기둥을 둘러싼 보호가스는 용접봉과 모재간의 절연을 꺾고 전류가 잘 통하도록 한다. 이와 같이 보호가스에 의하여 순간적으로 꺼졌던 아크가 다시 일어나는 현상을 절연회복특성이라고 한다.

전압회복특성은 아크가 발생되는 동안 아크 전압은 낮으나, 아크가 꺼진 후에는 용접봉과 모재간의 전압이 매우 커지게 된다. 아크용접 전원은 아크가 중단된 순간에 아크 회로의 과도 전압을 급속히 상승 회복시키는 특성이 있는데 이를 전압회복특성이라고 한다.

1.3 용접 부속 장치

1.3.1 전격방지기

전격방지기는 무부하 전압이 비교적 높은 교류 용접기는 전격(감전사고)을 받기 쉬우므로 용접사를 보호하기 위해 전격 방지기를 사용한다. 전격 방지기의 기능은 작업을 하지 않을 때 보조 전압기에 의해 용접기의 2차 무부하 전압을 20~30V 이하로 유지하고, 용접봉을 모재에 접촉한 순간에만 relay가 작동하여 용접작업이 가능하도록 되어 있다. 용접이 종료되어 아크를 중단하면, 자동적으로 relay가 차단되며 2차 무부하 전압은 다시 25V 이하로 된다. 이와 같이 휴무 시간 동안에는 2차 무부하 전압을 25V 이하로 유지할 수 있기 때문에 작업자를 전격의 위험으로부터 보호할 수 있다.

1.3.2 아크 부스터(Hot start equipment, arc booster)

아크 부스터는 아크 발생 초기에는 용접봉이나 모재가 차가우므로 입열이 부족하여 아크가 불안정해서 용접봉이 처음 모재에 접촉하는 순간의 1/4~1/5초 정도 순간적인 대전류를 흘려서 가열을 강하게 함으로서 아크 초기 안정을 위한 장치로 아크 부스터라고 한다.

아크 부스터의 장점

① 아크의 발생을 쉽게 한다.
② 기포 발생을 방지한다.
③ 비드 모양을 개선하고 아크 초기의 용입을 좋게 한다.
④ 무부하 전압을 70V 이하로 저하시킬 수 있어 전격의 위험이 적다.

1.3.3 고주파 발생장치

고주파 발생장치는 교류 아크 용접기의 아크 안정을 위해 상용 주파수의 아크 전류 외에 고전압(2,000~3,000V)의 고주파 전류(300~1,000kHz)를 중첩시키는 방식으로 라디오나 TV 등에 방해를 주는 결점도 있다.

고주파 발생장치의 장점

① 아크의 손실이 적어 용접이 쉽다.
② 아크 발생 초기에 용접봉을 모재에 접촉시키지 않아도 아크 발생이 쉽다.
③ 무부하 전압을 낮게 할 수 있다.
④ 전격의 위험 적고, 전원 입력을 적게 할 수 있으므로 역률이 개선된다.

1.4 용접봉

1.4.1 용접봉의 구성 및 종류

피복 아크 용접봉의 구성 시 용접봉은 직경 1.6~8 mm인 금속 심선의 둘레에 피복제를 입힌 것이다. 용접기의 홀더에 물려서 통전되는 머리 노출부는 20~30 mm 길이로 심선이 노출되어 있고, 또 반대편의 끝 노출부는 아크 발생을 용이하게 하기 위하여 피복제의 입구가 깎여져 있다. 특히 피복제의 편심률은 크지 않아야(3% 이내) 하며 피복제가 빨리 용해되면 그 기능을 다하지 못하고, 피복제가 용해하기 어려우면 아크가 끊어지기 쉽다.

심선의 기능은 크게 전극 작용, 용착 금속의 형성 등 2가지이며 용접봉의 종류에 따라 철 및 철합금과 비철금속으로 구분된다. 전극으로 작용하기 위해 심선경이 정해지면 전기 저항 등으로부터 심선 길이가 정해진다. 심선은 대부분 용착 금속이 되므로 심선 중의 탄소 성분을 감소시키고, 불순물인 황과 인도 제거한 양질의 것을 사용하여야 하며 규격 KS D3508-82에 자세하게 규격화되어 있다.

용접 와이어는 용접 와이어 내부에 플럭스 유무에 따라 플럭스 코어드 와이어와 솔리드 와이어로 구분된다. 또한 용접 와이어 주위에 플럭스로 피복된 용접봉을 피복아크 용접봉이라고 한다. 그림 2-8에 용접와이어의 종류 및 용접봉의 구분에 대해 나타내었으며 표 2-4에 솔리드 와이어와 FCW (flux cored wire) 특성을 비교하였다.

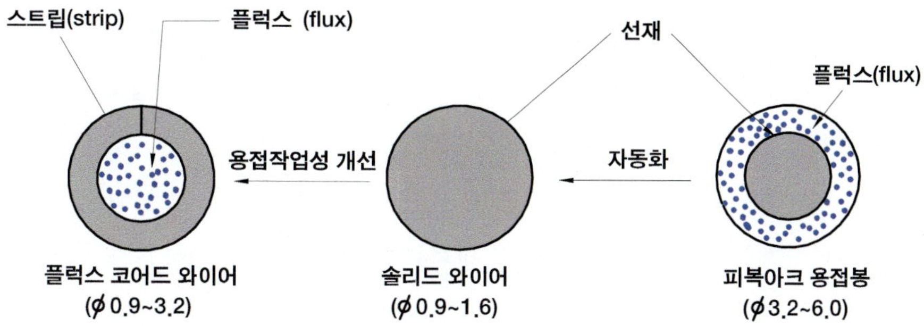

그림 2-8 용접 와이어의 종류 및 용접봉의 구분

표 2-4 솔리드 와이어와 FCW(flux cored wire) 특성 비교 (동일 직경)

항목	솔리드 와이어	FCW
보호 효과	가스 (Ar, He, CO_2 등)	가스 +플럭스
전류 밀도	낮다	높다
용착 속도	느리다	빠르다
용입 (penetration)	얕다	깊다
이행(transfer)	입상이행	분무이행
비드 외관	보통	미려하다
스패터	많다	적다
아크 안정성	작다	크다
경화성	급랭	서랭
전원	정전압특성	수하특성

피복아크 용접봉의 종류

① 일미나이트계 (E4301)

일미나이트계는 슬래그생성식으로 일미나이트를 30% 이상 함유하고 있으며 전자세 용접이 가능하다. 용입이 깊고 미려하며 슬래그 유동성이 양호하고 국내에서 가장 많이 사용되며, 선박이나 교량, 압력용기에 사용된다.

② 라임티타니아계 (E4303)

라임티타니아계는 슬래그생성식으로 산화티탄 (TiO_2)을 주성분으로 하는 두꺼운 피복봉이다. 슬래그 박리성이 양호하고 비드외관이 미려하고 언더컷 발생이 어려워 박판용접에 적합하다.

③ 고셀룰로스계 (E4311)

고셀룰로스계는 반가스발생식으로 셀룰로스와 같은 유기물을 30% 정도 함유하며 CO, H_2 같은 환원성가스를 발생한다. 피복이 얇고 슬래그 생성량이 적으며 흡습이 쉽고 낮은 전류로 용접이 가능하지만 피복제 유기물의 폭발적인 연소로 스패터 발생량이 많다.

④ 고산화 티탄계 (E4313)

고산화티탄계는 가스발생식으로 TiO_2가 주성분이며 얇은 판의 수직용접에 적합하다. 작업성은 양호하며 중요치 않은 구조물의 용접에 사용되며, 스프레이 이행을 한다.

⑤ 저수소계 (E4316)

저수소계는 석회석($CaCO_3$, 탄화칼슘), 형석(CaF_2, 불화칼슘)을 주성분으로 이산화탄소 가스가 발생하며 수소함유량은 타 용접봉의 10% 정도이다. 강력한 탈산작용으로 기계적 성질과 내균열성이 우수하여 후판구조물의 1층 용접에 적합하며 고장력강이나 S, P를 많이 함유한 강에 사용된다. 전자세 용접이 가능하나 작업성이 좋지 않고 아크안정성이 낮으며 흡습에 유의하여야 한다. 예열이 충분하지 않은 상태에서 아크 발생 시 기공 발생에 유의하여야 하며 사용전에 수분 제거를 위해 300~350℃에서 1~2시간 건조하여야 한다.

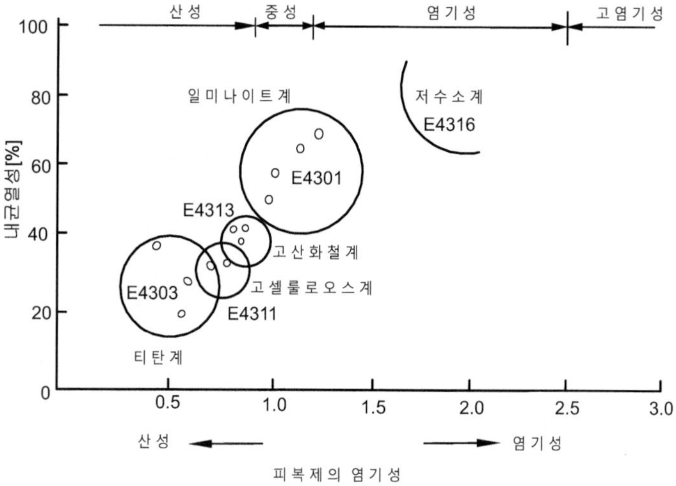

그림 2-9 용접봉의 내균열성 비교

피복제의 역할

① 아크를 안정시킨다.

피복제 중에 아크 안정제를 넣어서 아크를 안정시키며, 심선이 피복제보다 빨리 녹아 아크를 집중시켜 용접을 용이하게 한다.

② 가스 발생제 (냄새 발생 요인)

피복제의 일부 성분은 가스를 발생시켜 아크를 보호하며 용융지에 공기의 침입을 막아 질화, 산화 및 탄화 등을 방지하여 용착 금속의 기계적 성질을 확보한다. 유기물, $CaCO_3$, 습기 등이 가스를 발생시킨다.

③ 탈산과 정련

피복제 중에서 Si, Mn, Ti, Al 등의 탈산 원소를 첨가하여 용착 금속의 산소를 제거하고, 기공의 발생을 방지하여 용착 금속의 강도와 인성을 좋게 한다.

④ 슬래그의 형성

용접 중에 슬래그를 생성시켜 외부공기를 차단함으로서 용착 금속의 급냉으로 인한 경화를 방지한다. 또한 용접 bead의 양호한 표면 형성에 기여하고 용적(droplet)의 크기를 조절하며 산화 및 질화 등을 방지한다.

⑤ 합금 원소의 첨가

피복제 중에서 Ni, Cr, Mo 등 합금 원소를 첨가하여 용착 금속의 강도, 인성, 내열성, 내식성 등을 향상시킨다.

⑥ 용접 능률의 향상

피복제 중에 철분 등을 다량 함유시켜 용착 효율, 용융 속도를 크게 한다.

⑦ 전기 절연성 부여

피복제의 전기 절연성을 높게 하여 재해를 방지한다.

⑧ 아크 내부의 전기전도도를 향상

아크의 발생을 쉽게 하고(점화 개선) 아크를 안정시킨다.

피복 배합제의 종류

① 아크 안정제 : 아크열에 의해 이온화되어 전압을 하강시켜 아크를 안정시킨다.
(규산칼리(K_2SiO_3), 규산소다(Na_2SiO_3), 산화티타늄(TiO_2), 석회석($CaCO_3$))

② 가스 발생제 : 전분(澱粉), 목재, 톱밥, 셀룰로스, 석회석, 탄산바륨($BaCO_3$)

③ 슬래그 생성제 : 산화철, 산화티타늄(TiO_2), 일메나이트, 이산화망간, 석회석, 규사(SiO_2), 장석($K_2O \cdot AlO_3 \cdot 6SiO_2$), 형석($CaF_2$)

④ 탈산제 : 망간철, 규소철, 티탄철, 규소, 망간, 알루미늄 분말

⑤ 합금 첨가제 : 망간, 실리콘, 크롬, 구리, 니켈, 바나듐 등

⑥ 고착제 : 규산나트륨, 규산칼륨, 아교

1.4.2 용접봉의 선택 방법

적당한 용접봉을 선택할 때에는 용접물에 요구되는 품질, 이용할 수 있는 용접기, 용접 장소와 자세, 용접 비용, 모재의 재질, 이음 형상, 용접부의 성질, 용접봉의 작업성 등을 고려해야 한다. 용착 금속의 내균열성은 용접봉 선택 시 가장 중요한 인자로 피복제의 염기도에 대하여 내균열성은 다음의 순서를 갖는데, 작업성은 이와 반대의 순서를 보인다. 그림 2-9에 용접봉의 종류별 내균열성을 비교하였다.

저수소계 > 일미나이트계* > 고산화철계 > 고셀룰로스계 > 고산화티탄계

*ilmenite ($FeOTiO_2$): 밀도 4.70~4.78, 경도 5~6, 조흔색 흑색. 금속, 아금속 광택인 철흑색의 불투명한 능면체 결정의 광물

용접 작업 시 용접봉의 선택방법은 다음과 같다.

① 내압용기, 철구조물 (큰 강도, 후판 용접부)에는 인성과 내균열성이 우수한 저수소계(E4316)를 1~2층에 사용하고, 그 위층에는 작업성이 좋고, 일반 구조물에 적합한 일미나이트계를 사용한다.
② 박판 구조물에는 비드 외관이 좋고 작업성이 우수하며 용입이 적은 라임티탄계(E4303) 또는 고산화 티탄계(E4313)를 사용한다.
③ 수직자세나 위보기용접, 좁은 홈 용접에는 슬래그 생성량이 아주 적은 고셀룰로오스계(E4311)를 사용한다.
④ 아래보기 및 수평필릿 용접에는 작업성 및 능률이 좋은 철분산화티탄계(E4324)를 사용한다.

1.4.3 용접봉의 용융 속도(melting rate)와 용착 효율

용접봉의 용융 속도는 단위 시간당 소비되는 용접봉의 길이 또는 중량으로 표시하는데 실험 결과에 의하면 다음과 같다.

① 아크 전류에 정비례한다.
② 아크 전압에 무관하다.
③ 심선은 같더라도 피복제의 종류에 따라 약간 차이가 있다.

용접봉의 용착 효율(deposition efficiency)는 용접봉의 소모 중량에 대한 용착 금속의 중량비로서 피복 전기 용접봉은 일반적으로 용착 효율이 60% 정도인데, 이는 용접봉 홀더에 물려 있는 마지막 5초 정도 손실 14%와 피복제가 타서 없어지는 것, 그리고 스패터 손실이 27%이기 때문이다.

1.4.4 용접봉의 표시

KS D 7004에 규정되어 있는 용접봉의 표시 방법은 다음과 같다.

E 43 X_1 X_2 (연강용은 E, 고장력강용은 D)

E : 전기 용접봉(electrode)

43 : 전용착금속 (all weld metal)의 인장강도의 최소값(kg/mm^2)
X_1 : 용접 자세 (0, 1 : 전자세, 2 : 아래보기와 수평 필릿, 3 : 아래보기, 4 : 특정자세)
X_2 : 피복제의 종류 표시 (극성에 영향)

용접봉 홀더는 피복 아크 용접 시, 용접봉 심선부를 고정하여 용접 케이블로부터 용접 전류를 전달하는 기구이다. 용접용 홀더는 직경이 다른 각종 용접봉의 탈착이 용이하게 하고 작업자의 피로를 줄이기 위해 가벼워야 하며, 홀더 자체의 전기 저항이나 용접봉 고정부의 접촉 저항으로 일정 한도 이상으로 과열되거나 충격으로 쉽게 파손되어서는 안된다.

토륨 텅스텐 봉은 전자방출 능력이 우수하여 전극 온도가 낮아도 전류 용량을 크게 할 수 있다. 또한 낮은 전류와 전압에서도 아크를 발생하기 쉬우며 스패터도 없으며 전극의 동작온도가 낮으므로 접촉에 의한 소손 가능성이 낮다는 장점도 있다. 따라서 불활성가스 아크 스팟 용접의 전극과 직류 정극성의 경우에 바람직하다.

순텅스텐 봉은 동작온도가 높아서 용접 중 모재에 접촉하면 용융금속에 텅스텐이 혼입되어 용접부에 텅스텐 혼입이라는 결함이 나타나게 된다. 텅스텐 전극은 사용중에 가공해야 하는데 토륨을 함유한 전극봉과는 달리 순 텅스텐 및 지르코니움이 들어간 텅스텐 전극의 끝 부분은 날카롭게 가공하지 않는다.

텅스텐 전극 수명 유지 방안은 과소, 과대 전류를 피하고 피용접물이나 용가봉에 접촉하지 않고 아크 소멸 후 전극온도가 300℃ 이하가 될 때까지 보호가스를 공급하는 방법 등이다.

1.5 용적이행의 종류 및 특징

용적은 용접봉 또는 용접 와이어의 선단이 아크의 고온에 의해 용융되어 액상의 작은 방울 형태로 형성된 것이다. 이 용적이 용접부의 용융금속으로 이행하는 것을 용적이행이라 하는데, 이러한 용적이행에 따라 작업의 난이와 용입, 스패터의 다소 등이 영향을 받는다. 이러한 용적이행의 형태 및 제어가 용접품질에 직접적인 영향을 주게 된다.

용적에 작용하는 힘은 중력, 전자기력, 표면장력, 플라스마 제트 등의 4가지로 설명할 수 있으며 그림 2-10에 나타내었다. 용가재가 용융되어 용융지로 이행하는 현상은 보호가스(shield gas)의 조성, 용접 전류, 전압, 용접 재료 및 용접전원의 제어특성에 따라 달라진다.

용적이행의 형태는 여러 가지 형태로 분류할 수 있으며 용적에 작용하는 힘의 우열에 의해 그림 2-11에 나타낸 바와 같이 입상 용적이행, 반발 용적이행, 프로젝티드 용적이행, 스트리밍 용적이행, 회전이행, 폭발이행, 단락이행 등의 다양한 형태로 나눌 수 있다.

입상 용적이행(globular transfer)은 저전류에서 주로 나타나는 이행방식으로 이행되는 용적의 지름이 와이어의 지름보다 크고, 용적이 용융지와 직접 접촉하지 않는다는 것이 특징으로 용적이 중력에 의해 낙하되는 형태이다. 용적이행이 안정적으로 이루어지기 위해서는 용적이 완전하게 이탈될 수 있을 정도의 아크길이를 유지하는 것이 중요하며 이산화탄소를 보호가스로 사용하는 고전류영역과 Ar 가스를 사용하는 저전류 영역에서 나타나는 이행방식이다.

반발이행은 용적이 상부로 반발하여 올라갔다가 다시 낙하하는 이행방법이고, 프로젝티드 용적이행과 스트리밍 이행은 용적이 형성되어 낙하하거나 작은 용적의 형태로 물이 흐르는 것과 같이 낙하하는 것이고, 회전이행은 가늘고 길게 형성된 용적이 와유동에 의해 나선상의 움직임을 보이며 낙하한다. 폭발이행은 용적 중의 가스성분이 아크의 고온에 의해 팽창하여 폭발할 때 이행하는 것이고, 단락이행 (short circuiting transfer)은 보호가스 조성에 관계없이 저전류, 저전압에서 나타나는 이행형태로 용접봉이나 용접 와이어가 모재나 용융지에 접촉되었을 때 흐르는 전류에 의해 급격하게 용융되어 순식간에 용적이 이행되는 방식이다.

맥동아크 용적이행은 용접전류에 맥동을 주는 방법으로, 박판의 경우 높은 전류로 용접 시 용락이 발생하기 쉬운데 맥동아크 용적이행에서는 낮은 전류에서도 스프레이 이행이 가능하게 되어 박판용접 (3.2mm 이하)이 가능하게 된다. 판두께에 따라 펄스 주파수를 조정하며, 펄스 주파수를 증가시키면 평균 전류값이 증가하여 후판용접도 가능하게 된다.

맥동아크 용적이행의 장점

① 0.5mm 이하의 박판용접이 가능하며 전자세 용접이 가능하다.
② 초층의 용접품질이 우수하고 기공 저감이 가능하다.
③ 용접 시 입열량 저하로 변형과 잔류응력 저감이 가능하다.
④ 금속조직이 미세하여 기계적 성질이 양호하다.

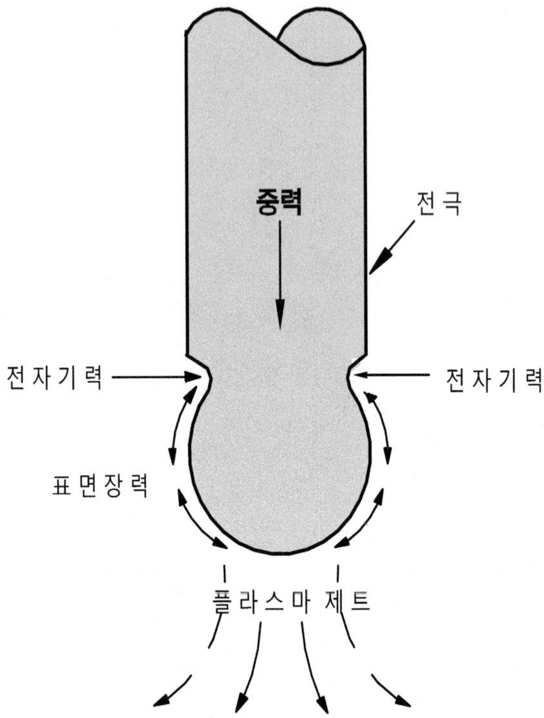

그림 2-10 용적에 작용하는 다양한 힘

용접전류가 증가하면 용접봉이나 용접와이어의 용융속도가 증가하며 특정전류에서 용적의 크기가 급격하게 변하는데 이러한 전류를 천이전류라고 한다. 용접전류가 천이전류보다 낮은 경우에는 입상용접 이행이 나타나고, 그 이상일 경우에는 와이어 지름보다 작은 용적들이 초당 수백회 정도의 높은 빈도로 이행하는 스프레이 이행이 나타난다. 스프레이 이행의 장점으로는 용접 비드가 미려하고, 용입이 깊어지고 전자세 용접이 가능하고 펄스 아크를 이용하는 경우 저전류에서도 스프레이 이행을 얻을 수 있어서 박판용접이 가능하다는 점이다. 입상용적에서 스프레이 용적으로 바뀌는 천이전류는 보호가스의 조성, 용접재료의 화학조성 및 와이어 직경에 따라 다르다. 대표적으로 비활성가스 금속아크 용접의 고전류 영역이나, 아르곤 가스가 75~80% 이상일 경우 스프레이 이행이 나타난다. 그림 2-12와 그림 2-13에 입상용적 이행과 스프레이 이행의 형태 그리고 보호가스 조성과 스프레이 임계전류와의 관계를 나타내었다.

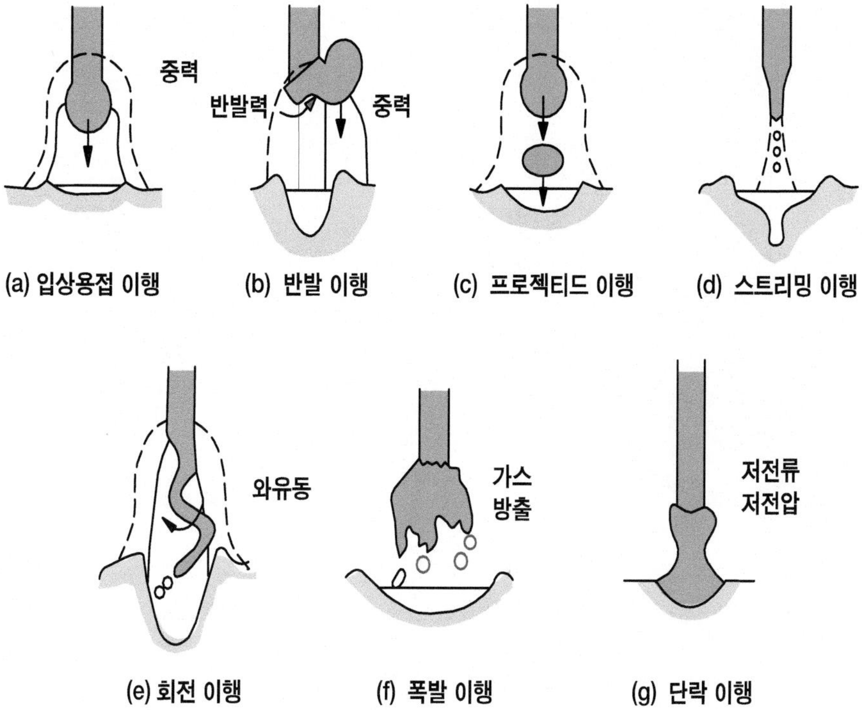

그림 2-11 용적이행의 종류

분무이행의 장점

① 용입(penetration)이 깊다.
② 용접 비드 외관이 미려하다.
③ 펄스 아크를 활용 시 박판용접이 용이하다.
④ 전자세 용접이 가능하다.

단락이행의 장점

① 용적이행이 모재와 접촉 시 발생하여 스패터 발생이 적고 비드 외관이 미려하다.
② 아크가 안정적이고 작업성이 양호하다.
③ 평균용접전류를 작게할 수 있어서, 전자세 용접이 가능하다.
④ 용입이 얕으므로 박판용접에 용이하다.

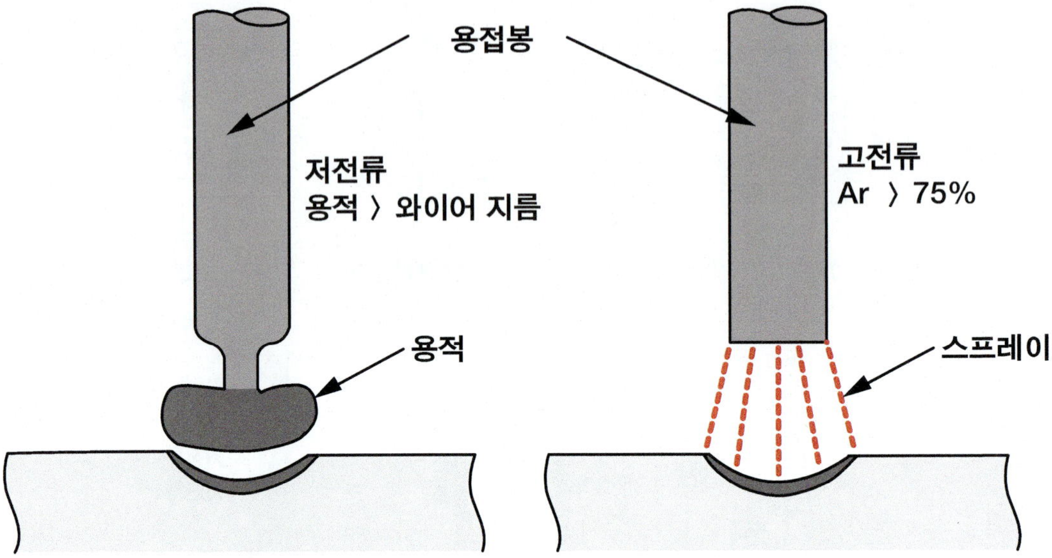

그림 2-12 입상 용적이행과 스프레이 이행

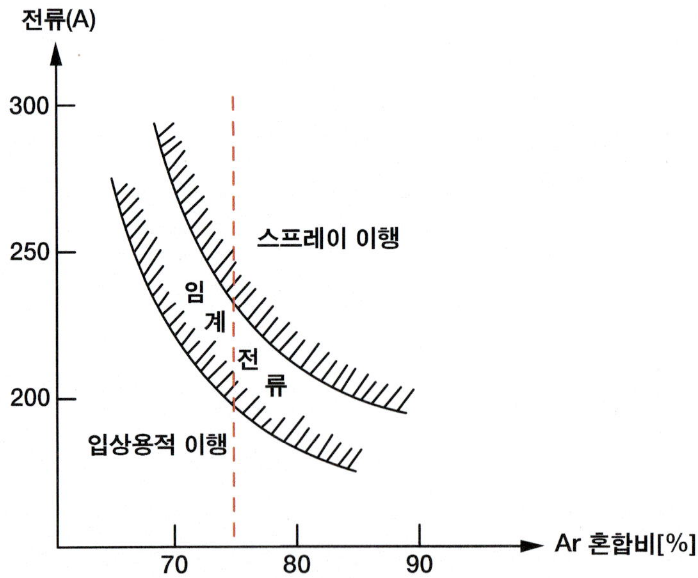

그림 2-13 보호가스 조성과 스프레이 임계전류

1.6 기타 용구

1.6.1 용접용 케이블

케이블에는 1차 케이블과 2차 케이블 2종류가 있는데 1차는 전원과 용접기간의 케이블로서 용접기 용량이 200, 300, 400A이면 굵기는 각각 5.5, 8, 14mm가 적당하고, 2차 케이블은 용접기와 모재간의 케이블로서 용접기 용량이 200, 300, 400A이면 각각 그 단면적이 50, 60, 80mm^{2}이 적당하다. 접지 케이블은 모재로 연결하거나 분리할 수 있게 사용하는 일종의 클램프이다.

1.6.2 보호기구

아크로부터 발생하는 자외선 및 적외선으로부터 눈을 보호하고 스패터로부터 얼굴이나 머리를 보호하기 위하여 용접 헬멧이나 핸드 실드를 사용한다. 이외에 단열, 절연 성질과 비인화성을 갖는 장갑, 발덮개, 앞치마 등이 필요하다. 기타 공구로는 치핑 해머(chipping hammer), 와이어 브러쉬, 용접부 치수를 측정하는데 필요한 용접 게이지, 필릿 용접의 각장을 측정하는 데 사용되는 맞대기 및 필릿 용접 게이지, 프라이어 등이 필요하다. 1.5m 이내에서 보호구 사용 없이 용접 빛을 보는 것은 위험하다. 따라서 용접 아크에서 눈을 보호하기 위하여 필터 렌즈의 차광도가 높은 것을 사용해야 한다. 표 2-5에 차광유리의 차광도와 적정 용도를 나타내었다.

표 2-5 차광유리의 차광도와 용도

차광도 번호	용도
6~7	◆ 30A 미만의 아크용접 및 절단 ◆ 중정도의 가스용접 및 절단
8~9	◆ 30~100A 아크용접 및 절단 ◆ 고온 가스용접 및 절단
10~12	◆ 100~300A 아크용접 및 절단
13~14	◆ 300A 이상의 아크용접 및 절단

1.7 아크 용접 방법

1.7.1 아크의 발생 및 중단 방법

아크의 발생에는 긁는법(scratch method)와 찍는법(pecking method)이 있으며 일반적으로 긁는법이 널리 사용된다. 아크를 중단시킬 때는 용접을 끝마치려는 부분에서 아크 길이를 짧게 하여, 운봉을 잠깐 정지시켜 크레이터를 채운 다음 재빨리 용접봉을 들어내 아크를 끈다. 만약 용접봉을 바로 들어내 아크를 끄면 크레이터가 메워지지 않아 크레이터 균열이 발생한다.

크레이터(crater)는 용접시의 용융지가 그대로 응고하면서 수축되어 움푹하게 패인 부분으로 이 부분은 슬래그나 기포가 완전히 제거되지 않기 때문에 결함을 내장하여 균열의 발생 기점이 되는 경우가 많기 때문에, 용접 종료 시 이 부분을 잘 처리해야 한다.

1.7.2 운봉법과 용접 특성

운봉법은 용접작업 시 용접봉을 이동 또는 조작하는 방법으로 줄비드와 위빙비드가 있으며, 그림 2-14에 나타내었다. 전진법과 후진법은 그림 2-15에 도시하였으며 자세한 사항은 표 2-6에 나타내었다. 줄 비드는 용접봉을 좌우로 움직이지 않고, 직선으로 용접하는 방법으로 가접(tack bead), 박판 및 V형 이음 등의 제1층 용접에 이용한다. 위빙 비드(weaving bead)는 용접봉 끝을 좌우로 여러가지 형태로 움직이면서 용접하는 방법이다. 줄 비드보다 비드 폭이 넓거나 모재 두께가 두꺼울 경우 사용한다. 또한 V형, X형 등의 홈을 용접해서 위로 올라갈수록 폭이 넓어질 때나 홈을 채우고 나서 마지막 용접을 할 때 위빙 비드를 사용한다.

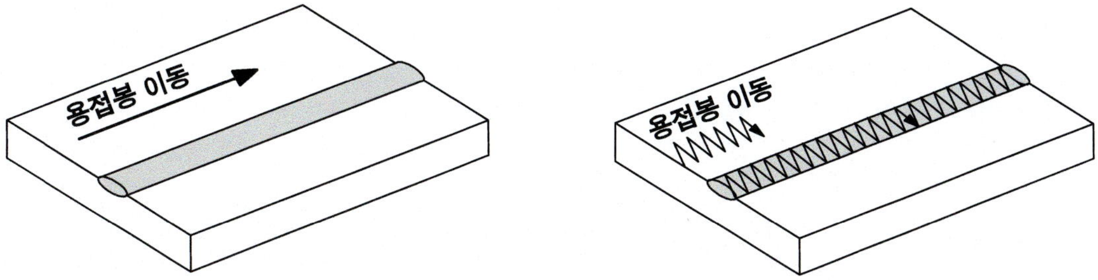

(a) 줄비드(stringer bead) (b) 위빙비드(weaving bead)

그림 2-14 줄비드와 위빙비드

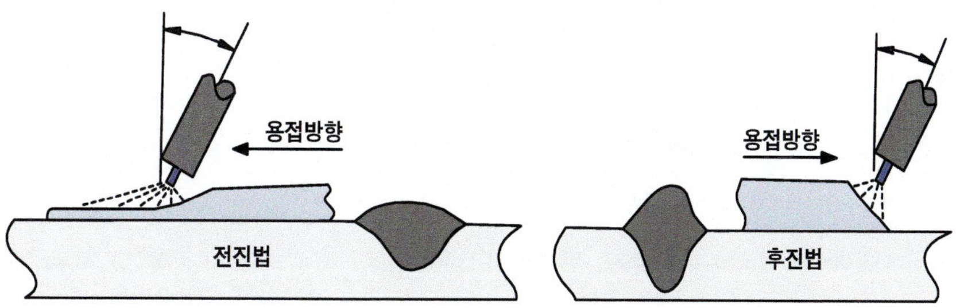

그림 2-15 운봉법 (전진법과 후진법)

표 2-6 전진법과 후진법의 비교

항목	운봉법	
	전진법	후진법
용접속도	빠르다	느리다
비드 형상	후진법보다 얕고 넓다	전진법보다 깊고 높다
열영향부(HAZ)	넓다	좁다
입열량	적다	많다
모재 두께	3mm 이하 박판	3mm 이상 후판

용접 조건(welding condition)은 용접 작업에 결함이 없는 좋은 용접을 하려면 용접봉 각도, 아크 길이, 용접 전류 및 속도를 알맞게 사용해야 한다. 아크 전압은 아크의 안전성, 비드 외관, 스패터의 발생, 용입 상태 등에 큰 관계가 있다. 동일 전류에서 아크 전압이 낮으면 아크는 짧게 되어 용입은 깊고, 폭은 협소한 비드 형상으로 된다. 반

대로 아크 전압이 높은 경우 용입은 얇고, 비드 폭이 넓은 평평한 비드 형상으로 된다.

아크 길이가 너무 긴 용접부의 특징

① 스패터가 많다.
② 용접 금속이 산화나 질화가 된다.
③ 기공이 생긴다.
④ 아크가 불안정하여 흔들린다.
⑤ 비드 표면이 거칠어진다.

아크 길이가 너무 짧은 용접부의 특징

① 용접봉이 모재에 잘 달라붙는다.
② 슬래그 혼입이 일어난다.
③ 비드 폭이 좁고 볼록하다.
④ 콜드 랩(cold lap) 현상이 발생한다.

용접전류는 와이어의 용융 속도에 비례한다. 일정 전압, 일정 속도에서 비교하면 용접 전류가 증가할수록 용착량은 증가하고, 비드 폭은 넓게 되며 여성고는 높게 된다. 동시에 입열도 증가하므로 용입도 증가한다.

통상 용접봉 지름 1mm당 40A의 전류를 사용하는데, 전류의 조정은 모재의 재질, 두께, 용접봉 지름, 용접자세, 용접부의 형상 등에 영향을 받는다. 전류가 너무 높으면 언더컷이나 스패터가 많이 발생하며, 너무 낮으면 아크의 유지가 힘들며 용접봉이 모재에 달라붙기 쉽고 용입이 얕으며 오버랩 및 슬래그 혼입의 원인이 된다.

전류에 따른 적정 전압 산출식

- 소전류 ($\leq$200A)의 경우 : $0.04 \times A + 15.5 \pm 1.5$(V)
- 대전류 ($\geq$200A)의 경우 : $0.05 \times A + 15.5 \pm 2$(V)

용접 속도(A, V 일정)를 빠르게 한 경우 용입, 여성고, 비드 폭은 감소하고 비드는 凸형이 되고 스패터도 증가한다. 또한 비드 끝부분에 언더컷이 생긴다.

와이어 돌출 길이 (팁-모재간 거리)

동일 전류에서 와이어 돌출 길이가 길면 용융 속도가 크고 용입은 얕아지며 아크 불안정, 스패터 및 기공이 발생하기 쉽다. 적정 거리는 전류에 따라 다소 변동되지만 통상 아크 길이는 용접봉 심선의 직경과 거의 같은 정도가 좋다. 가스 용접시에도 가스 유량 및 노즐 높이는 용접부의 피트, 블로우홀에 중대한 영향을 미친다. 따라서 적정한 가스 유량, 노즐 높이, 용접 조건에 따라 선택하여야 한다. 그림 2-16에 와이어 돌출길이를 나타내었다.

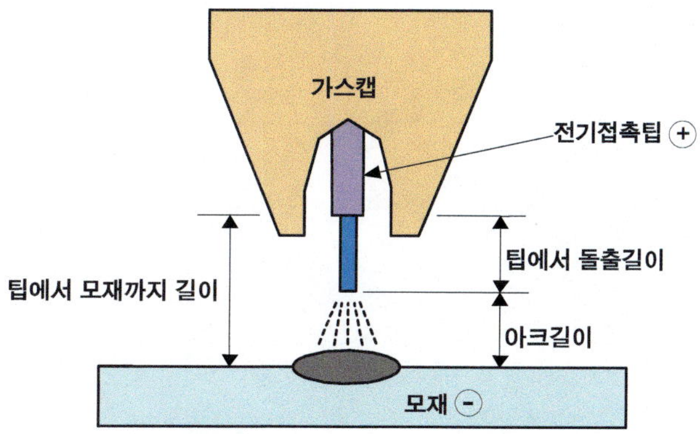

그림 2-16 와이어 돌출길이

1.7.3 고능률 피복 아크 용접법

피복 아크 용접의 생산성을 향상시키기 위한 방법으로 간단한 기구를 이용하여 고능률화를 꾀하는 방법으로 그래비티 용접과 오토콘 용접이 있다. 그래비티 용접은 모재와 일정한 경사를 갖는 슬라이드바를 따라 용접 홀더가 하강하도록 되어 있으며, 아크가 발생하면 용접봉은 점점 소모되면서 중력에 의해 서서히 하강하며 오토콘 용접은 특수 스프링으로 홀더에 압력을 가하여 용접봉이 자동적으로 모재에 밀착 되도록 설계되어 있다. 이들은 피더(feeder)에 철분계 용접봉을 장착하여 수평 필릿 용접 전용으로 개발된 일종의 반자동 용접장치로서, 한 명이 여러 대(2~7대)의 용접기를 관리할 수 있어 생산성을 향상시킨 용접법이다. 그림 2-17과 그림 2-18에 그래비티 용접기와 오토콘 용접기를 나타내었다.

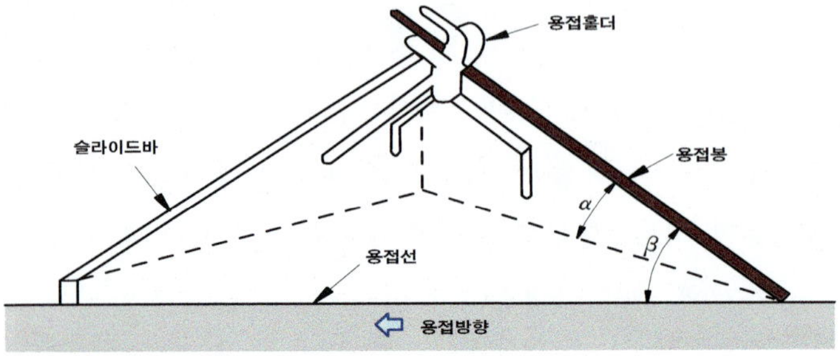

그림 2-17 그래비티 용접기

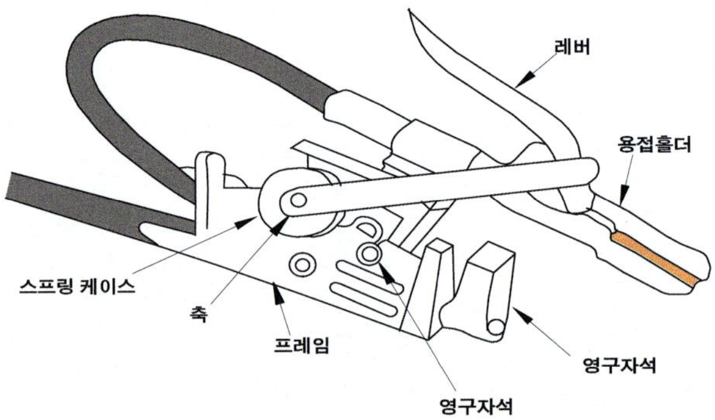

그림 2-18 오토콘 용접기

1.7.4 수중아크 용접(water arc welding)

담수 또는 해수 중에서 하는 아크 용접을 수중용접이라 하며, 고체 용기로 주위를 둘러싸고 물을 배제한 공간에서 아크를 발생시켜 용접하는 방법인 건식과 물에 접한 상태로 아크를 발생시켜 용접하는 습식으로 구별된다. 그림 2-19과 그림 2-20에 건식수중아크 용접과 습식수중아크 용접을 나타내었다.

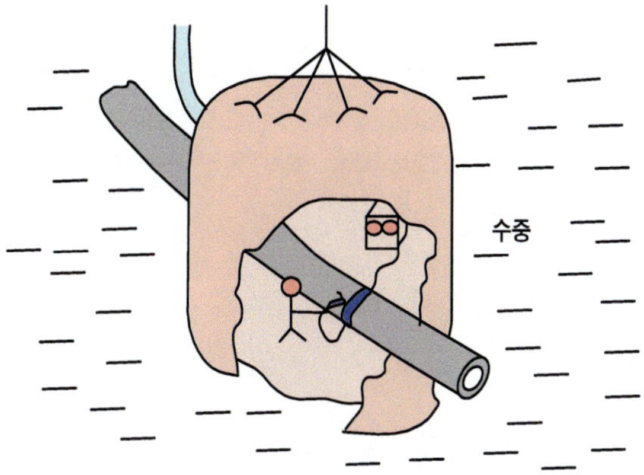

그림 2-19 건식 수중아크 용접

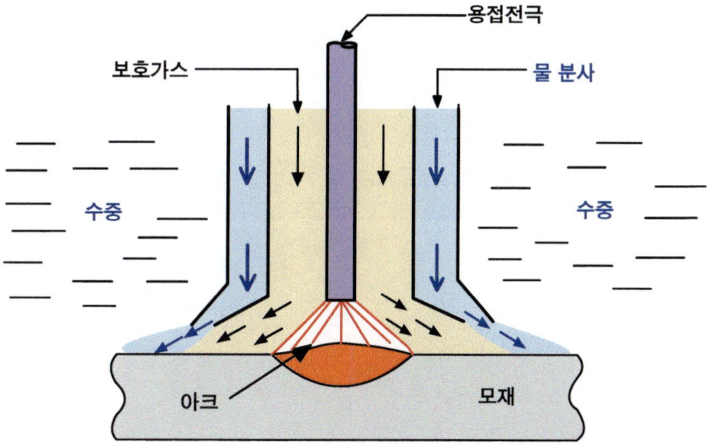

그림 2-20 습식 수중아크 용접

연 습 문 제

1 아크용접에서 전류의 세기와 무관한 것은?

① 오버랩
② 용입불량
③ 언더컷
④ 선상조직

2 피복아크용접에 필요한 특성으로 아크를 안정시키는데 필요한 특성은?

① 수하 특성
② 정전압 특성
③ 회로 특성
④ 자기제어 특성

3 교류 아크 용접기로서 용접전류의 원격조정이 가능한 용접기는?

① 탭전환형
② 가동철심형
③ 가동코일형
④ 가포화리액터형

4 교류아크 용접기와 비교한 직류아크 용접기에 대한 설명 중 틀린 것은?

① 아크 블로우가 발생한다.
② 전격의 위험이 높다.
③ 보수관리 등 손질을 많이 해야 한다.
④ 아크가 안정되어 있다.

5 아크 용접기의 수하특성이란?

① 아크전류에 상관없이 전압이 일정한 특성이다.
② CP (Constant Potential) 특성이다.
③ 아크 길이가 변하여도 전류의 변화가 거의 없는 특성이다.
④ 와이어 등속 공급 특성이다.

 01④ 02 ① 03 ④ 04② 05③

6 FCW 특성과 관계가 먼 것은?
① 전류밀도가 높다.
② 용입이 깊다.
③ 용착속도가 빠르다.
④ 스패터가 많다.

7 MIG 용접에 필요한 특성으로 아크를 안정시키는데 필요한 특성은?
① 자기제어 특성
② 정전압 특성
③ 회로 특성
④ 수하 특성

8 아크 발생 초기에 아크를 안정시키는 것과 관계가 깊은 무엇인가?
① 전격방지기
② 아크부스터
③ 고주파발생장치
④ 아크의 부특성

9 직류정극성에 대한 설명 중 틀린 것은?
① 모재의 용입이 얕다.
② 용접봉의 용융이 느리다.
③ 비드폭이 좁다.
④ 일반적으로 널리 사용된다.

10 아크 용접기의 정전류특성이란?
① 아크전류에 상관없이 전압이 일정한 특성이다.
② CP (Constant Potential) 특성이다.
③ 용접전류가 일정한 가운데 와이어를 정속 공급하여 아크길이를 제어하는 특성이다.
④ 아크 길이가 변하여도 전류의 변화가 적은 특성이다.

06 ④ 07 ② 08 ② 09 ① 10 ③

Chapter

2 아크용접법의 종류

2.1 특수 아크 용접법의 구분과 불활성가스 아크용접법

2.1.1 특수아크용접법의 구분

우선 용융지의 보호방법에 따라서 ① 가스 보호 (gas shield)와 ② 자체 보호 (self shield)로 구분할 수 있다. 자체보호는 플럭스가 와이어에 내장된 형태인 FCAW(flux cored arc welding)을 사용하는 용접법으로 FCW (flux cored wire)로 용접 중 내장된 플럭스에서 가스가 발생하여 용융지를 보호하는 방식이며, 가스 보호 방법은 대체로 FCW가 아닌 솔리드 와이어를 사용하며 보호 가스 (shield gas)에는 활성가스 (CO_2, O_2, 혼합가스)와 불활성가스 (Ar, He)로 구분된다.

CO_2 용접이란 보호가스로 CO_2를 이용하는 것을 의미하며 와이어 형태는 솔리드 와이어가 될 수도 있고 FCW가 될 수도 있다. FCAW는 솔리드 와이어가 아닌 FCW를 사용하는 용접법으로 자체 보호 방법이 주로 사용되지만 가스 보호 방법을 병행하여 사용하기도 한다.

MAG(metal active gas)는 보호가스로 CO_2나 O_2, 혼합가스 등의 활성가스를 사용하는 방법이며 MIG나 TIG 용접의 경우는 보호가스로 Ar, He, Ar + He 등의 불활성 가스를 사용하며, GMAW (Inert gas metal arc welding) 또는 GTAW (Inert gas tungsten arc welding)으로 표기한다. FCAW를 GMAW으로 분류하기도 하며 표 2-7에 보호 가스의 종류에 따른 특수용접법의 분류를 나타내었다.

표 2-7 보호가스에 따른 용접법 분류

보호 방법	용접법		보호가스	기타
가스 보호 (gas shield)	GMAW	MIG	Ar, He, Ar + He	불활성가스 (inert gas)
		MAG	CO_2, O_2 및 이들을 혼합한 가스	활성가스 (MAG, metal active gas)
		CO_2	CO_2	활성가스 (active gas)
	GTAW (TIG)		Ar, He, Ar + He	불활성가스 (inert gas)
자체 보호 (self shield)	FCAW		-	보호가스를 병용할 수 있음. FCW 사용

2.1.2 불활성 가스 아크 용접법

불활성 가스 아크 용접법 (IGAW, Inert Gas Arc Welding)은 아르곤, 헬륨 가스와 같이 고온에서도 금속과 반응하지 않는 불활성 가스 분위기에서 텅스텐 전극봉 또는 와이어와 모재와의 사이에 아크를 발생시켜 그 열로 용접하는 방법이다. 그림 2-21에 보호가스 종류가 바뀔 경우 용접 비드 형상을 나타내었다.

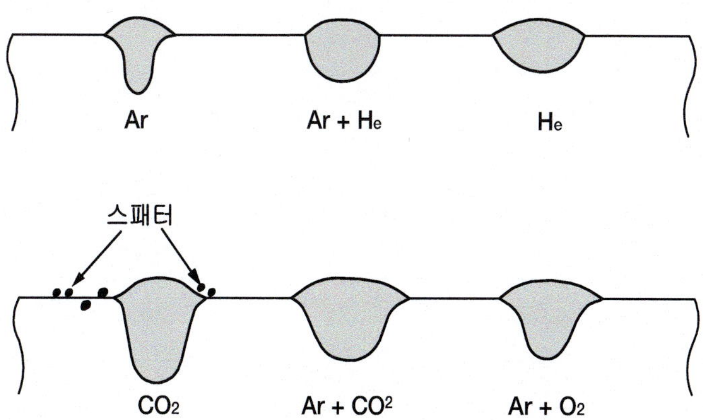

그림 2-21 보호가스 조성별 용접 비드의 형상

보호가스는 용융금속을 대기로부터 차단하여 산화 및 질화를 방지하여 용접 제품의 품질을 제고하려는 목적으로 사용하는 가스이다. 이외에 아크 특성 및 용적 이행, 용입 깊이 및 비드 형상, 용접속도 및 언더컷 결함 발생 정도, 청정작용과 용착금속의 기계적 성질 및 용접비용 등에 영향을 미친다. 불활성 가스 용접에 사용되는 보호 가스로는 Ar, Ar + O_2, Ar + CO_2가 있으며 이것은 TIG, MIG 용접법으로 구분하기도 한다.

그림 2-21에 보호가스 조성별 용접비드의 형상을 나타내었으며, 표 2-8에 아르곤과 헬륨의 보호가스 특성을 비교하여 나타내었다.

표 2-8 아르곤과 헬륨의 보호가스 특성 비교

항목	아르곤(Ar) 가스	헬륨(He) 가스
(1) ARC 안정성	조용하고 안정됨	아르곤보다 나쁘다.
(2) 입열	작다	크다
(3) 아크 발생	헬륨보다 쉽다	아르곤보다 어렵다
(4) 가스 소모량	보호 효과가 좋아 적게 소모 (분자량 40)	많이 소모 (Ar보다 가볍다, 분자량 4)
(5) 퓸 (fume) 발생 정도	적다	많다
(6) 청정작용 (cleaning action)	우수 (DCRP: Al, Mg. AC)	없다
(7) 모재 두께	박판 (열의 발생이 적다)	후판 (열의 발생이 많다)
(8) 이종금속 용접	양호	보통
(9) 용접법	수동용접에 좋다	자동용접에 좋다
(10) 무게 (공기에 비해)	약 1.4배 무겁다.	약 0.14배 정도로 가볍다.
(11) 열전도성	작다	크다
(12) 비드 형상	종모양	타원형
(13) 아크전압	낮은 아크 전압 (박판 아크 안정)	높은 아크 전압
(14) 용접 자세	아래보기 용이	위보기 용이
(15) 기공	헬륨보다 많다	아르곤보다 적다
(16) 용접속도	헬륨보다 느리다	아르곤보다 빠르다
(17) 경제성	헬륨보다 우수하다	아르곤보다 비경제적이다
(18) 상용성	주로 사용	거의 사용하지 않음
(19) 기타	99.9% 이상 순도 아크가 원추형	언더컷 유의 아크길이 변화에 민감

가스의 열전도성이 좋다거나 나쁘다거나 하는 각 가스의 특성을 이용하여 혼합가스를 사용하기도 하지만, GMAW에서 불활성 가스에 활성가스를 혼합하여 사용하는 이유는 안정된 아크를 얻기 위함이다.

2.2 불활성가스 텅스텐 아크 용접법 (TIG)

2.2.1 개 요

불활성 가스 텅스텐 아크 용접법 (GTAW(inert gas tungsten arc welding), TIG)은 텅스텐 전극봉을 사용하여 아크를 발생시키고 아크열로 목재를 용융시키면서 용접하는 방법으로 비용극식 또는 비소모식 불활성 가스 아크 용접법이라 한다. 보호 가스로 Ar을 사용하는 방법으로 잔류 용제 및 슬래그가 잔존하지 않기 때문에 용접 작업이 용이하며 아름다운 비드 외관을 얻을 수 있고, 불활성 가스 중에서 용접이 행해지기 때문에 청정한 용착 금속을 얻을 수 있다.

또한 용접 입열의 조정이 용이하므로 박판용접에 좋고, 플럭스가 불필요하여 비철금속의 용접이 용이하고 청정작용이 있다. 그림 2-22에 불활성 가스 텅스텐 아크용접의 개념도를 나타내었다.

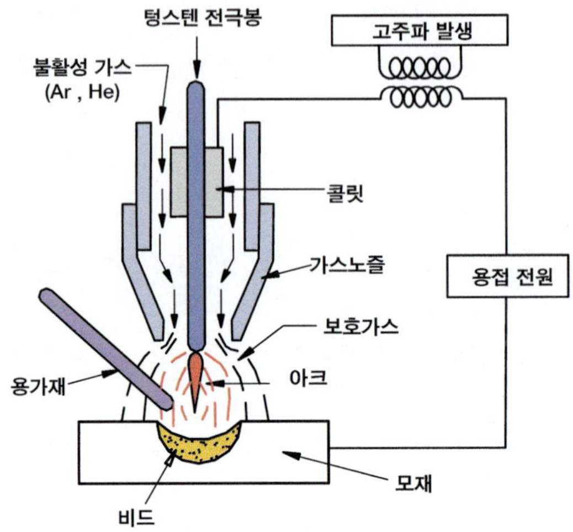

그림 2-22 불활성가스 텅스텐 아크 용접의 원리

2.2.2 TIG 용접의 장점과 단점

TIG 용접의 장점

① 용접입열의 조정이 용이하기 때문에 박판용접에 좋다.
② 플럭스가 불필요하며 비철금속의 용접이 용이하고 청정작용이 있다.
③ 용접 스패터 발생이 적고 전자세 용접이 가능하다.
④ 열영향부 (HAZ)가 매우 적고 용접부의 변형이 적고 비드가 깨끗하다.
⑤ 용접상태의 관찰이 용이하여 작업성이 양호하다.
⑥ 용접기 조작이 간단하고 용접부가 좁고 깊은 용입을 얻는다.
⑦ 용접봉을 교체할 필요가 없어, 양호한 용접을 얻는다.

TIG 용접의 단점

① 용극식 용접봉을 사용하는 경우보다 용접 속도가 느리다(이를 개선한 방법이 Hot Wire 용접법이다).
② 전극봉(텅스턴 재질)이 용접부에 녹아 들어갈 경우, 용접부는 취성을 갖는다.
③ 텅스텐 전극의 오염 우려가 있고, 용접기의 장비가 복잡하고 가격이 비싸다.
④ 보호가스 기류가 실드 효과를 발휘하도록 보호되어야 한다.
⑤ 용접금속의 냉각속도가 빨라서 HAZ 등의 기계적 성질에 영향을 미친다.

2.2.3 직류 용접

TIG 용접법에는 직류, 교류 전원의 어느 것이나 사용될 수 있다. 직류 전원은 극성에 따라 용접 작업이 많이 달라지며, TIG 용접에 사용되는 가스는 우리나라에서는 거의 Ar 가스를 사용하고 있다.

정극성(모재 +, 전극 −) 용접에 있어서는 전자가 모재에 고속도로 부딪혀서 모재를 더 많이 가열한다. 역극성 용접에서는 이와 반대 현상이 일어나 전극이 고온으로 가열되어 전극 선단이 용융되기 쉽다. 따라서 역극성의 경우 정극성보다 굵은 전극을 사용한다. 예를 들면 1.6 mm 지름의 텅스텐 전극은 정극성에서는 125A의 용접 전류를 흐르게 할 수 있으나, 역극성에서 동일 전류를 흐르게 하면 6.4 mm 지름의 텅스텐 전극이 필요하게 되는데, 이와 같이 정반대의 가열 효과는 용입의 깊이나 모양에도 커다란 영향을 주게 된다. 따라서 정극성에서는 폭이 좁고 용입이 깊은 용접부를 얻을 수가 있으나, 역극성에서는 굵은 전극을 사용해서 일반적으로 낮은 전류를 사용하기 때문에 폭이 넓고, 얕은 용접부를 얻게 된다. 교류 용접에서는 이들 양자의 중간적인 용입이 된다.

역극성 용접의 특징은 청정효과(plate cleaning action, surface cleaning action)이다. 가속된 가스 이온이 모재에 충돌함으로써 모재의 산화막이 사포로 닦아낸 듯이 깨끗이 제거된다. 그 때문에 알루미늄이나 마그네슘 등과 같은 강한 산화막이나 용융점이 높은 산화막이 있는 금속이라도 용제 없이 용접이 가능하다. 이 청정작용은 불활성 가스로 He을 사용하는 경우에는 Ar을 사용하는 경우에 비해 He 이온이 가벼워 거의 효과가 없다. 한편 역극성은 전극을 가열하여 그것이 녹아 용착 금속에 혼입되는 수가 있고, 또 아크가 불안정하여 용접 조작이 어렵기 때문에 알루미늄이나 마그네슘 및 그 합금의 용접에는 이 대신에 교류 용접이 사용된다.

2.2.4 교류 용접

교류 용접은 직류 정극성과 역극성의 특징을 함께 갖추고 있어 이들 특징을 고루 이용할 수 있다. 즉 전극의 지름은 비교적 작아도 무방하며 Ar 가스를 사용하면 경합금 등의 산화막의 청정 작용도 있고 용입은 약간 넓고 깊은 편이 된다. 교류 용접의 반파에서는 정극성이고 나머지 반파는 역극성이 된다. 그러나 실제 용접 시 모재의 표면에는 산화물, 수분, 스케일 등이 있기 때문에 모재가 (−)가 된 경우에는 전자 방출이 어렵고 전류가 흐르기도 어렵다. 이와 같은 현상을 방지하기 위해 용접전류에 높은 전압과 고주파를 가한다. 고주파 교류 전원 (ACHF)은 일반교류전원에 비하여 다음과 같은 장점이 있다.

고주파 교류 (ACHF) 전원의 장점

① 텅스텐 전극봉이 모재에 접촉되지 않아도 아크가 발생되므로 용착금속에 텅스텐이 오염되지 않는다..

② 아크가 안정되고 전자세 용접이 가능하다.

③ 아크길이를 길게 유지하는 것이 가능하여 표면덧살용접이나 표면경화작업이 용이하다.

④ 전류범위가 크고 텅스텐 전극봉의 수명이 길다.

이에 반해서 전극이 (−)로 된 경우에는 전자 방출이 다량으로 이루어지고 전류도 흐르기 쉽게 되어 전류가 증가한다. 따라서 2차 전류는 부분적으로 정류되어 전류가 불평형하게 되는데 이러한 현상을 정류작용이라고 한다. 표 2-9에 불활성가스 아크 용접의 극성을 비교하여 나타내었다.

토치는 냉각법에 따라 공랭식 (100A 이하)과 수냉식 (100A 이상)이 있으며, 가스 노즐의 크기는 사용하는 텅스텐 용접봉 직경의 4~6배 정도가 적당하며, 그 크기가 작으면 과열되기 쉽고 크면 보호 가스의 소모가 크다.

표 2-9 불활성가스 아크용접의 극성 비교

항목	극성 (Polarity)		
	정극성(DCEN, DCSP)	역극성(DCEP, DCRP)	ACHF
전극 극성	−	+	±
모재 극성	+	−	±
전자와 이온 흐름 비드 형상	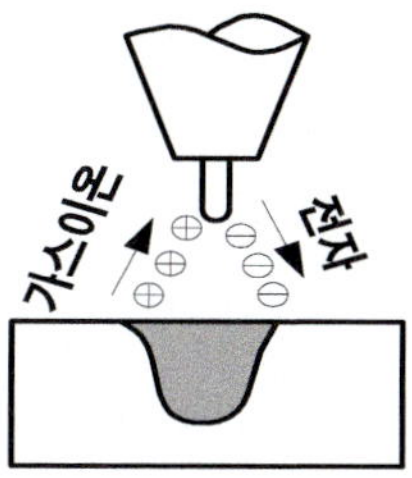	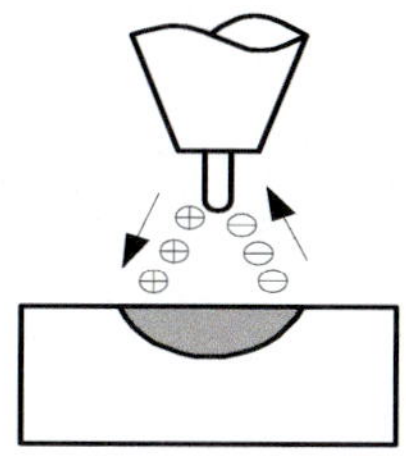	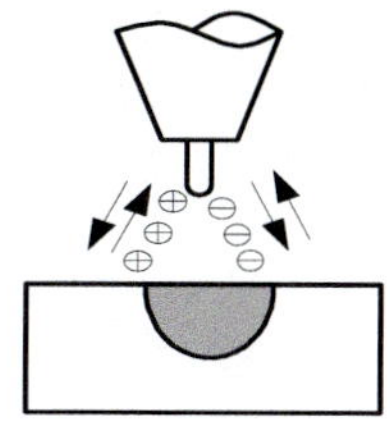
청정작용	없음	있음	있음 (DCRP의 50%)
발생열	70% 모재 30% 전극	30% 모재 70% 전극	50% 모재 50% 전극
용입	깊고 좁다	얕고 넓다	-
전극 크기	작다	크다 (4배)	중간
표면처리 (산화막)	필요	불필요	불필요
아크 안정성	양호	양호	고주파 병용, 양호
용도	철강, Cu 후판용	Al, Stainless 박판	Al, Mg (경금속)
전극의 종류	EWTh-1(황색) EWTh-2(적색)	EWP(녹색) EWZr(갈색) EWTh-3(청색)	EWP(녹색) EWZr(갈색) EWTh-3(청색)

2.2.5 텅스텐 전극봉

TIG 용접용 텅스텐 전극봉은 직류와 교류에 따라 다르게 사용된다. 교류에는 순텅스텐봉인 EWP (순텅스텐, 녹색)는 비교적 낮은 전류와 덜 중요한 부위에 사용되며, 지르코니아가 함유된 EWZr (지르코니아 텅스텐, 갈색)은 순텅스텐보다 수명이 길고 교류에 효과적이다. 직류정극성에는 토리에이트가 각각 1, 2%가 함유된 EWTh-1 (황색)과 EWTh-2 (적색)로 직류정극성 전원에 효과적으로 사용된다. 토리에이트가 5% 함유된 EWTh-3 (청색)은 직류역극성과 교류에 사용되고 아크 발생이 용이하고 안정적이다. 전기전도도가 커서 세경으로 대전류에 사용 가능하며, 모든 금속의 용접에 사용되고 전극봉 오염의 우려가 적고 수명이 최대이다.

용접작업 중 전극봉이 소손되거나 이물질이 부착되면 경사진 부분이 용접봉 직경의 2.5배가 되도록 가공한다. 용접봉의 끝은 직류의 경우 뾰족하게 가공하고 교류의 경우는 둥글게 가공한다. 교류의 경우 둥글게 가공하는 이유는 전류의 방향이 수시로 바뀌는데 기인한다.

전극봉의 선단각이 작으면 열방사 면적이 넓어서 넓고 얕은 비드가 형성되며, 전극봉의 선단각이 커질수록 열방사 면적이 작아져서 좁고 깊은 비드 형상을 이루게 된다. 그림 2-23에 텅스텐 전극의 경사각이 용입과 비드 형상에 미치는 영향을 나타내었다.

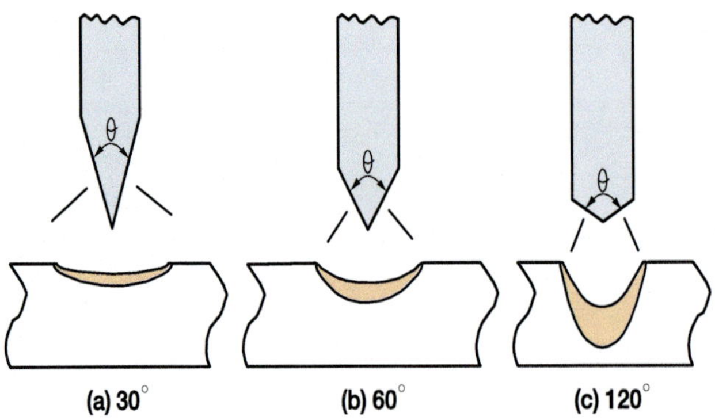

그림 2-23 텅스텐 전극 경사각과 비드 형상

2.3 불활성가스 금속 아크 용접법

2.3.1 개 요

불활성 가스 금속 아크 용접법 (GMAW, inert gas metal arc welding)은 심선과 모재 사이에 아크를 발생시켜 용도에 따라 보호 가스로써 Ar, He [MIG], Ar + (2~5%) O_2, Ar + (5~70%) CO_2 [MAG], 100% CO_2 가스 [CO_2 용접]를 사용한다. 특히 다른 용접법에 비해 전류 밀도가 피복아크용접의 6배, TIG 용접의 2배 정도 높기 때문에 용접 속도가 극히 빠른 고능률 용접법이며 가시아크로 용접하는 자동 (반자동)용접법이다. 용접 와이어 자체가 아크를 발생하고 모재와 용접 와이어를 용융하여 용접한다. 용극식 또는 소모식 불활성가스 용접법이라고도 한다. 그림 2-24에 불활성가스 금속 아크용접의 원리를 도식적으로 나타내었다.

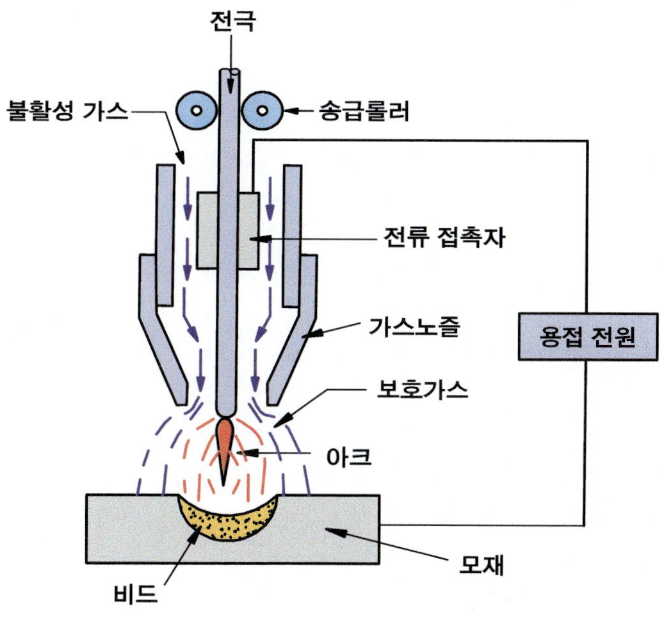

그림 2-24 불활성가스 금속 아크 용접의 원리

심선의 용융 상태에 따라 단락 이행, 입적 이행, 스프레이 이행으로 구분되며, 100% Ar을 보호 가스로 사용할 경우는 용적이 크게 되어 스프레이 이행이 곤란하게 되기 때문에 2~5% 산소를 함유시켜 주면 아크가 안정되고 스프레이 이행이 용이하게 된다.

MIG 용접은 직류 용접기를 써서 역극성으로 한다. 아크는 아르곤 가스 중에서 중심부에 가늘고 긴 배열의 원추부가 있고, 그 주위에 종 모양의 미광부가 보이며 다시 외측에 아르곤 가스가 흘러 아르곤 가스의 발광에 의한 것으로 가스 이온은 전극(+)에서 모재 표면에 충돌되어 표면 산화막의 청정 작용을 하게 된다.

용가재인 전극 와이어를 연속적으로 보내어 아크를 발생시키는 방법으로서 용극식 또는 소모식 불활성 가스 아크 용접법이라 하며 상품으로는 에어 코우메틱(air cometic) 용접법, 시그마(sigma) 용접법, 필러 아크(filler arc) 용접법 등이 있다.

2.3.2 MIG 용접의 장, 단점

MIG 용접의 장점

① 용접조작이 비교적 간단하고 용착효율(약 95%)이 좋다(SMAW : 약 60%)

② 용접봉을 교체할 필요가 없으므로 용접속도가 빠르다.

③ 슬래그가 없으므로 슬래그 제거시간이 절약된다.

④ 전류밀도가 크기 때문에 용입이 깊다.

⑤ 청정작용이 있다.

⑥ 솔리드 와이어의 대전류 밀도를 사용하며, 불활성가스 중 용적이행이 원활하다.

⑦ 용접부가 좁고 깊은 용입을 얻는다.

⑧ 열영향부가 매우 적고 전자세 용접이 가능하다.

MIG 용접의 단점

① 용접장비가 무거워 이동이 곤란하고, 복잡하며 가격이 비싸다.

② 토치(torch)부가 용접부에 접근하기 곤란한 경우는 용접이 어렵다.

③ 바람이 부는 옥외에서는 보호가스가 충분히 제 역할을 하지 못하므로 방풍대책이 요구된다.

④ 보호가스가 다소 비싸다.

⑤ 슬래그가 없기 때문에 용접금속의 냉각 속도가 빨라 HAZ의 기계적 성질에 영향을 미친다.

2.3.3 GMAW 용접의 보호가스 특성

Ar 가스는 열전도도가 낮아서 플라즈마가 집중되어 용접부 중심쪽으로 약간 깊은 종 모양의 비드를 만들고, 청정작용과 안정된 스프레이 이행을 가능하게 한다. 열에너지가 집중되어 불화성 산화물을 제거 (청정작용) 할 수 있으므로 특히 Al 용접에 적합하다. He은 열전도성이 좋기 때문에 에너지가 아크 내에 분산되어 용입이 비교적 작고 비드가 넓어지는 타원형의 비드를 만들며 Ar보다 가볍기 때문에 2~3배 더 많이 소모된다. Ar + He 혼합가스는 Ar과 He의 장점을 이용하여 용입이 깊고, 안정된 스프레이 이행을 얻을 수 있으며 모재가 두꺼울수록 He 양을 증가시키면 된다. He에 Ar 25%를 혼합하면 순아르곤보다 용입도 깊고 아크안정성은 순아르곤과 동일하다.

CO_2 가스는 가격이 저렴하고 용입이 깊다는 장점이 있지만 가스 특성상 단락이행과 입상 용적이행만 나타나기 때문에 아크가 불안정하고 스패터 발생량이 많으며, 박판 용접에 어려움이 있다. Ar에 탄산가스를 혼합하면 아크가 안정되고 용융금속의 이행을 촉진하여 스패터를 감소시킨다. 또한 용융금속의 유동성이 좋아져서 언더컷을 방지하여, 연강, 저합금강과 스테인리스강의 용접에 이용된다. 또한 Ar에 산소를 1~5% 첨가하면 산소에 의한 제한된 산화로 언더컷이 없어지고 우수한 형태의 비드를 얻게 된다.

2.3.4 MIG 용접 특성

◎ 극성 특성

Ar 가스를 이용한 MIG 용접의 용입은 직류에서 TIG 용접과 정반대의 현상을 보여준다. 정극성에서는 금속의 정이온과 Ar 가스의 정이온이 전극에 충돌하여 전극의 선단을 과열하므로 대립의 용적을 만들어 중력에 의하여 간헐적으로 낙하된다. 즉 단락형 금속이행이 일어나므로 비드 폭이 넓고 용입이 얕게 된다. 그러나 역극성에서는 스프레이형 금속이행을 하여 전극의 금속 정이온과 Ar의 정이온이 모재에 충돌하여 비드 폭은 좁고 깊은 용입이 생기게 된다. 따라서 MIG 용접은 직류 역극성 (DCRP)를 이용한다.

용적이행과 임계전류

불활성가스 금속 아크 용접(MIG)에서 용접전류가 작은 경우 피복아크 용접(SMAW, shielded metal arc welding)과 같이 비교적 큰 용적이 되어 중력에 의해 모재로 이행하는 입상 용적 이행(globular transfer)이 되어 비드 표면은 요철이 심하게 되지만 어느 크기의 전류 임계값 이상에서는 용적이 미세하게 되어 고속으로 이행하는 스프레이 이행이 된다. 임계전류 이상에서는 용융 방울이 급격히 가늘게 되어 고속으로 투사되므로 비드가 아름답고 아크가 강한 지향성을 갖게 되므로 전자세의 용접이 가능하다. 또한 피복아크용접(SMAW)에 비해 전류밀도가 6~8배 크고, 불활성가스 텅스텐 아크 용접(TIG)에 비해서도 약2배 정도이며, 주로 3~4 mm 두께 이상의 용접에 사용된다.

아크 자기제어

피복아크용접(SMAW)의 용접봉 용융속도는 아크 전류만으로 결정되나, 불활성가스 아크 용접(GMAW)에서는 전류와 전압의 영향을 동시에 받는다. 동일 전류에서는 전압이 증가할수록 용융속도는 저하된다. 실제 용접에서 아크가 길어지면 아크전압이 크게 되어 용융속도가 감소되기 때문에 심선이 일정속도로 공급될 때 아크의 길이가 다시 짧아지고 원래의 길이로 복원된다. 반대로 아크가 짧아지면 아크 전압이 작게 되고 심선의 용융속도가 크게 되기 때문에 아크 길이가 길어져서 원래의 길이로 복원되는데, 이와 같은 현상을 MIG 용접의 아크 자기제어라고 한다. MIG 용접은 피복 아크 용접과 달리 아크 전압 특성, 즉 상승 특성을 가지므로 용접기도 이것에 적합한 정전압 특성 또는 상승 특성의 용접기만이 실용적으로 알맞다.

와이어 송급방식

와이어 송급장치는 와이어를 spool 또는 reel에서 뽑아 토치 케이블을 통하여 용접부까지 공급하는 장치이다. 송급방식에는 push 방식, pull 방식, push-pull 방식, double push 방식 등 4종류가 있다.

스패터 (spatter) 발생

Spatter 발생량은 이행이 혼재되어 있는 천이이행 조건에서 가장 많이 발생하며, 그 유형은 다음과 같다. ① 아크 재생 순간에 발생하는 스패터, ② 순간 단락에 의한 스패터 발생, ③ 용적의 가스 폭발에 의한 스패터 발생, ④ 용융 pool의 가스 폭발에 의한

스패터 발생

스패터 억제를 위한 제어법으로는 ① 전류 상승 지연 제어법, ② 단락 기간의 전류 상승 속도 제어 (peak 전류값을 낮게 유지), ③ 아크 재생 순간의 전류값을 낮게 제어, ④ 아크 기간에 전류 제어, ⑤ 펄스 파형에 의한 전류 제어법 등이 있다.

기타의 방법으로는 ① 용접 프로세스 작성 시 천이이행 영역을 피할 수 있는 최적의 용접 조건을 선정 (솔리드 와이어보다 플럭스 코어드 와이어가 스패터 발생량이 적다), ② 스패터 발생이 적은 용접재료 사용 (Ti 첨가 용접재료), ③ Ar 가스를 사용하면 고전류 영역에서 스프레이 이행을 하고, 아크도 안정되며 아울러 스패터 발생이 비교적 낮다, ④ 용접 전원의 출력방식을 인버터 제어하는 방법 등이 유효하다.

2.4 탄산가스 아크 용접법 (CO_2 gas arc welding)

2.4.1 개 요

탄산가스 아크 용접(CO_2 gas arc welding)은 MIG, TIG 등의 불활성 가스 아크 용접에서 사용되는 값 비싼 아르곤이나 헬륨 대신에 탄산 가스를 사용하는 용극식 용접 방법이다. 탄산가스 아크용접은 실드가스와 전극 와이어, 토치의 작동 형식에 의해서 분류한다. 이 용접에 쓰이는 전극으로는 MIG 용접과 같이 와이어가 녹는 용극식, TIG 용접과 같이 전극이 텅스텐으로 되어 녹지 않는 비용극식이 있다. 또한 실드가스로는 순수한 탄산가스 또는 탄산가스에 산소(제한된 산화, 언더컷 방지효과)나 아르곤을 혼합시킨 혼합 가스가 쓰인다. 만일 연강을 용접할 때 MIG 용접을 하면 아르곤을 사용하기 때문에 비경제적일 뿐만 아니라 용착 금속에 기공이 생기기가 쉽다. 이런 관계로 연강 용접은 가격이 싼 탄산가스를 사용하는 편이 훨씬 좋다. 탄산가스의 아크용접 장치는 MIG 용접 장치와 비슷하며 용접 전원, 심선 제어 장치, 용접 토치, 송급 가스 장치 등으로 구성되어 있으며 그림 2-25에 탄산가스 아크 용접의 도식도를 나타내었다.

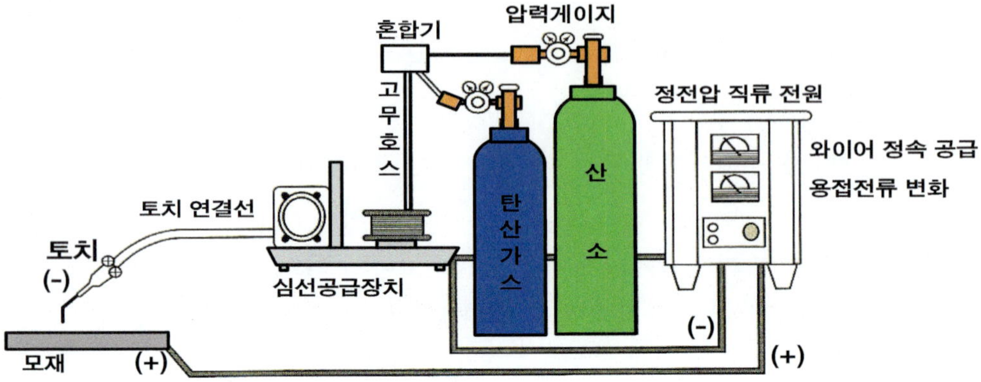

그림 2-25 탄산가스 아크용접의 원리

2.4.2 탄산가스 아크 용접 방법

탄산가스 아크 용접 방법은 와이어(welding wire)와 모재 사이에 아크를 발생시키고, 토치 선단의 노즐에서 순수한 탄산가스나 이것에 다른 가스(산소나 아르곤)을 혼합한 혼합가스를 내보내어 아크와 용융금속을 대기로부터 보호하고 있다. 이 용접에 사용되는 탄산 가스는 아크열에 의해 열해리되어 ($CO_2 \rightleftarrows CO + O$) 강한 산화성을 나타내며 용융금속의 주위를 산성 분위기로 만들기 때문에 용융 금속에 탈산제가 없으면 철은 산화된다 ($Fe + O \rightleftarrows FeO$). 이 산화철이 용융 금속에 함유된 탄소와 화합되어 일산화탄소가 발생한다 ($FeO + C \rightleftarrows Fe + CO$). 이 반응은 응고점 가까이에서 심하게 일어나기 때문에 빠져 나가려던 일산화탄소 가스가 미처 빠져나가지 못하여 용착 금속에는 산화된 기포가 많게 된다. 따라서 이것을 없애는 방법으로 와이어에 적당한 탈산제인 망간, 규소를 첨가하면 용융강 중의 FeO을 적당히 감소시켜 기공의 발생을 방지한다 ($2FeO + Si \rightleftarrows 2Fe + SiO_2$, $FeO + Mn \rightleftarrows Fe + MnO$). 용착금속 중의 FeO는 대부분 없어지고 동시에 CO도 발생하지 않으므로 대단히 치밀하고 양호한 용접부를 얻을 수 있다. 생성된 SiO_2와 MnO는 용착 금속과의 비중차에 의해 슬래그가 되어 용접 비드 표면에 분리되어 뜨게 된다. 용접 와이어에 첨가되는 탈산제로 가장 많이 쓰이는 것이 규소와 망간이며, 첨가량의 조정으로 양호한 용접을 할 수 있다.

탄산 가스 아크 용접 (CO_2 gas arc welding)은 전자세 용접이 가능하고, 플럭스 코어드 와이어(FCW) 사용 시 조작이 간단하다. 또한 보호가스 가격이 저렴하고, 용착효율이 높아 경제적이다. 용접봉 교체가 불필요하여 연속 용접이 가능하므로 작업능률이 높다. 단점으로는 스패터 발생이 과다하며, 특히 단락이행(short circuiting transfer)과 입상용적이행 (globular transfer)이 혼재하는 천이이행 영역에서 그 정도가 크다. CO_2 가스는 공기보다 1.5배 이상 무거운 가스이므로 작업장 환기에 유의해야 하며 풍속 2m/s 이상이 되는 곳에서는 방풍 대책이 필요하다.

2.4.3 탄산가스 아크 용접의 특성

용접 조건과 용입

저전류 상태에서는 단락 이행 (short circuiting transfer)을 하고, 고전류 범위에서는 입상용적이행 (globular transfer)을 한다. 전류가 높아지면 용입이 깊어지고 전압이 높아지면 용입이 얕아지며 비드 폭이 증가 한다. 또한 용접속도를 높이면 용입이 얕고 비드 폭이 작아지는 경향이 있다.

와이어 돌출길이와 차폐가스

와이어 돌출길이를 너무 길게 유지하면 아크가 불안정하고, 스패터 발생이 많아지며 용입이 얕아지고 블로우 홀이 발생하기 쉽다. 반면에 돌출 길이를 너무 얕게 유지하면 노즐이 방해되어 그루브 (groove) 및 용융상태를 보기 어렵고 노즐 내에 스패터가 부착되어 보호가스의 유동이 방해받고 불균일하게 되어 용접작업 중 보호가스의 보호 효과가 저하되고 팁 및 노즐의 소모가 증가된다. 풍속 2m/s 이상이 되는 곳에서는 블로우 홀 (blow hole), pit 등의 결함 발생이 쉬워지므로 방풍대책이 필요하며, 차폐를 효과적으로 하기 위해 팁과 모재 사이의 거리를 근접시키고 가스 유량을 증가시키는 것이 좋다. 그러나 유량을 너무 높이면 보호가스의 와류 현상이 생겨 외부 공기가 유입되고 기공발생을 초래할 수 있다.

FCW (flux cored wire) 관리와 용접 케이블

와이어를 표준 재건조 온도 이상으로의 건조는 플럭스 성분의 변화와 와이어 표면에 철 산화물이 생겨서 와이어의 송급성을 악화시킬 수 있다. 케이블 길이가 길 경우 전압강하가 크게 되고, 실질적인 아크 전압은 낮게 되므로 동일 설정조건하에서는 양호한 용접이 될 수 없다. 또한 케이블이 여러 겹으로 감긴다든지 특히 이것을 철판 위에 방치하면 아크가 불안정해지므로 가능하면 평평한 곳에 두고 철판 위에 보관하지 않는다.

용적 이행

솔리드 와이어의 경우 극성이나 전류에 상관없이 보통 입상용적 이행을 하며, 와이어의 지름보다도 약간 큰 용적이 불규칙한 자세로 이행한다. 이때 스패터의 발생이 많아지므로 아크를 짧게 하여 용접하는 것이 바람직하다. 플럭스 코어드 와이어를 사용하는 경우, 아크가 금속 단면에서 발생하고 내부 플럭스는 복사열 또는 열전도에 의해 용융되므로 일반적으로 내부 플럭스가 늦게 녹는다. 이것을 방지하려면 금속의 단면 형상이 적당해야 한다. FCW 사용 시 용적은 전류밀도가 높고 단면이 작아서 미세한 입자의 분무형 이행을 한다.

2.5 플럭스 코어드 아크 용접 (FCAW)

2.5.1 개 요

FCAW (flux cored arc welding)은 기존의 GMAW (gas metal arc welding)의 장점을 살리면서 보다 효율적으로 용접할 수 있도록 개선된 용접법이다. 대부분 GMAW의 한 종류로 구분하지만 미국용접학회(AWS)에서는 별개의 프로세스로 규정하고 있다. FCAW는 튜브 형태의 용접 와이어에 플럭스를 채워 만든 FCW(flux cored wire)를 사용하며, 용접 시 FCW의 플럭스에서 발생하는 CO_2가 주성분인 보호가스를 이용하여 용접부를 보호하고 안정된 용접을 실시하는 방법이다. FCAW는 가스 보호 방법에 따라 가스 보호 FCAW와 자체 보호 FCAW으로 구분된다. FCAW는 철계 금속과 니켈 합금에만 적용 가능하며, 초기 기기 설치 비용의 과다와 업계의 인식 부족으로 주로 조선 업계에 한정되어 적용되었으나 용착속도가 빠르고 (경제성), 전자세 용접 (작업성)이 가능하다는 등의 장점으로 점차 산업계 전반으로 확산되는 추세이다. 그러나 용접부의 (특히 열처리 후) 충격강도가 낮기 때문에 석유화학 및 발전 설비에서는 비압력부의 탄소강에 국한하여 사용되고 있다. 해외의 경우에는 압력을 받는 부위나 주 용접심 (seam)에서 직접적으로 적용하는 경우가 많으며, 표면경화 용접 및 클래딩 (cladding) 작업에도 적용되고 있다. 그림 2-26과 그림 2-27에 가스 보호 FCAW과 자체 보호 FCAW의 원리를 비교하여 나타내었다.

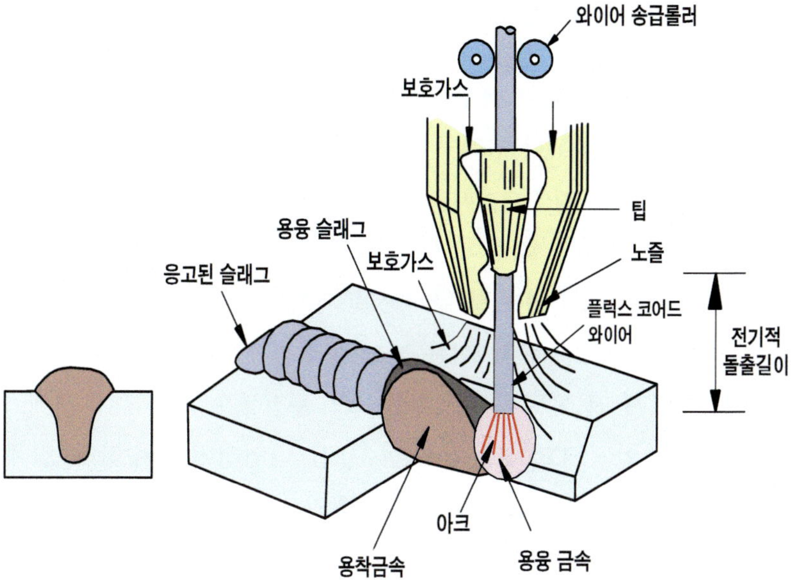

그림 2-26 가스 보호 FCAW

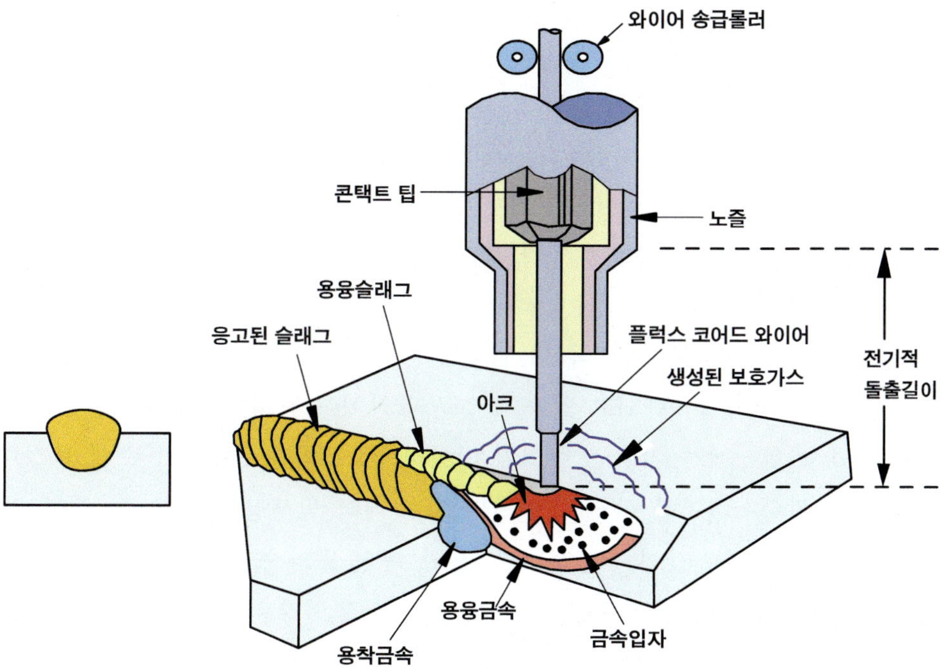

그림 2-27 자체 보호 FCAW

2.5.2 FCW(flux cored wire)

일반적으로 자동 용접은 고능률 용접이 가능하지만 정치화가 필요하고 그로 인해 간편성이 없어 적용범위가 제한된다. 그러나 반자동 CO_2 용접은 비교적 간편한 장치로서 수동용접에 가까운 작업성을 가진다. 따라서 경제적인 면에서도 능률적이고, 소요전력이 적게 들며 품질면에서도 기계적 성질이 우수한 용접부를 얻을 수 있어 조선, 건축, 교량뿐만 아니라 압력용기에 이르기까지 폭넓게 사용되어지고 있다. FCW는 튜브 내부에 플럭스가 충전되어 있는 형으로 기존의 피복 아크 용접봉과 solid wire의 장점을 따서 최근에 새로이 개발한 아크 용접 재료이다. 피복 아크 용접봉은 외부 피복제에 의해 스패터 발생이 적으며, 아크가 안정되고 부드러운 등 용접 작업성이 우수하나 릴에 감을 수가 없어서 자동화가 불가능하며, solid wire는 자동화가 가능하나 플럭스가 없어 전자세 용접이 힘들고 스패터 발생량이 많은 등의 용접 작업성이 불량하다.

FCW는 튜브의 내부에 충전된 플럭스가 용접 작업성, 내크랙성 및 기계적 성질 등의 제특성을 향상시키기 위한 주역할을 맡고 있고 슬래그 형성제, 아크 안정제, 탈산제, 합금제 및 철분 등으로 구성되어 있다. FCW는 보호가스로 이산화탄소나 아르곤가스 등을 사용하는 가스 보호 아크 용접 FCW와 보호가스를 사용하지 않는 자체 보호 아크용접용 FCW로 대별되며, 가스 보호 아크 용접용 FCW는 플럭스에 포함된 슬래그형성제의 유무나 다소에 따라 슬래그계와 금속성분계로 구분된다. 또한 슬래그계는 슬래그 등의 염기도로부터 타이타니아계(산성 슬래그)와 라임-타이타니아계(중성 또는 염기성 슬래그), 라임계(염기성슬래그)로 대별된다. 일반적으로 타이타니아계는 비드 외관이 아름답고 전자세의 용접 작업성이 우수하지만 라임계와 비교하여 노치 인성이나 내크랙성에서 열등한 특성을 갖는다.

요즘은 타이타니아계라도 내크랙성, 노치 인성 등이 우수하고 수소량이 적은 FCW가 개발되었기 때문에 실용화되고 있는 대부분의 와이어가 타이타니아계이다. 또 금속성분계는 슬래그 형성제가 거의 포함되지 않아서 비드 외관, 형상(저 슬래그 성) 등은 솔리드 와이어와 유사하지만 아크가 안정되고, 스패터 발생량이 적은 등 용접 작업성은 타이타니아계 FCW와 같이 우수하며, 고용착 특성 등의 솔리드 와이어에는 없는 특성을 동시에 가지고 있어 이의 사용이 확대될 것으로 전망된다. 또한 자체 보호 아크 용접용 FCW는 보호가스를 사용하지 않기 때문에 아크열에 의해 용융, 분해되어 금속증기, 가스 및 슬래그를 형성하고, 용착금속을 외부 공기로부터 보호하는 보호제를 포함하며 용착금속에 침입하는 산소, 질소를 제거하기 위해 강력한 탈산제 및 질화물 생성제(Al, Ti, Zr 등)을 포함하고 있다.

플럭스 코어드 와이어의 장단점

① 용착속도가 빠르다(솔리드 와이어 보다 빠른 이유는 전류경로가 외피금속을 따라 지배적으로 흐르므로 전류밀도가 상승하기 때문이다).
② 전자세 용접이 가능하다.
③ 아크 타임율이 향상된다(용접 구조물이 큰 조선 등에서 의미가 있다)
④ 용접 비드 외관 및 형상이 양호하다.
⑤ 슬래그 박리가 쉽다(얇은 슬래그가 용접 비드 표면을 골고루 덮고 있음).
⑥ 스패터 발생량이 적다(장시간 사용해도 노즐이 막히지 않는다).
⑦ 초보자라도 쉽게 용접할 수 있다(아크가 부드럽고 작업성 양호).

플럭스 코어드 와이어의 관리

플럭스 코어드 와이어에 사용되는 플럭스는 적용목적에 따라 다르나 주로 가스 발생제, 아크 안정제, 슬래그 형성제, 탈산제, 합금 성분을 포함하며 나머지 일부 금속성 분말 등 여러 종류의 플럭스가 와이어 내부에 함유되어 있다. 이로 인해 아주 소량이라도 흡습될 우려가 있으나 그 양은 피복막대봉 및 잠호용접에 쓰이는 소결형 플럭스에 비해 상대적으로 작으며 그 이유는 아래와 같다.

① 플럭스 코어드 와이어에 사용되는 플럭스 원료는 일반적으로 피복막대봉에 비해 그 성분 입도가 조대해 표면적이 적다.
② 피복막대봉 및 소결형플럭스에 비해 물유리 등의 흡습성이 높은 고착제를 전혀 사용하지 않는다.
③ 외부 스트립이 내부 플럭스를 둘러싸고 있으므로 직접 외기와 접촉되지 않으며, 제조 시 건조 공정으로 충분한 방습효과를 얻을 수 있기 때문이다.

물유리(water glass)

무색에서 백색이나 회백색에 이르는 다양한 색을 가지며 유리와 비슷하지만 물에 용해되어 시럽 상태의 액체를 형성하는 수정처럼 생긴 덩어리. 화학식은 Na_2SiO_3나 Na_6Si_2On, 또는 Na_2Si_3On. 규산나트륨·가용유리라고도 한다. 알칼리성으로 점성이 있다. 산을 가하거나 공기 중의 이산화탄소에 오래 접촉하면 겔모양의 규산이 석출된다. 규사를 탄산나트륨과 융해하여 얻는 규산나트륨을 물과 함께 가열하여 만든다. 유리나 도기의 접합, 내화도료나 세제(洗劑)의 제조, 달걀의 보존 등에 널리 쓰인다.

2.5.3 FCAW의 특성

와이어 돌출길이

와이어 돌출길이는 아크의 안정성, 비드 형상, 용입 작업 능률 등에 크게 영향을 미친다. 와이어를 길게 하면 아크가 불안정하고 스패터가 많아지며 용입이 얕아진다. 또한 노즐 높이도 높아지므로 차폐효과가 나빠져서 기공이 발생하기 쉬우며, 동일 용접전류에서 용융속도가 크게 된다. 돌출길이를 짧게 하면 노즐의 용접 전진 방향을 방해하므로 이음 홈 및 용융상태가 보기 어렵게 되고, 또 노즐 내 스패터가 다량 부착되어 차폐효과가 나빠지고 팁 및 노즐의 소모도 많아진다. 용접전류에 따라 다르지만 적정 와이어의 돌출길이는 보통 10~25mm 수준이다.

용접전압, 용접전류와 용접속도

용접전압이 증가하면 비드 폭이 증가하고 용입은 감소하며, 용접전압이 과대해지면 기공, 스패터, 언더컷 등의 용접결함이 발생한다. 또한 용접전압이 과소일 경우는 볼록 비드와 오버랩이 발생한다. 용접전류는 모재와 용가재의 용융속도를 증가시키는 역할을 하는데 용접전류가 작아지면 용접 시 용입깊이가 낮아지고, 용접전류가 증가하면 용입이 깊어진다. 용접속도가 감소하면 용입 및 비드 폭이 증가하며, 용접속도가 증가하면 용입과 비드폭이 감소하는 등 비드의 크기가 작아진다. 그림 2-28에 용접전압. 용접전류와 용접속도가 변화할 때의 비드 형상에 미치는 영향을 나타내었다.

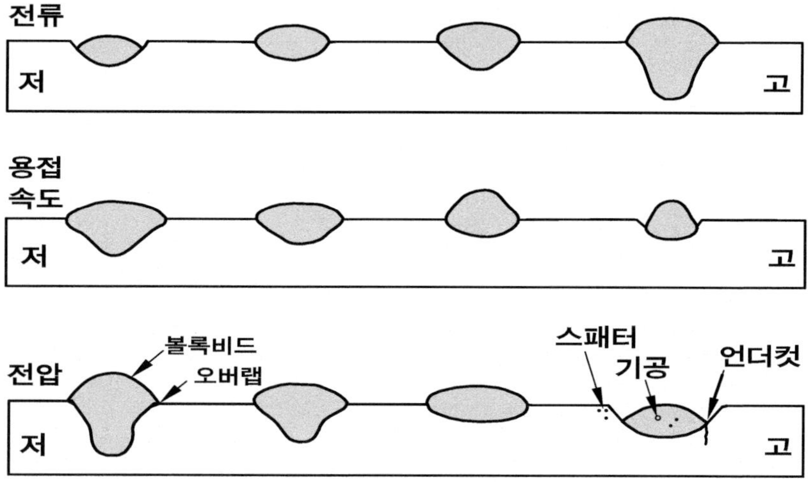

그림 2-28 용접조건의 변화에 따른 비드 형상

용접봉의 운봉법

용접봉의 운봉법은 전진법과 후진법이 있는데 전진법은 용접선을 볼 수가 있어 정확하게 용접을 실행할 수가 있으며, 여성고가 낮고 비드의 형상이 평평하며 안정된 비드의 형상을 얻을 수 있다. 스패터가 비교적 크고 전방으로 스패터가 튀며 용착금속이 선행되어 용입이 얕다. 특히 토치 각도가 너무 기울어지면, 아크가 불안정하고 큰 입자의 스패터가 발생하며 용접금속이 선행하고 용입이 얕다. 후진법의 경우는 노즐에 의해 용접선은 보기가 어려워 정확한 용접 실행이 어렵고 여성고가 높고 비드 폭이 좁다. 안정된 용접 비드 형상을 얻기가 곤란하나 스패터의 발생이 적고 용착금속이 선행되지 않으므로 용입이 깊고 공기중의 불순물 혼입이 용이하여 블로우 홀이 발생하기 쉽다.

2.6 일렉트로 가스 아크 용접법

2.6.1 일렉트로 가스 아크 용접법 개요

일렉트로 가스 아크 용접법(electro gas arc welding)은 일렉트로 슬래그 용접과 같이 수직 자동 용접의 일종으로 실드가스는 주로 탄산가스 또는 탄산가스와 아르곤 가스와의 혼합가스를 사용하며, 이 탄산가스 또는 혼합가스 분위기 속에서 아크를 발생시켜 아크열로 모재를 용융시켜 용접하는 단층 입향 용접방법이다. 전극 와이어는 솔리드 와이어 또는 용제를 넣은 복합 와이어가 사용되며, 가이드 로울러에 의해 자동으로 공급된다. 이 용접법은 CO_2 또는 Ar +CO_2 분위기 속에서 모재를 수직으로 고정한 I형 맞대기 이음에 수냉 구리 미끄럼판을 서서히 위쪽으로 이동시키므로 연속적인 용접이 된다. 그림 2-29에 일렉트로 가스 용접법을 나타내었다. 용접 홈은 판 두께와 상관없이 12~16 mm 정도가 좋으며(주로 20 mm 전후의 판 두께에 적용), CO_2 공급량은 15~20 l/min 정도로 한다.

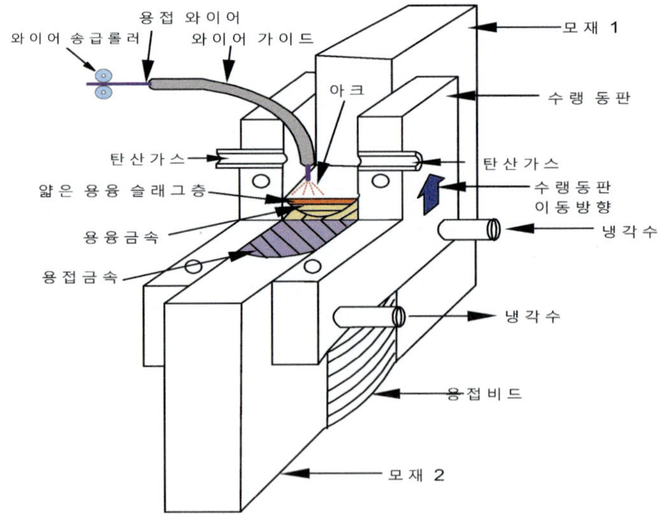

그림 2-29 일렉트로 가스 용접

2.6.2 일렉트로 가스 아크 용접법의 특징

◎ 일렉트로 가스 아크 용접법의 특징

① 일렉트로 슬래그 용접보다 두께가 얇은 중, 후판물(40~50 mm 이하)에 적용되며 정전압 특성의 직류 용접 전원, 아크전원 피드백 방식의 와이어 송급방식이 적용된다.

② 경제적이며 용접 속도가 빠르다.

③ 용접 변형도 거의 없고 작업성도 양호하다.

④ 조선이나 고압 탱크, 원유 탱크 등에 널리 이용되고 있다.

⑤ 후판의 수직 용접을 기존의 잠호용접이나 FCAW보다도 저렴한 비용으로 고품질의 용접 금속을 얻으면서 용접할 수 있는 것이 가장 큰 장점이다.

⑥ ESW(electro slag welding)에 비해 그루브가 좁기 때문에 용접입열이 적고 용접속도가 빠르며 작업성이 양호하다.

⑦ 고전류 사용으로 고능률(고효율)의 용접을 구현한다.

⑧ 자동용접으로 작업자의 기량 의존도가 낮다.

⑨ 높은 입열에 의해 용접조직의 조대화 및 거대한 주상정 조직이 생성되기 쉽고, 이로 인해 저온 충격성이 저하된다.

⑩ 용접상의 문제점으로는 충분한 보호가스를 확보하기 위한 방풍 대책이 요구된다.

2.7 스터드 용접 (stud welding)

2.7.1 스터드 용접의 개요

돌출된 볼트나 환봉과 같이 툭 튀어나온 부분을 스터드(stud)라고 하며, 스터드 용접(stud welding)이란 볼트, 환봉 등과 같은 스터드 형상의 물체를 직접 강판이나 형강에 용접하는 방법으로 볼트나 환봉을 피스톤형의 홀더에 끼우고 모재와 볼트 사이에 순간적으로 아크를 발생시켜 용접하는 방식이다. 아크를 발생시켜서 용접을 시행하는 점에 있어서는 일반적으로 SMAW(shielded metal arc welding)와 유사한 특성이 있으나 연속적인 용접 비드를 형성하지 않고 순간적으로 스터드 부분을 용접하는 것이 차이점이다. 스터드 용접은 사용되는 전원의 종류에 따라 직류 전원을 이용하는 아크 스터드 용접 방식과 컨덴서를 이용한 컨덴서 방전 방식으로 구분된다.

2.7.2 아크 스터드 용접 단계

그림 2-29에 아크 스터드 용접의 진행과정을 나타내었으며 그 순서는 다음과 같다.

① 용접 대상물을 제 위치에 고정하고 전류를 공급한다. (a)
② 건에 장착된 솔레노이드 밸브가 작동하여 스터드가 모재로부터 분리된다. (b)
③ 스터드와 모재 사이에 아크가 발생한다. (b)
④ 용접 대상물은 아크열에 의해 용융되고 아크가 종료되면 전원이 차단된다(b)
⑤ 솔레노이드 코일의 에니지가 소멸되어 스터드를 모재쪽으로 밀어 가압력 하에서 모재와 접촉, 응고되어 용접이 완료된다. (c, d)

2.7.3 아크 스터드 용접의 특징

스터드 용접의 주요 특징은 다음과 같다.

① 아크의 유지시간이 매우 짧고 입열량이 매우 작아서 변형을 최소화 할 수 있으며 용접금속과 열영향부가 최소화된다.
② 용접부를 사전에 기계가공하거나 별도의 작업이 필요하지 않다.
③ 페룰은 아크열을 집중시키고 주위의 공기를 차단하여 용융금속의 산화 및 유출, 용착부의 오염을 방지하고 아크로부터 눈을 보호한다.
④ 적당한 비파괴검사법이 없으며 육안검사나 굽힘시험 (30° 정도)을 활용한다.

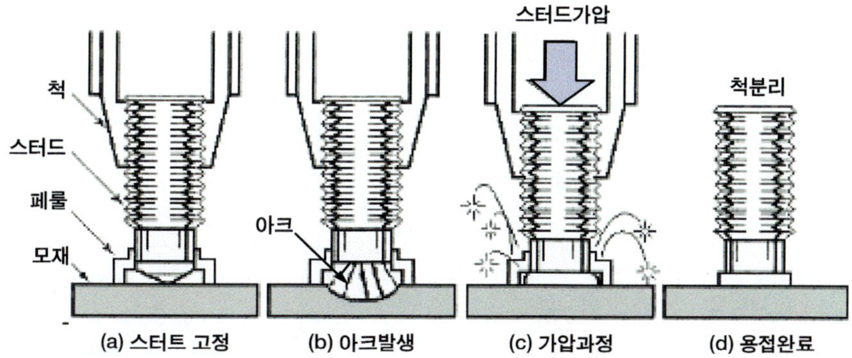

그림 2-30 아크 스터드 용접의 진행 과정

2.8 잠호 용접

2.8.1 개 요

서브머지드 아크 용접(SAW, submerged arc welding)은 모재 표면 위에 미리 미세한 입상의 용제를 살포하여 두고 이 용제 속으로 와이어를 송급하여 아크를 발생시켜 아크 열로 용접하는 자동 아크 용접법이다. 일명 잠호 용접, 유니온 멜트(Union melt) 용접, 링컨(Lincoln) 용접법이라고도 불린다. 모재 위에 미리 입상의 용제를 살포하고, 그 속에 와이어를 꽂아 용접하므로 아크는 용제에 의해 덮여 있어 외부에서는 보이지 않는 특징이 있다. 용제는 대기를 차단하고 용접 금속의 정련에 관여하며 비드나 슬래그 형성에 기여한다. 아크는 용제로 덮여 보호되며 용제는 용융되기 전에는 부도체이나 일단 용융되면 전도체로 되어 전류가 흐른다. 아크와 가스가 용제 속에서 발생하여 보이지 않기 때문에 서브머지드 아크 용접 또는 잠호 용접이라고 불리며, 비교적 긴 용접선의 연속 용접이 가능한 두꺼운 물체에 매우 효과적이다. 그림 2-31에 잠호 용접에 대해 자세하게 나타내었다. 용접장치는 용접전원, 와이어 송급장치, 팁 (전류공급부), 주행장치, 플럭스 공급장치 및 회수장치로 구성되어 있다.

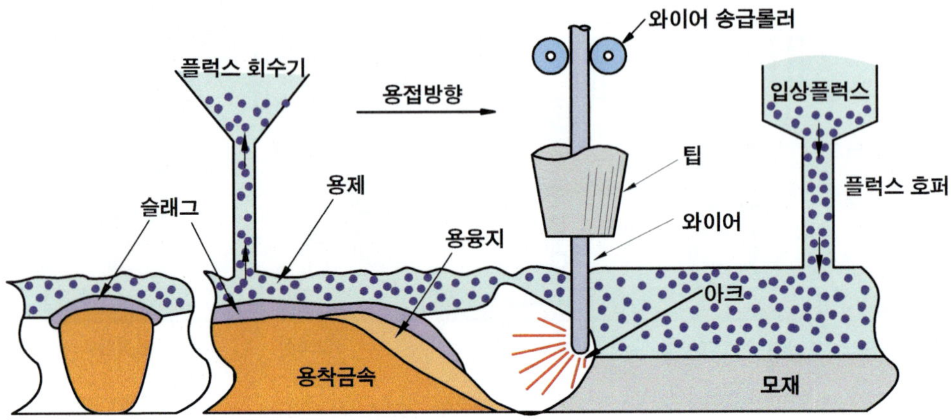

그림 2-31 잠호용접의 원리

2.8.2 잠호 용접의 장점과 단점

잠호 용접의 장점

① 용접 중에 대기와 차폐가 이루어지므로 산소, 질소 등의 영향이 적다.

② 자동 용접으로 용접 속도가 빠르다 (대전류 사용, 200~400A). SMAW에 비해 12t에서는 약 3배, 25t에서는 약 6배, 50t에서는 12배 정도로 효율이 좋다)

③ 용접 금속의 기계적 성질이 우수하고 신뢰도가 높으며 품질이 양호하다.

④ 용제의 단열 작용으로 용입을 크게 할 수 있다.

⑤ 높은 전류 밀도로 용접할 수가 있다.

⑥ 용접 조건이 일정하면 용접공의 기술 차이에 의한 용접 품질의 격차가 적고, 강도가 좋아서 이음의 신뢰도가 높다.

⑦ 용입이 깊으므로 용접 홈의 크기가 작아도 상관이 없고 용접 재료의 소비가 적어 경제적이다.

⑧ 대량 생산에 적합하고 용접 후 변형이 적다.

⑨ 열효율이 높고 비드 외관이 아름답다.

⑩ 위빙할 필요가 없어 용접부 홈을 작게 할 수 있으므로 용접재료의 소모가 적다.

⑪ 유해환경이나 퓸(fume)의 발생이 적어 작업 환경이 깨끗하고 바람의 영향을 거의 받지 않는다.

⑫ 대전류, 다전극 용접의 채용이 가능하다.

잠호 용접의 단점

① 아크가 보이지 않아 용접의 적부를 확인할 수 없다.
② 설비비가 많이 든다.
③ 용입이 크므로 모재의 재질을 신중히 검사해야 한다.
④ 용입이 크므로 용접작업 시 신중해야 한다.
⑤ 용접선이 짧고 복잡한 형상의 경우에는 용접기의 조작이 번거롭다.
⑥ 분말형 플럭스를 사용하므로 용접 자세가 아래보기 또는 수평 용접에 한정된다.
⑦ 용제는 흡습이 쉽기 때문에 건조 등 취급에 주의해야 한다.
⑧ 용제 시공 조건을 잘못 잡으면 제품의 불량률이 커진다.
⑨ 용접 홈 가공의 정밀도가 높아야 하며 루트 간격이 0.8 mm 이상이면 용락되기 쉽다.
⑩ 용접 입열량이 높아 열영향부 (HAZ)의 결정립이 조대화되어 주상정결정으로 인성저하가 생길 우려가 있다.

2.8.3 용접 전원

직류 용접

직류 용접은 교류 용접에 비해 비드 형상과 용입이 우수하다. 또한 아크 발생도 용이하며 직류 용접이 요구되는 경우는 다음과 같다.

① 신속한 아크 발생이 필요할 경우(단속 용접을 효율적으로 수행할 경우)
② 아크길이의 엄밀한 제어가 필요할 경우(박판 고속 용접 시)
③ 복잡한 곡선 용접 시

직류 역극성에서 용입이 최대가 되며 직류 정극성에서 용입이 최소가 된다. 직류 용접의 결점은 자기불림이 일어나기 쉬운 점이다.

교류 용접

교류 용접에서는 자기불림 현상을 크게 감소시킬 수 있기 때문에 고속도 용접에 적합하며 교류 용접이 효과적인 경우는 다음과 같다.

① 큰 용착부를 얻고 싶을 때
② 두꺼운 플러그 용접과 같이 길이가 짧은 용접
③ 다전극 방식일 경우 동일 극성의 2개의 직류 아크는 서로 흡인하고 다른 극성일 때는 서로 반발한다. 그러나 교류와 직류를 조합하면 이 현상이 크게 억제된다. 더욱이 양쪽 모두 교류이면 서로간의 영향은 더욱 감소된다. 따라서 AC-AC 조합은 고속의 제관 용접에 이용한다.

다전극 용접

다전극 용접방식은 용착속도를 증가하여 고속 용접을 하는데 그 목적이 있다. 이 방식에서는 용접금속의 응고가 늦기 때문에 기공의 발생이 감소하는 장점이 있다. 그림 2-32에 나타낸 바와 같이 다전극 연결방식은 탠덤(tandem)식, 횡병렬식, 횡직렬식의 3가지가 있다.

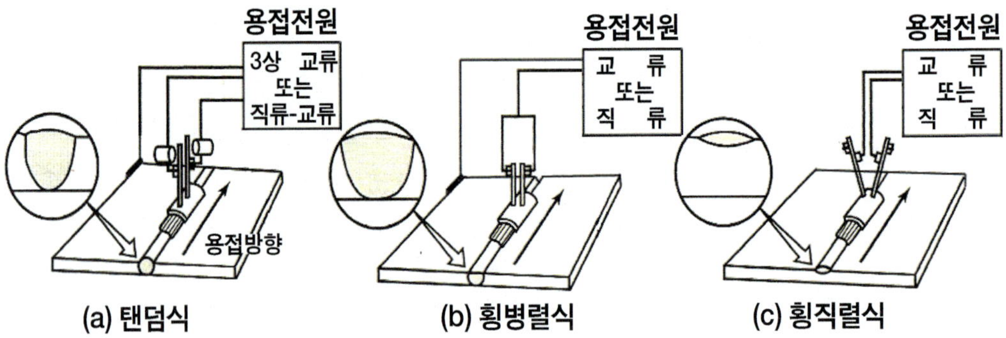

그림 2-32 다전극 잠호 용접의 3가지 예시

2.8.4 잠호 용접 재료

와이어

SAW에 사용되는 와이어는 주로 솔리드 와이어 형태이지만 덧살 용접에는 flux cored wire도 사용된다. 솔리드 와이어는 일반적으로 Cu 피막처리가 되어 있다. Cu 피막은 녹 발생을 방지해 주고 접촉 팁과 전기전도도를 향상시켜 주며 송급 롤러와 미끄럼을 좋게 하기 위함이다. 와이어는 코일상의 금속선으로 와이어 릴에 감겨져 있으며, 사용할 때에는 그 한끝을 조종하여 사용한다. 와이어의 지름은 2.0, 2.4, 3.2, 4.0,

5.6, 6.4, 8mm 등으로 분류되고, 코일의 표준 무게도 작은 코일(약칭 S)은 12.5kg, 중간 코일(M)은 25kg, 큰 코일(L)은 75kg으로 구별된다.

용제

서브머지드 아크 용접에 사용되는 용제는 분말상의 입자로서 광물성 물질을 가공하여 만든다. 용제는 아크의 안정, 아크 주변의 실드, 또는 화학적, 금속학적 반응으로써 정련 작용 및 합금 첨가 작용 등의 역할을 한다. 용재의 종류로는 용융형, 소결형과 본드형이 있으며, 용제 선정 시 모재와 재질의 표면상태, 이음형상과 치수 그리고 용접전류, 용접전압과 용접속도 등의 용접조건을 고려한다.

기존 SAW의 용제로는 용융형 (fused flux) 및 소결형 (sintered flux) 용제가 있었다. 이것들은 일반 탄소 강재의 잠호 용제에는 적당하였으나 저합금강 및 스테인리스 강의 용접에는 부적절하였다. 상기의 잠호용접용 용제가 저합금강 등에 부적합한 것은 제조과정에 문제점이 있기 때문이다. 즉 이러한 용제의 제조온도는 탈산제인 페로망간, 페로실리콘을 변질시킬 만큼 높은 온도였다.

① 용융형 용제 (fused flux)는 광석을 고온(1300℃ 이상)으로 용해, 냉각한 후 분쇄하여 적당한 입도로 선별하여 만든 것인데 유리와 같은 광택이 난다. 100A 이하의 저, 중 전류 용접에 적합하며, 조립은 소전류에, 세립은 대전류에 사용하고 고속용접에 적합하다.

② 소결형 용제 (sintered flux)는 원료 광석 가루, 합금 가루 등을 규산나트륨과 같은 점결제와 더불어 원료가 융해되지 않을 정도의 800~1,000℃의 비교적 저온상태에서 소정의 입도로 소결한 것이다.

③ 본드형 용제 (bonded flux)는 원료 광석에 점결제를 가하여, 비교적 저온인 300~650℃ 범위에서 가열하여 제조한다. 탈산제나 합금원소 첨가가 가능하며 대입열 용접이 가능하다. 표 2-10에 잠호용접용 용제를 비교하여 나타내었다.

2.8.5 용접 조건

용접조건의 선정

용접전류가 증가할수록 용착속도 및 용입 깊이가 증가하지만 지나치게 과도한 전류는 아크의 파묻힘 현상이 일어나고 언더컷이 발생하기 쉬우며 좁고 높은 비드가 얻어진다. 전압이 증가할수록 아크 길이가 증가하면서 비드 폭이 넓어지고, 평탄한 비드가 되며 플럭스의 소비가 증가한다. 또한 용접속도가 증가하면 입열량이 감소하고 비드 크기가 감소한다.

플럭스를 너무 두껍게 살포하면 비드 표면이 거칠고 발생가스의 방출이 어려워 비드 표면에 pock mark가 생긴다. 또한 플럭스가 너무 얇으면 플럭스 사이로 아크가 새어 나오고 스패터 및 기공이 발생하며 비드 표면이 거칠어진다. 따라서 적당한 플럭스의 살포가 요구된다. 심선의 지름이 작으면 전류밀도가 높아져서 용입이 깊어지고, 용입 깊이가 비드 폭보다 클 경우는 고온균열 발생 확률이 높아진다.

용접 장치

심선을 보내는 장치(심선 공급 장치)는 전압 제어 상자, 접촉 팁 (contact tip) 및 대차로 구성되어 있으며 와이어 송급 장치, 접촉 팁과 용제 호퍼를 일관하여 용접헤드라 한다. 용접 전류는 접촉팁에서 와이어에 송급되며 와이어는 전압 제어 장치에 의해 일정한 전압이 되도록 속도 및 아크 길이가 조정된다. 용제는 호퍼에서 호스로 공급되며, 와이어보다 앞부분에서 용접선을 따라 살포된다. 용접 후 용융되지 않은 용제는 진공 회수 장치에 의해 회수되어 재사용된다.

표 2-10 잠호용접용 용제의 비교

항목	용제의 종류		
	용융형(fused flux)	소결형(sinterd flux)	본드형(bonded flux)
제조온도	1,300℃ 이상	800~1,000℃	300~650℃
색상 및 외관	착색 불가	색상차이로 식별가능	착색 가능
합금 첨가	불가	가능	쉽다
흡습성	거의 없음 (재건조 거의 불필요)	강함 (재건조, 방습 필요)	저온 흡습성이 강하다
분진 발생	거의 없음	있음	-
장기 보관성	안정함	변질 우려	-
대상 강재	충격치가 요구되는 곳은 사용 곤란	비교적 넓은 범위 강종	비교적 넓은 범위 강종
인성	와이어 성분 영향 大	비교적 높은 인성	-
비드 외관	미려함	약간 미려함	약간 미려함
가스 발생	적음	많음	많음
대입열 용접	고전류 사용 어려움	고전류 사용 용이	-
입도	고전류: 세립 저전류: 대립	전류에 관계없이 한종류 입도 사용 가능	-
슬래그 박리성	비교적 좋지 않음	비교적 둔감함	양호함
용입	약간 깊음	약간 얕음	-
다층 용접성	용착금속의 층간 성분변동이 적고 다층 용접이 **적합**	용착금속의 층간 성분변동이 비교적 커서 **적합하지 않음**	용착금속의 성분 변동이 크고, 다층 용접이 **적합하지 않음**
극성 감수성	비교적 민감	비교적 둔감	-
염기도	산성 및 중성	산성, 중성, 염기성 및 고염기성	-
와이어	강종에 따라 적합한 와이어 사용	저 Mn계 연강 와이어로 고장력강 및 저합금강 용접 가능	-
필릿 고속용접성	적합함	적합하지 않음	적합하지 않음
경제성	약간 고가 (고망간 wire 사용)	-	비교적 저렴

2.9 플라스마 아크 용접

2.9.1 플라스마 아크 용접의 개요

플라스마 아크 용접(PAW, plasma arc welding)은 비소모성 전극과 용융지 사이의 이행식 아크 (transferred arc) 또는 비소모성 전극과 고도로 조정된 노즐 사이의 비이행식 아크 (nontransferred arc)와 플라스마 기류에 의한 용접법을 말한다. 기체를 가열하면 기체원자는 전리되어 양이온과 음이온으로 나누어진다. 이와 같이 양이온과 음이온이 혼합되어 도전성을 나타내는 상태를 플라스마라라고 한다. 1만~3만℃의 고온의 플라스마를 수랭노즐을 통하여 교축시켜 분출시키는 것을 플라스마 제트 (plasma jet)라 부르고 각종 금속의 용접, 절단 등의 열원으로 이용한다. 이 플라스마 제트를 용접 열원으로 하는 용접법이 플라스마 제트 용접이다.

플라스마 용접에 사용되는 아크는 이행형과 비이행형으로 구분된다. 그림 2-33에 이행형과 비이행형 플라스마 용접법을 도시하였다. 이행형 아크는 TIG 용접법과 유사하지만 노즐을 수냉하여 플라스마 아크를 교축시켜 텅스텐 전극과 노즐 사이에 최초의 아크를 발생시키고 주 전류회로는 전극과 모재 사이이며, 비철금속의 절단 및 용접에 사용된다. 비이행 아크형은 텅스텐 전극과 노즐 사이에서 아크가 발생하고 이렇게 발생한 아크를 이용하여 모재가 부도체인 경우도 적용이 가능하다. 비이행 아크형은 주로 용사에 많이 적용된다. 플라스마 가스로 Ar은 청정작용이 우수하며 Ti과 활성금속의 용접에 사용되며, Ar에 H2를 5% 정도 혼합하면 용접 입열이 증가하고, 기공이나 언더컷 방지효과가 있으나 수소취성에 주의하여야 한다. 플라스마 가스로 Ar, Ar+H2 등은 주로 용접에 사용되며 Ar, N2, H2 혼합가스 등은 절단에 응용된다.

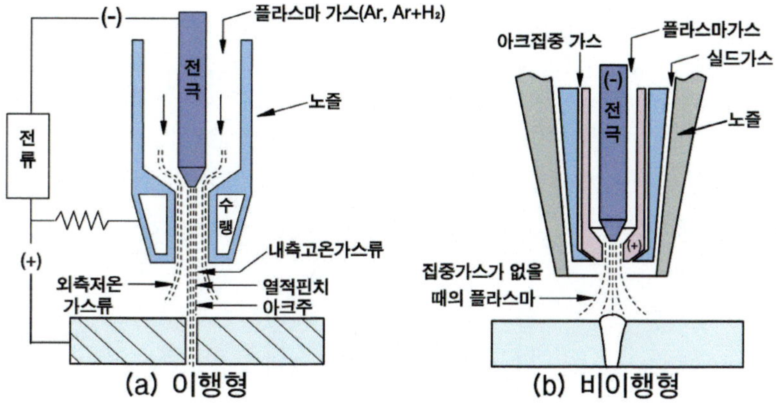

그림 2-33 이행형과 비이행형 플라스마 용접법

2.9.2 플라스마 용접의 장점과 단점

플라스마 용접의 장점

① 플라스마 제트의 에너지 밀도가 크고 안정도가 높아 보유 열량이 크다.
② 비드 폭이 좁고 용입이 깊다.
③ 용접 홈은 I형이면 되고 용접봉의 소모가 적다.
④ 용접 변형이 적다.
⑤ 용접 속도가 빠르고 각종 재료의 용접이 가능하다.
⑥ 토치와 용접재와의 거리에 따른 용접변수가 작으므로 다양한 용접자세가 가능하다.
⑦ 용접부가 대기로부터 보호되어 야금적, 기계적 성질이 양호하고 변형도 적다.

플라스마 용접의 단점

① 용접 속도를 크게 하면 가스의 보호가 불충분하다.
② 용접부의 경화현상이 일어나기 쉽다.
③ 장비가 고가이고 아크의 집중도가 높아 용접부의 정렬 어긋남이 발생할 수 있다.
④ 키 홀 용접 시 언더컷이 발생하기 쉽다.

그림 2-34에 TIG 용접법과 플라스마 용접법을 비교하여 나타내었다. 플라스마 용접법은 파이럿 아크 스타팅 장치와 교축 노즐을 제외하고는 TIG 용접과 동일하다. TIG 용접법은 전극이 노즐 밖으로 나와 있어서 아크가 집중되지 않고 모재에 열을 가하는 부위가 넓고 얇게 된다. 반면에 플라스마 용접법은 전극봉이 교축노즐 안에 있기 때문에 아크가 원추형이 아니고 원통형이 되어서 모재의 좁은 부위에 집중하게 된다. 전극봉이 모재와 멀리 떨어져 있어서 용융지에 텅스텐 전극이 오염될 가능성이 낮다.

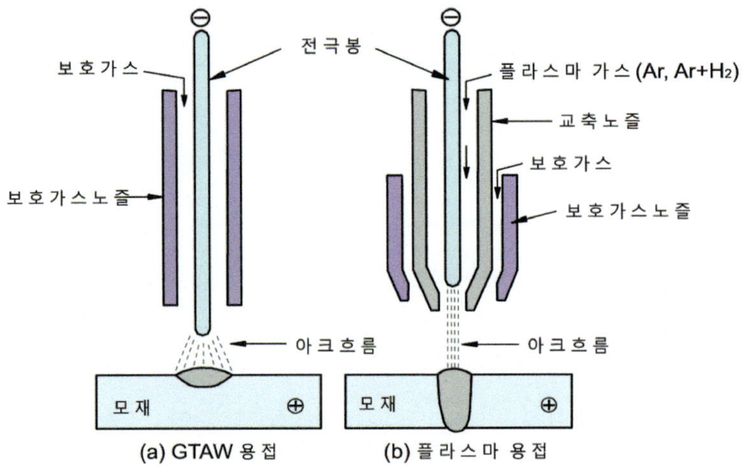

그림 1-11 필릿 용접부의 호칭

2.10 키홀 플라스마 아크용접법 (keyhole plasma arc welding)

두께 1.6~9.5mm 정도의 비교적 박판을 PAW을 사용 시 플라스마 아크의 높은 에너지 밀도로 인하여 용접 비드 선단에 용접재를 관통하게 되는 깊은 용입으로 용융 홀이 생기는데 이를 키홀 (keyhole)이라고 한다. 이러한 키홀은 전극이 최대로 팁 안쪽으로 들어갔을 대 최대의 아크 집중이 되며, 용접이 진행되면 키홀 앞부분은 용융이 되고 뒷부분은 응고가 된다. 따라서 1 패스 용접이 가능하고 keyhole을 통해 불순물과 계면의 가스가 빠져나갈 수 있다. 다만 오리피스 가스의 유속이 과다하면 절단이 이루어지므로 오리피스 가스의 유속에 세심한 주의를 기울여야 한다.

키홀 플라스마 아크용접법은 용융금속 내에 기공으로 잔류할 수 있는 가스의 방출을 쉽게 해 준다. 키홀을 중심으로 용융금속의 대칭적인 형상으로 가로 방향의 변형을 줄일 수 있다. 또한 높은 용입 효과로 약 10 mm 이하의 경우 1패스 용접이 가능하며, 용접 조인트의 그루브 가공 없이 맞대기 용접을 할 수 있어서 경제적이다. 다만 용접 변수가 GTAW보다 다양하여 제어가 어렵고 후판의 경우 작업자의 숙련된 기술이 필요하다. 또한 알루미늄을 제외하고는 아래보기 자세로 제한되며, 플라스마 토치의 세심한 관리가 필요하다.

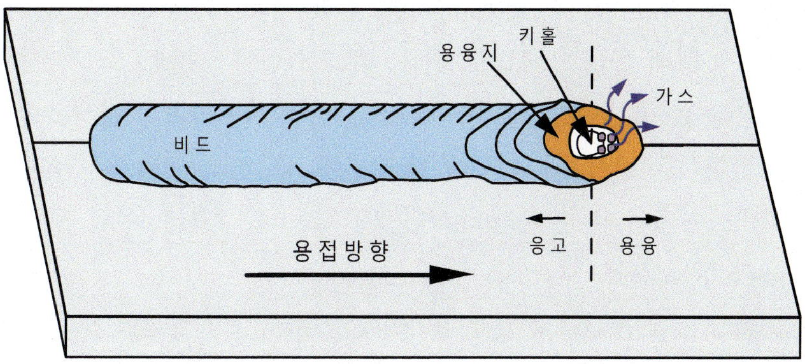

그림 2-35 키홀 플라스마 아크용접법

키홀 플라스마 아크용접법의 특징

① 모재 개선이 불필요하며 1 Pass 용접이 가능하다.

② 용가재의 사용량이 적고 열영향부가 적으며 모재의 변형이 적다.

③ 모재 두께 2.3~6.4mm에 적용 가능하다.

④ 아래보기, 수평용접에만 사용 가능하며, 자동용접에 제한된다.

멜트인(melt-in) 용융용접법은 키홀 용융용접법과 반대로 전극의 팁 안쪽으로 들어간 거리와 플라스마 가스 유량을 감소시키면 연하고 집중이 덜 된 아크가 발생한다. 멜트인 용접법은 0.3~4.7mm의 얇은 판에서 효과적으로 용접할 수 있는 용접법이다.

2.11 단락 옮김 아크 용접법

단락 옮김 아크 용접법(short arc welding)은 MIG 용접이나 탄산 가스 용접 등에서 와이어가 용융 풀에 접촉할 때, 와이어에서 용적이 이행하도록 하여 얇은 판에서도 용락없이 용접할 수 있도록 고안된 용접법이다. 딥 트랜스퍼 아크 (deep transfer arc) 또는 숏 아크 (short arc) 용접이라는 이름으로 불리고 있다. 예를 들면 탄산가스 아크 용접에서는 스패터를 적게 하기 위하여 아크 길이를 짧게 하지만, 단락전류가 과대해지기 때문에 순간적 단락으로 용융금속을 뿜어 날려 스패터로 된다. 따라서 단락 전류를 적당한 값으로 조정하고 핀치 효과와 용융 풀의 표면장력을 이용하여 단락 이행과 아크의 발생을 반복시키고 와이어의 용적을 원활히 이행시키는 것이다. 용접기에 적당한 인덕턴스를 추가한 것이 이용되고 단락 전류는 와이어 직경 1.2 mm이면 250 A 이하, 2.0 mm이면 350A이며, 단락 횟수는 매초 100회 정도이다.

단락 옮김 용접 장치에는 직류 정전압 전원과 와이어에 보내는 장치인 실드 가스 용접 건(shield gas welding gun) 및 용접 케이블로 구성되며 이산화탄소 아크 용접장치와 비슷하다.

단락 전류 (short current)

회로를 저항이 0에 가까운 저항이 되도록 접속하는 것을 단락이라고 한다. 용접 재료와 모재가 기계적으로 접속되며 이때 흐르는 전류를 단락 전류, 발생하는 아크를 단락 아크라고 한다.

2.12 원자수소 아크 용접

원자수소 아크 용접(Atomic Hydrogen Arc Welding)은 가스 실드 용접의 일종으로 수소 가스 분위기에서 2개의 텅스텐 전극 사이에 아크를 발생시킨다. 이때 분자상 수소는 아크로 해리되어 원자 상태의 수소가 되고 원자상태의 수소는 모재면에서 냉각되고 재결합되어 분자상 수소가 된다. 분자상 수소가 원자상태의 수소로 해리되었다가 재결합 할 때의 발생하는 열을 이용하여 용접하는 방법이다.

연습문제

1 불활성가스 금속아크 용접(MIG)에 가장 많이 사용되는 가스는?
① 아르곤
② 헬륨
③ 붕소
④ 질소

2 TIG 용접에서 상대적으로 아크 발생이 원활한 이유는 무엇인가?
① 아크 안정제를 사용하기 때문에
② 전압을 높게 하기 때문에
③ 텅스텐의 작용으로
④ 고주파 발생장치를 사용하기 때문에

3 불활성가스 아크 용접 시 사용하기 어려운 가스는?
① 헬륨가스
② 수소가스
③ 산소와 질소의 혼합가스
④ 아르곤 가스

4 TIG 용접으로 알루미늄 용접 시 가장 적절한 방법은 무엇인가?
① 직류정극성 (DCSP)
② 직류역극성 (DCRP)
③ 교류 (AC)
④ 고주파 교류 (ACHF)

5 텅스텐 전극봉을 사용하는 용접은?
① 산소-아세틸렌 용접
② 아크 용접
③ MIG 용접
④ TIG 용접

01 ① 02 ④ 03 ② 04 ② 05 ④

6 MIG 용접의 장점이 아닌 것은 무엇인가?
① 용접기 가격이 저렴하다.
② 용접조작이 간단하다.
③ 용접효율이 높다.
④ 용접부가 좁고 깊다.

7 FCW 장점이 아닌 것은?
① 용착속도가 빠르다.
② 전류밀도가 작다.
③ 전자세 용접이 가능하다.
④ 아크타임율이 향상된다.

8 잠호용접의 장점이 아닌 것은?
① 산소, 질소 등의 영향이 적다.
② 자동용접으로 용접속도가 빠르다.
③ 높은 전류밀도로 용접이 가능하다.
④ 용접의 적, 부가 쉽게 확인된다.

9 용융형 용제의 특징이 아닌 것은?
① 분진발생이 거의 없다.
② 장기 보관 시 안정하다.
③ 합금첨가가 가능하다.
④ 비드 외관이 미려하다.

10 플라스마 용접의 특징이 아닌 것은?
① 비드폭이 넓다.
② 에너지 밀도가 크다.
③ 용접변형이 적다.
④ 용접부의 기계적 성질이 양호하다.

06 ① 07 ② 08 ④ 09 ③ 10 ①

Chapter

3 고상용접법

고상용접법은 용접 재료를 용융시키지 않고 압력이나 마찰, 초음파, 폭발에너지 등을 이용하여 고체상태에서 접합하는 방법이다. 본서에서는 냉간압접, 마찰용접, 고온압접, 확산압접, 초음파용접, 폭발용접, 압출접합과 압연접합법에 대해 설명하고자 한다.

3.1 냉간 압접

3.1.1 냉간 압접의 개요

냉간 압접(cold pressure welding)은 가열하지 않고, 상온에서 재료를 강하게 압력을 가하여 소성 변형하여 접합하는 방법이다. 반면에 고온압접법은 모재를 재결정온도 이상으로 가열하여 접합하는 방법으로 접합에 필요한 압력이 적게 소요된다는 점이 장점이다. 냉간압접은 모재를 가열하지 않으므로 가열에 필요한 에너지 소모가 적고 열영향부가 없으며, 가공 경화재 및 열처리재의 접합에 유리하며, 또 해로운 금속간 화합물을 거의 생성하지 않으므로 이종 금속 간 접합이 용이하다.

냉간 압접은 2개의 깨끗한 금속을 가까이(1Å $=10^{-8}$cm) 하면 자유전자가 공통화하여 결정격자 점의 양이온과 상호작용으로(인력) 금속원자를 결합시키는 결합형식을 이용하여, 상온에서 단순히 가압만의 조작으로 금속 상호간의 확산을 일으켜 압접을 이루는 방법이다. 전기 용접에 사용되는 도전 재료인 알루미늄, 구리 등의 맞대기 또는 겹치기 접합에 널리 이용되고 있다. 반도체 소자의 기밀 접착, 폭발물 및 위험물용 용기의 밀봉에도 이용되고 있다.

3.1.2 냉간 압접의 장점과 단점

◎ 냉간 압접의 장점

① 접합부에 열영향이 없다.
② 숙련이 필요하지 않다.
③ 압접 공구가 간단하다.
④ 접합부의 전기전도율이나, 내식성은 모재와 거의 같다.

◎ 냉간 압접의 단점

① 용접부가 가공 경화된다.
② 겹치기 압접은 눌린 흔적이 남는다.
③ 철강 재료의 접합은 부적당하다(상온 시공은 알루미늄, 구리 등 가능).

3.2 마찰 용접

3.2.1 마찰 용접의 개요

마찰 용접(friction welding)은 접합물을 맞대어 회전시키고 그 접촉면에 발생되는 마찰열을 이용하여 압접하는 방법이다. 이 용접법은 동종 재료 및 이종 재료(금속, 금속 복합 재료, 세라믹, 플라스틱 등)의 접합에 적용될 수 있다. 접합부만을 국부적으로 가열하기 때문에 아크를 이용한 용접법에 비해 에너지 효율이 좋아 10~20%의 작은 에너지로 접합이 가능하다. 우주 항공 산업, 엔진밸브, 공구류, 기계 부품, 자동차, 항공기 등에 이용된다. 아래 그림 2-36에 마찰용접의 기본과정을 나타내었으며 그 순서는 아래와 같다.

마찰 용접의 기본과정

① 한쪽 모재를 고정시키고 다른 쪽 모재를 회전시킨다.
② 적당한 회전수에 도달하면 축방향으로 힘을 가한다.
③ 계면의 마찰에 의해 국부적으로 온도가 상승하고, 모재의 성질이 변하면서 접합이 이루어진다.
④ 최종적으로 회전이 정지하고 접합이 완료된다. 이 접합부는 좁은 열영향부를 가지며, 접합부에 소성 변형의 흔적이 남게 되고 용융역이 없는 것이 특징이다.

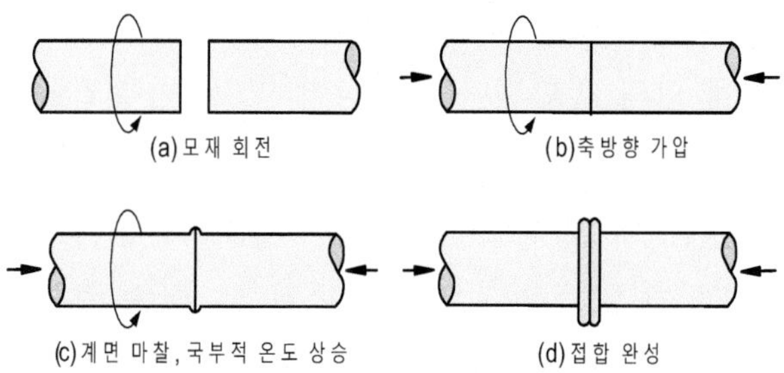

그림 2-36 마찰 용접의 기본 과정

3.2.2 마찰 용접의 장점과 단점

마찰 용접의 장점

① 용접시간이 짧으므로 경제성이 높다.
② 국부 가열이므로 열영향부의 폭이 좁고, 이음 성능이 양호하다.
③ 압접면의 끝 손질이 필요 없다.
④ 같은 금속이나 다른 종류의 금속 또는 비금속과도 접합된다.
⑤ 자동화가 용이하다.

마찰 용접의 단점

① 피압접 재료의 단면은 원형이어야 한다.
② 플래쉬 용접보다 용접 속도가 늦다.
③ 큰 중량물, 큰 직경, 형상이 복잡한 것, 비대칭 단면에는 부적합하다.
④ 상대운동을 필요로 하는 곳에 용접이 곤란하다.

3.3 초음파 용접법

3.3.1 초음파 용접 개요

초음파 용접(ultrasonic welding)은 용접물을 겹쳐서 용접팁과 하부 앤빌(anvil) 사이에 끼워 놓고 압력을 가하면서 초음파(20kHz 이상) 주파수로 횡진동을 주어 그 진동에너지에 의해 진동 마찰열을 발생시켜 압접하는 방법이다. 초음파 진동에 의한 강한 마찰에 의해 금속 자유면의 산화물 층이 제거되고, 마찰에 의해 금속 표면이 강하게 가열되어 이에 따른 연화에 의해 접합된다는 특징이 있다. 마찰열에 의한 국부적인 온도상승으로 원자의 확산 및 재결정이 촉진되어 강인한 압접부가 형성된다. 그러나 가열은 표면부에만 국한되기 때문에 모재를 용융시키지 않고 건전한 야금학적 접합부를 얻을 수 있다. 접합 불가능한 것 또는 신뢰도가 결핍된 것, 금속이나 플라스틱 용접 및 모재가 서로 다른 종류의 금속 용접에 좋은 방법이다. 알맞은 판재의 두께는 금속에는 0.01~2 mm, 플라스틱류에는 1~5 mm 정도로 얇은 판의 접합에 이용되며 아래의 초음파 용접 1~3단계를 통해 용접이 이루어지며 그림 2-37에 자세하게 나타내었다.

초음파 용접의 용접 단계

① 1단계 : 초음파 진동에 의해 두 면이 마찰되어 산화물이나 흡착물이 파괴되어 기계적으로 청정하고 평활하게 되어 융착핵이 발생한다.

② 2단계 : 팁과 용접물 사이에서 상대운동이 일어나 급격한 소성 유동에 의해 접합면적이 확대된다.

③ 3단계 : 청정한 면이 서로 접촉함과 동시에 탄성이나 소성변형 또는 마찰력에 의해 온도(재결정 온도 이상)가 높아지므로 접합면 사이에 원자간의 인력이 작용하여 용접된다.

3.3.2 초음파 용접의 특징

초음파 용접법 특징

① 냉간 압접에 비하여 주어지는 압력이 작으므로 용접물의 손상이 작다.
② 용접물의 표면처리가 간단하고 압연한 그대로의 재료로도 용접이 쉽다. (마찰로 인한 산화막 파괴)
③ 극히 얇은 판, 즉 필름(film)도 쉽게 용접할 수 있다.
④ 이종 금속의 용접도 가능하며 이음효율의 저하를 초래하는 취화층이 없다.
⑤ 판의 두께에 따라 용접 강도가 현저하게 변화한다.
⑥ 전기 아크 용접에 비해 5~10%의 전기 출력이면 충분하다.
⑦ 대형 구조물에 적용이 어렵고 형상과 크기의 제한을 받는다.
⑧ 반도체, 미세회로, 전기 접점의 형성 등의 용접 시 적용되고 있다.
⑨ 용접온도가 Al의 경우 200~300℃로 매우 낮아서 열영향이 거의 없다.
⑩ 용융주조조직이나 합금층의 형성이 없다.

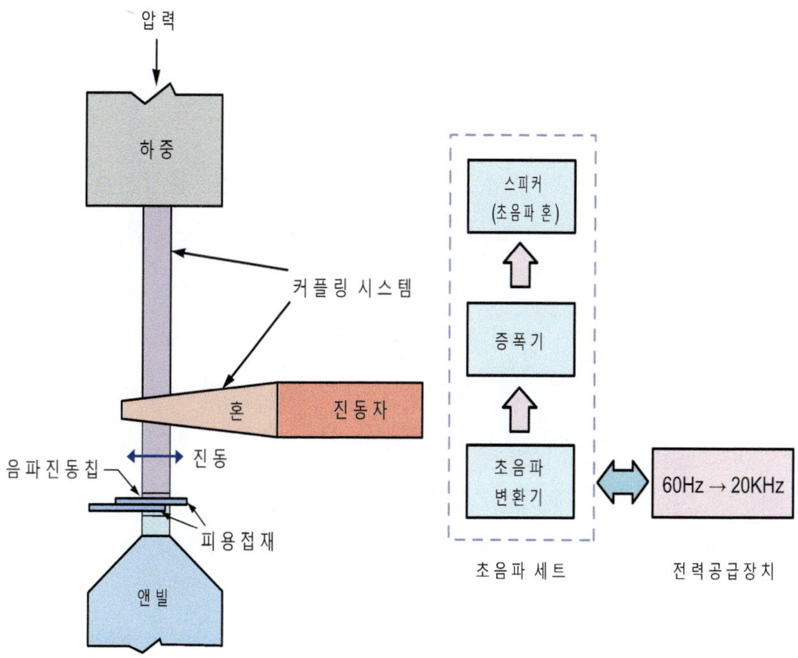

그림 2-37 초음파 용접 개략도

3.4 확산 용접

3.4.1 확산 용접의 개요

확산 용접(diffusion welding)은 용접과정에서 적당한 가열과 낮은 가압력으로 모재를 용융시키지 않고 접합단면의 밀착과 원자의 확산을 통해 거의 변형이 없는 고상용접으로 고상 확산 용접과 액상 확산 용접이 있다. 확산 용접은 고온에서 두 금속을 맞대어 놓고 높은 압력을 가했을 때 계면의 용융이나 매크로적인 변형, 두 금속의 외형적인 움직임 없이 계면의 접합이 일어나는 접합방법이다. 확산 용접을 시행하는 과정에서 접합되는 두 계면 사이에 필러 금속을 삽입하기도 하고 그렇지 않기도 하는데 이에 따라 다음 두 가지로 구분된다.

◎ 고상 확산 용접

필러 금속 없이 시간과 압력, 온도를 조절하여 접합하는 방법으로 모재의 종류와 표면상태에 따라 조절된다.

◎ 액상 확산 용접

동종 또는 이종 금속 사이에 인서트재 (필러 금속) 층을 삽입하여 접합하는 방법으로 두 금속의 확산속도를 빠르게 하고 계면의 매크로 변형을 도와서 보다 완전한 접합이 이루어지도록 돕는 역할을 수행하며 적절한 열처리에 의해 모재에 확산된다. 이종금속 용접 시 금속 간 화합물의 방지 및 억제를 하고 냉각 시에도 응력을 완화하고 균열을 방지하는 역할을 하게 된다. 접합부에 잔존하지 않을 정도로 얇게 (두께: 20~200 ㎛) 하고 모재에 가까운 기본성분에 융점을 저하시키는 원소를 첨가한 합금을 이용한다.

3.4.2 확산 용접 과정

확산 용접이 원활하게 진행되기 위해서는 기계가공이나 와이어 브러쉬에 의한 표면처리, 모재 융점의 60~80%에 해당하는 접합온도, 접합시간과 가압력이 중요하게 된다. 확산 용접은 접촉되는 면이 기계적으로 친화도가 있어야 하며, 접촉되는 면의 불순물 분해가 금속 결합을 방해하지 않아야 한다. 이종금속은 물론이고 금속과 세라믹의 용접도 가능하다. 강도가 높은 초내열 주조합금, 결정제어 합금 등에 많이 적용되고 있으며 21세기의 초내열합금 접합기술의 주종을 이룬다. 그림 2-38에 확산용접의 과정을 나타내었다.

그림 2-38 확산 용접 과정

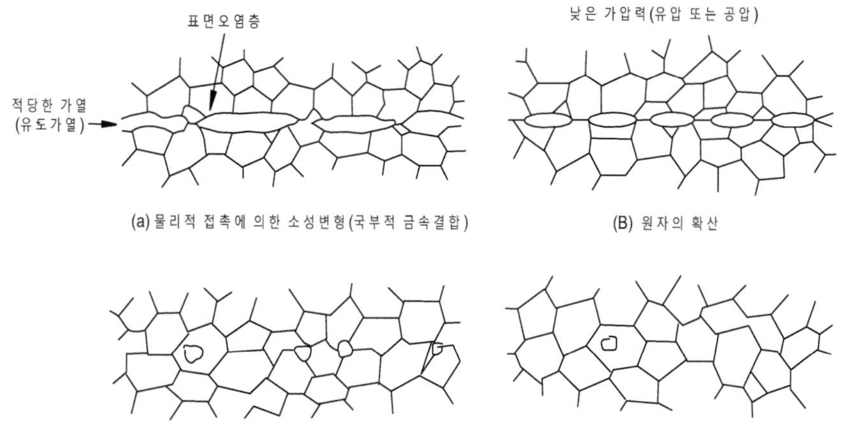

확산용접의 특징

① 응고(주조) 조직이 없으며, 균열이나 기공, 취화부 등의 결함이 거의 없다.
② 치수정밀도가 높고 용접 후 열응력이나 열변형이 거의 없다.
③ 접합단면의 청정이나 평활화가 중요하다.
④ 이종 금속의 용접도 가능하며 판두께에 상관없이 접합이 가능하다.

3.5 폭발 용접

3.5.1 폭발 용접의 개요

폭발 용접(explosive welding)은 2장의 금속판을 화약의 폭발에 의해 생기는 순간적인 큰 압력을 이용하여 금속을 압접하는 능률적인 용접법이다. 모재와 접합하려는 재료를 경사지게(경사법) 또는 평행하게(평행법) 배치하고, 합재 위에 화약을 싣고 전관부에서 기폭하여 폭발하면 모재와 합재가 고속으로 충돌, 고압으로 밀착되어 접합이 이루어진다. 충돌점 전방에 금속의 제트 기류가 발생하여 표면의 산화피막 또는 가스 흡착층이 제거되어 청정한 접합부를 얻을 수 있다. 접합형식은 선상, 면상, 점상의 형식이 있고 폭발 용접의 과정은 그림 2-39과 같다.

폭발용접에 주요한 변수는 폭약량, 모재간격 및 전처리(연마처리) 등이며, 폭발용접 과정은 다음의 단계와 같다. ① 폭발 → ② 고속의 금속 제트 형성 → ③ 접합 표면의 피막 제거로 청결한 표면 형성 → ④ 순간적인 높은 충격에너지에 의해 두 모재의 접합 완성.

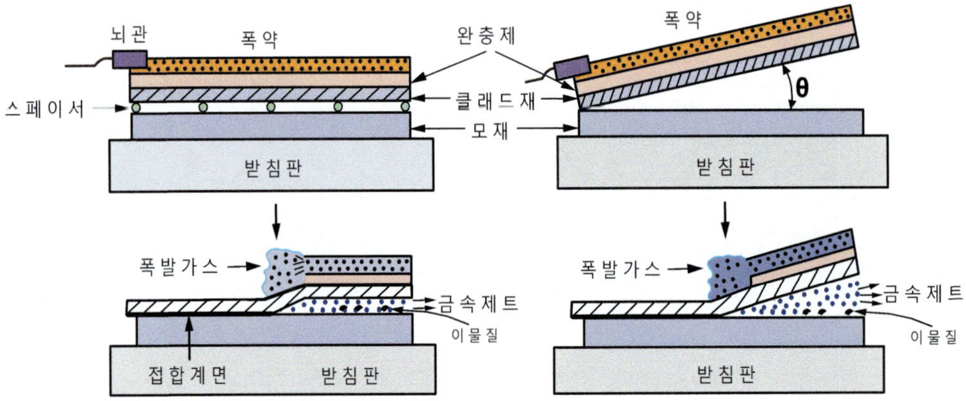

(a) 평행법 (b) 경사법

그림 2-39 폭발 용접 개략도

3.5.2 폭발 용접의 장점과 단점

폭발 용접의 장점

① 특수한 제작 설비가 필요 없어 경제적이다.
② 이종 금속의 접합이 가능하다.
③ 고용융점 재료의 접합이 가능하다.
④ 용접 작업이 비교적 간단하며 접합속도가 빠르다.
⑤ 접합층에 존재하는 오염층의 영향이 거의 없다.
⑥ 접합이 견고하므로 성형이나 용접 등의 가공성이 양호하다.
⑦ 형상과 두께의 제한을 받지 않으며 다품종 소량생산이 가능하다.

폭발 용접의 단점

① 화약을 사용하므로 위험하다. (유자격자나 경험자에 의해 취급 필요)
② 압접 시 큰 폭발음을 낸다. (장소의 제약)
③ 주철과 같이 취약한 금속과 Mg을 함유한 Al 합금 등은 높은 충격에너지로 균열 발생의 우려가 있다.
④ 매우 두꺼운 재료로 한정된다.

폭발 용접은 거대한 평판의 Clad 제조, 관의 Clad 제조 및 튜브 및 튜브, 판의 접합, 파이프와 파이프의 접합 등에 사용된다.

3.6 세라믹과 금속의 접합

세라믹은 금속재료와 비교하여 내열성, 저열팽창성, 저열전도성, 고온고강도, 고경도, 내마모성, 저비중, 화학적 안정성, 경량성의 특징이 있다. 특히 특수합금에 사용되는 원료의 대부분은 자원고갈에 직면해 있으나 세라믹의 원료는 거의 무한정 존재하고 있어서 이의 이용이 주목받고 있다. 다만 열충격 저항성과 파괴인성이 낮은 문제가 있다.

세라믹은 열충격 저항성이 낮아서 용접균열이 발생하기 쉽고, 소결체이므로 용융부에 기공이 발생하기 쉽다. 융점에서 점성계수가 높아서 각종 용접결함이 발생하기 쉬우며, 열전도율이 낮아서 국부적으로 과열, 분해, 증발되기 쉽다. 또한 재료에 따라서 용융부의 결정이 이상 성장하는 경우도 있다. 이러한 이유로 용융보다는 기계적 접합이나 접합제를이용한 접합법이 사용되고 브레이징과 고상용접법이 주로 사용되고 있으며, 전자빔이나 레이져 빔과 같이 에너지 밀도가 높은 용접법이 부분적으로 적용되고 있다.

전기 전자 분야, 특히 Mo-Mn 법에 의한 진공 밀봉 접합기술은 전자레인지용 마그넷론관이나 진공스위치, SCR 용기 등에 폭넓게 적용되고 있다. 구조용 세라믹과 금속의 결합은 적용 초기 단계이며 주로 가열 끼워맞춤법, 유기 접착제의 사용, 활성금속 브레이징법과 고상접합법이 사용되며, 기계 플랜트에서 내마모 라이닝 제품 부재나 자동차 부품 등 폭넓은 분야에서 이용되기 시작하였다 (제철용 소결기의 윈도, 자동차의 터보 차져 로커 및 로커 암 등).

표 2-11 세라믹과 금속접합법의 분류

대분류	중분류	소분류
기계적 결합법	-	• 볼트 • 주조몰입법 (금형 내에 세라믹을 두고 다이캐스팅) • 가열끼워맞춤
접착제	유기접착	• 에폭시, 초산비닐, 페놀, 폴리우레탄, 아크릴산에스테르
	무기접착	• 수성형 (물로 경화) • 화학반응형 (결합제 + 경화제 + 충진제) • 고온메탈형 (PbO계:400℃ 이하, Al_2O_3: 1300℃ 이상)
브레이징	메탈라이징	• 황화동법 (900℃에서 산화은 도포) • 탄산은법 • Mo-Mn법: Mo, Mn분말 도포 -> 메탈라이징-> Ni 도금 -> Ag 브레이징
	직접브레이징	• 활성금속 브레이징 (Ti, Zr 도포) • Al-Si 브레이징 • Cu-Mn 브레이징 (Cu-35% Mn)
고상접합	-	• HIP법 (세라믹 분말, 금속 분말 소결) • 전압인가법 (직류전압 인가) • 확산접합법 • 마찰접합법
용융접합	전자빔	• 전자빔 용접 (방전 문제)
	레이저빔	• 레이저빔 용접 (균열 방지)

3.7 가스 압접법

가스 압접법(Gas Pressure Welding)은 1927년경에 개발된 용접방법으로서, 맞대기 부분을 가스 불꽃으로 가열하여 그 재료의 재결정 온도 이상이 되면 축 방향에서 압력을 가해 압접하는 방법이다. 가열 불꽃은 주로 산소-아세틸렌 불꽃을 이용하고 그 밖에 산소-프로판, 산소-수소 불꽃이 있다. 토목 건축 현장에서 철근 압접과 기름, 천연가스, 물 등의 파이프라인 압접, 레일의 압접 등에 많이 쓰이고 있다.

가스 압접법 특징

① 이음부에 탈탄층이 전혀 없다.
② 전력이 불필요하다.
③ 장치가 간단하여 설비비, 보수비가 싸다.
④ 작업이 거의 기계적이어서 일반적으로 작업자의 숙련이 필요 없다.
⑤ 작업자의 숙련 시간이 짧다(25 mm 철근은 1분 30초 정도로 압접이 끝난다).
⑥ 이음부에 용접봉 또는 용제가 불필요하다.

3.8 압출접합과 압연접합

압출접합법(CEW, coextrusion welding)은 접합할 재료를 큰 압력을 가하여 다이를 통과하게 하여 접합하는 방법으로 압출법에 의해 접합하는 방법이다. 반면에 압연접합(ROW, roll welding)은 접합하려는 재료를 롤러로 가압하여 접합하는 방법이다.

3.9 단접

단접(Forge welding)은 접합하려는 부분을 용접 가까이 까지 가열하여 점액(粘液)처럼 되었을 때 압력 또는 타격을 가해서 접합하는 방법으로 옛날부터 대장장이가 사용한 접합법으로, 오늘날에도 고능률 접합법으로서 강관(鋼管) 제조 등에 유효하게 사용되고 있다. 가압에 있어 롤을 사용하는 경우를 롤단접, 해머로 두드리는 것을 해머 단접, 거푸집에 넣어서 두드리는 것을 형단접이라고 한다.

연 습 문 제

1 다음 중 진동에 의한 마찰열을 이용하는 접합방법은 무엇인가?

① 점 용접
② 초음파 용접
③ 폭발 용접
④ 냉간 압접

2 다음 중 저항열을 이용하는 용접방법은 무엇인가?

① 단접
② 마찰 용접
③ 점용접
④ 전자 빔 용접

3 다음 용접 중 용융용접법에 해당하는 것은?

① 전기 저항 용접
② 마찰 용접
③ 초음파 용접
④ 스터드 용접

4 압접의 종류에 해당하지 않는 것은?

① 단접
② 마찰 용접
③ 점용접
④ 전자빔 용접

5 다음 접합방법 중 화학에너지를 이용하는 것은?

① 폭발용접
② 마찰 용접
③ 초음파 용접
④ 스터드 용접

 01② 02③ 03④ 04④ 05①

6 다음 중 확산용접의 특징이 아닌 것은 무엇인가?
① 용접 후 응고조직이 형성된다.
② 치수정밀도가 높다.
③ 접합단면의 평활화와 청정이 중요하다.
④ 이종금속의 용접이 가능하다.

7 다음 중 폭발용접의 특징이 아닌 거은 무엇인가?
① 용접작업이 비교적 간단하다.
② 고용융점 재료의 접합이 가능하다.
③ 이종금속의 접합이 가능하다.
④ 형상과 두께의 제한을 받는다.

8 다음 중 접착제를 이용한 무기접착방법에 해당하지 않는 것은?
① 수성형
② 화학반응형
③ 황화동법
④ 고온메탈형

9 다음 중 고상용접법에 해당하지 않는 것은?
① 접합인가법
② 주조몰입법
③ 확산접합법
④ 마찰접합법

10 다음 중 가스압접법의 특징이 아닌 것은 무엇인가?
① 전력이 필요하다.
② 이음부에 탈탄층이 전혀 없다.
③ 장치가 간단하다.
④ 작업자의 숙련시간이 짧다.

06 ① 07 ④ 08 ③ 09 ② 10 ①

Chapter

4 저항용접법

4.1 전기저항 용접

4.1.1 전기저항 용접 (electric resistance welding)

(1) 개 요

열간 또는 냉간시에 접합부에 기계적 압력을 가하며 하는 용접을 압접 (pressure welding)이라고 한다. 압접은 접합의 목적을 달성하기 위해서 외부로부터 기계적 압력을 가하는 것을 필요조건으로 하는 용접의 총칭이다. 이중에서 두 용접재를 접촉시키고 통전 시 접촉저항 및 비저항에 의한 발열로 재료의 연성이 증가하여 압접을 용이하게 수행할 수 있는데 이러한 전기저항의 발열(저항열)을 이용하는 것을 전기저항용접이라고 한다.

전기저항 용접법은 1886년 톰슨 (Thomson)에 의해서 발명된 것으로, 두 용접재를 접촉시키고 통전하면 접촉저항 및 비저항에 의하여 발열되는 주울 열(Joule' s Heat)에 의하여 가열되는데, 이때 압력을 주면서 용접하는 방법이다. 저항 용접의 3대 요소는 ① 용접전류, ② 통전 시간, ③ 가압력으로 구성되며 그림 2-40에 전기저항 용접의 원리를 나타내었다.

$$H = 0.238\,I^2 Rt \fallingdotseq 0.24\,I^2 Rt = 0.24\,EIt$$

(H : 열량(cal), I : 전류(A), R : 저항(Ω), E : 전압(V), t : 시간(sec))

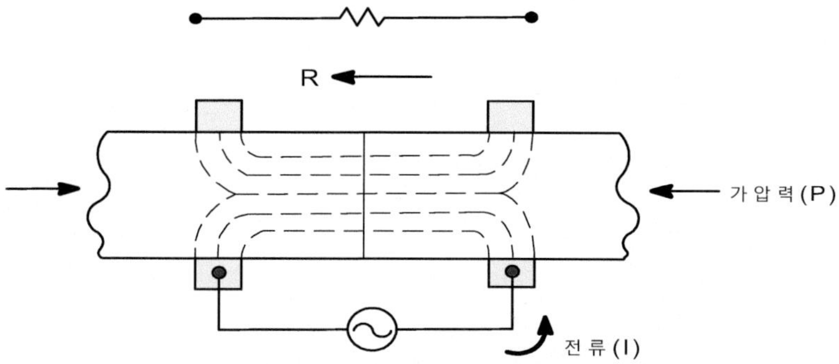

그림 2-40 전기저항 용접

전극간의 전저항은 용접물간의 접촉저항, 용접물의 비저항, 용접물과 전극간의 접촉저항의 세 가지로 이루어져 있다. 용접물간의 접촉저항은 고온에서 강하하여 곧 소실되고 용접물의 비저항은 온도가 상승하면서 증가하지만 용접물과 전극간의 접촉저항은 온도상승과 더불어 급격히 감소한다. 일반적으로 열전도가 적은 것이 전기 저항용접에 좋다. 전극봉으로 동을 사용하는 것은 처음 접촉저항에 의하여 용접물 비저항은 크지만 온도상승과 더불어 감소하며 열전도가 좋아 쉽게 방열되기 때문이다. 저항용접의 전극은 열전도도 및 전기전도도가 높은 것이 필요하며 동시에 내마모성이 큰 것이어야 한다. 이러한 목적을 충족하기 위해서는 동합금, 특히 크롬동 및 텅스텐 소결합금이 이용되며 용접 중 경도저하가 발생하지 않아야 한다. 용접에 필요한 전류는 2,000~수십만 A, 전압은 1V 이하의 적은 값으로 낮은 전압 대전류를 필요로 한다. 시간은 5~40Hz 정도의 짧은 시간이 좋으며 저항용접의 종류는 다음과 같다.

① 겹치기 저항 용접 : 점 용접 / 프로젝션 용접 / 심 용접
② 맞대기 저항 용접 : 업셋 용접 / 플래시 용접 / 퍼커션 용접

(2) 전기저항 용접의 장단점 및 용접 시 주의점

전기저항 용접의 장점

① 용접공의 기능에 의한 우열이 적다.
② 용접시간이 짧고, 대량 생산이 가능하다.
③ 용접부가 깨끗하다.
④ 가압 효과로 조직이 치밀해진다.
⑤ 산화작용 및 용접 변형이 적다.

전기저항 용접의 단점

① 설비가 복잡하고 값이 비싸며 적당한 비파괴 검사법이 없다.
② 급냉 경화를 받게 되므로 후열 처리가 필요하다.
③ 이종 금속간에 접합이 곤란하다.

전기저항 용접상의 주의점

① 접합부에 녹, 기름, 도료 등이 없도록 깨끗이 닦아낸다.
② 전극부에 접촉저항이 적고, 냉각수가 충분하도록 점검한다.
③ 모재의 모양, 두께에 알맞은 조건을 택하여 용접한다.

전기저항용접에서 전극은 피용접부에 큰 용접전류와 높은 가압력을 공급하고 용접부의 표면을 냉각하는 역할을 한다. 알루미늄, 은, 동 및 그 합금은 열전도도 및 전기전도도가 높아 접합이 곤란하므로 단시간, 고전류의 펄스가 필요하다. 아연도금 또는 주석도금강판은 전극과 아연 또는 주석과의 접촉면의 저항이 판과 판 사이의 접촉면, 즉 아연과 아연, 주석과 주석의 접촉면의 저항보다 크기 때문에 전극의 온도가 상승하며 이 때문에 전극의 동과 아연 또는 주석과의 합금층이 생겨 더욱 용접이 곤란하다.

4.2 점용접

4.2.1 점 용접(spot welding)의 개요

용접하려는 재료를 구리 합금제 전극 사이에 두고 가압하면서 전류를 통하면 주울 법칙에 의한 저항열이 생기고, 이 열을 이용하여 접합부를 가열하여 용융 또는 고온상태에 도달하였을 때 가압하여 융합하는 용접법이다. 이때 접합부의 일부는 녹아 바둑알 모양의 단면을 가지게 되고, 이 부분을 너겟 (nugget)이라고 한다. 그림 2-41에 점 용접의 개략도를 나타내었다.

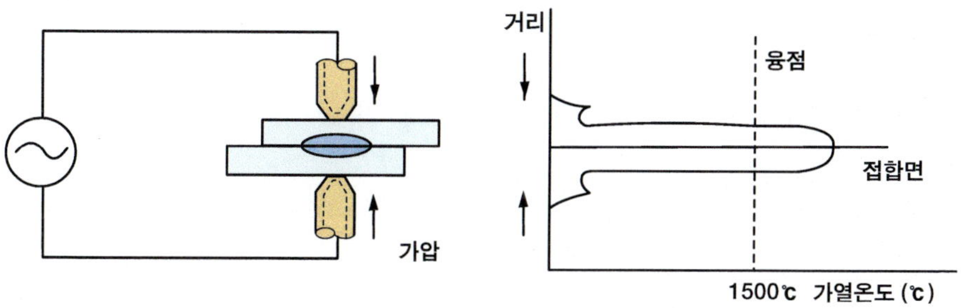

그림 2-41 점 용접 개략도

4.2.2 점용접의 장점과 단점

점용접의 장점

① 단시간 용접이 가능하고, 가열영역이 작으므로 용접 후 열변형이 적다.
② 자동 용접이므로 용접사의 기량 의존도가 낮다.
③ 용접 품질의 재현성이 우수하다.
④ 용접부가 깨끗하며 대량생산에 적합하다.
⑤ 표면이 평평하다.
⑥ 용접봉이나 용제(flux)가 불필요하고 용접절차가 간단하다.
⑦ 재료가 절약된다.
⑧ 작업 속도가 빠르다.

점용접의 단점

① 설비가 다소 복잡하고 고가이며, 적당한 비파괴검사법이 없다.
② 용접전류, 가압력, 통전시간, 전극형상, 용접재의 재질 및 두께 등에 따라서 각각의 용접조건 선정이 요구된다.
③ Nugget 주위의 노치 효과 때문에 기계적 성질이 우수하지 못하다.
④ 용융점이 높거나 전기저항이 작은 재료, 열전도가 큰 재료 등은 전기저항용접이 어렵다.

4.3 프로젝션 용접

4.3.1 프로젝션 용접(projection welding)의 개요

점용접과 비슷한 것으로 피용접재의 한쪽 또는 양쪽에 돌기 (projection)를 만들어 이 부분에 용접전류를 집중시켜 압접하는 방법이다. 강판, 강력 청동, 니켈 합금의 용접에 적합하다. Projection의 높이는 대략 판두께의 1/3 정도로 용접전류는 1 mm 두께의 연강판에 대해 800A, 가압력 250kg/mm^2, 용접시간은 1/3초이다. 그림 2-42에 프로젝션 용접의 개략도를 나타내었다.

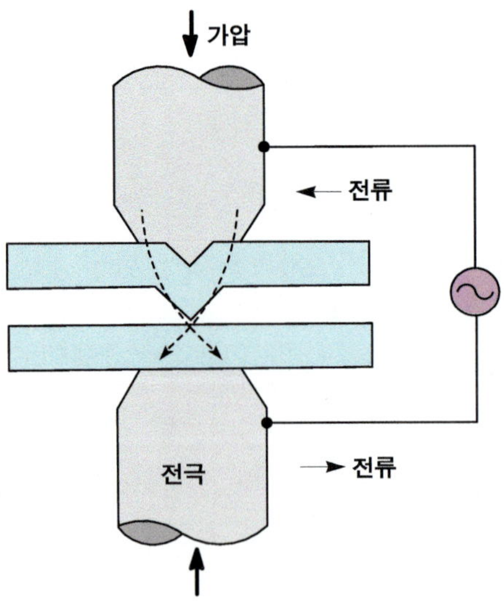

그림 2-42 프로젝션 용접 개략도

그림 2-41에서와 같이 프로젝션 용접은 다음의 순서로 진행된다.

예압 과정 → 통전 시작 → 통전 및 압착 → 용접 완료

4.3.2 프로젝션 용접의 장점과 단점

프로젝션 용접의 장점

① 얇은 판과 두꺼운 판, 열전도나 열용량이 다른 것을 쉽게 용접할 수 있다. (두꺼운 쪽에 돌기를 만든다.)
② 여러 점을 동시에 용접할 수 있어서 생산성이 좋다.
③ 작은 용접점을 확실히 접합한다.
④ 전극의 수명이 길고 작업 능률이 높다.
⑤ 용접 피치를 작게 할 수 있다.
⑥ 용접 속도가 빠르다.
⑦ 외관이 아름다우며 열변형이 적다.
⑧ 전류와 가압력이 각 점에 균일하게 가해지므로 신뢰도가 높은 용접이 된다.
⑨ 여러 가지의 변형적인 저항용접이 가능하다.
⑩ 응용 범위가 대단히 넓다.

프로젝션 용접의 단점

① 용접 설비가 비싸다.
② 모재 용접부에 정밀도가 높은 돌기를 만들어야 정확한 용접이 된다.
③ 전극의 교환이 번거롭다.

4.4 심 용접

4.4.1 심 용접(seam welding)의 개요

심용접은 원판상의 로울러 전극 사이에 용접물을 끼워 전극에 압력을 주면서 전극을 회전시켜 연속적으로 점용접을 반복하는 방법으로 주로 수밀, 기밀이 요구되는 액체, 기체를 넣는 용기를 제작하는 데 사용한다. 기본적인 용접 기술은 점용접과 유사하나 같은 재료의 점용접보다 용접전류는 1.5~2배, 전극 사이의 압력은 1.2~1.6배 정도 증가시킬 필요가 있다. 0.2~4mm 정도의 얇은 판 용접을 할 수 있으며, 와이어 심 용접(wire seam welding)은 Zn 또는 Sn 도금 강재의 심용접에 많이 사용되고 있다. 보통 도금 강재에서 문제가 되는 것은, 원판 전극의 표면에 Zn 또는 Sn이 부착되어 합금층을 만들기 때문에 용접성을 저하시키게 되는데 이러한 문제점을 해결하기 위하여 고안된 용접법이다. 용접에 한번 사용된 전극 와이어는 폐기시킴으로서 항상 새로운 전극을 사용하는 것과 같은 효과를 얻을 수 있으며, 캔의 제조과정에서 빼놓을 수 없는 매우 중요한 용접법이라고 할 수 있다. 시임용접은 맞대기 심용접, 매시 심용접, 겹치기 심용접과 와이어 심용접 등 4가지로 대별할 수 있다. 이 중 매시 심용접은 판두께 정도로 겹치는 것이고, 와이어 심용접은 원판전극의 주위에 전극으로 쓰이는 와이어가 설치된 것으로 Zn, Sn, 또는 Al 도금강재의 심용접에 많이 쓰이는 방법이다. 그림 2-43에 심 용접의 개략도를 나타내었다.

4.4.2 심용접의 특징

심 용접의 너깃 형성기구는 스폿용접과 동일하나 인접점의 간격이 좁다. 또한 기밀, 수밀, 유밀성을 필요로 하는 드럼 통, 파이프, 자전거 리브, 페인트 통 등의 봉합 용접에 널리 쓰이며 심 용접의 특징은 다음과 같다.

① 용접이음이 기계적으로 행하여지므로 강하다.
② 박판 (0.2~0.4mm)의 연료 탱크 용접, 각종 캔의 제작에 우수한 특성을 갖는다.
③ 자동화가 쉽다.
④ 용접속도가 빠르고 능률이 좋다.
⑤ 동일한 두께에 대하여 전류값은 점용접의 1.5~2배, 전극의 가압력은 1.2~1.6배가 필요하다.

심용접용 전극의 재질은 고온에서 강도와 경도, 전기전도도 및 열전도도가 높아야 하며 용접면은 산화물 부착이나 변형을 최소화 할 수 있도록 관리해야 품질을 확보할 수 있다. 참고로 TB (tailored blank)는 자동차 공업의 중요한 생산기술의 하나로 TB 기술을 적용함으로 차체 경량화와 구조적 강성을 동시에 향상시킬 수 있다. 이는 서로 다른 두께와 조성을 가진 각각의 평평한 블랭크를 접합하여 만든 복합된 특성을 가진 하나의 강판을 의미한다. TB의 방법에는 mash seam 용접, laser 용접, 고주파 유도 용접이 사용된다.

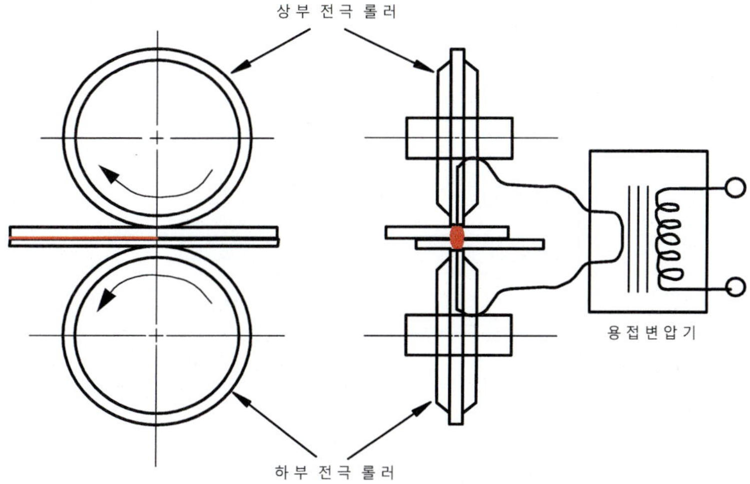

그림 2-43 심 용접의 개략도

4.5 맞대기 용접(upset welding, butt welding)

4.5.1 맞대기 용접(upset welding, butt welding)

주로 봉 모양의 재료를 맞대기 용접할 때 쓰이는 것으로 접합할 두 재료를 전극 클램프로 잡고 접합면을 맞대어 가압하여 통전한다. 따라서 접합부가 가열되어 적당한 압접 온도에 도달했을 때 센 압력을 가해 업셋을 일으켜 용접하는 방법이다. 그림 2-44에 맞대기 용접의 개략도를 나타내었다.

◎ 맞대기 용접의 특징

① 불꽃의 비산이 없다.
② 접합부에 삐져나옴이 없다.
③ 업셋이 매끈하다.
④ 용접기가 간단하고 가격이 싸다.

◎ Upset 용접의 원리

소 가압/통전 → 저항열에 의한 단조온도(재결정온도) 도달 → 대 가압

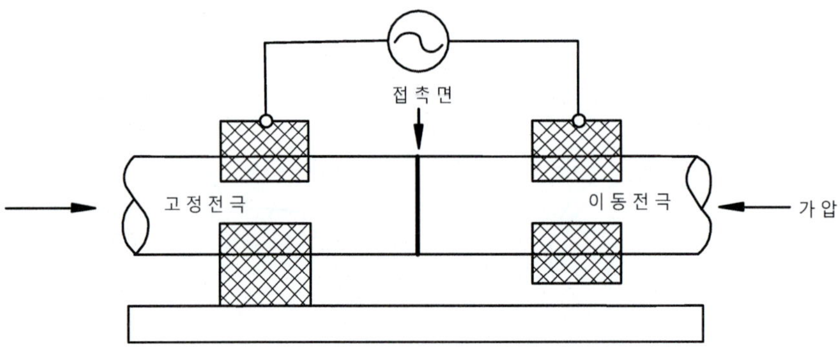

그림 2-44 맞대기 용접 개략도

4.6 플래쉬 용접(flash welding)

4.6.1 플래쉬 용접법(flash welding)

플래쉬 용접은 업셋 용접과 비슷한 것으로 불꽃 용접이라고도 하며 용접하고자 하는 모재를 약간 띄워서 고정대, 이동대의 전극에 각각 고정하고 전원을 연결한 다음 서서히 이동시켜 전진시키고 모재에 가까이 한다. 여기에 대전류를 가하여 접촉점을 가열한다. 접촉점은 과열, 용융되어 불꽃으로 흩어지나 그 접촉이 끊어지면 다시 용접재로 내보내어 항상 접촉과 불꽃 비산을 반복시키면서 접촉면의 청정도와 용접온도가 알맞은 상태가 되었을 때 강한 압력을 주어 압접하는 방법이다.

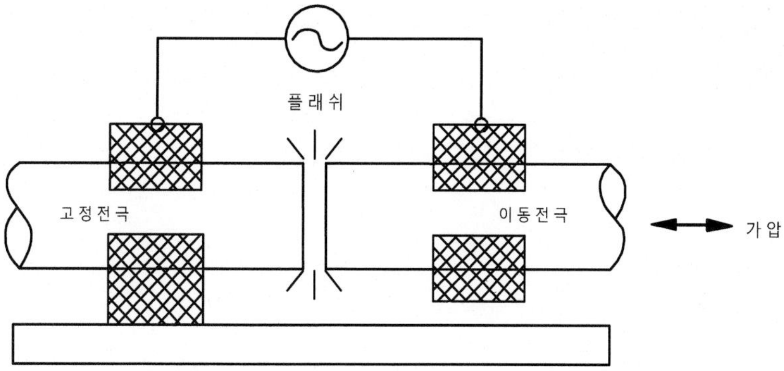

그림 2-45 플래쉬 용접 개략도

플래쉬 용접법

① 용접 강도가 크다.
② 용접 전의 가공에 주의하지 않아도 된다.(플래쉬 과정에서 불순물 제거)
③ 박판, 두께가 얇은 파이프도 용접 가능하다.
④ 전력 소비가 적다.
⑤ 용접 속도가 크다.
⑥ 업셋량이 적다.
⑦ 모재 가열 범위가 좁다.
⑧ 모재가 서로 다른 금속의 용접 가능 범위가 넓다.

Flash 용접의 작동 순서

① 예열 → ② flash 과정(접촉전류 → 용융 불꽃) 반복 → ③ Upset (적정 온도 도달 시 가압). 2차 전압은 보통 3~25V 수준이다.

4.7 고주파 용접

4.7.1 고주파 용접의 개요

고주파(전기저항) 용접은 높은 주파수(450kHz 정도)의 전류를 피용접재에 통전하여 그때 발생하는 저항열에 의해 가열된 용접부에 압축력을 가하는 접합방법이다.

고주파 전류는 도체의 표면에 집중적으로 흐르는 성질인 표피 효과 (skin effect)와, 전류의 방향이 반대인 경우에는 서로 접근해서 흐르는 성질인 근접 효과 (proximity effect)를 이용하여 파이프 등의 용접부를 가열 용접한다. 급전 장치와 가압 방법을 적당하게 하면 판 외의 특수한 형상의 용접물에도 효과적으로 용접할 수 있다.

고주파 용접법이 사용되는 대표적인 제품으로는 용접 강관(파이프)와 H-beam 등이 있으며 국내에서 생산되는 강관의 70% 이상이 이 방법으로 제조된다. 고주파 저항용접에는 그림 2-46에 나타낸 바와 같이 유도코일을 이용하여 피용접재에 고주파 전류를 인가시켜 가열, 재료의 온도를 올려 적정 온도가 되었을 때 가압하여 용접하는 맞대기 용접인 고주파 유도용접 (high frequency induction welding)과 접촉자를 피용접재에 접촉시켜 전류를 직접 인가시켜 발생하는 저항열과 가압을 이용한 용접법인 고주파 저항용접 (high frequency resistance welding) 2가지 방법이 있다.

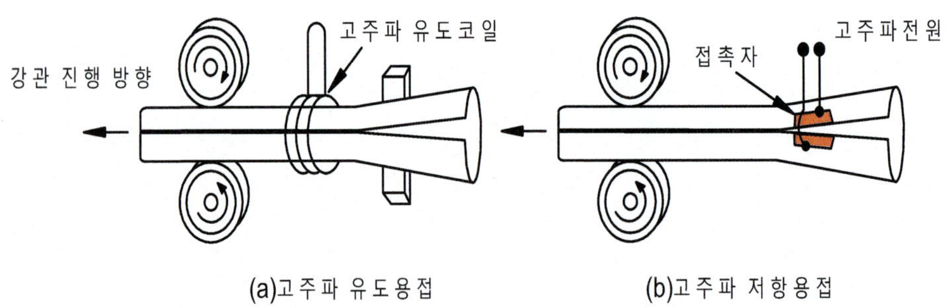

그림 2-46 고주파 저항 용접 개략도

4.7.2 고주파 용접의 기본 원리

표피 효과 (skin effect)는 일반적으로 강에 전류가 흐르면 통전되는 부분에 균일하게 열이 발생하지만 고주파 용접은 전류가 용접재의 표면에 집중되므로 열의 집중이 발생하고, 이에 다른 전류의 침투 깊이도 표면에 국한되게 된다. 이러한 현상을 표피 효과 (skin effect)라고 한다.

근접 효과 (proximity effect)는 고주파 용접전류가 용접부에 따라 표면의 가장 가까운 회귀 회로를 구성하면서 흐르게 된다. 즉 인접한 두 금속의 표면을 따라 고주파가 흐르게 되고 이 부분에 열이 집중적으로 발생하게 되어 용접을 가능하게 하는 것이다. 이러한 현상을 proximity effect라고 하며, 표피 효과와 근접 효과는 주파수가 커질수록 강하게 나타난다. 고주파 용접에서 에너지 집중이 좋고 좁은 열영향부를 만들 수 있는 것은 이 두 가지 효과 때문이다.

4.7.3 고주파 용접의 장점과 단점

고주파 용접의 장점

① 매우 좁은 HAZ을 형성하여, 용접부의 성능 개선을 위한 열처리가 거의 필요 없다.
② 에너지 효율이 좋아서 낮은 전력 소모로 빠른 용접 (10~200m/min)을 실시 할 수 있다.
③ 용접시간이 짧아 대량생산이 가능하고 자동화 생산이 용이하다.
④ 강종의 제한이 거의 없고 용접 접합면의 폭이 넓다.
⑤ 일반 용융용접에서 관찰되는 주조 조직이 잔류하지 않고, 열간 가공된 모재 조직과 유사한 미세 조직이 얻어진다.
⑥ 단접에 의해 용접을 수행하기 때문에 용접 결함의 발생빈도가 작다.

고주파 용접의 단점

① 열집중이 심하고 자동으로 선형의 용접을 실시하므로 용접 조인트의 정확한 제작이 필요하다.
② 고주파 기기를 사용하므로 주변기기에 영향을 줄 수 있다.
③ 고주파에 의한 작업자의 안전관리에 주의해야 한다.
④ 고주파 유도 용접의 경우 유도코일에 장착할 수 있는 튜브, 파이프 등의 형상이 제한된다.

4.8 EH 용접

EH 용접(Ein Hafurgut Welding)은 긴 피복봉을 용접면에 구리 누름쇠를 이용하여 누르고, 용접봉에 전류를 흘려서 발생되는 저항열을 이용하여 아크 용접하는 방법으로 횡치식 용접이라고도 한다. 피복봉을 구리 누름쇠로 누르고 전류를 통하여 그때 발생하는 저항열을 이용하기 때문에 2m 정도의 긴 피복봉을 연결하여 12 m 정도의 길이까지 용접할 수 있다. 특히 얇은 판의 맞대기 및 필릿 용접의 경우, 비드 외관 및 용입이 양호하며 변형이 적은 등의 특징이 있다. 숙련공을 필요로 하지 않으며 한번에 많은 용접을 동시에 실시할 수 있는 장점이 있다.

연 습 문 제

1 심 용접에 대한 설명으로 적절하지 않은 것은 무엇인가?
① 용접이음이 강하지 않다.
② 박판용접에 적합하다.
③ 자동화가 쉽다.
④ 용접속도가 빠르고 능률이 좋다.

2 전기의 저항발열을 이용한 용접법은?
① 잠호용접
② 폭발용접
③ 초음파 용접
④ 일렉트로 슬래그 용접

3 다음 중 자동차 제조 공정에서 가장 많이 사용되는 용접법은 무엇인가?
① 아크용접법
② 점용접
③ 테르밋 용접법
④ 마찰용접법

4 점 용접의 3대 요소가 아닌 것은?
① 용접전류
② 가압력
③ 통전시간
④ 용접전압

5 저항용접에 해당되지 않는 것은?
① 점용접
② 프로젝션용접
③ 초음파용접
④ 심용접

01 ① 02 ④ 03 ② 04 ④ 05 ③

6 저항용접의 3대 요소가 아닌 것은?
① 용접속도
② 용접전류
③ 통전 시간
④ 가압력

7 겹치기 저항 용접의 종류가 아닌 용접법은?
① 점용접
② 플래시용접
③ 프로젝션용접
④ 심용접

8 다음 중 점용접의 특징이 아닌 것은 무엇인가?
① 용접품질의 재현성이 우수하다.
② 용접부가 깨끗하다.
③ 용접재료가 절약된다.
④ 설비가 간단하고 저가이다.

9 프로젝션 용접의 특징이 아닌 것은?
① 용접속도가 빠르다.
② 응용범위가 매우 넓다.
③ 여러 개의 점을 동시에 용접할 수 있다.
④ 전극의 교환이 쉽다.

10 플래시용접의 특징과 거리가 먼 것은 무엇인가?
① 전력소비가 적다.
② 용접속도가 빠르다.
③ 모재 가열범위가 넓다.
④ 용접강도가 크다.

06 ① 07 ② 08 ④ 09 ④ 10 ③

Chapter

5 가스용접법

5.1 가스용접의 개요

5.1.1 가스 용접(gas welding)의 개요

가스 용접법(gas welding)은 가스와 산소의 혼합물이 가스 용접 토치(welding blowpipe)의 출구에서 연소할 때의 높은 온도를 이용하여 금속의 일부분을 녹여서 접합하는 방법으로, 필요에 따라 용접봉(welding rod)와 용제(flux)가 사용된다.

연료용 가스

아세틸렌은 카바이드(carbide, CaC_2)와 물(H_2O)의 반응으로 얻어진다.

CaO	+	3C	=	CaC_2	+	CO	−	108 kcal
(석회석)		(석탄 또는 코크스)		(카바이드)		(일산화탄소)		
CaC_2	+	$2H_2O$	=	C_2H_2	+	$Ca(OH)_2$	+	31,872kcal
						(소석회)		

이 반응으로 아세틸렌을 발생시키는 장치에는 다음의 세 가지 방식이 있다.

① 투입식(carbide to water type), 다량의 수중에 카바이트 투입

② 주수식(water to carbide type), 다량의 카바이트에 소량의 물 투입

③ 침지식(dipping type), 바구니에 카바이트를 넣고 카바이트를 수중에 담금

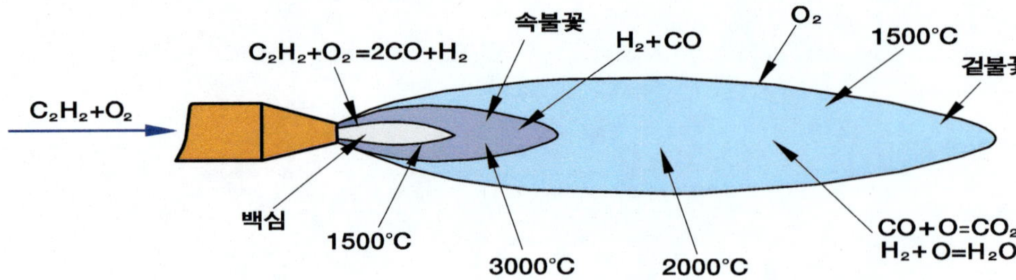

그림 2-47 가스용접 아세틸렌-산소 화염

아세틸렌은 406~408℃에서 자연발화하며 506~515℃에서 폭발하며, 780℃에서 산소 없이도 폭발한다. 150℃, 2기압 이상이면 위험하며 산소 없이 3기압(게이지압력 2기압, 30psi) 이상이면 폭발한다. 대기압에서 -82℃이면 액화하고, -85℃이면 고체로 된다. 또한 압력이 가해져 있는 아세틸렌 가스에 마찰, 진동, 충격 등의 외력이 작용하면 폭발할 위험이 있다. 가스 발생장치가 간단하며 열 집중이 높고 불꽃조정이 용이하다. 또한 발열량이 크고 순도가 높으며 안전하여 가스용접의 주된 열원이다. 그림 2-47에 아세틸렌-산소 화염에 대해 자세히 도시하였다.

$$C_2H_2 = 2C + H_2 + 64\text{kcal}$$
$$C_2H_2 + 2.5O_2 = 2CO_2 + H_2O \quad (3{,}000\text{~}3{,}500℃)$$

용접은 모재를 백심에서 3~4 mm 정도 유지하면 양호한 용접부를 얻을 수 있다. 상기의 아세틸렌 반응식에서 산소의 함량이 바뀔 경우, 산소-아세틸렌 불꽃의 성질은 토치 내에 아세틸렌과 산소의 혼합비에 의해 중성 불꽃, 환원 불꽃, 산성 불꽃으로 구분한다.

$$\text{당량비}(\Phi) = \frac{\dfrac{\text{실제 공급된 연료량}(F_{actual})}{\text{실제 공급된 산소량}(O_{actual})}}{\dfrac{\text{이론공연비의 연료량}(F_{theoretical})}{\text{이론공연비의 산소량}(O_{theoretical})}}$$

(희박 연소: $\Phi < 1.0$, 이론 공연비 연소: $\Phi = 1.0$, 과농 연소: $\Phi > 1.0$)

- **중성 불꽃**(neutral flame) : 산소와 아세틸렌의 당량비가 약 1.0인 경우, 표준 불꽃이라고 하며 용접부의 산화 및 환원 작용이 일어나지 않아 보통의 가스 용접에 널리 사용 된다.

- **산화 불꽃**(oxidation flame) : 연료인 아세틸렌 유량에 대응하는 산소의 양이 이론 산소량보다 많을 경우로 용융지를 산화시키므로 일반적으로 사용하지 않지만, 동 및 동합금의 경우에는 약한 산화 불꽃을 사용한다.

- **환원 불꽃**(reduction flame) : 산화제인 산소의 유량에 대한 이론 아세틸렌의 유량보다 실제 공급된 아세틸렌 유량이 많이 공급될 경우 아세틸렌 과잉 불꽃 또는 탄화 불꽃으로 부른다. 산화를 방지할 필요가 있는 스테인리스강, 알루미늄 등의 용접에 이용한다.

아세틸렌 가스는 구리 또는 구리합금(62% 이상의 동), 은, 수은 등과 접촉하면 폭발성 화합물을 생성한다. 즉 아세틸렌 구리(Cu_2C_2), 아세틸렌 은(Ag_2C_2), 아세틸렌 수은(Hg_2C_2)이 건조상태의 120℃ 부근에서 맹렬한 폭발성화합물인 아세틸라이트가 생성된다. 배관이나 용기의 경우 구리의 함유량은 62% 이상의 합금을 사용하면 안된다.

가스 용접시에 발생하는 현상과 대책

- **역류**(counter current) : 가스 흐름 장치 내에 산소 및 연료가스가 서로의 통로로 역류하는 것. 즉 토치 또는 팁이 막혀 고압의 산소가 밖으로 분출되지 않아, 상대적으로 압력이 낮은 아세틸렌 용기쪽으로 산소가 거꾸로 흐르는 현상이다.

- **역화**(back fire) : 용접 도중 팁이 모재에 닿을 경우, 불꽃이 팁 속으로 혼입되면서 "빵" "빵" 소리를 내며 불꽃이 꺼졌다가 다시 켜졌다가 하는 현상을 말하는데, 팁이 과열되었거나 가스압력과 유량이 부적당할 경우 발생한다.

- **인화**(flashback) : 팁 끝이 순간적으로 막혀 가스 분출이 나빠 혼합실까지 불꽃이 빨려 들어가는 경우이다. 인화 현상이 발생하면 곧 아세틸렌 밸브를 잠가서 혼합실의 불을 끄고 이어서 산소 밸브도 잠근다.

이상 연소의 원인

① 토치 성능 불량
② 토치 체결 나사가 풀린 경우
③ 팁에 이물질 존재
④ 팁의 과열
⑤ 아세틸렌 가스 공급 부족

5.1.2 가스용접의 장점과 단점

가스용접법의 장점

① 응용 범위가 넓다.
② 가열량 조질이 자유롭고 사용 장소의 제약이 적다.
③ 설비비가 싸다.
④ 유해 광선의 발생량이 적다.

이 용접법은 열 감수성에 의한 균열 발생의 염려가 있는 금속, 얇은 판, 관재, 비철금속, 특히 용융점, 증발점이 낮은 금속의 용접에 적합하다.

가스용접법의 단점

① 열효율이 낮다.
② 산소 및 아세틸렌 가스의 폭발 위험성이 있다.
③ 가스 소모 비율이 높다.
④ 금속의 탄화 또는 산화의 위험성이 있다.
⑤ 가열 범위가 넓어서 열 변형률이 크다.

아세틸렌 용기 취급 주의사항

① 용기는 뉘어서 사용하면 누출의 우려가 있으므로 세워서 사용한다.
② 아세틸렌 충전구가 동결되었을 경우 온수(35℃ 이하)로 녹일 것
③ 용기 내의 잔압은 0.1 kg/cm^2 정도 남겨둘 것
④ 열, 불꽃, 스파크 발생 우려가 있는 곳에서의 보관이나 사용을 금할 것
⑤ 기타 아세틸렌 가스의 폭발성을 염두에 두고 주의하여 취급할 것

표 2-12 화염의 불량 원인과 대책

현 상	불꽃의 불량 원인	대 책
(1) 불꽃의 길이가 자주 변함	• 아세틸렌 도관 속으로 물 유입 • 안전기의 기능 불량	• 가스 중의 수증기가 응집하여 고이므로 청소 실시 • 안전기의 수위를 알맞게 함
(2) 점화 시 폭음	• 혼합가스의 불완전한 배출 • 산소와 아세틸렌 가스 동시 분출 • 산소와 아세틸렌 압력 부족 • 가스 분출속도 부족	• 토치 속의 혼합가스를 배출 후 점화 • 점화시 아세틸렌만 나오게 함 • 압력 조정기 조정 • 호스 속의 수분 제거
(3) 불꽃이 거칠음	• 산소(가스) 압력 과대 • 노즐 불결	• 압력을 적당히 조정 • 노즐 청소
(4) 작업 중 폭음 및 탁탁 소리 발생	• 팁 과열 및 불결 • 가스 압력 조정 불량 • 팁과 용착금속의 접촉	• 불꽃을 끄고 산소를 약간 분출시키며 수랭 후 팁 청소 • 압력 조정기 조사 및 산소, 아세틸렌 압력 부족을 확인 • 작업방법 개선
(5) 역류 (아세틸렌 도관으로 산소 유입)	• 팁이 막힘 • 산소압력 과대 • 토치 기능 불량 • 팁과 모재(용접봉) 접촉	• 팁을 깨끗이 청소 • 산소압력을 용접조건에 맞춤 • 토치 기능 점검 • 팁을 모재에서 분리
(6) 역화 (화염이 노즐로 유입)	• 모재에 팁 끝이 접촉 • 팁 끝 과열 • 가스 압력과 유량이 부적당 (아세틸렌 압력 과소) • 팁의 막힘 및 파손 또는 연결 불량	• 아세틸렌 밸브 잠금 • 토치 수랭 • 토치 기능 점검 • 아세틸렌 압력 부족 시 교체 • 팁 청소 또는 교환
(7) 인화 (화염이 혼합실까지 유입)	• 팁의 과열 • 팁의 막힘 및 체결 부적당 • 각 기구의 연결 불량 • 먼지 부착 • 가스 압력 부적당 • 호스 비틀림	• 팁 청소 • 토치 및 각 기구 점검 • 가스 유량 조정 • 호스의 비틀림 개선

5.1.3 가스 용접용 연료 및 가스의 특징

순수한 아세틸렌 가스는 매우 불안정한 가스로 인화성이 좋고 무색, 무취의 가스이며 공기보다 가볍다(비중 0.91). 보통 가스용접에서 사용되는 아세틸렌 가스는 인화수소(PH_3), 황화수소(H_2S), 암모니아와 같은 불순물을 포함하고 있어서 악취가 난다. 또한 여러 가지 액체에 대해 용해도가 크다. 상온(1기압, 15℃)에서 용해량은 석유의 2배이며, 벤젠의 4배, 순알콜의 6배, 아세톤의 25배(12기압에서 300배)이다.

수소가 연소할 때는 탄화수소(C_2H_2)의 연소와는 달리 탄소가 나오지 않아 탄소의 존재를 피하는 납(Pb)의 용접에 사용하나, 수소 불꽃은 백심(inner cone)이 나타나지 않아 육안에 의한 불꽃 조절이 곤란하여 잘 사용하지 않는다.

프로판(C_3H_8)은 상온에서 완전한 기체이고, 발열량도 높고 폭발의 위험도 적다. 또한 상온에서 가압하면 쉽게 액화할 수 있고 가스 상태의 1/250 정도로 압축되므로 간단하게 운반, 저장할 수 있으나 연소에 의해 대량의 수증기가 발생하여 연소 가스의 성질이 산화성을 띠므로 결함을 야기할 수 있다. 프로판의 반응식은 다음과 같다.

$$C_3H_8 + 5O_2 = 3CO_2 + 4H_2O + 488\text{kcal}$$

연소 1단계에서 흡열반응이 있으므로 불꽃온도는 아세틸렌 보다 낮다. 즉 아세틸렌은 2,600℃의 이론 불꽃온도이지만 프로판은 2,100℃ 정도이다. 또한 프로판 화염은 아세틸렌에 비해 불꽃의 온도 및 열집중성이 낮고 연소에 의해 수증기가 발생하여 용접에는 부적절하여 주로 절단 시 가열용으로 사용한다.

도시 가스의 주성분은 수소, 메탄 등이고 일산화탄소, 질소 등을 포함하고 있다. 천연가스는 유전, 습지대 등에서 분출하며 주성분은 메탄이다. 산지나 분출 시기에 따라 성분이 달라진다. 불꽃 분출시기가 일정하지 않아서 용접용으로는 사용이 불가하다.

산소의 특성

① 산소는 무색, 무미, 무취로 비중 1.105, 비등점 -182℃, 용융점 -219℃로 공기보다 약간 무겁다.
② 액체 산소는 연한 청색이다.
③ 자체는 연소하는 성질이 없고 다른 물질의 연소를 돕는 조연성의 기체이다.
④ 다른 원소와 화합하여 산화물을 만든다.

5.1.4 가스 용접용 용기 및 용제

산소 용기는 인장강도 37kg/mm^2 이상, 연신율 18% 이상의 이음새 없는 강재로 만들어져 있다. 아세틸렌 가스는 산소와 같이 가스 상태로 용기에 가압하여 넣으면 열과 충격을 받았을 때 분해되어 폭발하기 쉬우므로, 아세톤에 많이 용해되는 성질을 이용하여 용기 내의 15℃, 15기압의 압력으로 아세톤에 용해시켜 보관한다. 아세틸렌 용기 내에는 다공성 물질, 즉 목탄, 규조토 등에 아세톤을 흡수시켜 이 아세톤에 아세틸렌 가스가 용해되어 있다. 용량은 15l, 30l, 50l 등이 있다.

용제는 용접 중에 생기는 금속 산화물, 또는 비금속 게재물을 용해하여 용융온도가 낮은 슬래그를 만들어 용융금속의 표면에 떠오르게 하여 용착금속의 성질을 양호하게 하는 것이다. 가스 용접에서 용제를 사용하는 경우는, 연강의 경우 표면의 산화철 자체가 약간 용제의 역할을 하므로 필요하지 않다. 그러나 그 산화물의 융점이 모재의 융점보다 아주 높은 경우에는 용제를 사용한다. 용제의 형태는 건조된 분말, 반죽 형태의 페이스트 또는 용접봉의 표면에 피복한 것 등이 있다.

용제의 역할

① 산화물의 용해 제거를 한다.
② 생성된 슬래그는 용접 금속을 덮어서 보호한다.
③ 모재 표면을 깨끗이 한다.

각종 금속에 알맞은 용제

① 연강 : 용제 불필요, 산화물 자체가 약간의 용제의 역할을 한다.
② 고탄소강, 특수강, 주철 : $NaHCO_3$, Na_2CO_3, KFe(CN), Na_2B_4O(붕사), H_3BO_3(붕산),

K_2CO_3

③ 구리 및 구리 합금 : Na_2BO, H_3BO_3, B_2O_3, $NaHPO_4$, $NaNH_4HPO_4$(인산암모늄소다) 등을 2~3개씩 혼합하여 사용한다.

④ 경합금 : 할로겐 불화물의 혼합물에 용융점을 낮추기 위해 할로겐 염화물을 첨가한 것을 많이 사용한다.

⑤ 불화물 : NaF, KF, LiF, $AlNa_3F_6$

⑥ 염화물 : NaCl, KCL, $CaCl_2$

⑦ 스테인리스강 : Na_2SiO_3 : $Na_2B_4O_7$: H_3BO_3 =1 : 1 : 1

연 습 문 제

1 가스용접용 토치의 팁으로 가장 적합한 것은?
① 연강
② 구리합금
③ 내마모강
④ 경강

2 산소 아세틸렌 불꽃의 최고 온도에 가장 가까운 것은 무엇인가?
① 2,000℃
② 3,000℃
③ 4,000℃
④ 5,000℃

3 다음 산소의 성질 중 옳지 않은 것은?
① 무색, 무미, 무취이다.
② 액체산소는 연한 황색이다.
③ 비중은 공기보다 약간 무겁다.
④ 산소는 조연성 물질이다.

4 다음 중 가스 용접 연료로서의 아세틸렌의 장점이 아닌 것은?
① 발열량이 크다.
② 열의 집중성이 좋다.
③ 화염온도가 높다.
④ 수증기 발생량이 크다.

5 산소-아세틸렌 가스용접에서 산화불꽃으로 용접하는 재료는 무엇인가?
① 스테인리스
② 주철
③ 니켈
④ 황동

01③ 02② 03② 04④ 05④

6 카바이드와 물을 반응시켜 아세틸렌을 발생시키는 반응으로 적절하지 않은 것은?
① 투입식
② 주수식
③ 침지식
④ 분사식

7 다음 중 가스용접법의 장점이 아닌 것은 무엇인가?
① 열효율이 높다.
② 응용범위가 넓다.
③ 가열량 조절이 자유롭다.
④ 설비비가 싸다.

8 다음 중 아세틸렌 용기 취급 방법으로 적절하지 않은 것은 무엇인가?
① 열, 불꽃, 스파크 발생 우려가 있는 곳에서의 보관이나 사용을 금한다.
② 아세틸렌 충전구가 동결되었을 경우, 35℃ 이상의 온수로 녹인다.
③ 용기는 세워서 사용한다.
④ 용기 내의 잔압은 0.1 kg/cm^2 정도 남겨둔다.

9 다음 중 이상연소의 원인이 아닌 것은?
① 토치 성능불량
② 팁에 이물질 존재
③ 높은 열효율
④ 팁의 과열

10 다음 중 용제에 대한 설명으로 적절하지 않은 것은 무엇인가?
① 산화물의 용해, 제거한다.
② 생성된 슬래그는 용융금속을 덮어서 보호한다.
③ 모재 표면을 깨끗이 한다.
④ 산화물의 융점이 모재보다 낮은 경우에 사용한다.

06 ④ 07 ① 08 ② 09 ③ 10 ④

Chapter

6 기타 용접법

본서에서 기타용접법은 앞에서 열거한 아크용접법, 고체용접법, 저항용접법, 가스용접법 이외에 용접공학에서 중요한 의미를 갖는 용접법을 정리하였다. 이러한 용접법으로는 전자빔용접, 레이저빔용접과 같은 고속입자의 운동에너지를 이용하는 용접법, 테르밋용접과 같이 화학반응에너지를 이용하는 용접법, 일렉트로슬래그 용접과 같이 저항열을 이용하여 용융하는 방법 등을 포함하였다.

6.1 전자빔 용접법

6.1.1 전자빔 용접법 개요

전자빔 용접법(EBW, electron beam welding)은 고진공(10^{-4}~10^{-6}mmHg) 중에서 텅스텐 필라멘트를 가열하면 많은 열전자가 방출되며 이 전자를 가속시켜 고속의 전자빔을 모아서 에너지 밀도가 아크용접에 비해 10^3 이상 큰 에너지를 접합부에 조사하여, 그 충격열을 이용한 용접법이다. 가속된 강력한 전자에너지가 렌즈에 의하여 극히 좁은 면적에 조사되므로, 피용접부의 조사부는 순간적으로 용융되어 극히 좁고 깊은 용입이 얻어진다. 전자빔 용접에 필요한 전원은 용접전류가 mA 수준이며, 반면에 용접전압은 50~220kV 수준으로 매우 큰 용량이 요구된다. 전체 설비를 진공으로 하지만 대형설비의 경우는 접합부분만 진공으로 하여 용접품질을 제고하는 방법을 이용하기도 한다. 초창기에는 용접기를 진공상태로 유지하기 위하여 용량이 커졌으나 이후 전자빔 발생기만을 진공으로 하는 방법이 개발되어 활용도가 더욱 확대되었다. 압연 강재, 구조용 합금강, 알루미늄 및 그 합금 등 적용 금속은 대단히 많고 활성 금속에 특히 적당하다. 용도로는 원자력, 항공기, 해저 장비, 자동차 등의 부품에 대한 용접으로부터 전자제품에 이르기까지 광범위하게 사용된다. 그림 2-48에 전자빔 용접의 개념을 나타내었다. 전자빔 용접의 과정은 다음과 같다. ① 음극의 텅스텐 필라멘트로 구성된 전자총에서 전자 방출 → ② 그리드(grid)에서 집속 → ③ 양극에서 가속 → ④ 집속렌즈에서 집속되어 적당한 크기로 조사 → ⑤ 모재 접합

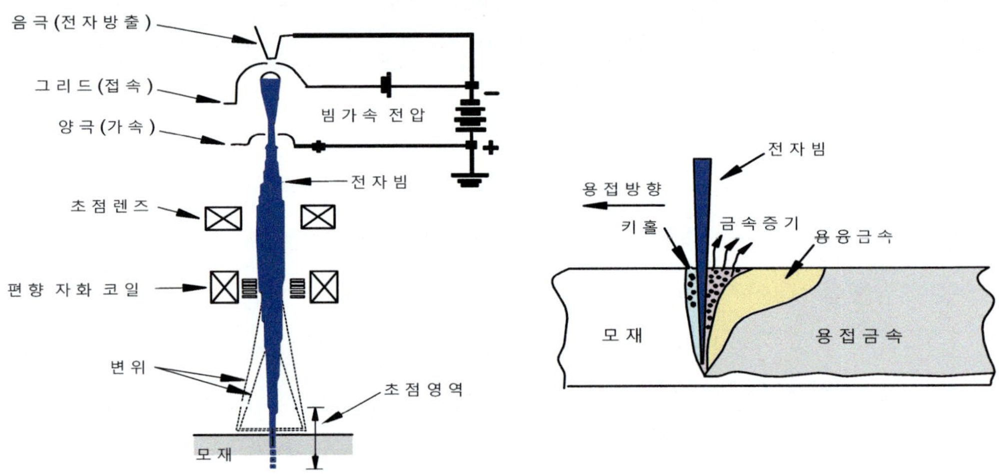

그림 2-48 전자빔 용접 개략도

6.1.2 전자빔 용접의 장점과 단점

◎ 전자빔 용접법의 장점

① 진공 중에서 용접이 이루어진다(가스에 의한 오염이 적고, 활성 금속의 용접도 가능).

② 열집중 효율이 좋아 국부적으로 용접 입열이 크다(용접 변형이 적고, 용접부의 폭이 좁아 정밀 용접이 가능).

③ 텅스텐(3,410℃), 몰리브덴(2,025℃) 등의 고융점 재료, 열전도율이 다른 이종 금속의 용접이 용이

④ 용접속도가 빠르고 전자빔을 정확하게 제어할 수 있으므로 박판에서 후판까지 용접이 가능하다.

⑤ 접근이 어려운 부분도 용접이 가능하다(다양한 모재 형상과 두께의 용접 가능).

⑥ 높은 열전도도를 갖는 Cu, Al, Ti 등의 재료와 이종 재료의 용접이 타 용접법보다 쉽다.
⑦ 용입이 아주 깊어서 두꺼운 모재 (300mm)의 단층용접 (1 Pass 용접)이 가능하다.
⑧ 용접봉을 사용하지 않으므로 슬래그 혼입 등의 용접결함이 발생하지 않는다.

전자빔 용접법의 단점

① 초기 시설 투자비가 많이 소요된다.
② 진공 중에서 용접이 이루어져서 아연, 카드뮴 등 진공 중에서 증발하기 쉬운 재료의 용접은 불가능하다.
③ 산소, 질소, 수소 등 가스 함유량이 많은 재료는 증발 현상과 더불어 빠른 냉각 속도로 기공이 발생한다.
④ 좁은 용접 부위 형성으로 빠른 냉각 속도로 경화 현상이 일어나기 쉬우며, 용접 균열 발생이 용이하다. 이의 대책으로 모재를 예열 및 후열 처리하고 냉각속도를 조절하여야 한다.
⑤ 대기압형의 용접기를 사용할 경우 X선 방호가 필요하다.
⑥ EBW 중에 발생하는 오존과 기타 비산화성 가스의 제거를 위한 환기장치가 필요하다.
⑦ 배기장치가 필요하고, 피용접물 크기의 제한을 받는다.
⑧ 용접 중 금속증기가 다량으로 발생하여 진공도가 10 mmHg보다 크면 전리현상이 발생하여 방전의 위험이 있다.

6.1.3 전자빔 용접의 특징

전자빔 용접법 특징

① 활성재료가 용이하게 용접이 되며 진공 중 용접하므로 불순 가스에 의한 오염이 적고 높은 순도의 용접이 된다.
② 용접부의 기계적, 야금적 성질이 양호하다.
③ 용접부의 입열이 적고 용접부가 좁으며, 용입이 깊으므로 용접변형이 적어 정밀 용접이 가능하다.
④ 고용융점 재료의 용접이 가능하다.
⑤ 얇은 판에서 두꺼운 판까지 용접이 가능하다.
⑥ 에너지 밀도가 크다.
⑦ 정밀제품의 자동 접합에 유용하다.

⑧ 가속 전압을 높여 빔의 집중을 좋게 하여 고속 절단이나 구멍뚫기 작업도 용이하다.

용접조건

용접부 용입은 용접속도가 증가하면 감소하며, 진공도가 높을수록 또는 가속 전압, 빔 전류가 증가함에 따라 증가한다. 초점 위치는 용입 현상을 지배하는 주요 인자이므로 초점 위치를 정확하게 하여야 한다. EBW-HV 모드로 용접을 시행할 경우 표면의 청결도는 중요한 인자이다. 용접금속의 오염은 기공이나 크랙의 원인이 되므로 아세톤이나 기타 용제로 표면을 깨끗이 닦아야 한다.

6.2 레이저 용접법

6.2.1 레이저 용접 개요

레이저 빔 용접(laser beam welding)은 유도 방사를 이용한 빛을 이용하여 매우 작은 점으로 집속된 레이저 광에서 에너지 밀도가 아크용접에 비해 10^3 이상 큰 고밀도의 강렬한 에너지를 가진 집속성이 강한 단색 광선을 이용한 용접법이다. 레이저(LASER, light amplification by stimulated emission of radiation, 유도방사에 의한 광증폭기)는 전자 빔과 같은 정도의 강력한 에너지를 갖는 광선이다.

레이저 종류로는 CO_2 레이저와 Nd-YAG 레이저 2종류가 있다. CO_2 레이저는 출력이 25kW 정도, 레이저 빔은 $10^4 W/mm^2$ 정도의 에너지 밀도를 가지며 레이저 파장은 10.6㎛ 정도로 두께 1~1.25 in 강판의 용접 및 절단에 사용된다. CO_2 레이저는 미러(mirror)에 의해 빔전송을 하며 레이저 매질로 탄산가스를 사용하여 용접, 절단, 열처리용, 표면개질, 천공, 마킹 등에 주로 사용되며 용접 작업 순서는 다음과 같다. (① 감압한 레이저 가스(CO_2 + N_2 + He) 중 양이온의 충격으로 음극에서 2차 전자를 방출하는 글로우 방전에 의해 레이저 물질이 여기 → ② 전반사경과 반투명경으로 구성된 공진기(resonator)로 피드백 → ③ 위상이 정렬된 평행광빔 → ④ 렌즈로 모재의 용접선에 집광 → ⑤ 모재 접합)

Nd(Neodymium)-YAG 레이저는 출력이 1~10kW 정도, 레이저 파장은 1.06㎛ 정도로 얇은 박판(1~2mm)의 용접에 사용된다. 빔 전송은 광섬유(optical fiber)를 사용하며 레이저 발진물질로 YAG(Yttrium Aluminum Garnet, $Y_3Al_5O_{12}$)를 이용하는 고체레이저이다. 광섬유로 전송할 수 있는 특성이 있으므로 로봇을 이용한 자동화가 용이하며, 용접, 절단, 스폿용접(펄스), 의료용, 색소레이저 여기용에 이용된다. 아래 그림 2-49에 레이저 용접의 개략도를 나타내었다.

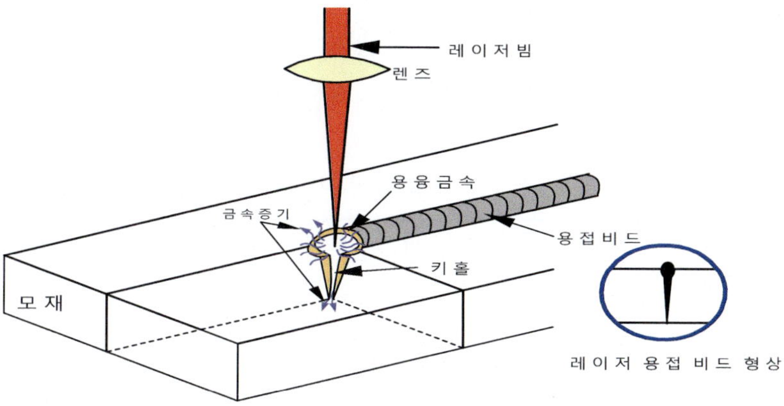

그림 2-49 레이저 용접

6.2.2 레이저 용접의 장점과 단점

레이저 용접의 장점

① 진공이 필요치 않다.
② 고에너지 밀도로 열원이 집중되어 좁고 깊은 용입을 얻을 수 있으며 고정밀 용접이 가능하다.
③ 소입열 용접이 가능하여 열변형과 열영향이 적고 좁은 HAZ으로 결정립 성장이 저지되어 연성이 우수하다.
④ 용접을 자동화하기 쉽고 고속으로 대량생산이 가능하다.
⑤ 자장의 영향을 받지 않고 X선의 발생이 없다.
⑥ 가열 및 냉각시간이 짧기 때문에 스테인리스강 등의 입계탄화물 석출이 방지되어 내식성이 좋다.
⑦ 이종금속의 용접이 용이하다.
⑧ 접촉하기 어려운 부재 용접이 가능하다(특히 가까이 갈 수 없는 곳).
⑨ 미세 정밀 용접 및 전기가 통하지 않는 부도체 용접이 가능하다.

레이저 용접의 단점

① 용접이음부와 레이저 빔을 정확하게 정렬 조준하여야 한다.
② 장치가 고가이다.
③ 안전을 위해 용접 중 작업자를 레이저 광으로부터 격리시켜야 한다.
④ 레이저 발생기의 에너지 변환효율이 낮다 (CO_2 레이저: 15~25%).
⑤ 용접공정이 급격하게 진행되어 기공이 발생되며, 용접금속이 취성을 갖는다.
⑥ 열전달이 높은 금속, 알루미늄 및 동 합금 제품은 레이저 용접이 어렵다.

표 2-13 레이저 용접법과 아크용접의 비교

항목	레이저 용접	아크 용접
입열량	적음	많음
자동화	용이함	가능함
용접속도	매우 빠름	늦음
용입비	크다	작다
열영향부 (HAZ)	좁다	넓다
용접 변형	작다	크다
잔류 응력	거의 없다	있다
비드 형상	좁고 깊다	깊지 않다
후판용접	용이하다	다소 어렵다
이음부 관리	어렵다	쉽다
설비투자비	높다	낮다
먼 거리 용접가능성	용이하다 (빔 전송)	어렵다

6.2.3 레이저 용접 변수

레이저 용접에 영향을 미치는 인자는 레이저 출력, 초점 위치, 용접속도 및 보호가스로 대별할 수 있다. 레이저 용접 시 용입은 출력과 함께 증가하며, 초점위치는 모재 표면에서 -1~-2 mm에서 최대가 된다. 보호가스는 통상 Ar과 He이 사용되며, 용융금속의 산화를 방지하고 광학기기를 스패터로부터 보호하는 역할을 하고 있다. 맞대기 용접 시 간극은 통상 두께의 0.15배 이내로 설정한다.

레이저 빔 용접은 엔진의 하이드로 태핏 제조, 자동차의 트랜스미션 축의 용접, 테일러드 블랭크 용접, 아연도금강판의 용접, 레이져 클래딩 등에 사용되며 전자 빔 용접과 함께 고밀도 에너지 용접의 범위에 해당한다.

6.3 퍼커션 용접 (percussion welding)

6.3.1 퍼커션 용접(방전 충격 용접, percussion welding)

극히 짧은 지름의 용접물을 용접하는 데 유용하며, 사용 전류는 축전된 직류전원이다. 피용접물을 양 전극 사이에 끼운 다음 전류를 통하면 고속도로(1/1000초 이내) 피용접물이 서로 충돌하게 된다. 방전 충격 용접(퍼커션 용접)에 사용되는 콘덴서는 변압기를 거치지 않고 직접 피용접물을 단락시키게 되어 있으며, 피용접물이 상호 충돌하는 상태에서 용접이 되기 때문에 퍼커션 용접이라고 하는 것이다. 이 용접은 매우 짧은 시간 때문에 주로 알루미늄, 구리 등과 같이 산화되기 쉬운 금속선이나 서로 다른 금속선을 접합하는 데 좋다. 극히 짧은 용접물을 접합하는데 유용하며, 세봉 또는 선재끼리 접합 및 대형물품에 선재를 심는 용접에 주로 이용된다. 가압방식은 스프링이나 자중에 의한 자연낙하를 이용하는 방식이 채용되며 접합은 단시간에 이루어진다. 그림 2-49에 퍼커션 용접의 개략도를 나타내었다.

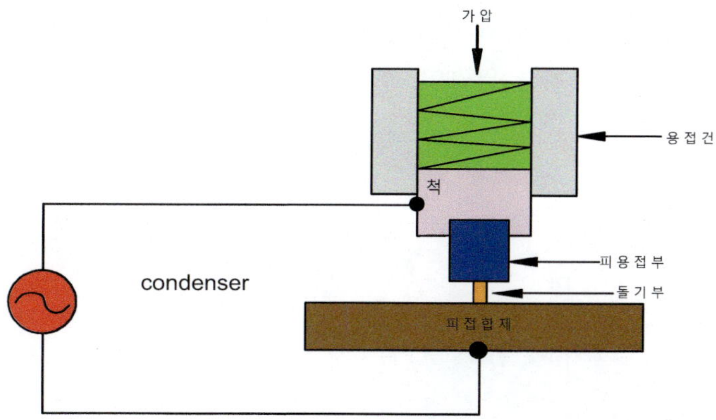

그림 2-49 퍼커션 용접의 개략도

6.4 일렉트로 슬래그 용접

6.4.1 일렉트로 슬래그 용접의 개요

일렉트로 슬래그 용접(ESW, electro slag welding)은 전기 용융법의 일종으로, 아크열이 아닌 와이어와 용융슬래그 사이에 흐르는 저항열을 이용하는 고능률의 전기 용접 방법으로 후판의 수직 용접을 1패스로 실시하는 용접법이다. 작업 초기에 플럭스 안에서 모재와 용접봉 사이에 아크가 발생하여 플럭스가 용융되어 액상의 슬래그가 되면 전류가 통하기 쉬운 도체의 성질을 갖게 되면서 아크는 꺼지고 와이어와 용융 슬래그 사이에 흐르는 전류의 저항발열을 이용한다. 이 용접에서 용융슬래그와 용융금속이 용접부에서 흘러내리지 않도록 모재의 양측에 수냉식 구리판을 붙이고 용융슬래그 속에 전극 와이어를 연속적으로 공급하면 용융 슬래그의 전기 저항열에 의하여 와이어와 모재가 용융되어 용접된다.

일렉트로 슬래그 용접에 필요한 슬래그는 용융깊이를 확보하는데 필요한 점성을 가져야 하며 저항발열을 내기 위한 전기전도성이 있어야 한다. 또한 용접 조건이 다소 변동하여도 용융현상에 미치는 영향이 작아야 하며, 용접전원은 교류 정전압 특성의 전원이 이용된다.

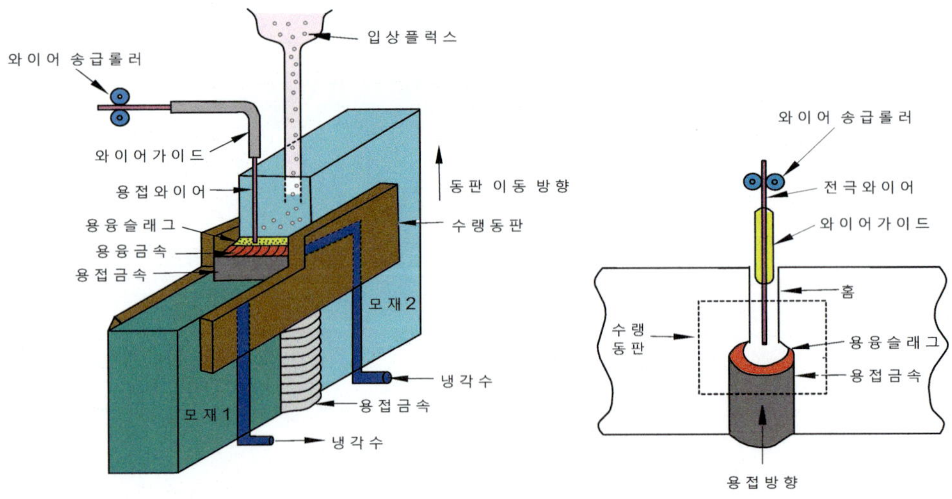

그림 2-50 일렉트로 슬래그 용접

6.4.2 일렉트로 슬래그 용접법의 장점과 단점

일렉트로 슬래그 용접법의 장점

① 후판 강재의 용접에 적당하다 (두께 100mm 이상 용접 가능).
② 특별한 홈 가공을 필요로 하지 않는다.
③ 용접 시간이 단축되기 때문에 능률적이고 경제적이다.
④ 용접 작업이 일시에 이루어지므로 변형이 적다.
⑤ 단층 용접이고 두꺼운 판에 능률적이다.
⑥ 용접 재료는 값싸고 손쉽게 구할 수 있다. 용접시간이 짧고 I형 그루브를 채용하기 때문에 가공이 용이하다.
⑦ 스패터가 없으므로 100%에 가까운 용착효율을 보인다.
⑧ 공정이 안정적이다.

일렉트로 슬래그 용접의 단점

① 기계적 성질이 나쁘다.
② 특히 노치(notch) 취성이 크다.
③ 탄소강, 저합금강 및 일부 스테인리스강에만 적용이 가능하다.
④ 용접자세가 거의 수직자세로 한정된다.
⑤ 두께 19mm 이하에는 적용이 힘들다.
⑥ 복잡한 형상에는 적용이 어렵다.

6.4.3 용접변수의 영향

형상인자는 용접부의 폭과 최대깊이의 비율을 의미하며, 형상인자가 클수록 응고과정에서 저융점 개재물이나 편석 및 불순물들이 슬래그 상태로 부상하므로 바람직하다. 용접전류가 증가함에 따라서 용접부의 깊이가 증가하므로 형상인자가 작아지므로 균열발생 감수성이 증가한다. 용접전압이 증가하면 용융부의 폭이 증가하여 형상인자가 커지며 균열 감수성이 작아진다. 용융 슬래그의 깊이가 너무 낮으면 스패터가 튀거나 표면부에서 아크가 발생하며, 너무 깊으면 냉각판이나 모재로 열의 발산이 심하여 용접부 폭의 감소에 따른 형상인자가 감소하며 슬래그 혼입이 발생하기 쉽다. 거의 모든 후판(50mm 이상)의 용접에 사용된다. 탄소강, 고장력강, 스테인리스강, 보일러의 후판용접이나 대형 프레스, 조선 차량, 고압 탱크의 제작 등에 널리 이용된다. 표 2-14에 일렉트로 슬래그 용접법과 일렉트로 가스 용접을 비교하여 나타내었다.

표 2-14 일렉트로 슬래그 용접법과 일렉트로 가스 용접

항목	일렉트로 슬래그 용접	일렉트로 가스 용접
용접 열원	저항열	아크열
플럭스	사용	사용하지 않음
보호가스	사용하지 않음	사용함
방풍대책	필요하지 않음	필요함
냉각방법	수랭	수랭
스패터	없다	많다
적용강판	후판 (100mm 이상도 가능)	중, 후판 (40~50mm)
슬래그	있다	없나
그루브 간격	EGW 보다 넓다	ESW 보다 좁다

6.5 테르밋 용접법

6.5.1 테르밋 용접의 개요

테르밋 용접법(Thermit welding)은 금속의 테르밋 반응을 이용한 것으로 테르밋 반응이란 금속 산화물이 알루미늄에 의해 산소를 빼앗기는 반응(알루미늄에 의한 탈산반응)을 통칭하는 것으로 이 반응 온도는 약 2000~2800℃에 달한다. 이 반응열을 이용하여 얻어진 용융금속을 접합부에 주입하여 피용접물 간격을 메워 응고 접합하는 것이다. 용접 열원을 외부로부터 가하지 않고 테르밋 반응에 의해 생성되는 열을 이용하여 금속을 용접하는 것을 테르밋 용접이라고 한다. 테르밋 용접은 주조공정과 유사한 특성으로 용강 공급 및 가스 배출을 위한 라이저와 게이트가 필요하다. 미세한 알루미늄 분말과 산화철 분말을 약 1 : 3~4의 중량비로 혼합한 테르밋제에 과산화바륨과 마그네슘(또는 알루미늄)의 혼합분말로 된 점화제를 넣고, 이것을 점화하면 화학반응에 의하여 테르밋 반응에 필요한 1200℃ 이상의 고온이 발생한다. 이 고온에 의해 강렬한 발열을 일으키는 테르밋 반응으로 되어 약 3000℃에 달한다.

테르밋 반응(Thermit reaction)은 금속 산화물과 알루미늄과의 탈산 반응의 총칭으로 산화 Al에 의한 탈산 반응에 해당되는 발열을 의미한다. 그림 2-52에 테르밋 용접의 개략도를 나타내었으며, 테르밋 용접의 순서는 다음과 같다. (① 테르밋 반응에 의한 테르밋 재료(산화철+알루미늄 분말) 가열(3000℃) → ② 테르밋 용강 형성 및 슬래그 부상, 모재 가열(800~900℃) → ③ 용강 주입 → ④ 주입된 용강 응고 → ⑤ 용접 완료

테르밋(Thermit) 반응

산화 금속 + 알루미늄(분말) → 산화 알루미늄 + 금속 + 발열

$$3FeO + 2Al \rightarrow 3Fe + Al_2O_3 + 187.1kcal$$
$$Fe_2O_3 + 2Al \rightarrow 2Fe + Al_2O_3 + 181.5kcal$$
$$3Fe_3O_4 + 8Al \rightarrow 9Fe + 4Al_2O_3 + 719.3kcal$$
$$3CuO + 2Al \rightarrow 3Cu + Al_2O_3 + 288kcal$$
$$3Cu_2O + 2Al \rightarrow 3Cu + Al_2O_3 + 252kcal$$

6.5.2 테르밋 반응의 분류 및 특징

용융 테르밋 용접법 (Fusion Thermit Welding)

접합 부재간의 적당한 틈새를 만들고, 그 주위를 주형으로 둘러싸고 부형 및 부분에 있는 예열 구멍으로부터 모재를 적당한 온도까지 예열한 후 도가니 속에서 테르밋 반응에 의해 생성된 용융 금속, 슬래그 순으로 도가니 밑 부분에서 주입한다.

가압 테르밋 용접법 (Pressure Thermit Welding)

슬래그인 알루미나가 우선 유입하고, 관의 외면과 주형의 내면을 덮는다. 다음에 용융 금속을 유입하여, 주형의 밑에 고인다. 용융 금속과 슬래그에 의해 관은 가열된다. 그러나 슬래그의 얇은 층에 의해서 주입한 용융 금속은 주형과 직접 접촉하지 않으므로 주형을 제거하면, 이들은 용접부에서 제거할 수 있다.

그림 2-52 테르밋 용접

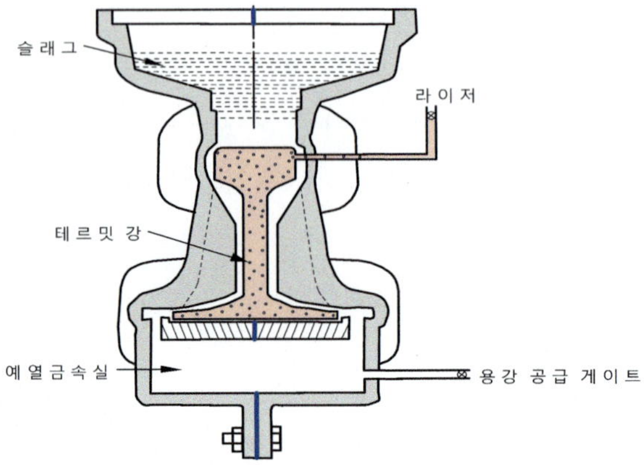

테르밋 반응의 특징

① 용접 작업이 단순하고 용접 기술 습득이 용이하다.

② 용접용 기구가 간단하며 설비비도 저렴하다.

③ 전기를 필요로 하지 않는다.

④ 용접 비용이 저렴하다.

⑤ 용접 후 변형이 적다.

⑥ 용접 시간이 짧다.

⑦ 적절한 용접부의 갭과 배열이 필요하다. 주물의 형태로 용접이 이루어지므로 라이저와 게이트가 필요하다.

⑧ 적용되는 용도별로 별도의 몰드를 설계하고 시공해야 하는 어려움이 있다.

⑨ 차축, 레일, 차량 및 선박 등의 비교적 접합 단면적이 큰 구조물에 응용되고 있다.

연습문제

1 고진공 상태에서 충돌발열을 이용하여 용접하며, 원자력 및 전자제품의 정밀 용접 등에 적용하는 용접법은?
① 플라즈마 용접
② 전자빔 용접
③ 원자 수소 용접
④ 레이저 빔 용접

2 전자빔 용접의 장점에 해당되지 않는 것은?
① 예열이 필요한 재료를 예열 없이 국부적으로 용접 할 수 있다.
② 잔류응력이 적다.
③ 용접 입열이 적으므로 열영향부가 적어 용접변형이 적다.
④ 시설비가 적게 든다.

3 고진공 중에서 전자빔을 접합부에 대고 그 충격열을 이용하여 행하는 용접법은?
① 심용접법
② 초음파 용접법
③ 고주파 용접법
④ 전자빔 용접법

4 산화철 분말과 알루미늄 분말을 혼합하여 발생하는 반응열을 이용하여 용접법은?
① 플라즈마 아크 용접
② 일렉트로 스래그 용접
③ 고상 용접
④ 테르밋 용접

5 테르밋 용접에서 테르밋제란 무엇과 무엇의 혼합물인가?
① 알루미늄과 납
② 탄소와 규소
③ 분사와 붕사 분말
④ 알루미늄과 산화철

01② 02④ 03④ 04④ 05④

6 일렉트로 슬래그 용접에서 사용되는 수냉식 판의 재료는?
① 알루미늄
② 니켈
③ 연강
④ 구리 및 구리합금

7 다음 접합 방법 중 가장 폭이 넓은 재료의 접합이 가능한 방법은 무엇인가?
① 일렉트로가스 용접법
② 일렉트로슬래그 용접법
③ 전자빔 용접법
④ 레이저빔 용접법

8 다음 접합 방법 중 가장 두꺼운 재료의 접합이 가능한 방법은 무엇인가?
① 가스용접법
② 전기 저항 용접법
③ 전자빔 용접법
④ 마찰용접법

9 테르밋 반응의 특징으로 적절하지 않은 것은 무엇인가?
① 용접작업이 단순하고 용접 기술 습득이 용이하다.
② 용접시간이 길다.
③ 용접 후 변형이 적다.
④ 전기를 필요로 하지 않는다.

10 일렉트로가스용접법에 대한 설명으로 적절하지 않은 것은 무엇인가?
① 보호가스를 사용한다.
② 냉각방법은 수냉법을 사용한다.
③ 용접 열원은 저항열이다.
④ 40~50mm의 중, 후판 접합에 사용된다.

06 ④ 07 ② 08 ③ 09② 10③

Chapter

7 납땜법

7.1 납 땜

7.1.1 납땜의 개요

납땜(brazing & soldering)은 동종 간 또는 이종 간 금속을 용융하지 않고 이들 사이에 융점이 낮은 땜납(solder)을 용융, 첨가하여 접합하는 것이다. 원리적으로는 모재를 용융하지 않지만, 모재와 용융 삽입 금속과의 반응에 의해 접합부 계면에서 원자 간 응집력과 성분의 확산에 의해 합금층의 생성 또는 모재의 용융 현상에 의해 접합된다. 이러한 접합이 성공적으로 수행되기 위해서는 고체금속 면에 용융금속이 잘 달라붙는 것, 즉 wetting이 좋아야 하고 성분의 확산현상이 중요하다. 이때 삽입 금속(filler metal, insert metal)은 모재보다도 저융점을 가져야 하는 것은 필수조건이다. 미국에서는 융점이 427℃ 이상, JIS 또는 국제표준화기구(ISO)에서는 450℃ 이상인 삽입 금속을 사용할 경우를 경납땜(brazing)이라고 하고 이 이하의 온도를 사용할 경우를 연납땜(soldering)이라고 한다. 납땜에 사용되는 삽입금속을 땜납이라고 한다.

Brazing(경납땜) > 450℃, Soldering(연납땜) < 450℃

그림 2-53에 용융 용접과 납땜법을 비교하여 도시하였다. 용융용접은 모재와 땜납제가 같이 융합하지만 납땜법에서는 땜납제만 용융이 되고 모재는 용융되지 않는 특성을 보이고 있다. 표 2-15에 연납땜, 경납땜과 용접의 주요 특성 비교하였다.

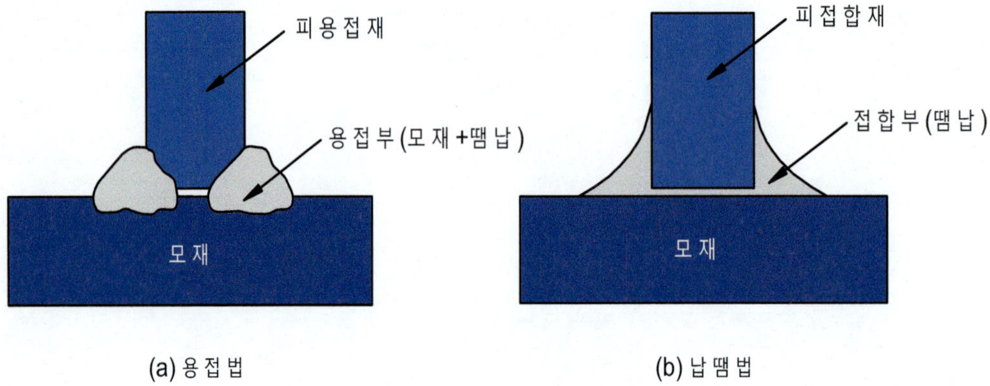

그림 2-53 용융 용접과 납땜의 비교

표 2-15 경납땜, 연납땜과 용접의 주요 특성 비교

구 분	연납땜(soldering)	경납땜(brazing)	용접(welding)
(1) 작업 온도	450℃ 이하 모재 용융점 이하	450℃ 이상 모재용융점 이하	450℃ 이상 모재 용융점 이상
(2) 작업 후 모재	상하지 않음	상하지 않음	상한 경우 있음
(3) 변형	거의 없음	거의 없음	있 음
(4) 잔류응력	없 음	없 음	있 음
(5) 주요 가열원	인두, 초음파, 오븐, 가스 등	가스, 유도 가열, 로, 적외선 등	아크, 저항, 전자빔, 플라즈마, 레이저 등
(6) 강도	나 쁨	좋 음	아주 좋 음
(7) 외관	좋 음	좋 음	나 쁨
(8) 자동화 가능성	좋 음	좋 음	좋 음
(9) 다품종 접합	양 호	양 호	나 쁨
(10) 기밀성	양 호	양 호	양 호

납땜의 특징

① 모재를 거의 용융하지 않고 저온에서 접합이 이루어지므로 모재의 열영향부가 적다 (모재의 특성 변화가 적다).

② 이종 금속, 동종 금속 간 접합이 용이하다.

③ 아주 작은 부품이나 복잡한 부품을 정밀하게 접합할 수 있다.

④ 자동화를 통해 재료의 손실을 줄이고 정밀도를 높일 수 있다.

⑤ 하중을 받는 구조물의 접합에 사용이 거의 불가능하다.

7.1.2 납땜의 원리와 접합 과정

납땜의 원리

납땜작업은 이음면의 청정, 조립, 가열 및 후처리로 이루어진다. 이음면은 미리, 탈지, 솔질, 약품 청정 등으로 전처리를 하여 깨끗이 하고, 적당한 용제를 도포한 후 미리 선정된 가열 방법을 이용하여 소정의 온도로 일정 시간 유지하여 납땜을 한다. 또한 부식성 용제를 사용하였을 경우에는 납땜 후에 잔류 슬래그를 제거하여야 한다. 납땜용 가열장치를 선택할 경우에는 이음의 형상, 치수, 수량, 신뢰성, 생력화 등에 대해서 종합적인 견지에서 검토할 필요가 있다.

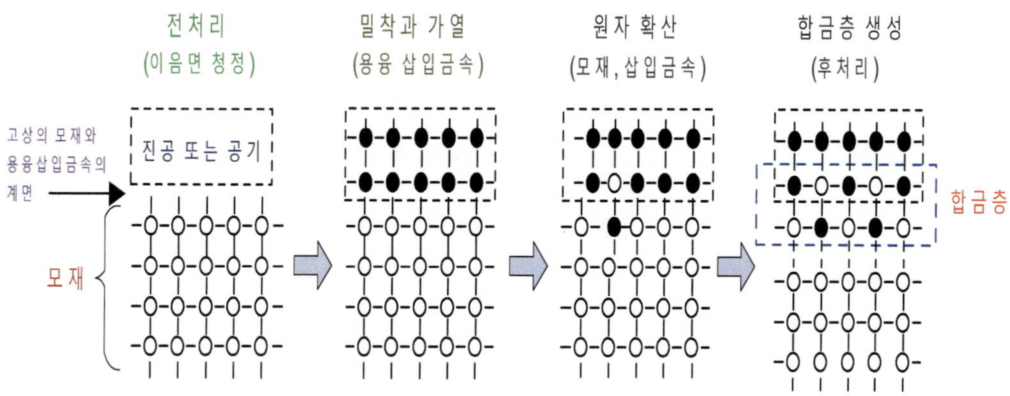

그림 2-54 납땜의 접합과정

납땜의 기본적인 원리는 용융한 삽입 금속이 모재 표면에 젖는(wetting) 과정이다. 모재가 용융된 삽입 금속에 의해 젖으면 시간의 경과와 더불어 모재 원자가 용융된 삽입 금속 내로 용출하든가 삽입 금속의 성분이 모재 중에 확산하는 것에 의해 접합부 계면에 새로운 합금층 혹은 모재의 용융 현상이 생기고 그 후 냉각함에 따라 삽입 금속이 응고하여 접합이 완료된다. 따라서 접합부는 불균일한 합금층을 형성하고, 이 과정은 모재 및 삽입 금속의 종류, 가열 및 냉각 조건에 따라 내용을 달리한다. 납땜의 접착기구는 모재와 납이 균일한 고용체를 만드는 고용체형, 공정반응에 의해 가늘고 긴 조직이 모재와 서로 맞물려 기계적으로 접착한 공정형, 모재와 납이 접촉면에서 금속화합물을 형성하는 금속 간 화합물형, 부착력으로 접착하는 부착형과 상기의 방식이 혼합된 혼합형으로 대별할 수 있다. 그림 2-54에 납땜법의 접합과정에 대해 나타내었다.

용융 금속의 젖음 원리

액체가 고체와 접촉할 때 고체 표면에 액체가 부착되든가 스며드는 상태를 젖는다고 한다. 고체 금속에 대한 용융 금속의 젖음성 (wettability)은 납땜에서 중요한 접합과정의 핵심이 된다. 모재 성분 중 탄소가 증가하면 젖음성이 저하하고, 수소분위기 중에서는 젖음과 퍼짐성이 좋게 된다. 접촉각이 젖음성의 양부를 결정할 수 있으며 접촉각이 작으면 그 액체는 잘 젖는 것을 표시하고, 액체가 잘 퍼지며 접촉각이 큰 경우는 잘 적셔지지 않고 동시에 잘 퍼지지 않는다. 이는 용융체의 표면장력과 밀접한 연관이 있다.

납땜조건

납땜조건에 중요한 조건들은 납땜온도, 납땜시간, 납땜간격, 표면조도, 진공도와 납땜 분위기 등이 중요하다. 납땜온도는 땜납재료의 액상온도에 30~50℃를 더한 온도가 적당하며, 온도가 낮으면 퍼짐성이 좋지 않고, 온도가 너무 높으면 용융납이 지나치게 용융되어 접합이 어려워진다. 납땜 시간은 땜납의 퍼짐 상태를 관찰하며 정하지만 통상 납땜 온도 도달 후 3`5분을 유지한다. 납땜 간격이 좁으면 용융납의 퍼짐성과 인장강도가 우수하며, 표면조도가 클 경우 땜납의 퍼짐성이 좋고 인장강도가 크다. Ti, Zr 등의 활성금속은 진공상태에서 납땜이 행하여지며, 납땜 작업시의 분위기도 납땜 품질에 중요한 영향을 미친다.

7.1.3 가열방법에 따른 납땜의 종류

납땜 작업은 그 가열 방법에 따라서 인두 납땜(soldering iron brazing), 가스 납땜(gas brazing), 저항 납땜(resistance brazing), 노내 납땜(furnace brazing), 침지 납땜(dip brazing), 고주파 납땜(high frequency induction brazing) 등이 있다.

인두 납땜(soldering iron brazing)

일반적으로 저온의 연납땜에 널리 사용되는 가장 간단한 장치이며 가열된 인두에서의 열전도에 의해서 모재를 가열하여 땜납을 용융하여 납땜하는 방법이다. 납땜온도가 높은 경납땜이나 열용량이 너무 큰 피용접물 등에는 부적당하다. 땜 인두(soldering iron)는 대부분 순동을 사용하며, 특수한 것은 소량의 Ti, Si를 함유한 동 합금 또는 Ni, Fe 등으로 도금하여 내식성, 내구성을 좋게 한 것도 있다.

가스 납땜(gas brazing, torch brazing)

가스 납땜법은 토치를 사용하여 산소-아세틸렌 불꽃, 산소-프로판 불꽃 등으로 가열하여 납땜하는 방법이다. 일반적으로 가스 불꽃은 약간 환원성의 것이 좋으며, 용제는 이음면과 땜납의 양쪽에 도포하여 사용한다. 이음에는 불꽃의 외측을 대고 속불꽃은 닿지 않게 한다. 또 부품의 치수, 형상 및 열용량에 따라서 예열의 유무를 결정하고 필요할 경우 예열 조건을 변경한다. 과열 정도가 심하면 납땜의 확산 및 산화를 초래하기 쉬우므로 적당한 가열이 필요하며 용제의 용융하는 정도를 보고 이음의 온도를 추정할 수 있다.

저항 납땜(resistance brazing)

저항납땜은 납땜할 이음부에 용제를 바르고 납땜재를 삽입하여 통전한 후 저항열로 가열하는 방법이다. 구조상 두 종류가 있으며 하나는 전극으로 탄소 또는 흑연을 사용하여 전극에 발생한 저항열로 납땜부를 가열하는 간접법과, 전극으로 텅스텐, 동합금 등을 사용하여 납땜부의 저항열에 의해 납땜하는 직접 가열법이 있다. 이는 유도전류 방법과 유사하지만 직접적으로 접합되는 모재에 전류가 흐른다는 점이 다르다. 이 방법에서는 스폿 용접이 곤란한 금속의 납땜이나 작은 이종 금속의 납땜에 적합하다.

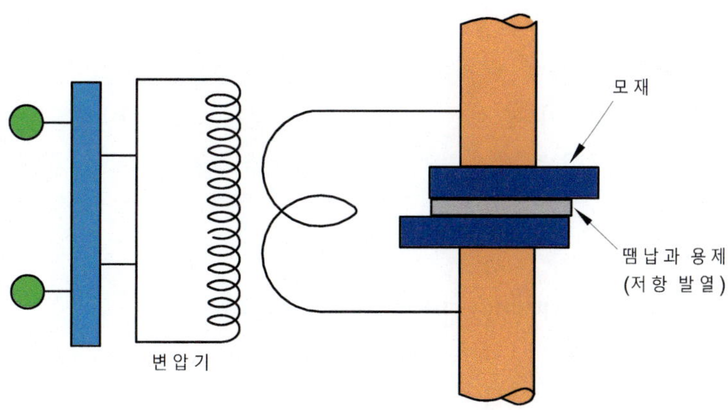

그림 2-55 저항납땜

로내 납땜(furnace brazing)

로내 납땜은 가스나 기름 등의 연료 연소 후 발생하는 열이나, 전기에 의해 가열된 로내에서 납땜하는 방법이다. 이 방법은 온도 조절이 균일하므로 정밀 이음이 가능하고, 납땜재는 미리 이음면에 삽입하여 로 내부에 넣는다. 비교적 작은 부품의 대량 생산에 적합하며 또 분위기는 수소와 해리 암모니아 가스를 사용할 때가 많다.

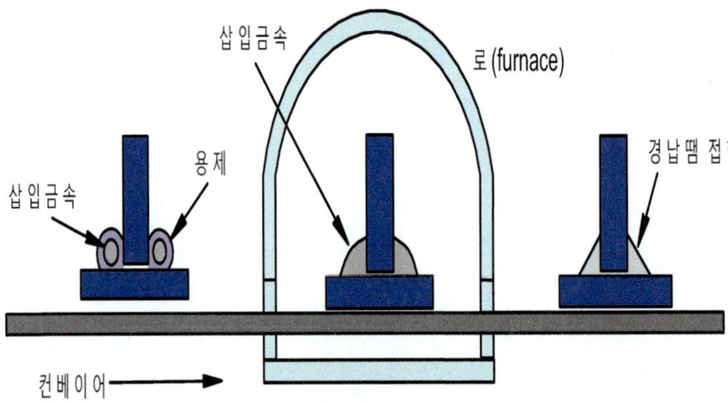

그림 2-56 로내 납땜

침지 납땜(dip brazing)

침지 납땜은 이음면에 땜납을 삽입하고, 플럭스가 들어있는 용융 용가재 액에 담가서 가열하고 브레이징하는 방법이다. 보통 미리 가열된 염욕(salt bath)에 침지하여 접합하는 방법과 납땜부를 용제가 있는 용융 땜 속에 침지하여 납땜하는 두가지 방법이 있다. 석유통, 통조림통 등 대량 생산에 적합하다.

고주파 납땜(high frequency induction brazing)

땜납과 용제를 삽입한 이음을 고주파 전류를 이용하여 가열하는 납땜법이다. 자성이 있는 금속에서는 유도전류에 의한 가열이 주가 되며, 비자성의 금속에서는 과전류에 의한 가열이 주가 된다. 가열 코일은 부품에 따라서 적당한 형상과 용량이 사용된다. 이 방법은 가열 시간이 짧고 작업이 용이하나 국부 가열에 의한 변형이 따르기 쉽다.

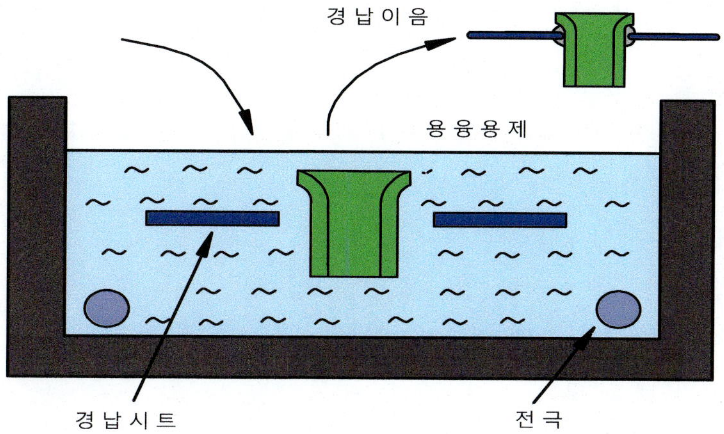

그림 2-57 침지납땜

적외선 납땜(Infrared brazing)

로내 납땜의 한 종류로 인식되기도 하지만 열원으로 긴 파장의 적외선을 사용하는 점이 다르다.

> **Brazing welding은 filler metal의 용입이 모세관 현상에 의해 일어나지 않는다는 점이 brazing과는 다른 점이다. Brazing welding은 filler metal을 용접봉이나 용접 와이어처럼 용융시켜서 조인트를 채워 넣는 것이다. 이 용접은 주로 주물제품의 균열, 파손된 부분을 보수하는 용접법으로 개발되었다. 일반적인 방법으로 주물을 용접하고자 할 때는 충분한 예열과 서랭을 통하여 hard cementite 조직과 crack의 형성을 막아야 하는 어려움이 있다.**

7.1.4 용 제

용제(flux)는 용가제 및 모재 표면의 산화를 방지하고, 가열 중에 생성되는 금속산화물을 효과적으로 용융시키고 액상화하여 땜납을 이음면에 침투시키며 산화물을 표면에 떠오르게 하는 역할을 한다. 용제는 이음면을 깨끗이 하고 이음면과 그 근방에 고루 뿌리든가 또는 페이스트로 만들어 칠한다. 또한 납땜 후 잔류 용제나 슬래그를 깨끗이 닦아내지 않으면, 이음면의 부식을 촉진시킨다. 그림 2-57에 용제를 사용하지 않을 때와 용제를 사용할 경우를 비교하여 용제의 역할에 대해 나타내었다. 용제를 사용하지 않으면 이물질과 산화물이 땜납과 혼합되지만 용제를 사용하면 이물질이나 산화물이 제거되어 땜납의 성능이 우수하게 된다.

용제의 구비조건

① 화학적으로 활성이고 청정 능력 (산화물 제거 능력)이 클 것
② 피복성 및 땜납과 치환성이 양호할 것 (재산화 방지 및 결합 방지)
③ 용제 자체의 유동성 및 젖음성이 클 것
④ 잔사 제거가 용이하고 부식성이 없을 것
⑤ 인체 및 기기류에 안전할 것
⑥ 반응성이 우수하고 합금 첨가가 가능할 것
⑦ 반응속도가 빠를 것
⑧ 수분을 함유하지 않고 내열성이 좋을 것
⑨ 가격이 저렴할 것

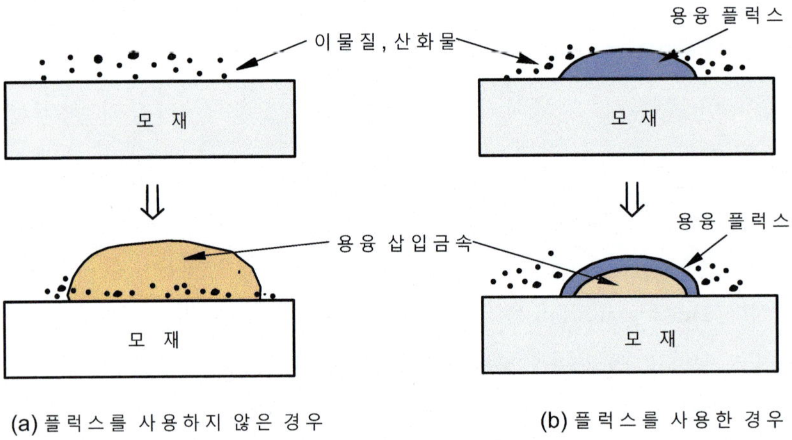

그림 2-57 용제의 역할

7.2 연납땜 (soldering)

7.2.1 연납땜(soldering)의 개요

납땜은 접합하려고 하는 금속을 용융시키지 않고 그들 금속의 이음면 틈에 모재보다 용융점이 낮은 금속을 용융 첨가하여 이음하는 방법이다. 땜납이 공정합금(eutectic alloy)로서의 장점은 낮은 용융점, 유동성, 체적수축률이 적고, 조직도 균일하며 미세하기 때문에 비교적 크다는 점이다. 결점으로는 용융온도 구간이 짧아서 페이스트(paste) 모양으로 가공할 수 없다는 점이다. 즉, 연납(solder)인 주석과 아연계의 납땜제에 의한 수직면의 이음에서는 반용융 상태로 오랫동안 유지할 필요가 있으므로 이때에는 공정합금이 부적당하고, 응고 온도범위가 넓은 땜납을 선택하여야 한다. 연납땜에 많이 사용되는 것은 용융온도가 각각 327.5℃, 232℃인 Pb와 Sn이며, 주로 저항가열에 의한 납땜인두 등을 사용한다.

경납은 용융점이 450℃ 보다 큰 것이고 연납은 그보다 낮은 것이다. 일반적으로 용접용 납은 경납을 사용한다. 연납은 경납에 비해서 기계적 강도가 낮으므로 강도를 필요로 하는 부분에는 적당하지 않으며, 용융점이 낮아 납땜이 용이하기 때문에 전기적인 접합이나 기밀, 수밀을 필요로 하는 장소에 사용된다. 연납은 일반적으로 Sn, Sn-Pb, Pb 또는 필요에 따라서 Sb, Ag, As, Bi 등을 함유한다. 연납 중에서 가장 많이 사용되는 것은 Sn-Pb 합금이며 알루미늄, 특수강, 주철 등의 일부 금속을 제외하고는 철강, 동, 니켈, 납, 주석 및 이들 합금의 이음에 널리 쓰인다. 보통 연납은 공정점(62%Sn-38%Pb)에 가까운 조성의 것을 사용하나 납관 접합용에는 융해 온도 구간이 넓은 성분이 쓰인다. 자기용 합금에는 Sn-Pb-Zn 합금이 사용되며 Pb-Cd계, Zn-Cd계도 있다. Zn의 용융온도는 419.5℃로 역시 용융온도가 낮아 연납재로 적절하다. 또한 저융점 땜납으로 Bi-Cd-Pb-Sn 합금은 융점이 60~100℃의 것도 있다. 그러나 다른 땜납에 비해 강도가 작고 취약하여 주로 전기부품의 납땜에 쓰인다.

7.2.2 연납용 용제

연납용 용제

① 염화아연($ZnCl_2$) : 가장 많이 사용되는 염화아연 액을 만들려면 염산은 사기 그릇에 넣고 그 속에 아연을 넣어서 포화 용액으로 한다.

② 염산(HCl) : 진한 염산을 희석시킨 것이며 아연 도금 강판의 납땜에 사용된다.

③ 염화암모늄(NH_4Cl) : 산화물을 염화물로 만드는 작용이 있으며 염화아연에 화합하여 사용된다. 이 외에 송진, 인산 페이스트 등도 사용된다.

7.3 경납땜 (brazing)

7.3.1 경납땜(brazing)의 개요

경납땜(brazing)은 연납에 비해 용융점이 높고, 기계적 강도가 좋으므로 강도를 필요로 하는 장소 또는 내열성, 내식성, 내마멸성을 필요로 하는 장소 또는 색채 등을 가능한 한 충족시키는 곳에 사용된다. 경납은 모재의 종류, 납땜 방법, 용도에 따라 여러가지 종류가 있다. 경납의 종류는 은납(silver solder), 황동납(brass solder), 인동납(phosphorus copper solder), 양은납(german silver solder), 알루미늄납(aluminum solder) 등이 있다.

은납 (silver solder)

은납은 Ag-Cu-Zn 또는 Cd, Ni, Sn을 합금한 은합금으로서 경납 중 비교점 은(Ag)은 용융점(961℃)이 낮으므로 작업이 쉬우며 은과 함께 사용하는 Zn, Cu의 경우 용융온도는 각각 419.5℃, 1083℃로 유용하다. 은납(용융점: 610~900℃)은 유동성이 좋고, 강도 및 연신율이 우수하다. 알루미늄 및 마그네슘을 제외한 비철 합금과 철강과 동, 동합금 등의 납땜에 널리 사용된다. 은이 증가하면 백색이 되고 융점이 저하하며, 은이 감소하고 아연이 증가하면 연성이 증가한다.

황동납 (brass solder)

황동납은 Cu와 Zn 60% 이하로 합금한 동 합금이며 동, 동 합금과 일부 철강 등의 납땜에 사용된다. 융점은 850~1,050℃ 정도이다. 황동납의 결점은 전기 전도도가 낮고, 진동에 대한 저항이 적으며 전해 작용을 받기 쉽다. 또한 아연의 증기압이 높으므로 납땜 작업 중에 과열하면 아연이 증발하여 이음부에 공공이 생겨서 이음부의 강도가 낮아진다. 따라서 1,000℃ 이상으로 가열하지 말아야 한다.

인동납 (phosphorus copper solder)

인동납은 Cu에 P 또는 Cu에 P, Ag을 합금한 동 합금이며 동이나 동합금의 납땜에 널리 사용된다. 이음부의 전기 전도도 및 기계적 성질이 좋고 황산 등에 대한 내식성도 우수하나 철강 또는 니켈을 10% 이상 함유한 합금의 땜납에 사용하면 취약하므로 주의하여야 한다. 동과 동을 납땜할 때에는 용제가 필요 없으나 동 합금에는 용제를 사용하며 융점은 705~925℃ 정도이다.

양은납 (german silver solder)

양은납은 Cu-Zn-Ni 합금이며, Ni 합금량이 많을수록 융점이 높고 색깔이 희게 된다. 보통 성분은 47%Cu-11%Zn-42%Ni이며, 융점이 높고 강인하므로 동, 황동, 니켈 합금, 철강 등의 납땜에 널리 사용된다.

알루미늄납 (aluminum solder)

알루미늄납은 Al을 주성분으로 하고 Si, Cu 등을 합금한 알루미늄 합금이며, 융점은 600℃ 정도이고 모재와의 융점의 차가 적으므로 납땜 작업의 온도관리에 특히 주의해야 한다. 고력 알루미늄 합금은 융점이 낮으므로 납땜을 할 수 없다. 따라서 이들 합금은 보통 Zn계 합금 등의 땜납에 사용된다.

7.3.2 경납용 용제

경납용 용제

① 붕사($Na_2B_4O_7 \cdot 10H_2O$) : 붕사는 가장 일반적인 경납제로 산화를 방지하고 융점이 높은 경납용 용제로 사용되며 그 융점은 760℃ 정도이다. 붕사는 높은 온도로 가열하면 유리 모양으로 되는데 이것은 금속산화물을 용해, 흡수하는 성질이 있다.

용해 후의 점성이 비교적 높은 결점이 있으므로 식염, 붕산, 탄산나트륨 등과 혼합하여 사용된다. 알루미늄, 마그네슘, 크롬, 베릴륨 외에는 흔히 사용되고 있다. 식염, 붕산, 탄산소다, 가성칼리 등을 혼합해서 사용하기도 한다.

② 붕산(H_3BO_3) : 붕산은 백색 결정체로서 융점은 875℃ 정도이며, 산화물의 제거 능력이 약하기 때문에 일반적으로 붕산 70%, 붕사 30% 정도로 혼합하여 철강에 주로 이용한다. 고온에서의 유동성, 슬래그 박리성이 양호하다.

③ 빙정석($3NaF \cdot AlF_3$) : 알루미늄과 나트륨의 불화물이며, 불순물의 용해력이 강해서 구리 납땜 용제로 우수하다.

④ 산화제2구리(Cu_2O) : 붕사와 혼합하여 주로 납땜에 쓰인다. 이것은 탈산제로 작용하며 주철면의 흑연을 산화시켜서 납땜을 쉽게 한다. 보통 붕사와 혼합시켜 주철의 경납땜용으로 사용한다.

⑤ 식염(NaCl) : 융점이 낮아 단독으로는 못쓰며 부식성이 강해 혼합제로 소량 사용된다.

⑥ 염화리튬(LiCl)은 Ag-Mg 플럭스로 중요하다. 기타 NaF, KF, KCl, LiF, $ZnCl_2$ 등을 배합하여 사용한다.

7.4 삽입 금속

7.4.1 삽입금속 개요

땜납 즉, 삽입 금속(insert metal or filler metal)을 선택할 경우 젖음성과 융점이 가장 중요하며 용도에 따라 다르지만 연납땜과 경납땜에 사용하는 모든 삽입 금속은 다음과 같은 성질을 가져야 한다.

① 젖음성이 좋고 적당한 유동성을 가질 것
② 융점이 낮고 적당한 용융 폭을 가질 것
③ 접합 온도에서 증발하기 쉬운 성분이 적을 것
④ 접합시에 각 성분이 액상에서 분리되지 않을 것
⑤ 접합부의 기계적 성질 및 내식성이 사용 목적에 맞을 것
⑥ 판이나 선재로 가공하기 쉬울 것

삽입금속 선택 시 고려사항

- 모재, brazing 방법, 합금의 융점, 합금의 용융 온도 범위, 모재와의 친화력
- brazing 강도, brazing 원소, 삽입금속의 가격, 모재의 형상, 열 및 전기전도도
- 열팽창, 내식성

7.4.2 삽입금속의 종류 및 특징

은(Ag)

삽입금속 중에서 가장 유용하고 중요한 원소이며 내식성, 전기전도도, 열전도도 등이 우수하다. 은 자체는 강하지 않지만 다른 원소와 결합하면 높은 강도를 가진다. 은(Ag)은 삽입금속은 접합온도가 다른 삽입금속에 비해 낮고 모재의 HAZ이 적으며 젖음성이 좋아 작업성 및 각종 재료에 대한 접합성이 좋다.

동(Cu)

은 못지않은 좋은 특성을 가지고 있다. 연성, 열전도성, 도전성, 내부식성, 강한 침투력 등의 장점을 가지고 있으면서도 은보다 저렴하기 때문에 많은 곳에서 은 대체품으로 사용되고 있다. 또한 은과는 달리 동은 철, 니켈, 많은 난용성 합금과 화합 가능하다.

니켈(Ni)

합금에 강성과 인성을 주며 카바이드와 같이 녹기 힘든 곳에 젖음성을 향상시키는 역할을 하고 내부식성을 향상시킨다. 니켈을 함유한 brazing 합금은 stainless brazing 시 계면에 부식을 억제하나, 니켈은 고온의 융점을 가지고 있고 brazing 합금의 흐름을 저해하는 경향이 있다. 따라서 brazing 간격이 큰 곳에 효과적으로 사용될 수 있다.

망간(Mn)

강하고 연성을 가진 접합면을 만드는데 일조를 하며 stainless나 다른 Ni-Cr 합금의 접합 시 젖음성을 향상시킨다.

아연(Zn)

낮은 용융점 때문에 매우 유용한 금속이며, 젖음성을 향상시키고 상대적으로 저가이

다. 그러나 아연은 너무 많이 넣으면 취약(brittle)해지고 낮은 기화점을 갖는 단점이 있다. 따라서 아연이 함유된 금속을 오랜 시간 가열하거나 높은 온도에서 가열 시 brazing 합금이 파괴될 수 있다.

카드뮴 (Cd)

아연과 마찬가지로 낮은 융점과 좋은 젖음성을 가지고 있으나 취약성과 낮은 기화점을 가지고 있다. 아연보다는 대단히 비싸고 산화물은 독을 가지고 있으므로 카드뮴 합금을 가지고 brazing 하는 경우에는 통풍시설이 잘 되어야 한다.

카드뮴은 아연보다 더 좋은 내부식성을 가지고 있고 낮은 온도에서 은합금의 유동성을 향상시킨다.

인 (P)

대단히 활성이 강한 물질이며 동과 화합물을 이루는 이유는 액상선을 크게 떨어트리고 높은 화학적 활동 때문이다. 즉 인은 산소를 소비하는 산화제 역할을 하기 때문에 인이 용융할 때 표면에 넓고 얇은 강한 막을 볼 수 있다. 인함유 합금은 동 합금의 접합에 사용되지만 은, 텅스텐, 몰리브덴 등의 접합에 제한적으로 사용된다. 이 합금은 철이나 니켈 베이스의 합금, 니켈이 10% 이상 함유한 Cu-Ni 합금 등에 사용하지 말아야 한다. 내부식성은 고온에서 황화분위기를 제외하고는 양호하며 접합면은 150℃ 까지는 양호하다.

금 (Au)

모재를 침식하는 경향이 있기 때문에 제품에는 사용하지 않는 것이 좋다. 금 합금은 일반적으로 425℃까지는 장시간 가열되지 않는 한 문제가 없다. 가격이 고가이고 좋은 접합강도를 갖으며, 고온 강도가 높고 내식성 및 고온 내산화성이 우수하다.

팔라듐 (Pd) 삽입금속

니켈 합금에 대한 젖음성이 우수하며, 모재의 입계 침식이 적다. 또한 고온강도가 크고 증기압이 낮다. 알루미늄 삽입금속은 주로 불활성 분위기나 진공 분위기에서 사용된다. 접합면적이 넓은 경우 brazing sheet의 삽입금속으로 사용된다.

연습문제

1 모재를 녹이지 않고 접합하는 것은 어느 것인가?
① 가스 용접
② 아크 용접
③ 심 용접
④ 납땜

2 연납의 주성분과 가장 관계있는 것은?
① Cu-Pb
② Pb-Sn
③ Sb-Sn
④ Zn-Pb

3 경납 땜의 융점은 몇 도(℃) 이상인가?
① 120℃
② 300℃
③ 312℃
④ 450℃

4 납땜부를 염욕 중에 담가 납땜하는 방법과 이음부분에 납재를 고정시켜 화학약품에 담가 침투시키는 방법은?
① 저항납땜
② 가스납땜
③ 노내납땜
④ 담금납땜

5 저온의 연납땜에 널리 사용되는 납땜법은?
① 저항납땜
② 가스납땜
③ 고주파납땜
④ 인두납땜

01 ④ 02 ② 03 ④ 04 ④ 05 ④

6 납땜법에 대한 설명으로 적절하지 않은 것은 무엇인가?
① 자동화 용접이 가능하다.
② 외관이 미려하다.
③ 기밀성이 우수하다.
④ 잔류응력이 발생한다.

7 다음의 경납땜 중 땜납제의 용융 온도가 가장 높은 것은 무엇인가?
① 황동납
② 은납
③ 인동납
④ 알루미늄납

8 연납용 용제가 아닌 것은 무엇인가?
① 염화아연
② 염산
③ 염화암모늄
④ 붕사

9 납땜할 이음부에 용제를 바르고 납땜제를 삽입하여 통전한 후 저항열로 가열하는 방법은?
① 저항납땜
② 가스납땜
③ 노내납땜
④ 담금납땜

10 이음면에 땜납을 삽입하고 플럭스가 들어있는 용융 용가재 액에 담가서 가열하고 브레이징 하는 납땜법은?
① 저항납땜
② 침지납땜
③ 고주파납땜
④ 인두납땜

 06 ④ 07 ① 08 ④ 09 ① 10 ②

Chapter

8 열 전달법

8.1 가스 용접(절단) 장치

8.1.1 가스절단 개요

가스절단은 산소 가스와 금속과의 화학 반응을 이용하여 금속을 절단하는 방법으로서 절단 방법의 종류는 다음과 같다.

① 보통 가스 절단 : 상온 절단, 고온 절단, 수중 절단
② 분말 절단 : 철분 절단, 용제(플럭스) 절단
③ 산소 아크 절단 : 상온 절단, 수중 절단
④ 가스 가공 : 가우징, 스카핑, 천공, 선삭

가스절단 결과의 좋고 나쁨은 절단면의 모양, 절단 효율 등에 의하여 판정된다. 절단에 미치는 요소로는 다음과 같은 것들이 있다.

① 팁의 크기와 모양
② 산소 압력과 순도 (3~5kg/cm^2, 99.8% 이상)
③ 절단 속도
④ 절단재의 재질 및 두께
⑤ 절단재의 표면 상태
⑥ 사용 가스

⑦ 예열 불꽃의 강도

⑧ 절단재 및 산소의 예열온도 (연소점 이상)

⑨ 팁의 거리 및 각도

가스 절단의 좋은 조건

① 모재의 연소 온도가 그 용융보다 낮아야 한다.
(철의 연소온도: 1,350℃, 용융온도: 1,538℃)

② 생성된 금속 산화물의 용융 온도는 모재의 용융 온도보다 낮아야 한다.

③ 금속 산화물의 유동성이 좋고 모재에서 쉽게 분리되어야 한다.

④ 모재 중에는 휘발성 성분이나 증발 온도가 낮은 성분이 적어야 한다.

⑤ 모재의 성분 중 연소반응을 방해하는 성분이 적어야 한다.

⑥ 절단부가 쉽게 연소온도에 도달해야 한다.

상기 특성으로 연강은 절단이 용이하지만 동, 알루미늄, 스테인리스강은 절단이 쉽지 않다. 재료에 따른 절단능력은 강(steel)의 경우 한번에 3~300mm 정도 절단이 가능하며, 주철은 주철에 함유되어 있는 흑연이 절단을 방행하여 절단이 쉽지 않다. 스테인리스강은 Cr 함량이 10%를 넘으면 부적당하고, 비철금속은 절단이 쉽지 않아서 Cr_2O_3, Al_2O_3 등의 산화물을 용해시키는 플럭스와 발열을 돕는 철분말을 첨가해야 한다.

예열온도가 너무 높으면 절단면 윗부분이 녹고, 뒤쪽에 슬래그가 많이 달라붙는다. 예열온도가 너무 낮으면 드래그가 커지고 절단중단이나 역화를 일으키기 쉽다.

탄소 함량이 0.25% 이하일 경우는 용접성이 양호하나 C가 증가할수록 경화 및 균열이 증가하여 용접 및 절단이 어려워진다. 주철은 모재의 융점이 1,150℃이며, 슬래그의 융점보다 낮으며 주철 중의 흑연은 철의 연속적인 연소를 방해하므로 철이나 탄소강에 비해 연소성이 좋지 않다. 분말절단을 이용한다. SiO_2, MnO, NiO, Al_2O_3, Cr_2O_3의 용융온도는 각각 1,710℃, 1,785℃, 1,950℃, 2,050℃과 2,275℃로 절단 작업이 쉽지 않다.

8.1.2 가스 절단 장치

용기 또는 발생기에서 보내진 아세틸렌과 산소를 혼합가스로 만들고 이 혼합가스를 연소시켜 불꽃을 형성해서 용접 또는 절단을 할 수 있도록 하는 기구를 말하며, 손잡이, 혼합실, 산소 및 아세틸렌 밸브, 팁으로 구성되어 있다. 토치 구조는 산소와 아세틸렌의 예열용 가스를 만드는 부분과 고압의 산소를 불어내는 부분으로 되어 있다. 분출공의 위치에 따라 동심형과 이심형이 있고, 분출공의 형상은 직선형, 다이버전트형 등이 있으며 일반적으로 팁의 공작이 용이한 직선형이 널리 사용되고 있다. 동심형은 프랑스식으로 전후 좌우 및 곡선도 자유롭게 절단이 가능하며, 이심형은 독일식으로 작은 곡선은 곤란하나 직선은 능률적이고 면이 곱다. 팁은 열전도도가 크고, 가공성과 내열성이 양호한 Cu나 Cu 합금을 사용한다. 그림 2-59에 용접 및 절단용 토치를 비교하여 도시하였으며 절단용 토치는 반드시 예열화염이 필요하다.

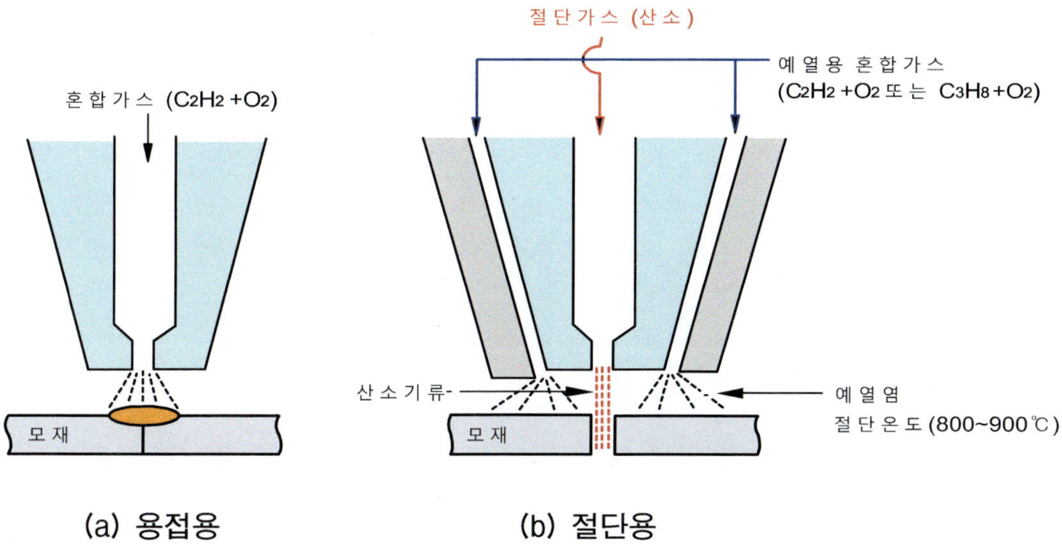

그림 2-59 용접 및 절단용 토치 비교

자동절단기(mechanized cutting)

자동절단기는 절단 토치를 자동으로 이송시키는 장치 위에 설치한 것으로 자동식과 반자동식이 있다.

- **반자동식** : 절단 토치의 이동만을 자동화하고, 손의 조작으로 절단이 이루어져 작은 물체나 곡선의 절단에 사용된다.
- **자동식** : ① 직선 절단기(linear cutting machine)은 소형인 경우 절단선 가까이에 설치된 안내 레일 위를 이동하면서 절단하며 소형 물체 절단에 사용된다.
  ② 형 절단기(shape cutting M/C)은 원을 비롯하여 다양한 모형을 절단하는 것으로 blue print에 의해 절단된다.

8.1.3 가스 절단 방법

가스 절단시 절단 작업의 순서는 다음과 같다.

① 토치의 팁에 점화시킬 경우, 산소 압력 및 아세틸렌의 방출 상태를 잘 확인하여 둔다.
② 점화할 경우, 산소 조정 밸브를 조금 열고, 아세틸렌 밸브를 완전히 열어 점화시킨다.
③ 산소의 양을 조정하면서 중성 불꽃으로 조정하며, 절단선의 한 끝을 예열 한다.
④ 표면이 녹기 시작하기 직전에 절단용 산소를 분출시킨다.
⑤ 불티가 많이 비산되면서 구멍이 뚫리기 시작하면, 토치의 이동을 시작한다.

이 경우, 팁과 모재 사이의 거리 및 절단 속도의 일정한 유지가 매우 중요하며, 작업 중 절단면에 요철이 생기는 원인은 다음과 같다.

① 팁의 간격과 절단 속도가 일정하지 않을 때
② 산소 분압이 적당하지 않을 때
③ 팁이 오염되어 산소의 분류가 직선형으로 분출되지 못할 때

예열불꽃은 중성불꽃으로 하며 재료를 연소온도로 가열하고 산소의 운동량을 유지해 주며 절단산소의 순도저하를 방지히고, 표면 스케일 등의 박리로 절단 산소와의 반응을 용이하게 한다. 예열불꽃은 예열을 통해 절단재 표면의 녹(스케일)을 용해하여 제거하면서 절단온도(800~900℃)로 유지하는 데 중성불꽃이 가장 좋으나, 산소와 아세틸렌의 혼합비가 1.4~ 1.7 : 1일 때 불꽃의 온도가 최대가 된다.

팁 거리는 예열 불꽃의 백심 끝은 모재 표면에서 약 1.5~2.0 mm 정도가 좋다. 팁 거리가 가까우면 절단의 윗모서리가 용융하고, 심하게 가탄된다.

절단 속도에 영향을 미치는 인자로는 산소의 순도, 팁의 형상, 예열온도, 산소 압력 등이 있다. 산소의 압력이 높고, 산소량이 많을수록 절단속도는 증가한다. 산소의 순도가 1% 저하 시 절단속도는 25% 저하하고 산소소비량도 25% 증가하며, 순도가 저하하면 절단면이 거칠고 슬래그 박리성이 저하한다.

8.1.4 가스종류에 따른 절단 특성

가스절단에는 연소발열량이 높은 아세틸렌이 널리 사용되지만, 저렴한 가격과 안전성으로 프로판 등 액화천연가스(liquified petroleum gas)도 사용이 된다. 프로판 가스

를 사용하는 경우는 프로판 1에 대해 산소 약 5의 비율로서 아세틸렌과 산소 때의 1 : 2.5에 비해 2배나 많은 산소를 필요로 한다. 따라서 프로판 가스 자체는 가격이 아세틸렌보다 저렴하지만 산소 소모량이 2배 정도 크므로 절단 전체에 드는 비용은 비슷하다. 그러므로 토치의 예열불꽃 분출공이 아세틸렌 때보다 크고 많아야 한다. 연소가스의 구비조건은 발열량이 높고, 화염의 집중도가 좋으며 가스의 독성이 없고 폭발성이 약하고, 값이 싸고 저장과 수송이 용이한 것이어야 한다. 표 2-12에 아세틸렌과 프로판의 특성을 비교하여 나타내었다.

표 2-16 아세틸렌 가스와 프로판 가스 비교

아세틸렌 (C_2H_2)	프로판 (C_3H_8)
① 발열량이 낮다. (12,900 kcal/m^3) ② 화염온도가 높다. (3,430℃) ③ 열 집중성이 좋다. (백심) ④ 산소소비량이 적다. (이론산소량: 2.5mol/C_2H_2 1mol) ⑤ 박판일 경우 프로판보다 절단속도가 빠르다. ⑥ 중성불꽃으로 용접에 적합하다. ⑦ 점화가 용이하다.	① 발열량이 높다. (21,000 kcal/m^3) ② 화염온도가 낮다. (2,800℃) ③ 열 집중성이 나쁘다. ④ 산소소비량이 많다. (이론산소량: 5mol/C_3H_8 1mol) ⑤ 후판일 경우 아세틸렌보다 속도가 빠르다. ⑥ 절단 시 사용 가능 (용접 곤란) ⑦ 절단면이 미세하다. ⑧ 연소에 의한 수증기가 다량 발생한다. ⑨ 가격이 싸고 안전도(폭발한계가 좁다)가 높다.

탄소강의 가스 절단면은 급냉에 의해 소입 경화되며, 연강에서는 경화가 적으나 고장력강에서는 크게 경화되어 냉각 중에 미세한 균열이 발생하기도 한다. 절단면은 국부적인 가열과 냉각으로 소성변형과 잔류응력이 발생한다. 탄소, 니켈 및 동은 절단면 주변으로 이동하여 농도가 약 0.3~0.7% 가까이까지 증가하는 경향이 있다으며, Cr과 Si는 약간 감소한다. 절단면 예열은 경도 상승 및 이들 성분의 이동을 방지하는데 큰 효과가 있다.

8.2 가스(산소) 절단

산소 아크 절단은 예열원으로 아크를 사용하므로 가운데가 빈 전극봉과 모재 사이에 아크를 발생시켜 모재를 가열하고, 가운데 구멍에서 고압의 산소를 불어내어 산화철은 밀려나고, 부분적인 홈이 생기며 같은 작업을 반복하여 절단하는 방법이다.

강 또는 합금강의 절단에 이용되고, 일반적으로 산소 절단(oxygen cutting)이라 하며, 산소와 철의 화학반응을 이용하는 절단 방법이다. 먼저 강재의 절단 부분을 산소-아세틸렌 불꽃으로 800~900℃ 정도까지 예열하고 나면, 철강은 다음과 같은 반응식에 의해 산화철이 생성된다.이 때 고온의 발열이 생기고, 이 열에 의해 모재가 용융되고 산소로 불어내어 절단하게 된다.

$$Fe + 1/2\ O_2 \rightarrow FeO + 64\ kcal$$
$$2Fe + 1.5\ O_2 \rightarrow Fe_2O_3 + 190\ kcal$$
$$3Fe + 2O_2 \rightarrow Fe_3O_4 + 266\ kcal$$

그림 2-60에 가스절단의 원리를 도시하였다. 가스 절단에 의해 강판을 절단하 면 고속 산소분류에 의해 용융철이 불려나가면서 절단면에 마치 빗자루로 쓸어낸 듯한 줄이 형성되는데 이를 drag line이라 한다. 절단이 진행됨에 따라서 산소의 순도 저하, 슬래그의 산화반응 방해 등으로 절단속도가 둔화되며 진행 방향 뒤쪽으로 곡선을 나타낸다. Drag line의 처음과 끝의 거리를 drag 또는 drag length라 한다, Drag 길이는 두께의 20% 정도가 기준이며 가스절단의 양부를 판단하는 기준이 된다.

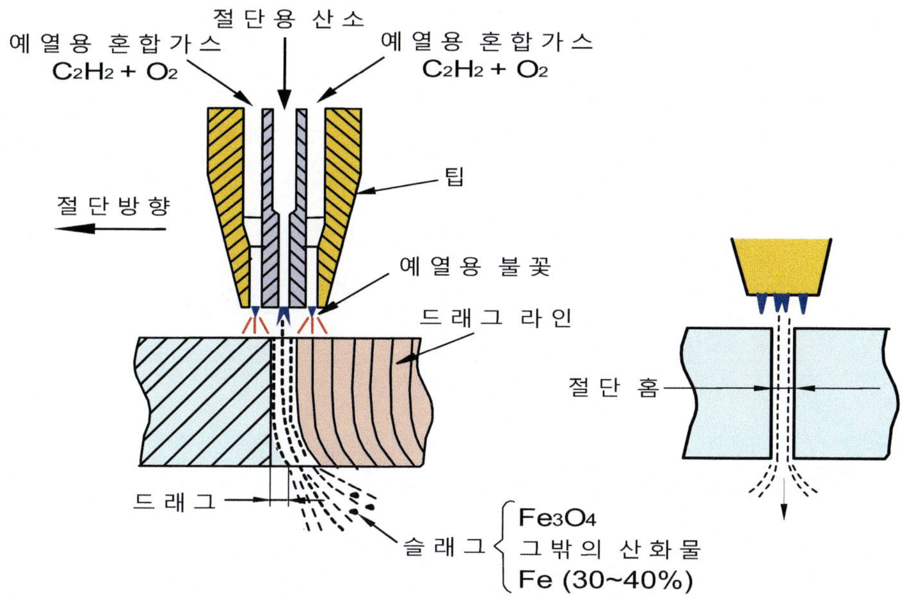

그림 2-60 가스 절단의 원리

$$\text{Drag}\ (\%) = \frac{\text{Drag 길이 (l)}}{\text{판두께 (t)}} \times 100$$

Drag 길이에 미치는 인자

① 산소량을 증가시키면 Drag 길이는 짧아진다.

② 적당한 Drag 길이는 두께의 20% 정도이다.

③ 절단속도가 빨라지면 Drag 길이는 길어진다.

④ 산소순도가 높을수록 Drag 길이는 짧아진다.

⑤ 절단속도가 느리면 Drag 길이는 0이 된다.

⑥ 절단속도가 일정할 때 산소의 압력을 적게 하면 드래그 길이가 길어지며 슬래그가 달라붙어 절단면이 거칠어진다.

산소 창 절단(oxygen lance cutting)

산소 창에 의한 절단은 용광로의 탭 구멍, 후판의 절단, 주강, 슬래그 덩어리, 암석 등의 뚫기에 주로 사용한다. 모재의 일부를 발화 온도로 예열한 후, 파이프에서 산소를 공급하면서 산화 반응에 의해 시행한다. 창으로는 내경 3.2~6.0mm, 길이 1.5~3m 정도의 철 파이프를 사용하는 것이 보통이다. 절단 중에는 창은 타서 소모되는 경우가 있고 (소모식 산소 창 절단), 구리 파이프와 같은 경우에는 소모되지 않는 경우(비소모식 산소 창 절단)가 있다.

8.3 플라스마(plasma) 절단

플라스마는 기체를 수천도의 고온으로 가열하였을 경우 기체 속의 가스원자가 이온 상태로 유지된 것을 말하며, 플라스마 전극에서 고주파 방전을 일으키며 아크가 발생되어 가스를 가열시키면서 고속으로 분출되는 불꽃이 형성되는데 이를 플라스마라고 한다. 10,000~30,000℃ 상태의 플라스마를 토치의 소구경 구멍에 고속으로 분출시키면 플라스마 제트가 되고 이것을 이용하여 금속, 비금속 등을 절단하는 것이다.

플라스마 아크 절단(PAC)은 경제적으로 알루미늄, 마그네슘, 스테인리스강 등의 비철 금속 절단에 주로 많이 이용하는 절단 방법이다. 아크 방전에서 양극 사이에 강한 빛을 발하는 부분을 아크 플라스마라고 하는데, 아크 플라스마는 종래의 아크 온도보다 매우 높은 온도(10,000~30,000℃)로 높은 열에너지를 가지는 열원으로 비이행형 방식이라고 한다. 텅스텐 아크 절단 방식은 텅스텐 전극과 모재 사이에 아크 플라스마를 발생시키므로 이행형 아크 플라스마 절단을 할 수 있으며, 이것을 텅스텐 아크 플라스마 절단이라고 한다. 텅스텐 전극과 수랭 노즐 사이에 아크를 발생시키고, 비이행형 아크 플라스마 절단을 할 수 있으므로, 플라스마 제트(plasma jet)라고 한다. 플라즈마 제트 절단법은 절단하려는 재료에 전기적 접촉을 하지 않으므로 금속은 물론, 금속 이외의 세라믹 절단에도 이용된다. 플라스마 가스로는 Ar, N_2, H_2 등을 사용하는데 H_2는 아크전압 증대, 열입력 증대 그리고 수소의 팽창에 의한 부류가스의 고속화 등의 역할을 한다. 그림 2-61에 이행형과 비이행형 플라스마 절단의 개념을 도시하였다.

플라스마 절단의 특징

① 금속과 비금속 재료의 중, 후판 절단이 용이하다.
② 절단 시 예열이 불필요하다..
③ 얇은 판을 열변형이 적고 고속으로 절단할 수 있다.
④ 장치가 비싸고 절단 홈이 넓으며 절단 시 소음과 분진 발생이 심하다.
⑤ 절단 시 경사각이 생긴다.
⑥ 아크형태가 원통형이며 직진도가 높다.
⑦ 전류밀도가 높고 전극의 오염이 적다.
⑧ 수백 암페어의 대전류를 사용하고 수랭식 토치를 사용한다.
⑨ 구조가 복잡하고 대형이다.

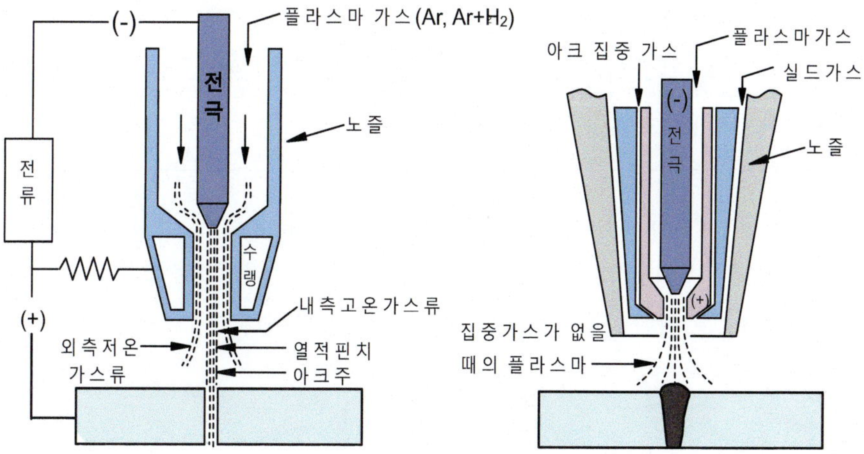

(a) 이행형 (절단)　　(b) 비이행형 (용사)

그림 2-61 플라스마 절단

8.4 기타 절단법

8.4.1 분말 절단법

분말 절단 (그림 2-62 참조)은 주철, 고합금강, 비철 금속 또는 Cr_2O_3, Al_2O_3 등의 모재보다 용융점이 높은 내화성의 산화물을 용해, 제거하기 위해서는 보통의 가스 절단으로는 할 수 없기 때문에 철분 또는 플럭스 분말을 자동적으로 산소에 혼입 공급하여 절단하는 것을 말하며, 종류는 다음과 같다.

① 철분 절단법 (반응열 이용)은 잘 분쇄된 철분 (iron powder)을 사용하며 용도는 크롬철, 스테인리스강, 주철, 구리, 청동 및 기타 합금에 사용한다. 200 메쉬 정도의 철분에 알루미늄 분말을 배합한 미세 분말을 압축공기 또는 질소가스로 공급하는 방식으로 철분의 연소열로 절단부의 온도를 높여 녹이기 어려운 산화막을 용융, 제거하여 절단하는 방법이다.

② 플럭스 절단법 (용제 작용)은 탄산염 (탄산소다) 및 중탄산염 등의 비금속 플럭스 분말 (nonmetallic powder flux)을 사용하며 융점이 높은 크롬철, 스테인리스강 등에 사용한다. 스테인리스강의 절단에 쓰이며 융점이 높은 크롬산화물을 제거하는 플럭스(KF)를 절단산소와 함께 공급하는 방법이다.

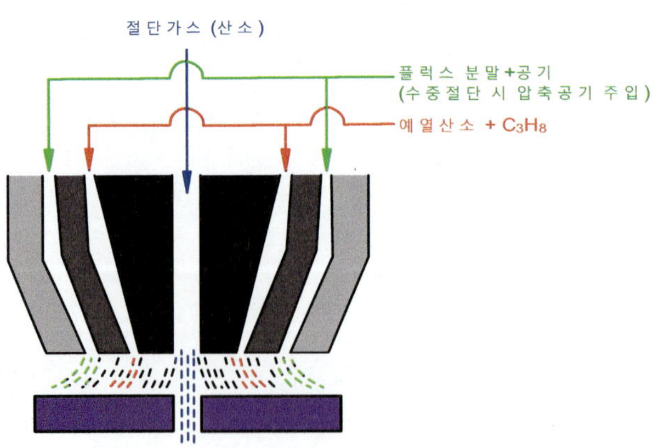

그림 2-62 분말절단법

8.4.2 수중 가스 절단

수중절단은 주로 가스 절단으로 사용한다. 사용되는 절단 토치는 일반 절단 토치와 별 차이가 없으나, 팁 끝 부분에서 바깥 주위로 압축공기 또는 산소를 내뿜어 공기 커튼을 만들어 물을 배제하고, 이 공간에서 절단이 이루어지며 수중에서는 열손실이 많으므로 예열 구멍이 크게 되어 있다. 예열가스로는 아세틸렌인 경우 압력 제한을 받고, 프로판도 액화되기 쉬워서 사용 가능한 수심에 제한이 많으며 수소는 고압 하에서도 액화 없이 사용이 가능하다. 수중에서는 예열가스의 양이 공기 중에서 작업할 경우에 비해 4~8배 더 필요하고, 절단 산소는 50~100% 더 소모된다. 또한 가스 절단 수심 한도는 45 m이고 점화는 Na, 인산칼슘 등의 화학적 반응이나, 수중에서 아크에 의해 실시한다. 그림 2-63에 수중절단기의 팁을 나타내었다.

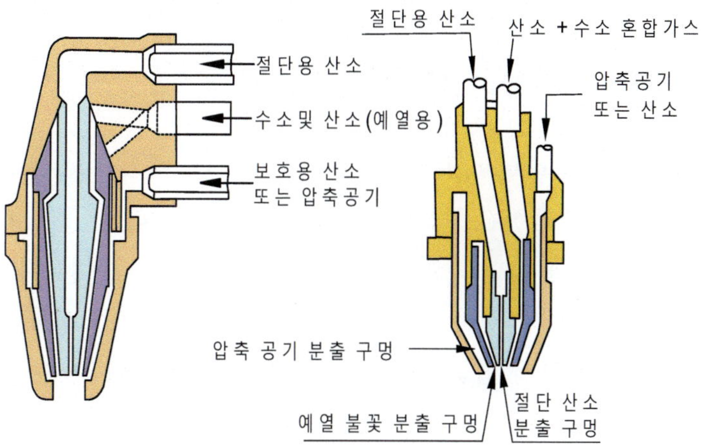

그림 2-63 수중절단기에 사용되는 팁

8.4.3 레이저 절단

레이저 절단법은 레이저 광을 미소부분에 집광시켜 재료를 급격히 국부적으로 가열하여 용융 절단하는 방법이다. 지금까지 수천종의 레이저가 개발되었는데, 그 중에 CO_2 레이저가 최대의 연속출력을 내므로 대출력용으로 광범위하게 활용되고 있다. 일반적으로 20kW 급의 CO_2 절단기가 실용화되고 있다.

레이저 절단은 소음, 열변형, 절단폭이 작고, 절단속도가 빠르다. 또한 비접촉 가공으로 공구 마모가 없으며, 박판이나 정밀절단에 유리하다. 다만 에너지 효율이 낮고, 레이저 절단기의 단가가 비싼 점이 개선되어야 한다.

레이저 종류로는 CO_2 레이저와 Nd-YAG 레이저 2종류가 있다. CO_2 레이저는 출력이 25kW 정도, 레이저 빔은 10^4W/mm^2 정도의 에너지 밀도를 가지며 레이저 파장은 10.6㎛ 정도로 두께 1~1.25 in 강판의 용접 및 절단에 사용된다. CO_2 레이저는 mirror에 의해 빔전송을 하며 레이저 매질로 탄산가스를 사용하여 1.2mm 이상의 두꺼운 금속판의 절단에 사용된다. Nd(Neodymium)-YAG 레이저는 출력이 1~10kW 정도, 레이저 파장은 1.06㎛ 정도로 얇은 박판(1~2mm)의 용접에 사용된다. 빔 전송은 광섬유(optical fiber)를 사용하며 레이저 발진물질로 YAG(Yttrium Aluminum Garnet, $Y_3Al_5O_{12}$)를 이용하는 고체레이저이다. 광섬유로 전송할 수 있는 특성이 있으므로 로봇을 이용한 자동화가 용이하며, 용접, 절단, 스폿용접(펄스), 의료용, 색소레이저 여기용에 이용된다.

8.4.4 아크 에어 가우징과 절단(cutting)

아크 에어 가우징(arc air gouging)은 탄소 아크 절단 장치에 6~7 kg/cm^2 정도의 압축 공기를 병용하여 아크열로 용융시킨 부분을 압축공기로 불어 날려서 홈을 파내는 작업이다.

가스 용접, 절단용 장치를 그대로 이용할 수 있으며, 단지 팁은 비교적 저압으로서 대용량의 산소를 방출할 수 있어야 한다. 그림 2-64에 가우징 작업을 도시하였다. 용접부의 뒷면을 따내든가 U형, H형 용접 홈을 가공하기 위하여 주로 홈(groove) 작업에 이용된다.

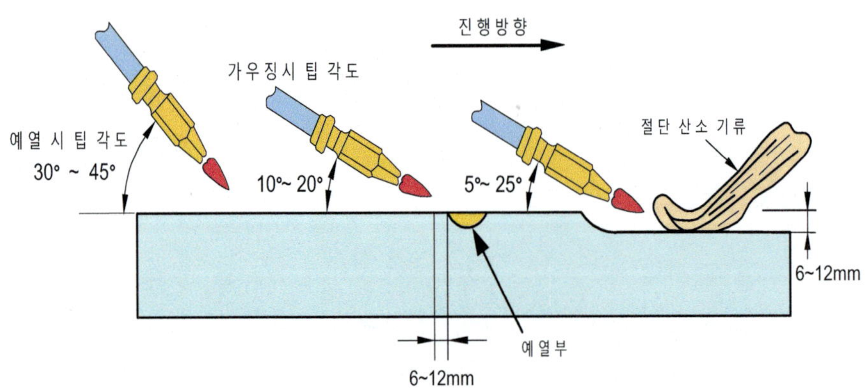

그림 2-64 가우징 작업

아크 절단은 아크 열로서 모재를 용융시키고, 압축 공기나 산소 기류를 이용하여 용융 금속을 절단하는 방법이지만, 가스 절단에 비해 절단면이 곱지 못하다. 종류는 다음과 같다.

- 탄소 아크 절단(carbon arc cutting)
- 피복 아크 절단(metal arc cutting)
- 불활성 가스 아크 절단(inert gas arc cutting)
- 플라스마 아크 절단(plasma arc cutting)
- 산소 아크 절단(oxygen arc cutting)

탄소 아크 절단은 탄소 또는 흑연 전극봉과 금속 사이에서 아크를 일으켜 금속의 일부를 용융 제거하는 절단법으로 흑연 전극봉이 탄소 전극봉보다 전기 저항이 적고, 고전류가 흐르므로 높은 사용 전류로 이용 가능하며, 탄소 또는 흑연 전극봉과 모재와의 사이에 아크를 일으켜서 절단하는 방법이다. 주로 직류 정극성을 많이 쓰고, AC로도 사용 가능하다.

금속 아크 절단 (피복 아크 절단) 방법은 탄소 전극봉 대신에 절단 전용의 특수 피복제를 씌운 전극봉을 써서 절단하는 방법으로, 절단 원리는 탄소 아크 절단의 경우와 같다. 용접봉 값이 비싸서 많이 사용하지는 않지만 토치나 탄소 용접봉이 없을 때 또는 토치의 팁이 들어가지 않는 좁은 곳에 사용한다. 피복제에서 다량의 가스를 발생시켜 절단을 촉진한다. 직류 정극성을 많이 쓰고, AC도 사용 가능하다.

아크 에어 가우징은 탄소 아크 절단 장치에 압축 공기를 사용하는 방법과 같으며, 용접부의 가우징, 용접 결함부 제거, 절단 및 구멍 뚫기 등에 적합하다. 주로 직류 역극성(DCRP)을 이용하며, 가스 가우징 대비 장점은 다음과 같다.

① 작업 능률이 2~3배 높다.
② 모재에 나쁜 영향을미치지 않는다.
③ 용접 결함, 특히 균열이 쉽게 발견된다.
④ 소음이 없다.
⑤ 비용이 싸고, 철, 비철 어느 경우도 사용 가능하다.

MIG 아크 절단 (metal inert gas arc cutting)

고전류 밀도의 MIG 아크가 보통 아크 용접에 비하면 상당히 깊은 용입이 되는 것을 이용하여 모재와의 사이에 아크를 발생시켜 용융 절단을 하는 것이다.

TIG 아크 절단 (tungsten inert gas arc cutting)

TIG 용접과 같이 텅스텐 전극과 모재와의 사이에 아크를 발생시켜 불활성 가스를 공급하여 절단하는 방법이다.

8.4.5 스카핑(scarfing)

스카핑(scarfing)은 강재 표면의 탈탄층 또는 흠을 제거하기 위해 사용하며, 가능한 가늘고 얕고 넓게 표면을 타원형 모양으로 깎아내는 방법이다. 스카핑 작업에는 열간 스카핑과 냉간 스카핑이 있다. 시작점의 예열시간을 단축시켜 작업진행을 원활하게 할 목적으로 지름 5 mm 정도의 연소 보조봉이 사용되고 있다.

8.5 용 사

용사(metalizing)란, 용융상태인 재료의 입자 또는 분말을 고속도로 모재면에 충돌시켜 피막층을 만드는 일종의 표면피복법이다. 용사 재료인 금속 또는 금속 화합물의 분말을 가열하여 반용융 상태로 고속 분출시켜 고밀도, 고밀착되어 높은 강도의 피막을 만드는 방법이다. 용사 재료에는 금속, 탄화물, 규화물, 불화물, 질화물, 산화물(세라믹), 범랑, 유리 등이 있다. 내식, 내열, 내마모성 및 인성의 피복으로 금속, 기계, 전기공업 분야에 널리 이용된다. 그림 2-65에 분말식 가스 용사의 원리를 자세하게 도시하였다.

용사재를 가열하는 열원에 따라 연료가스와 산소의 연소에너지를 이용하는 가스식과 아크열, 방전에너지, 저항발열 등의 전기에너지를 이용하는 전기식으로 분류되며 대단위 면적에도 사용되고, 자동화되어 가고 있다. 용사법은 용사재료의 형식에 따라 용선식, 용봉식과 분말식 용사로 구분하며, 용사방법은 가스용사법, 아크용사법과 플라스마 용사법으로 대별할 수 있다.

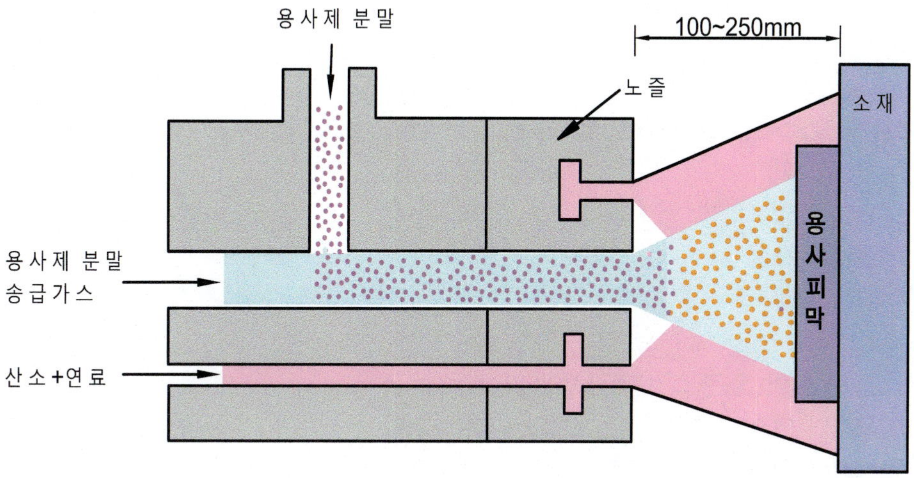

그림 2-65 분말식 가스용사 원리

8.6 복합 가공 기술

복합 가공 기술은 현재의 고유 가공기술을 집약, 단축화한 것을 복합 가공기술이라 한다. 기체, 액체 또는 분체 등으로 특징을 분석하여 상태기술을 집약한 기술이며 두 종류 이상의 기술을 집약하여 특성을 살린 기술이다(효율, 안전성, 신뢰성이 우수). 종래의 가공기술과 비교하여 그 장치 및 기술은 경제성과 신뢰성이 있다.

8.7 이온 가공법

이온가공법은 불활성 가스를 고주파 전류 및 직류 방전으로 이온화하고, 이것을 전기적으로 가속화하여 가공물 표면을 충돌시켜 원자, 분자 단위로 조금씩 소거해 나가는 방법이다. 일반적으로 Ion beam etching, Ion beam polishing이라고도 불려지며, 재료 표면의 연마 및 정밀가공에 이용된다. 이 가공법은 소재에 근접한 형상의 가공이 가능하며, 가공 변수를 제어하여 임의의 선단 반지름의 가공이 가능하다. 또한 가공면의 표면 거칠기도 향상시킬 수 있는 장점이 있다.

연 습 문 제

1 다음 중 가스절단 결과와 상관이 적은 것은 어느 것인가?
① 팁의 크기
② 팁의 모양
③ 절단재 재질
④ 팁의 재질

2 가스절단 하기 좋은 조건과 관계가 가장 먼 것은?
① 모재의 연소온도가 용융온도보다 낮아야 한다.
② 생성된 금속산화물의 온도는 모재의 용융온도보다 높아야 한다.
③ 금속산화물의 유동성이 좋아야 한다.
④ 모재 중 휘발 성분이 적어야 한다.

3 다음 중 플라스마 절단법의 설명과 거리가 먼 것은 무엇인가?
① 이행형은 모재가 도체여야 한다
② 비이행형은 모재의 재질이 부도체일 경우에도 절단이 가능하다.
③ 세라믹은 이행형 절단일 경우만 가능하다.
④ 플라스마는 이온과 전자가 혼재한 상태이다.

4 다음 중 용융 상태의 재료의 입자 또는 분말을 고속도로 모재면에 충돌시켜 피막층을 만드는 방법은?
① 복합 가공 기술
② 이온가공법
③ 스카핑
④ 용사법

5 아크 절단법이 아닌 것은?
① 금속 아크 절단
② 미그 아크 절단
③ 플라즈마 제트 절단
④ 서브머지드 아크 절단

 01 ④ 02 ② 03 ③ 04 ④ 05 ④

6 다음 중 레이저절단에 대한 설명과 관련이 적은 것은 어느 것인가?
① 에너지 효율이 높다.
② 소음이 적다.
③ 변형이 적다.
④ 절단속도가 빠르다.

7 다음 가스절단에 대한 설명 중 사실과 다른 것은?
① 적당한 Drag 길이는 두께의 20% 정도이다.
② 산소량을 증가시키면 Drag 길이가 길어진다.
③ 절단속도가 빨라지면 Drag 길이는 길어진다.
④ 산소순도가 높을수록 Drag 길이는 짧아진다.

8 다음 중 플라스마 절단법의 설명과 거리가 먼 것은 무엇인가?
① 구조가 단순하다.
② 전류밀도가 높다.
③ 전극의 오염이 적다.
④ 아크의 직진도가 높다.

9 다음 중 용광로의 탑 구멍, 후판의 절단, 주강, 슬래그 덩어리, 암석 뚫기 등에 주로 사용하는 절단 방법은 무엇인가?
① 레이저 절단
② 가스 절단
③ 산소창 절단
④ 플라스마 절단

10 아세틸렌과 프로판 가스 비교 중 설명이 잘못된 것은 무엇인가?
① 프로판은 발열량이 높다.
② 아세틸렌은 화염온도가 높다.
③ 프로판은 절단면이 미세하다.
④ 아세틸렌은 산소소비량이 많다.

06 ① 07 ② 08 ① 09 ③ 10 ④

Chapter 9 용접의 기계화 및 자동화

9.1 용접방법 구분

용접은 일반적으로 수동용접, 반자동용접과 자동용접으로 구분할 수 있으며 용접작업의 효율을 제고하기 위해 자동용접이 요구되지만 용접기의 종류나 용접작업 등을 고려하여 적절한 방법을 선택하게 된다.

9.1.1 수동 용접 (manual welding)

수동용접은 비교적 짧은 용접부, 박판이나 후판 용접, 모재의 형상으로 인해 플럭스 지지가 어려운 경우, 용접물의 특성상 연속작업이 어려울 경우, 지그가 사용하기 어려운 조건이거나 비용이 비쌀 경우, 반복작업이 요구되지 않을 경우 등에 적용된다.

수동용접은 옥내나 옥외 어느 장소에서나 가능하며, 용접자세에 제한이 없고 자동이나 반자동 토치 조작이 어려운 곳에 적용할 수 있다. 또한 합금이나 이종금속의 용접이 가능하며 장비비가 저렴하고 이동하여 사용하기 쉽다. 다만 작업자의 숙련도에 따라 용접 품질이 좌우되고, 자동이나 반자동 용접에 비해 용접 효율이 낮은 단점이 있다.

9.1.2 기계화 용접 (mechanized welding)

부품, 와이어, 플럭스를 공급하고 회전, 반전, 배출 등의 조작을 기계화, 동력화하여 용접하는 것을 기계화 용접이라고 한다. 기계화 용접은 수동용접에 비해 상대적으로 용접효율을 제고할 수 있다.

9.1.3 반자동 용접 (semi-automatic welding)

반자동 용접은 수동용접보다 높은 전류로 용착속도를 크게 하거나 반복적인 용접작업이 필요할 경우 사용된다. 보통 중, 후판에 적용되며 연속적인 와이어 송급으로 용접효율 제고가 필요하거나 용접물 형태가 복잡하거나 대형이어서 지그에 의한 자동용접이 불가능할 경우 사용된다. 보통 수동용접보다 용입이 깊으므로 작업 능률이 좋다.

반자동용접은 용접사의 기량에 대한 의존도가 수동용접보다 낮으며, 원하는 용접 현상과 양호한 용접금속을 얻을 수 있다. 보통 수동용접보다 용접속도가 빠르며 스패터와 슬래그가 적고 용접 비용이 저렴하다.

9.1.4 자동 용접 (automatic welding)

자동 용접은 아크발생을 자동으로 하며, 용착속도가 매우 크다. 용접사의 기량에 대한 의존도가 낮아서 비드 외관이 양호하며, 수동이나 반자동 용접보다 대형의 용접에 적용된다. 수동이나 반자동 용접에 비해 전류 사용 범위가 넓고 용접속도가 빠르며 자체 주행대차를 가지고 있다. 용접기 교체 등에 대한 손실이 적어서 용착효율이 높고, 슬래그 제거가 필요 없다. 또한 용접 시 사용되는 피복제가 없어서 슬래그 제거가 필요 없으며 열변형이 적고 기계적성질이 양호하다.

9.2 자동용접 시스템

9.2.1 자동용접의 목적 및 자동화 요소

용접작업 시 자동화의 주요 목적 및 영역은 다음과 같다.

① 원자로 등 위험한 작업이나 단순반복 작업

② 숙련된 용접 전문가 부족 (인력난 해소)

③ 용접능률 제고에 따른 원가 절감

④ 우수한 용접 품질 유지

⑤ 조선 등 대형 구조물 용접

9.2.2 자동화 요소

용접작업의 자동화에는 다음과 같은 반송, 공급, 가공, 검사, 제어 및 관리 등의 요소가 요구된다.

반송은 치구를 따라 이동, 정류시키는 기능이며, 공급은 부품이나 재료를 저장 용기에서 정렬, 분리하여 작업대에 장착시키는 기능이다. 가공은 작업대에서 요구되는 절삭, 조립, 용접, 도장 등의 기능을 의미하며, 검사는 목적에 맞게 가공하였는지 확인하거나 가공 단계로 피드백하여 조정하는 기능이다. 제어는 여러 공정의 작업을 순차적으로 처리하여 목적에 맞게 생산 시스템을 원활하게 움직여 주는 기능을 의미하며, 관리는 컴퓨터를 이용하여 주문, 설계, 생산관리 등을 통합적으로 운영하는 기능이다.

9.2.3 아크용접 로봇 자동화 시스템

아크용접 자동화에는 GMAW (CO_2, MIG, MAG 등)과 TIG 용접이 이용되고 있으며 소요되는 시스템으로는 로봇 (robot), 컨트롤러 (controller), 아크 발생장치, 용접물 고정장치 (positioner), 제어에 소요되는 센서 (sensor), 로봇 이동장치 등으로 구성된다.

로봇은 관절이나 링크로 연결되어 있고 용접 토치를 이동시키는 역할을 수행하며, 컨트롤러는 고속의 마이크로 프로세서로 구성되어 있으며 아크용접 자동화에서 두뇌에 해당된다. 용접장치는 아크를 발생시키는 장치이며, 포지셔너 (positioner)는 용접물을 고정하여 최적의 용접자세를 확보해 주는 장치이다. 또한 센서는 각종 외부 정보를 인식하여 컨트롤러에 전달하는 역할을 하며, 이동장치는 로봇을 위치시켜 이동하게 하는 트랙 (track), 철구조물에 로봇을 매달아 용접작업을 수행하는 갠트리 (gantry), 그리고 수직과 수평방향으로 이동하는데 사용되는 칼럼과 용접물 고정장치 등으로 구성된다.

9.2.4 아크용접 로봇

인건비의 절감, 정밀도와 생산성의 향상 등을 위한 작업을 수행하기 위해 자재, 부품, 공구, 특수장치 등을 프로그램된 대로 움직이고 다기능을 가진 장치라고 할 수 있다.

로봇의 분류는 인간의 팔 기능과 유사한 기능을 갖고 대상물을 공간적으로 이동시키는 머니퓰레이터 (manipulator), 인간이 조작하는 머니퓰레이터인 매뉴얼 머니퓰레이터 (manual manipulator), 미리 정해진 순서에 따라 각 단계의 동작을 실행하는 시퀀스 로봇 (sequence robot), 순서, 위치 등의 정보를 수치에 의해 사용되는 작업을 수행하는 수치제어 로봇 (numerical control robot), 그리고 감각 기능 및 인식 기능에 의해 행동을 결정할 수 있는 지능로봇 (intelligence robot)으로 분류할 수 있다.

9.2.5 자동화 제어방법

제어 (control)는 목적에 적합하도록 소요의 조작을 대상이 되는 기계 및 장치에 가하는 것을 의미하며, 자동제어 (automatic control)는 제어가 자동장치에 의해 자동적으로 이루어지는 것을 의미한다.

제어에는 미리 정해진 순서에 따라 각 단계의 정해진 동작을 순차적으로 진행하는 시퀀스 제어 (sequence control), 제어량을 검출, 피드백하여 목표값과 비교하여 그 차이인 제어편차를 없애도록 조작량을 제어대상에 가하는 피드백 제어 (feedback control), 그리고 하나의 큰 제어시스템에서 그 내부에 여러 개의 작은 제어 시스템이 존재하고, 최종 단계의 출력을 피드백하여 개개의 제어를 피드백하여 시스템의 목표값에 맞추는 피드 포워드 제어로 대별할 수 있다.

9.2.6 용접선 추적용 센서

센서 (sensor)는 각종 외부 정보를 인식하여 컨트롤러에 전달하는 역할을 하며 접촉식과 비접촉식 2가지 방식이 있다. 아크용접 추적용 센서는 자동 아크용접에서 용접결과에 영향을 주는 내외적 상황을 검출, 신호화하고 , 이 신호를 근거로 용접작업의 모니터링, 조작 및 제어하는데 사용되는 센서이다.

접촉식 센서에는 용접홈 또는 기준판을 기계적으로 추종하는 기계식, 센서 내부에 전기접점을 내장하여 용접홈의 좌우 변화 유무만을 파악하는 전기접점식, 센서 내부에 가변저항을 내장하여 프로브와 용접홈과의 상대적인 변화를 전기신호로 출력하는 가변저항식과 용접 와이어 자체를 센서로 사용하는 와이어 접촉식으로 대별할 수 있다.

비접촉식 센서로는 센서 내부에 검출 코일을 내장하여 검출 코일에 고주파 전류를 통전 용접부의 자속변화를 신호로 출력하여 용접선을 추적하는 전자기식 센서, 용접홈 내부에서 토치의 이동에 다른 전류 및 전압의 변화를 신호로 출력하여 용접선을 추적하는 아크센서식 (아크특성식), 그리고 용접 토치의 진행방향에 레이저 센서를 부착하여 레이저빔을 피용접물에 조사하여 용접물의 위치, 간격 및 불일치 등의 용접조건을 검색하여 용접선을 추적하는 광학식 (시각센서식) 등으로 대별할 수 있다. 향후 광학식 센서가 기능이 제고될 것으로 전망되며, 단순한 용접선 추적 기능에 용접조건 등의 제어기능이 부가된 용접 센서 개발이 기대되고 있다.

9.3 로봇용접

9.3.1 로봇용접 개념

우리나라 제조업이 세계적으로도 눈에 띄게 성장하면서, 품질강화에 관심을 갖게 됐고 이를 위해 각 산업에 자동화가 요구돼 왔다. 용접자동화의 가장 큰 목적은 안정적인 품질과 높은 생산성, 그리고 인건비 절감이다. 그리고 이를 위해 용접자동화를 위한 용접로봇이 크게 활성화 됐으며, 용접인력이 부족한 현재의 상황에서 이를 대체할 유일한 대안으로 꼽히고 있기도 하다.

용접 와이어를 이용한 자동용접에서 한 단계 더 발전하여 로봇을 이용하여 용접을 자동으로 하는 로봇용접의 단계로까지 발전하였다. 직선형 용접 로봇의 경우는 기계의 팔이 세 방향으로 움직이도록 구성되어 있는 반면에 관절 버전의 로봇은 더 많은 평면으로 이동할 수 있다.

로봇 작업자가 티치 펜던트를 사용하여 컨트롤러를 구성하면 작업자는 서비스 상자의 버튼을 눌러 용접 프로세스를 시작한다. 로봇 팔(로봇 암)의 도구는 부품을 함께 결합하기 전에 금속을 가열하여 녹이고 와이어 피더는 필요에 따라 암에 와이어와 토치를 공급한다. 로봇이 한 부분을 완성하면 청소를 위해 토치를 청소기로 밀어 로봇 암에서 금속이 튄 자국을 제거하여 제자리에 굳는 것을 방지한다. 두 가지 버전의 로봇 구성에서 필러 와이어는 와이어 피더를 통해 로봇으로 전달되며 고열의 토치를 이용하여 금속을 녹인 후, 녹은 금속을 용접 로봇의 팔에 올려 용접을 진행한다.

이 자동화된 용접 방법은 더 안전하기 때문에 기존의 용접 프로세스보다 선호되며, 용접 로봇은 금속을 녹이는 데 필요한 고온의 영향을 받는 인간의 노동을 대체한다. 그럼에도 불구하고 기계 오작동의 경우 인증된 전문가가 용접 로봇을 직접 감독해야 하므로 숙련된 용접 전문가는 로봇을 제어하고 조정하는데 반드시 필요하다. 아크 용접 전용 로봇의 개발은 또한 로봇이 더 작고 비용 효율적이며 유연하고 작업 공간을 덜 차지하기 때문에 용접에서 로봇의 사용을 증가시켰으며, 생산성 향상 외에도 용접 로봇을 사용하면 생산되는 제품의 품질이 향상되고 작업 비용이 절감된다.

9.3.2 로봇용접 종류

사용자가 용접 로봇을 구매할 때 가장 적절한 용접 로봇을 구매하기 위해 고려해야 할 사항들이 있다. 구조가 복잡하고, 다양한 기능을 갖는 것 보다 각자 사용하려고 하는 목적에 부합하는가 여부가 가장 중요한 요소 중 하나이다. 그 외에 고려해야 할 요소들은 장비의 생산성, 투자수익, 자동화 소모품과 자동화 주변장치, 로봇 제조 소프트웨어, 원격지원 성능 및 성능분석을 고려해야 한다. 용접로봇의 종류는 다음의 몇 가지 유형으로 나눌 수 있다.

아크 용접 로봇

아크 용접은 모재와 용접 전극이 접촉하였다가 분리될 때 발생하는 3000~6000℃의 아크열을 이용하여 모재를 용융, 접합하는 방법이다. 초기의 로봇 용접에서 주로 사용하였던 기존의 3축이 아니라 6~7축의 아크용접 로봇이며, 크기에 따라 무게는 2~30kg이다. 가속도 및 속도 용량은 각각 최대 25m/s2 및 최대 5m/s이며, 갠트리 용접 로봇은 최대 0.05mm의 반복성과 디지털 및 아날로그 IO 모두를 제공한다. 로봇을 이용한 아크 용접은 반복성과 정확성이 향상된다.

스폿 용접 로봇

스폿 용접은 전류는 2000~수십만 A, 전압은 1V 이하의 적은 값으로 낮은 전압, 대전류를 이용하는 용접법이다. 시간은 5~40Hz 정도의 짧은 시간에 실시하는 저항용접법이다. 이 유형의 로봇은 내전류 금속 접합에 이상적이며, 종종 자동차의 금속 프레임을 결합하는 데 사용된다. 스폿 용접은 얇은 금속을 접합하는 기술이며 자동차 산업에서 주로 사용된다.

저항 용접 로봇

저항용접은 금속의 저항발열을 이용하는 용접법이다. 이 유형의 로봇은 짧은 시간에 용접을 종료하는 용접법으로 얇은 금속의 반복적이고 대량의 용접작업을 실시하는데 효과적인 방법이다. 구성 요소와 금속 시트를 결합하기 위해 제조 업계에서 일반적으로 사용되는 용접 기술로, 금속의 특정 지점에 강한 전류를 흐르게 만들어 금속을 녹이고 접합하는 과정이다.

TIG 용접 로봇

TIG 용접은 Tungsten Inert Gas의 약자로, 텅스텐 재질의 용접전극을 사용하고, Ar 등의 보호가스를 사용하는 용접법이다. 가스 텅스텐 아크 용접이라고도 하며 금속 부분과 비소모성 텅스텐 사이 전극에서 아크가 형성되는 고급 공정이다. 정밀도가 중요한 용접 공정에 사용되는 기술이다.

MIG 용접 로봇

MIG용접은 Metal Inert Gas의 약자로 금속 와이어를 전극으로 사용하고 Ar, He, 이산화탄소 등을 보호가스로 사용하는 용접법이다. 용접속도가 빠르고 용접선이 긴 용접에 적합한 방법이다. 이 로봇은 세부 사항에 많은 주의를 기울일 필요가 없는 빠르고 간단한 프로세스에 이상적이며, 정밀도가 낮기 때문에 이 로봇 용접 프로세스는 용접 팁 쪽으로 와이어를 지속적으로 공급하여 녹은 와이어 또는 금속을 이용하는 방법이다.

레이저 용접 로봇

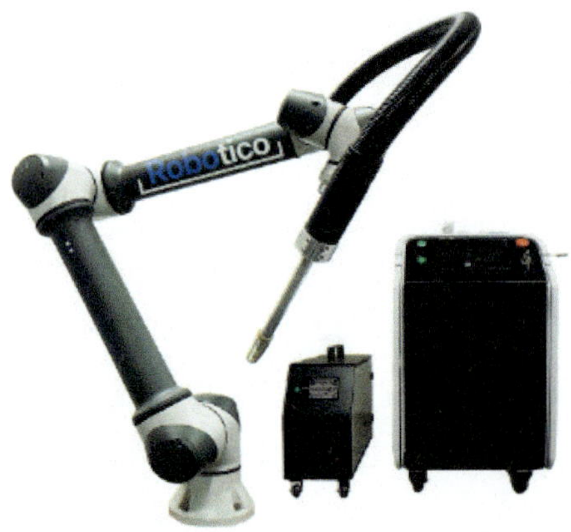

그림 2-66 레이저 용접기와 용접
자동화 로봇 세트 (출처, Robotico)

그림 2-66에 Robotoco사의 EZ-WELBOT 용접로봇인 레이저 용접기와 용접 자동화 로봇 세트를 나타내었다. 레이저 빔으로 다양한 금속을 결합하는 방식으로, 이 로봇은 사람이 용접 위치에 접근하기 어려운 용접작업에 이상적이며, 레이저 광은 광섬유 케이블을 통해 전달된다. 이러한 유형의 로봇은 정밀한 응용이 필요한 바이오메디컬 회사, 보석 산업 및 자동차 부품과 같이 정확도가 요구되는 대량 활용에도 사용된다. 광섬유 레이저는

고품질의 스폿 용접을 가능케 하는 비용 효율적인 기술이다. 낮은 열을 적용하기 때문에 복잡한 조인트를 만들 수 있으며 제어도 및 정확도가 높다. 또 일관되고 반복적인 용접이 가능하다.

플라즈마 용접 로봇

이 로봇은 온도 및 속도 조정을 통해 유연성을 제공하므로 용접 공정 중 극한의 온도가 생성되는 공정에 이상적이다. 티그 용접과 비슷한 방법으로, 텅스텐 전극 사이에 아크가 형성되며, 이 용접 과정에 로봇이 도입되면 온도와 속도를 쉽게 조절할 수 있다.

9.3.3 로봇용접 고려사항과 장점

생산에 용접 로봇을 사용할 때 고려해야 할 중요한 몇 가지 항목이 있다. 이는 장비의 높은 비용과 그것을 운영하는 전문가가 필요하며, 용접작업에 수정이나 변경이 필요할 때 비정상적인 상황에서 판단하는 능력이 낮으며, 로봇에 특정 수정이 필요한 경우 수정을 위해 생산 프로세스를 중단해야 하므로 생산 시간이 증가하게 된다. 따라서 소규모 프로젝트의 경우 용접 프로세스보다 로봇을 프로그래밍하는 데 시간이 더 오래 걸릴 수 있다.

로봇을 이용한 용접은 인간 작업자보다 3~5배 빠른 속도로 작업물을 처리할 수 있기 때문에 비즈니스 생산성을 높인다. 또한 로봇을 사용하면 금속 제조 및 용접 과정에서 발생하는 인명 사고를 줄일 수 있으며, 로봇은 사람과 달리 유독 가스나 감전 등에 노출돼도 영향을 받지 않는다. 그리고 로봇은 작업물의 품질을 최상으로 끌어올리는데, 이는 로봇용접을 하면 올바른 각도, 거리, 속도 등을 동일하게 반복하기 때문이다.

로봇이 지속적으로 고품질 제품을 생산하면 재작업 필요성이 줄어들기 때문에 비용효율적이며, 금속의 가열 및 냉각 사이클 중에 용접 왜곡이 발생할 수 있는데, 로봇은 이런 용접 왜곡의 수를 줄일 수 있다.

9.3.4 조선업계 용접로봇 활용

조선업계에서 용접은 전통적으로 핵심 기술이며, 한국 조선(造船) 경쟁력의 원천은 용접 기술이었다. LNG(액화천연가스) 연료 탱크를 용접할 때는 일반 용접 기술로는 안 되는데, 이 기술력은 우리나라가 압도적이다. 친환경 선박 수주를 늘리며 국내 조선사가 다시 호황을 맞았지만 선박 건조의 핵심 인력인 숙련된 용접공 구하기는 하늘의 별 따기가 됐다. 2010년 중후반대 조선업 불황이 장기화하자 반도체·배터리 등 다른 산업 공사 현장으로 떠나면서 숙련공 인력난은 더 심화했다. 정부가 외국인 숙련 기능 인력 비자를 2000명에서 3만 5000명으로 확대하기로 했지만, 당장 현장 투입은 어려운 게 현실이다.

이런 고질적인 인력난 해소를 위해 조선사들이 로봇을 개발하고 현장 투입에 나서고 있다. 협동로봇은 용접 비숙련 직원이 2~3일 정도 조작법을 익히면 베테랑 용접공 수준의 작업을 할 수 있다. 최근에는 기존 로봇 대비 5배 속도가 빨라진 로봇이나, 안전펜스 없이 직원이 바로 옆에서 미세 작업까지 조정할 수 있는 로봇도 투입됐다.

한국 조선사가 최고의 경쟁력을 가진 LNG 운반선은 영하 163도의 초저온 액화천연가스가 닿는 화물창 용접이 핵심 기술이다. 삼성중공업은 2021년부터 액화천연가스(LNG) 운반선의 화물창 제작에 최적화한 '레이저 고속 용접 로봇'을 개발해 왔다. 삼성중공업은 이달부터 이 로봇을 현장에 투입했다. 용접 로봇은 용접 레이저 빔을 일정한 간격과 속도로 회전시키는 기술, 용접 초점 위치를 변경하는 기술, 굴곡진 용접 표면까지 자동으로 찾을 수 있는 센서 기술을 탑재했다. 기존 용접 로봇보다 속도가 5배가량 빠르다. 그동안 용접공들이 하던 섬세한 작업을 로봇이 대체할 수 있게 된 것이다. 삼성중공업은 "앞으로 레이저 고속 용접 로봇을 초저온 액화수소운반선 화물창으로 확대 적용할 계획"이라고 했다."

현대삼호중공업은 2 총 40대 용접용 협동로봇을 차례로 도입한다는 계획이다. 이 로봇은 비숙련자도 2~3일 정도 조작법을 익히면 사람 손이 닿지 않는 곳까지 로봇 팔을 움직여 구석구석 정밀한 용접을 해낼 수 있다고 한다. 용접공 자격을 취득하려면 손재주가 좋은 사람도 최소 일주일, 길게는 한 달까지 걸리는데 로봇을 활용하면 3일 안에 용접 작업을 할 수 있다. 직원 1명이 용접 로봇 2대를 동시에 운용할 수도 있다. HD 한국조선해양 관계자는 "로봇에 작업 면적, 수치 등을 입력하면 20년 차 베테랑 용접공 수준으로 작업이 가능하다"고 했다.

한화오션도 2023년 초 선박 내부 강관을 용접하는 협동로봇을 도입했다. 경영난을 겪던 대우조선해양 시절인 2019년부터 수십 번 시행착오와 수정을 거쳐 만들어낸 로봇이다. 이 로봇은 별도의 안전펜스 설치 없이 직원이 근거리에서 로봇을 이용해 미세한 용접까지 할 수 있도록 안전성과 작업 효율성을 모두 확보했다. 한화오션 관계자는 "이전에는 30kg 넘는 용접 작업대를 직원이 수차례 옮겨가며 작업해야 했는데, 자유자재로 꺾이는 로봇 팔 덕분에 작업 준비 시간을 약 60% 줄여 생산성을 높였다"고 했다.

9.3.5 용접로봇 시장

용접로봇의 분야가 점차 확대되고 있는 추세이며, 비단 스폿 용접로봇이나 아크 용접로봇 뿐만 아니라 레이저 용접로봇으로 변화하고 있다. 다관절 산업용 로봇에 Nd:YAG 레이저 헤드를 장착하여 점용접하는 기술로, 기존의 저항 점용접에 비해 눈에 띄는 용접시간 단축으로 생산성을 극대화시킬 수 있다. 현재 국내 완성차 업계에도 자동차의 경량화 및 고성능화와 더불어 제조 시의 생산성 향상을 통한 국내 자동차산업의 경쟁력 확보를 위해 레이저 용접로봇을 도입하고 있으며, 이에 대한 투자 역시도 활발하게 이뤄지고 있다.

로봇 용접은 기계를 사용하여 다양한 분야에서 용접 작업을 수행하는 프로세스입니다. 응용 분야의 요구 사항에 따라 로봇은 아크 용접, 스폿 용접, 레이저 용접 등을 포함한 다양한 형태의 용접을 실행하도록 프로그래밍할 수 있다. 로봇 용접은 생산성 향상, 정밀도 향상, 품질 관리 향상 등 기존 용접 기술에 비해 여러 가지 이점을 제공한다.

높은 생산량과 최고 수준의 용접이 필요하기 때문에 자동차 산업은 로봇 용접 장비를 가장 많이 사용하는 산업입니다. 항공우주, 건축, 전자, 조선, 철도, 에너지 등 기타 산업에서도 로봇 용접 시스템을 사용합니다. 잠재적으로 위험한 장소에서 용접 작업을 로봇이 수행할 수 있기 때문에 로봇 용접은 작업자 부상의 위험도 낮춘다.

자동차, 항공우주, 건설, 전자 등 다양한 최종 용도 부문에서 고품질의 효과적이고 정확한 용접 솔루션에 대한 수요가 증가하는 것은 로봇 용접 시장을 이끄는 주요 요인 중 하나입니다. 수동 용접에 비해 로봇 용접 시스템은 생산성 향상, 품질 향상, 인건비 절감 등 많은 이점을 가지고 있다. 로봇 용접 기술은 사고 가능성과 위험 물질 노출 가능성을 줄여 작업 안전성을 높인다. 변화하는 용접 조건에 적응하고, 어려운 용접 작업을 보다 빠르고 정확하게 수행하며, 사람의 개입이 덜 필요한 지능적이고 정교한 로봇 용접 시스템의 개발은 기술적 혁신의 결과이다. 또한, 인더스트리 4.0과 스마트 제조의 인기가 높아짐에 따라 다른 자동화 시스템과 쉽게 상호 작용할 수 있는 로봇 용접 시스템에 대한 수요가 높아져 산업 생산성과 효율성이 높아졌다.

로봇 용접 시장은 성장과 혁신을 위한 중요한 기회를 제공하며, 자동차, 항공우주, 건설 등 산업 전반에서 자동화 및 정밀 용접에 대한 수요가 증가함에 따라 고급 로봇 용접 솔루션에 대한 필요성도 커지고 있다. 또한 아시아 태평양 지역의 신흥 시장, 협동 로봇 공학의 발전, 용접 시스템의 인공 지능 및 기계 학습 통합은 확장 및 시장 침투를 위한 유망한 길을 제공한다.

로봇 용접 시스템을 설정하는 데 드는 상당한 초기 비용은 이 기술의 시장 성장을 가로막는 주요 장애물 중 하나이며, 중소기업의 경우 장비 구입 및 설치 비용이 엄청날 수 있으므로 대신 수동 용접을 선택할 수 있다. 로봇을 프로그래밍하고 제어하기 위해 자격을 갖춘 운영자가 필요하다는 요구 사항은 구현 비용을 잠재적으로 높일 수 있는 또 다른 장벽이다.

로봇 용접 시장은 로봇 유형, 애플리케이션, 최종 사용자 및 지역을 기준으로 분류된다. 사용되는 로봇의 유형에 따라 로봇 용접 시장은 다음과 같은 부문으로 나눌 수 있다. 다관절 로봇, 직교 로봇, SCARA 로봇 및 협동 로봇. 적응성과 단순성으로 인해 관절형 로봇이 광범위하게 사용되는 반면, 직교형 로봇은 고정밀 용접 응용 분야에 가장 적합하다. 중소형 부품 용접은 SCARA 로봇이 자주 수행하며, 협동 로봇은 인간 작업자와 함께 작업하도록 만들어졌다. 응용 분야에 따라 아크 용접, 스폿 용접, 레이저 용접 및 기타 응용 분야를 사용하여 로봇 용접 산업을 세분화할 수 있으며, 자동차 산업에서 자주 활용되는 스폿 용접과 달리 아크 용접은 건축 및 산업 분야에서 널리 사용된다. 전자 및 항공우주 분야에서는 고정밀 방법인 레이저 용접을 사용한다.

최종 사용자를 기준으로 로봇 용접 시장은 자동차, 항공 우주, 건설, 전자 등과 같은 최종 사용자 산업을 기반으로 분류될 수 있다. 자동차 산업은 로봇 용접 시스템을 가장 많이 사용하는 산업이며, 고정밀 용접을 위한 항공우주 산업이 그 뒤를 따르며, 기타 산업으로는 건설, 전자 등이 있다. 지역별 로봇 용접 시장에는 북미, 아시아 태평양(APAC), 유럽, 남미 및 중동 및 아프리카(MEA)가 포함된다. 북미 지역은 시장 점유율의 31% 이상을 차지하며 로봇 용접 시장을 지배했으며, 고품질 용접에 대한 수요 증가와 제조 공정 자동화 채택 증가로 인해 북미 로봇 용접 시장은 상당한 확장을 경험할 것으로 예상된다. 이 분야에서 로봇 용접 시스템의 주요 최종 사용자는 자동차 부문이고, 항공우주 및 건설 부문이 그 뒤를 따른다. 북미 시장 확장의 주요 동인은 미국, 캐나다, 멕시코이며, 북미 지역의 로봇 용접 시장의 성장은 최첨단 용접 기술의 가용성과 해당 지역의 주요 업계 플레이어의 존재로 인해 더욱 가속화되고 있다. 아시아 태평양 로봇 용접 시장은 중국, 일본, 한국과 같은 국가에서 산업 자동화 및 첨단 제조 기술의 채택이 증가함에 따라 상당한 성장을 보일 것으로 예상되며, 성장하는 자동차 및 항공우주 산업은 비용 효율적이고 효율적인 용접 솔루션에 대한 수요 증가와 함께 이 지역의 로봇 용접 시장의 성장을 주도하고 있다.

연습문제

1 다음 중 부품, 와이어, 플럭스를 공급하고 회전, 반전, 반출 등의 조작을 하는 용접방법은 무엇인가?
① 자동용접
② 반자동용접
③ 기계화 용접
④ 수동용접

2 용접자동화의 목적과 관계가 가장 먼 것은?
① 단순 반복작업
② 용접 품질 제고
③ 소형, 복잡한 작업
④ 원가 절감

3 다음 중 비접촉식 센서가 아닌 것은 무엇인가?
① 시각센서
② 전자기식
③ 아크특성식
④ 가변저항식

4 다음 중 접촉식 센서가 아닌 것은 무엇인가?
① 광학식
② 가변저항식
③ 전기접점식
④ 기계식

5 하나의 큰 제어시스템에서 그 내부에 여러 개의 작은 제어 시스템이 존재하는 것은?
① 시퀀스 제어
② 피드백 제어
③ 피드 포워드 제어
④ PLC 제어

01③ 02③ 03④ 04① 05③

6 다음 중 용접로봇의 특징과 거리가 먼 것은 무엇인가?
① 생산성이 향상된다.
② 용접작업 가격이 저렴하다.
③ 용접품질이 향상된다.
④ 용접로봇을 제어하는 전문가가 필요하다.

7 용접로봇의 종류와 관계가 가장 먼 것은?
① 스폿용접로봇
② 저항용접로봇
③ 레이저용접로봇
④ 일렉트로 슬래그 용접로봇

8 다음 중 용접로봇이 주로 활용되는 산업 분야와 거리가 먼 것은 무엇인가?
① 항공우주
② 섬유산업
③ 자동차 제조
④ 조선업

9 다음 중 비접촉식 센서가 아닌 것은 무엇인가?
① 광학식
② 전자기식
③ 전기접점식
④ 아크센서식

10 다음 자동화 요소 중 치구를 따라 이동, 정류시키는 기능을 무엇이라고 하는가?
① 공급
② 제어
③ 반송
④ 검사

 06 ② 07 ④ 08 ② 09 ③ 10 ③

제 3 장

용접재료와 용접결함

Chapter

1 금속의 특성과 시험법

1.1 금속의 기본적 성질

1.1.1 금속의 특성

금속은 크게 철강재료와 비철금속재료로 대별할 수 있으며, 금속이 기계재료로 많이 사용되는 이유는 강도, 경도가 우수하고 가공 및 취급이 용이한 성질 때문이다. 금속은 실온에서 고체(Hg 제외)이며 결정체이고 빛을 반사하며 고유의 광택이 있다. 또한 전연성이 풍부하여 가공이 용이하며, 전기 및 열의 양도체이고 비중이 크고 경도 및 용융점이 높다.

용접 시 아크나 가스 등의 열원에 의해 용접금속을 만드는 과정은 용해, 정련, 주조 과정이며 여러 가지 야금현상이 수반된다. 또한 용접금속에 인접한 모재는 용접 열 때문에 급열, 급랭의 열처리를 받고, 동시에 팽창과 수축에 다른 소성변형을 받는다. 따라서 용접부의 성능이나 결함의 상태, 원인 등을 파악하기 위해서 각종 재료시험이나 물리적 시험이 요구된다.

1.1.2 금속의 기계적 성질

금속의 기계적 성질은 강도 (strength), 경도 (hardness), 연신율 (elongation), 인성 (toughness), 메짐성 (shortness), 전성 (malleability)과 연성 (ductility), 피로강도 (fatigue strength), 크리프 강도 (creep strength), 항복점 (yield point) 등으로 대별할 수 있다.

강도 (strength)

외부 하중에 견디는 능력으로 하중의 형태에 따라 인장강도, 전단강도, 비틀림 강도, 충격강도, 피로강도 등으로 분류된다. 강도는 통상 인장강도를 의미하며, 인장강도는 최대 인장강도와 항복강도로 표현할 수 있다. 최대 인장강도는 해당 금속 재료가 감당할 수 있는 최대 하중과 관련되고, 금속 재료가 파단되는 시점에서의 인장하중을 말한다. 항복강도란 금속 재료의 외부 인장력에 의한 변형이 탄성한계를 벗어나는 시점에서의 인장력을 말하며, 일반적으로 강재의 응력-변형률 곡선상에서 0.2% 편심 항복강도로 표시한다. 대부분 구조물 설계시 금속 재료가 감당할 수 있는 최대 강도를 결정하는 기준으로 항복강도를 사용한다.

경도 (hardness)

금속의 단단한 정도를 표시하는 것으로 금속의 표면에서의 흠집(indentation) 또는 침투(penetration)에 대한 저항력으로 표현된다. 측정이 쉬워 많이 사용되고 있으며 일반적으로 인장강도에 비례한다.

연신율 (elongation)

재료에 하중을 가하면 늘어나다가 어느 시점에서 파괴된다. 이 때 원래의 길이에 대한 늘어난 길이의 비를 연신율이라고 한다.

인성 (내충격성, toughness)

강재가 외부의 충격에너지를 흡수할 수 있는 능력을 의미한다. 내충격성 또는 노치 내충격성은 강재가 파괴되기 전까지 강재가 흡수할 수 있는 충격 에너지로 표현된다. 무연성 천이온도(nilductility transition temperature)는 강재의 내충격성을 판단하는데,

강재의 연성이 취성으로 변화하는 온도를 의미한다. 무연성 천이온도가 낮을수록 재료의 인성이 크게 된다.

메짐성 (shortness)

물체의 변형에 견디지 못하고 파괴되는 성질로 인성에 반대되는 개념이다.

전성 (malleability)과 연성 (ductility)

전성은 금속에 하중이 작용할 때 옆으로 넓어지는 성질이며, 강재가 하중에 의해 파괴되지 않는 범위 내에서 변형 또는 길이가 늘어나는 성질을 말한다. 전성과 연성을 합쳐서 전연성이라 하며, 전연성이 좋아 변형이 잘 되는 성질을 가소성이라고 하며, 가소성이 좋으면 재료의 가공성이 양호하다.

① 전성: Au 〉 Ag 〉 Pt 〉 Al 〉 Fe 〉 Ni 〉 Cu 〉 Zn

② 연성: Au 〉 Ag 〉 Al 〉 Cu 〉 Pt 〉 Pb 〉 Zn 〉 Ni

높은 연성을 갖는 금속을 'ductile' 하다고 부르며, 연성이 나쁜 금속을 'brittle' 하다고 부른다. 압연 강재의 경우 방향에 따라 물성값의 차이가 나는데, 압연 방향의 강도가 가장 크고, 철판 폭 방향의 인장강도는 약 30%, 연성은 약 50% 정도 저하되며, 강판의 두께 방향으로는 강도 및 연성은 이보다 더 떨어진다. 강재의 연성은 인장시험을 통하여 인장강도와 동시에 측정되며, 인장율과 파단면의 수축률로 표시된다. 그림 3-1에 압연재의 방향별 강도를 나타내었다.

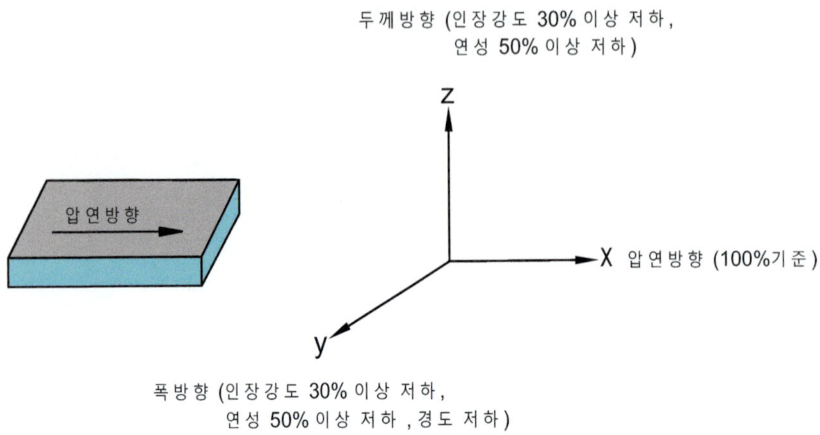

그림 3-1 압연재의 방향별 강도

피로강도 (fatigue strength)

반복적으로 작용하는 하중(cyclic load)에 대하여 강재가 파괴되지 않는 강도로, 대부분 강재 파손현상은 피로현상에 의한 것이다. 한계응력(endurance limit)이란 반복하중의 작용 횟수에 관계없이 금속재료가 파괴되지 않는 하중의 최대 강도를 의미하며 피로한계라고도 한다. 피로한계 이하의 응력에서는 하중이 아무리 반복되어도 피로파괴가 발생하지 않는다. 탄소강의 피로강도는 대략 인장강도의 절반 수준이며, 강재의 표면가공에 따라 피로강도는 현저한 차이를 보인다. 연마 방향도 피로강도에 영향을 미치는데, 연마 방향이 인장하중(P) 방향과 나란하도록 관리하는 것이 중요하다. 그림 3-2에 연마와 인장하중의 방향을 나타내었다.

피로수명이 1 x 10^5회 이상인 것을 고사이클 피로라 하고, 피로수명이 1 x 10^5회 이하인 것을 저 사이클 피로라 한다. 고사이클 피로는 항복강도 이하(탄성역)의 저응력 변동 범위에서 발생하며, 저사이클 피로는 항복강도 이상의 고응력변동 범위에서 발생하여, 소성변형을 받는다. 고사이클 피로에서는 응력제어선도와 변형제어선도가 일치하지만, 저사이클 피로에서는 응력변동폭이 탄성역을 지나 소성역을 고려해야 하므로 응력제어선도와 변형제어선도가 일치하지 않는다.

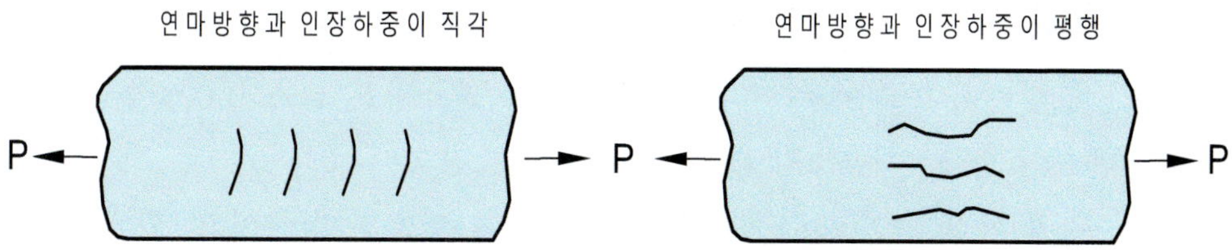

그림 3-2 연마와 인장하중의 방향

크리프 강도 (creep strength)

재료가 어느 일정한 하중하에서 시간이 경과함에 따라서 차츰 변형되는 현상으로 강에서는 수백 ℃ 이상의 온도에서 크리프가 현저하며, 350~450℃ 이상의 고온에서는 인장강도나 피로강도보다 크리프 강도가 중요하다. ASME Code 규정상의 크리프 강도는 10^5 시간 파단응력 또는 10^5 시간 (11.4년)에 1%의 크리프 변형을 일으키는 응력을 활용한다.

항복점 (yield point)

재료에 탄성한계 이상의 하중을 가하면 하중을 증가시키지 않아도 변형이 증가하는 현상이 발생하는데, 이러한 현상을 항복 현상이라고 하며, 항복현상이 발생하는 점을 항복점이라고 하며, 이 때의 응력을 항복응력이라고 한다. 항복점에는 응력의 크기에 따라 상항복점과 하항복점이 있다.

1.1.3 금속의 화학성분 특성(chemical properties of metals)

합금의 종류 (alloy group) 중, 철(Fe) 및 철 합금이 금속 원소 중 가장 널리 사용되는 이유는 가격이 저렴 (풍부한 매장량, 채광이 용이)하고, 우수한 특성 및 성질 변화가 용이 (기계적 특성 우수, 광석에서 철 제조가 용이하고 목적하는 용도의 합금 제작이 용이하며 열처리 및 주조성이 우수)하기 때문이다.

철 또는 강 중에 함유되어, 그 성질에 많은 영향을 주는 원소로는 C, Si, Mn, P, S (철강의 5대 불순물) 등이 있고, 특히 공업상 유용한 성질을 주는 것은 C이다. 특히 C의 함량에 따라 철과 강을 분류하는 것이 일반적이며, 용접 시공시에도 C의 함량을 고려하여 용접 방법 및 용가재 등이 선택되어야 한다.

철강의 분류

순철은 탄소 함량이 0~0.008%의 철로 구성되며, 탄소강은 탄소 0.008~2.0%를 포함하는 철과 탄소의 합금 (저탄소강 C < 0.3%, 중탄소강 C = 0.3~0.5%, 고탄소강 C > 0.5%)이다. 주철은 탄소 2.0~4.5%를 함유하는 철과 탄소의 합금이고, 합금강은 탄소강에 1종 이상의 금속 또는 비금속을 합금시켜 그 성질을 실용적으로 개선한 것이다. 저합금강은 Ni, Cr, Mn, Si, V, B을 특정 범위 내에서 약간씩 함유하여 기계적 특성의 변화를 가져온다. 고합금강은 stainless 및 다른 내식성 합금강이 여기에 속하며, stainless 강은 최소 12% 이상의 Cr을 함유한 것으로 내식성이 개선된다.

강재에서 화학성분의 효과

- 탄소(C)는 강재에 있어서 가장 중요한 성분으로 최대 2% (대부분 용접재에는 최대 0.5%)가 함유된다.
- 황(S)은 합금 개념보다는 불순물로 취급된다. 황이 강철에 0.05% 이상 함유되면 강재가 취성을 띄며, 용접성이 저하된다. 반면에 기계 절삭성은 향상된다.
- 인(P)은 유황과 마찬가지로 불순물로 취급되며, 강재에서 0.04%로 제한된다. 저합금 고장력강의 강도와 내식성을 높이기 위해 인의 성분을 0.10%까지 첨가하기도 한다.
- 규소(Si)는 압연강재에서 탈산제로 사용하며, 0.20%의 소량만 첨가시킨다.
- 망간은 0.03% 이상 첨가되어 강재 내의 탈산(deoxidation) 작용을 돕고, 강재 내부에 철과 황화합물 (iron sulfide inclusions)의 형성을 억제하며, 강재의 열처리성을 증가시켜 인장강도를 높이는데 기여한다.
- 크롬(Cr)은 매우 유효한 합금으로 강철의 열처리성을 증가시키며, 산화성이 높은 매체에서 합금강의 내식성(corrosion resistance)을 향상시킨다. 스테인리스 강에서 내식성을 유지하기 위해서는 12% 이상의 Cr을 함유해야 한다.
- 몰리브덴(Mo)은 강재에서 활발하게 탄소와 결합하여 카바이드를 형성하며, 일반적으로 1.0% 이하로 첨가한다. Mo는 강재의 열처리성과 고온에서의 인장강도를 증가시키기 위해 첨가하며, 오스테나이트 스테인리스 (austenite stainless) 강에서는 침식부식저항성 (pitting corrosion resistance)를 향상시키는데 유효하다.
- 니켈(Ni)은 강재의 열처리성을 높이기 위해 첨가되며, 인장강도와 경도를 높여주면서 연성과 내충격성도 향상된다. 특히, 저온에서의 내충격성을 개선할 때 많이 사용한다.

- 알루미늄(Al)은 강재에 미량 첨가되어 탈산제로 사용되고, 강재의 미세조직을 개선시켜 내충격성을 좋게 한다.
- 바나듐(V)은 강재에 바나디움을 미량 첨가하면 열처리성의 향상효과가 매우 크다. 바나디움을 0.05% 이상 첨가하면 강재에 대한 응력 제거 열처리 작업을 하는 동안 취성을 띄는 경향이 있다.
- 콜로비움(Cb)은 오스테나이트 스테인리스 (austenite stainless) 강에 첨가되어 용접성을 향상시키는 안정제(stabilizer) 역할을 수행한다. 콜로비움을 니오비움(Nb)로 부르기도 한다.

1.1.4 금속의 물리적 특성(physical properties of metals)

금속의 물리적 성질에는 비중(specific gravity), 용융점(melting point), 비열(specific heat), 선팽창계수(coefficient of linear expansion), 열전도율(heat conductivity), 도전율, 금속과 합금의 색(color), 자성(magnetic properties), 융해 잠열(melting latent heat) 등이 있으며 주요 내용을 표 3-1에 나타내었다.

비중은 4℃ 물과 같은 부피의 어떤 물질의 무게비를 의미하며, 비중 4.6 이하를 경금속, 비중 4.6 이상을 중금속으로 분류한다. 용융점은 고체가 액체로 변화하는 온도이며, 순철의 용융점은 1,538℃이며, Hg은 -38.4℃로 가장 낮고 W은 3,410℃로 가장 높다. 비열은 단위 중량의 물질의 온도를 1℃ 높이는데 필요한 열량으로 단위는 cal/g · ℃이며, 선팽창계수는 어떤 물체가 1℃ 상승했을 때 팽창된 길이와 원래의 길이와의 비를 의미한다.

열전도율은 1cm에 대해 1℃의 온도차가 있을 때 $1cm^2$의 단면을 통하여 1초간에 전해지는 열량을 의미하며 단위는 cal/cm^2 · s · ℃이며 금속의 순도가 높을수록 열전도율은 상승한다. 또한 도전율은 전기저항의 역수로 전기전도도라고 하며, 금속이나 합금은 특유의 색을 갖게 된다. 자성은 철을 자기장 속에 두었을 대 자성을 띠는 성질이며, 융해는 고체가 가열되어 액체가 되는 온도로, 융해 잠열은 금속 1g을 융해하는데 필요한 열량을 의미한다.

표 3-1 금속원소의 물리적 성질

원소 기호	금속명	원자 번호	원자량	비중(20℃)	용융점(℃)	비등점(℃)	비열 (cal/g · ℃)
Ag	은	47	107.88	10.497	960.5	2210	0.056
Al	알루미늄	13	26.98	2.699	660.2	2060	0.223
Au	금	79	192.10	19.32	1063.0	2970	0.131
Ba	바륨	56	137.36	3.78	704±20	1640	0.068
Be	베릴륨	4	9.013	1.84	1278±5	1500	0.4246
Bi	비스무트	83	209.00	9.80	271	1420	0.0303
Ca	칼슘	20	40.08	1.55	850±20	1440	0.149
Nb	니오브	41	92.91	8.569	2415	3300	0.065
Cd	카드뮴	48	112.41	8.65	320.9	767	0.0559
Ce	세슘	58	140.13	6.90	600±50	1400	0.042
Co	코발트	27	58.94	8.90	1495	2375±40	0.1042
Cr	크롬	24	52.04	7.09	1553	2220	0.1178
Cu	구리	29	63.54	8.96	1083.0	2310	0.0931
Fe	철	26	55.85	7.871	1538±3	2450	0.1172
Ge	게르마늄	32	72.60	5.36	958±10	2700	0.073
Hg	수은	80	200.61	13.55	-38.89	357	0.03326
K	칼륨	19	39.09	0.862	63±1	762.2	0.182
Li	리튬	3	0.940	0.534	180±5	1400	0.092
Mg	마그네슘	12	24.32	1.743	650	1110	0.2475
Mn	망간	25	54.93	7.40	1245±10	1900	0.1211
Mo	몰리브덴	42	95.95	10.218	2025±50	3700	0.0590
Na	나트륨	11	22.99	0.971	97.9	882.9	0.2950
Ni	니켈	28	58.68	8.85	1455	2450~2900	0.2077
Pb	납	82	207.21	11.341	327.43	1540±15	0.0310
Pd	팔라듐	46	106.70	12.03	1554	4000	0.0580
Pt	백금	78	195.23	21.43	1773.5	4410	0.0320
Rh	로듐	45	102.91	12.44	1966±3	4500	0.0590
Sb	안티몬	51	121.76	6.62	630.5	1440	0.0502
Se	셀렌	34	78.96	4.81	220±5	680	0.0840
Si	규소	14	28.09	2.33	1414	3500	0.1620
Sn	주석	50	118.70	7.298	231.84	2270	0.5610
Th	토륨	90	232.12	11.50	1800±150	3000	0.0340
Ti	티탄	22	47.90	4.54	1800±22	3400	0.1125
V	바나듐	23	50.95	5.82	1725±50	3400	0.1153
W	텅스텐	74	183.92	19.26	3410±20	5930	0.0338
Zn	아연	30	65.38	7.133	419.46	906	0.0944
Zr	지르코늄	40	91.22	6.50	1530	2900	0.0660

1.2 금속의 응고과 결정구조

1.2.1 금속의 응고

금속이 용융상태에서 온도가 강하하여 응고온도 이하로 냉각되면 응고가 시작된다. 응고 초기에는 용융금속 중의 소수의 원자가 규칙적인 배열을 하면서 미세한 결정핵이 발생된다. 이 결정핵을 중심으로 결정이 성장하고 주변에서 성장한 다른 결정과 접촉하여 그 경계면에서 결정립계(grain boundary)를 형성하는데 이러한 결정을 수지상 결정(dendrite crystal)이라고 한다. 최종적으로 결정의 성장이 완료되면 결정간의 경계가 형성된다. 그림 3-3에 금속의 결정 성장 과정을 나타내었다.

용융된 금속이 냉각되어 결정을 형성할 때 금속의 결정립은 불순물의 다소, 금속의 종류 그리고 냉각속도에 의해 결정된다. 통상 냉각속도가 빠르면 결정핵의 수가 많아져서 결정 입자는 미세하게 되고, 냉각속도가 느리면 결정핵의 수가 적어지므로 결정 입자는 커지게 된다.

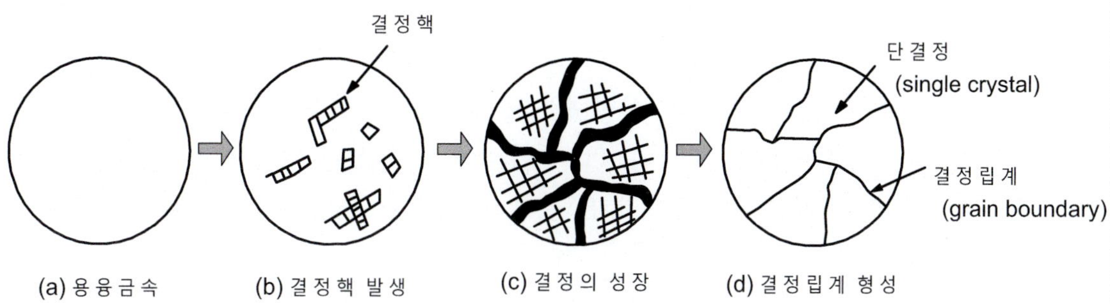

그림 3-3 금속의 결정 성장 과정

1.2.2 금속의 결정구조

금속의 결정구조 (crystal structure)는 입자가 일정하고 규칙적으로 배열된 결정질이며, 방위성 (orientation)과 대칭성 (symmetry)이 존재한다. 동일 물질인 경우, "결정면간의 각도는 항상 일정하다." 는 법칙(1669년, Steno)의 발표로 결정학의 기초가 되었다.

결정내 원자가 만드는 가장 간단한 격자를 단위 격자 (unit lattice, unit cell)이라 하고, 단위 격자의 한 변 길이를 격자 상수 (lattice constant)라 한다. 금속 표면을 연마하여 화학적으로 부식하면, 금속면은 그 반사 정도가 다른 몇 개의 영역으로 구분되는 것을 확인할 수 있으며, 이는 금속이 주기적으로 규칙적인 일정한 구조를 갖는다는 것을 의미한다. 금속은 이러한 단결정 (single crystal)이 집합된 다결정체임을 알 수 있다. 금속이 결정체라고 하는, 즉 3차원적으로 규칙적이고 일정하게 배열된 원자로 형성되어 있다는 것은 X선 회절 현상으로 알 수 있다. 금속의 결정 구조는 단순입방격자 (simple cubic lattice), 면심입방격자 (face centered cubic lattice, FCC), 체심입방격자 (body centered cubic lattice, BCC), 저심입방격자 (base centered cubic lattice) 그리고 조밀육방격자 (hexagonal closed packed lattice, HCP)로 구분할 수 있다.

체심입방격자는 입방체의 각 모서리에 1개씩의 원자와 입방체의 중심에 한 개의 원자가 있는 매우 간단한 결정 격자로 상온의 Fe, W, Mo, V, Ni 등이 있으며 강도가 크다. 면심입방격자는 입방체의 각 모서리와 면의 중심에 각 한 개씩의 원자가 있고 이것들이 결정을 이루며, Al, Cu, Au, Pb 등이 있으며 전성과 연성이 좋다. 조밀육방격자는 극히 조밀한 원자 구를 쌓아 놓은 것과 같으며 Zn, Mg, Cd, Co 등이 있으며 연성이 부족하다.

연습문제

1 다음 중 전성이 가장 큰 것은 무엇인가?
① Au
② Ag
③ Fe
④ Zn

2 다음 중 연성이 가장 큰 것은 무엇인가?
① Ag
② Cu
③ Pb
④ Ni

3 다음의 설명 중 틀린 것은 무엇인가?
① 금속은 강도와 경도가 우수하다.
② 금속은 모두 실온에서 고체이다.
③ 금속은 열의 양도체이다.
④ 금속은 비중이 크고, 용융점이 높다.

4 강재가 외부의 충격에너지를 흡수할 수 있는 능력에 해당하는 것은?
① 항복점
② 강도
③ 인성
④ 경도

5 금속의 기계적 성질이 아닌 것은?
① 경도
② 인성
③ 피로강도
④ 내식성

01 ① 02 ① 03 ② 04 ③ 05 ④

6 다음 중 강철의 열처리성을 증가시키며, 합금강의 내식성을 향상시키는 원소는 무엇인가?

① Au

② Cr

③ Fe

④ Zn

7 다음 중 철강의 5대 불순물에 해당하지 않는 것은 무엇인가?

① C

② Si

③ Mn

④ Ni

8 다음 중 금속의 결정 구조에 해당하지 않는 것은 무엇인가?

① 면심입방격자

② 병렬입방격자

③ 조밀육방격자

④ 체심입방격자

9 물체의 변형에 견디지 못하고 파괴되는 성질에 해당하는 것은?

① 인성

② 강도

③ 메짐성

④ 전성

10 다음 중 금속의 단단한 정도를 나타내는 것은?

① 경도

② 인성

③ 피로강도

④ 내식성

 06 ③ 07 ④ 08 ② 09 ③ 10 ①

Chapter

2 용접야금

2.1 강괴의 응고와 종류

2.1.1 강괴의 응고특성

물질의 상태는 기상, 액상, 고상이 있으며, 대부분의 금속은 고체상태에서 변태(transformation)를 일으켜 다른 상으로 변화한다. 따라서 변태하는 온도 또는 변태점 상, 하에서는 결정의 구조와 성질이 변하게 된다.

주철의 주형에 주입한 탕은 그림 3-4와 같이 응고한다. 강괴의 응고특성은 주형에 접한 부분은 급랭되어 얇은 층이 형성된다. 여기에서는 수많은 결정핵이 거의 동시에 생기므로 급랭정의 입자는 작다. 급랭 중 내부로 갈수록 온도구배가 완만하여 응고는 벽면에 수직한 방향으로 진행되며, 비교적 큰 주상정이 발달한다. 주상정이 어느 정도 발달하고 냉각속도가 늦어지면 결정이 임의 방향으로 발달하는 입상결정이 생긴다. 강괴 내의 응고는 비평형 상태로서 처음 응고가 시작되는 부분(주형 벽면)과 제일 나중에 응고하는 중심부에서의 화학조성이 다르게 된다. 이처럼 화학조성이 국부적으로 달라지는 것을 편석(segregation) 이라고 한다.

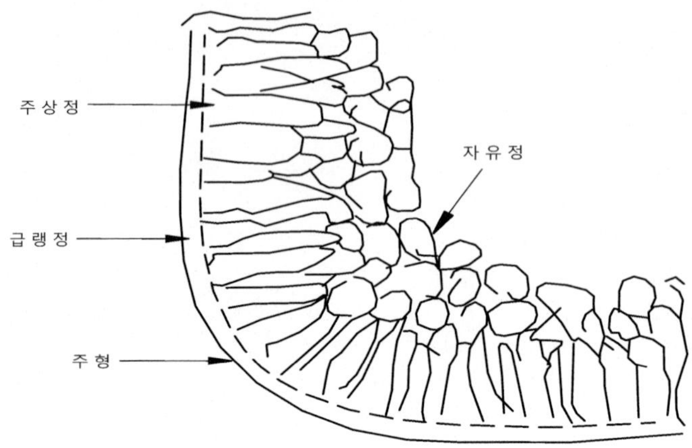

그림 3-4 강괴의 응고

2.1.2 강괴의 종류

강괴의 응고 양식과 응고과정 중의 기공 분포에 따라 강괴는 림드강(rimmed steel), 킬드강(killed steel), 세미킬드강(semi-killed steel)로 분류된다.

림드강(rimmed steel)

FeO를 함유하는 탕을 주형에 주입하여 만들어진다. 최초에 주형 벽면에서 응고하는 급랭층은 거의 순철에 가까우며, 나머지 강은 점차적으로 탄소 함유량이 많아진다. 따라서 FeO와 탄소가 화합하여 CO 가스가 만들어지는데, 대부분은 탕 표면으로 방출되지만 나머지 CO 가스는 응고한 강괴 중에 남아 수많은 기공을 형성한다. 그 결과 강괴에는 순철의 껍질(rim)이 있으며 중앙부에는 탄소, 인, 유황 등이 편석한 핵이 형성된다. 유황의 편석이 층상으로 압연된 설퍼 밴드(sulfur band)는 용접작업 시에 나쁜 영향을 준다. 림드강은 박판과 철사, 그리고 구조용강의 용접용 심선을 만드는데 많이 쓰이며, 연강에서는 Si 함량이 0.03%보다 작으면 림드강으로 고려하며, 대표적인 림드강은 SS400이다.

킬드강(killed steel)

킬드강은 강중에 탈산제를 가하면 탕 중의 산소가 대부분 제거되어 CO 가스가 발생되지 않아 기공이 생기지 않으며 탈산제로는 Si, Al, Ti, Mn, Zr 등을 사용한다. Al과 Zr은 결정미세화 등의 특수 목적으로 사용된다. 규소는 산소와 화합하여 SiO_2가 되어 슬래그로 부상하며, 탈산제로 알루미늄과 티탄을 사용하면 결정을 미세화할 수 있다. 킬드 강괴는 편석이나 기공이 적은 양질의 단면을 형성하나 강괴 중앙에 큰 수축공이 만들어져 공기에 노출되어 산화되거나 슬래그 등이 혼입됨으로 이를 제거해야 한다. 따라서 킬드강은 림드강에 비해 20% 정도 생산성이 적어지므로 단가가 비싸진다. 그러나 기공, 설퍼 밴드, 편석 등이 없고 재질이 균질하고 기계적 성질이 양호한 양질의 강괴이므로 고급 합금강의 제조에 이용된다. 킬드강의 Si 함유량은 0.15~0.45% 정도이며 대표적인 킬드강으로는 SM520과 SM570이 있다.

세미킬드강(semi-killed steel)

림드강과 킬드강의 중간 정도로 탈산을 한 강이다. 소량의 탈산제로 탈산하므로 어느 정도 CO 가스가 발생하여 킬드강에서와 같은 큰 수축공은 생성되지 않는다. 가격이 싸고 편석은 없으며 Si 함유량이 0.03~0.1% 정도이며, 대표적인 강으로는 SM490Y이다. 표 3-2에 림드강, 세미킬드강과 킬드강의 특성을 비교하였다.

표 3-2 각종 강괴의 비교

비교 항목	림드강	세미킬드강	킬드강
C, %	〈0.15	0.15~0.30	〉0.3
Si, %	〈0.03	0.03~0.10	〉0.1 (0.15~0.45)
Mn, %	0.25~0.45	0.45~0.80	〉0.3
탈산	적다	보통	많다
강	저탄소강	탄소강	탄소강
탈산법	Fe + Mn	Fe + Mn Fe + Si Fe + Al	Fe + Mn Fe + Si Fe + Al
수축공	없음	작다	크다
기공	많음	있음	없음
편석	많음	적음	극히 적음

2.2 용접부의 응고조직

2.2.1 용접부의 응고조직

용접부의 응고조직은 크게 평활계면 (planar), 셀상 (cellular), 셀수지상 (cellular dendrite), 수지상 (columnar dendrite) 및 등축수지상 (equiaxed dendrite) 5가지로 분류되며, 그림 3-5에 용접부의 응고조직을 나타내었다. 용융경계면 근처에서는 냉각속도가 빨라서 평활계면이나 셀상의 구조를 갖고, 용융경계면에서 멀어질수록 셀수지상이나 수지상의 구조를 갖게 되지만, 용융 중심부는 특별한 냉각방향이 없는 등축수지상의 구조를 갖게 된다.

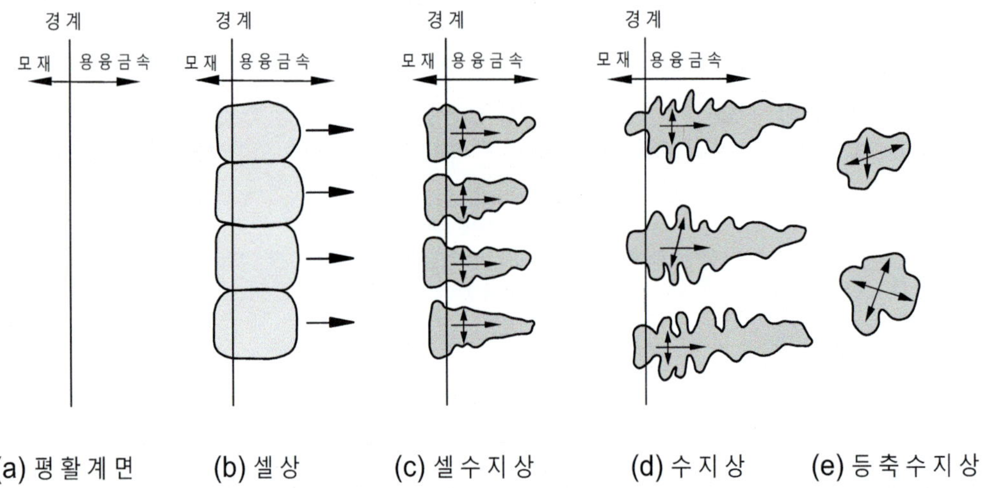

그림 3-5 용접부의 응고조직

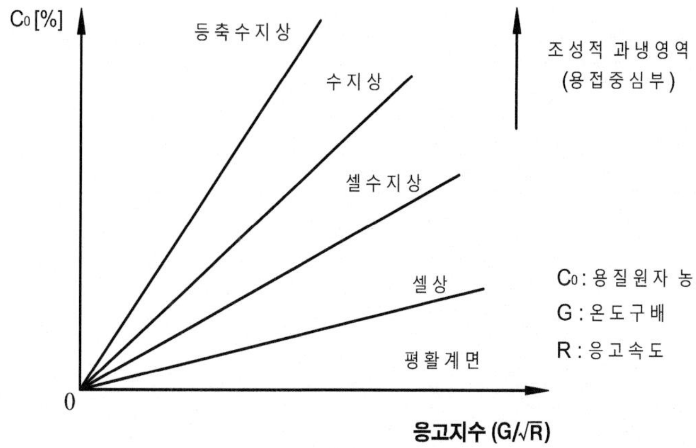

그림 3-6 응고식에 미치는 C_o, G, R의 영향

2.2.2 응고조직의 발달

평활계면 조직을 제외한 기타 조직은 조성적 과냉 영역에 기인하며, 기본적으로 전 응고조직의 발달은 용융 경계(fusion boundary)에서의 응고변수(G/R)와 용질원자 농도(C_o)에 따라 결정된다. 용융 경계 근처에서는 평활계면과 셀상 조직이 발달하게 되고, 용접부 중앙으로 갈수록 수지상이나 등축수지상이 발달한다. 평활계면 조직의 발달은 용융 경계에서 용질이 혼합되지 않은 영역의 발달과 관계가 깊으며, 따라서 용질원자 농도양이 거의 없고, 반면에 G/R 값은 커져 평활계면 조직이 발달하게 된다. 그림 3-6에 응고식에 미치는 C_o, G, R의 영향을 나타내었다.

2.2.3 조성적 과냉영역(용접 중심부)와 용접금속 내의 응고형태 변화

과냉은 융점 이하로 냉각하여도 액체 또는 고용체로 계속되는 현상으로 조성적 과냉 현상 (용접 중심부)은 성분 차이에 의한 액상선의 변화로 인하여 과냉 현상이 생기는 것이다. 편석이 심하고 온도 구배가 작으며 응고 성장속도가 빠른 조건에서 발생한다. 용융역과 모재부 경계부에서는 온도구배가 매우 크고, 응고 성장속도는 거의 "0" 에 가깝기 때문에 조성적 과냉은 발생하지 않고 평활계면의 성장이 일어난다. 부위가 용접부 중심선으로 접근함에 따라 셀상 → 셀수지상 → 수지상 조직으로 바뀌게 된다. 그리고 온도 구배가 매우 작고 응고 성장속도가 가장 큰 중심선 근처에서는 등축수지상의 성장이 발생한다. 즉 조성적 과냉이 발생한다.

2.3 철-탄소 합금의 기계적 성질과 함유원소의 영향

2.3.1 철-탄소 합금의 기계적 성질

평형상태의 철-탄소 합금은 실온에서 페라이트와 시멘타이트 2상으로 되어 있다. 페라이트는 연하고 잘 늘어나며, 시멘타이트는 딱딱하고 부서지기 쉬워 거의 늘어나지 않는다. 그러나 페라이트와 시멘타이트가 층상으로 되어 있는 펄라이트는 페라이트가 약 88% 포함되어 있으므로 펄라이트는 다소 연성이 있으며, 인장강도는 페라이트와 시멘타이트보다 높다. 아공석강(C : 0.008~0.8%)은 펄라이트 둘레에 망상의 페라이트가 차고 있는 조직으로 다소의 연성을 갖고 있고, 인장강도와 경도는 펄라이트의 증가와 함께 증가한다. 과공석강($C > 0.8\%$)에서는 펄라이트 주위에 망상의 시멘타이트가 있는 조직으로 시멘타이트의 증가와 더불어 경도가 증가한다. 2% 이상의 탄소량을 갖는 주철에서는 인장강도가 감소하고 연신이 거의 없게 된다.

2.3.2 $Fe\text{-}Fe_3C$

순철은 탄소 함유량이 0.03% 이하이며, 연하고 전연성이 높다. 순철의 비중은 7.87이고, 인장강도는 18~25kg_f/mm^2이며 용융온도는 1,538℃이다. 연신율은 40~50% 정도이고, 브리넬 경도는 60~70 수준이다. 또한 순철의 변태는 A_2(768℃), A_3(910℃), A_4(1,400℃) 변태가 있으며 A_2는 자기변태, A_3, A_4는 동소변태라고 한다. 순철은 변태에 따라서 α철, γ철, δ철 등의 3개의 동소체가 있으며, α철은 910℃ 이하에서 체심입방격자(BCC) 배열을 갖으며, γ철은 910~1,400℃에서 면심입방격자(FCC)로 존재하며, 1400℃ 이상에서는 δ철이 체심입방격자(BCC)로 존재한다. 상온에서는 체심입방격자 구조로 α조직 (페라이트 조직)이다.

변태(transformation)는 같은 물질이 한 결정구조에서 다른 결정 구조로 변하는 것으로 변태가 일어나는 온도를 변태점이라 한다. 동소변태는 고체 상태에서 결정 구조가 외적 조건에 의해서 원자 배열이 변하는 것을 의미하며, 자기변태는 Fe, Co, Ni과 같이 강자성체인 금속을 가열하면 어느 일정한 온도 이상에서 금속의 결정구조는 변화가 없지만 자성을 잃고 상자성체로 변하는 현상이다. 그림 3-6에 $Fe\text{-}Fe_3C$ 상태도를 나타내었다. 철-탄소계 평형 상태도에서는 $Fe\text{-}Fe_3C$(시멘타이트)계와 Fe-C(흑연)계의 두 종류가 있다. Fe-Fe_3C계 평형 상태도는 탄소강처럼 탄소가 유리 흑연으로 되지 않고 철과 화합하여 Fe_3C 상태로 존재할 때에 해당된다.

A_O 변태점: 210℃, Fe_3C 자기변태점
A_1 변태점: 727℃, $\gamma \rightarrow \alpha + Fe_3C$
A_2 변태점: 768℃, 순철의 자기변태점
A_3 변태점: 910℃, $\alpha \rightarrow \gamma$ (BCC → FCC)
A_4 변태점: 1,400℃, $\gamma \rightarrow \delta$ (FCC → BCC)
(α: ferrite, γ: austenite, P: Pearlite, L: 용액, Eutectic: 공융 혼합물)

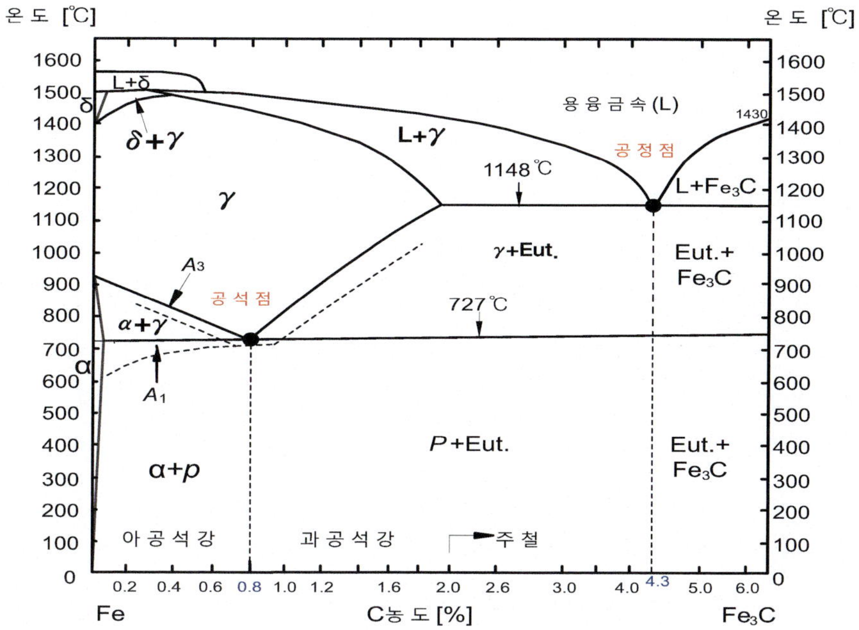

그림 3-7 Fe-Fe_3C 상태도

그림 3-6에서 Eutectic은 공융 혼합물을 의미하며, 강의 성질은 탄소 함유량과 냉각속도에 따라 현저히 달라지며 다음과 같은 기본조직으로 구성된다.

페라이트는 α 철에 탄소가 최대 0.02% 고용된 α 고용체로 흰색의 입상으로 나타나는 주철에 가까운 조직으로 전연성이 크며, A_2점 이하에서는 강자성체이다. 오스테나이트(austenite)는 γ 철에 탄소가 최대 2.11% 고용된 γ 고용체로, A_1점 이상에서는 안정적으

로 존재하나 실온에서는 존재하기 어려운 조직으로 인성이 크며 상자성체이다. 델타 페라이트(delta ferrite)는 δ철에 탄소가 최대 0.09% 고용된 δ고용체로 A_4점 이상에서만 존재하는 조직으로 인성이 크며 상자성체이다. 시멘타이트(cementite)는 철에 탄소가 6.68% 화합된 철의 금속간 화합물(Fe_3C)로 흰색의 침상으로 나타나는 조직으로 대단히 단단하며 부스러지기 쉽다. 펄라이트(pearlite)는 0.77% C의 오스테나이트가 727℃ 이하로 냉각될 때 0.02% C의 페라이트와 6.68% C 시멘타이트로 석출되어 생긴 공석강으로 페라이트와 시멘타이트가 층상으로 나타나는 조직이다. 레데부라이트(ledeburite)는 4.3% C의 용융철이 1,148℃ 이하로 냉각될 때 2.11%C의 오스테나이트와 6.68%C 시멘타이트로 정출되어 생긴 공정주철로 A_1점 이상에서는 안정적으로 존재하는 조직이다.

2.3.3 소량 함유원소의 영향

탄소함유량이 증가하면 비중, 선팽창계수, 세로 탄성율, 열전도율은 감소되나, 고유저항과 비열은 증가한다. 0.2%C 이하의 탄소강은 산에 대한 내식성이 있으나, 탄소량이 증가하면 내식성이 없어진다. 표준상태에서 탄소가 증가하면 인장강도와 경도는 증가하고 공석조직에서 최대가 되지만 연신율과 충격값은 감소하게 된다. 탄소강은 200~300℃에서 상온일 경우보다 메짐성이 커지는데 이를 청열취성(blue shortness)라고 한다. 황을 많이 함유한 탄소강은 950℃에서 메지게 되는데 이를 적열취성(red shortness)라 하며, 온도가 상온 이하로 감소하면 강도와 경도가 증가하지만 충격값은 크게 감소하는데, 이를 저온 메짐(cold shortness)이라 한다.

철에는 탄소 이외에 규소, 망간, 인, 유황, 구리, 산소, 수소, 질소 가스 등의 미량 원소들이 첨가되어 있다. 이러한 각각 원소들의 성질을 살펴 용도에 맞는 재료를 선정하는 것이 중요하다. 그림 3-8에 온도별 충격값 변화곡선을 나타내었다.

- 규소(Si)가 첨가되면 기계적 성질은 대체로 강하게 되나 취약해진다. 1% 이하의 규소는 강도를 증가하고 연성은 거의 변하지 않으나, 기공성이 나빠진다. 규소가 다량 함유되어 있으면 용접성이 나빠지므로 용접하려면 규소를 0.2% 이하로 규제한다(ferrite에 완전 고용됨). 용강으로 제조 중에 탈산작용을 하므로 킬드강의 제조에 중요한 역할을 한다.
- 망간(Mn)은 제강 시 최고 1% 가량 첨가하여 강도 및 인성을 증가시킨다. 강에 소량 함유되어 있는 S와 화합하여 MnS를 만들어 불용성의 슬래그가 되어 유황을 제거한다. 보통 강에서는 Mn 0.5%를 사용하며 Mn 1.5%를 첨가한 저망간강은 강하며, 연신율

및 단면수축률이 감소하지 않아 고급 구조용 강재로 사용한다.

- 인(P)은 편석이 심한 유해한 원소이다. 소량의 인은 페라이트 중에 고용하여 강도 및 경도를 증가시킨다. 충격에 매우 약하기 때문에 P를 0.05% 이하로 제한하며 연신율 및 단면수축률이 감소하지 않아 고급 구조용 강재로 사용한다.

- 순철에 구리가 들어가면 극히 미량으로도 고온에서의 단련성이 저하된다. 보통 산화막 밑에 석출하여 구리 필름을 형성하며, 단조 또는 압연 시 입계로부터 파괴된다. 강에 구리가 첨가되면 강도는 증가되나 연신은 감소한다. 내산성 고합금강에 1% 이상 첨가되면 염산 및 황산에 대한 내산성이 향상된다. 또한 공기 중에서 방식성이 강하다.

- 크롬(Cr)은 매우 유효한 합금으로 강철의 열처리성 (경화능)을 증가시키며, 강의 인장강도는 Cr 함유량이 1% 증가함에 따라 80~100 N/mm^2 증가된다. 산화성이 높은 매체에서 합금강의 내식성(corrosion resistance)을 향상시키며 강에서 내식성을 유지하기 위해서는 12% 이상의 Cr을 함유해야 한다.

- 니켈(Ni)은 인장강도와 경도를 높여주면서 연성과 내충격성도 향상된다. 특히, 저온에서의 내충격성(노치 인성)을 개선할 때 많이 사용하므로 저온용 강에서 매우 중요한 요소이다. Ni의 첨가로 오스테나이트계 강의 재결정 온도가 높아지기 때문에 600℃ 이상에서 높은 고온강도를 갖는다.

- 황(S)은 Fe와 화합하여 FeS라는 황화물을 만든다. 보통 강에서는 S 함량을 0.05% 이하로, 고급강에서는 0.02% 이하로 한정하고 있다. S가 다량 첨가되면 황화합물이 개재되어 절삭성이 향상된다(쾌삭강). FeS는 융점이 낮은(988℃) 공정을 만들므로 응고 중에 오스테나이트 입계에 모여 열간 가공을 해친다(적열취성). 900~1,050℃ 사이의 취화(적열취성)은 FeS 필름의 취약성에 기인한다. 1,050℃ 이상(백색취성)에서 취약은 FeS 공정 또는 FeS 자체 용해가 시작되기 때문이다. Mn을 첨가하면 MnS 화합물을 형성하여 슬래그로 부상하며, 이는 점성이 높기 때문에 취성 발생을 방지한다. 그림 3-7에 온도별 충격값 변화곡선을 나타내었다.

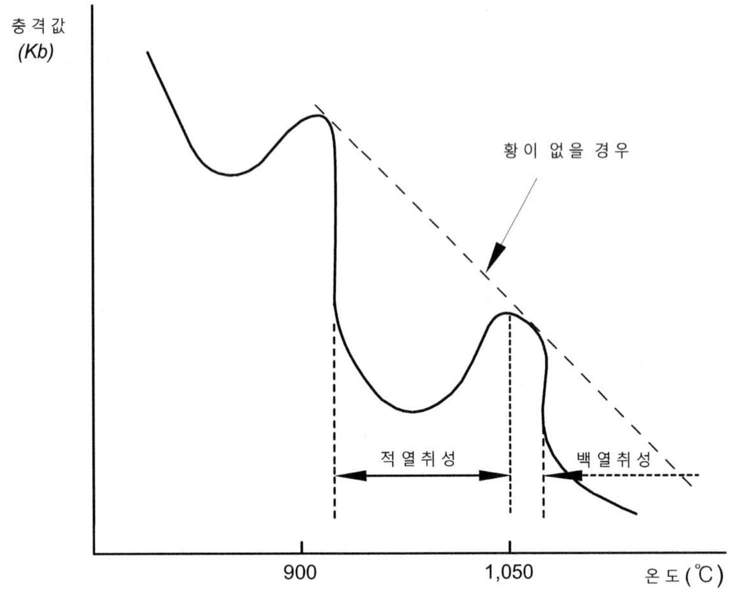

그림 3-8 황을 함유한 강재의 온도별 충격값 변화 곡선

- 몰리브덴(Mo)은 강재에서 활발하게 탄소와 결합하여 카바이드를 형성하며, 일반적으로 1.0% 이하로 첨가한다. Mo는 강재의 열처리성과 고온에서의 인장강도를 증가시키기 위해 첨가하며, 오스테나이트 스테인리스강에서는 침식 부식 저항성를 향상시키는데 유효하다.

- 바나듐(V)은 강재에 바나디움을 미량 첨가하면 열처리성의 향상효과가 매우 크다. 바나듐을 0.05% 이상 첨가하면 강재에 대한 응력 제거 열처리 작업을 하는 동안 취성을 띄는 경향이 있다. 주로 조직을 미세화시키며 강한 탄화물 형성 원소로 내마모성, 엣지 유지 특성 및 고온경도를 증가시킨다. 주로 고속도강, 고온 가공용강, 내 creep 강의 첨가 원소로 사용한다.
- 알루미늄(Al)은 강재에 미량 첨가되어 탈산 및 탈질제로 사용되고, 강재의 미세조직을 개선시켜 내충격성을 좋게 한다. 탄소강에 첨가 시 Al이 표면으로 확산되는 현상에 의해 고온 내식성이 증가한다.

- 콜로비움(Cb 또는 Nb)은 오스테나이트 스테인리스강에 첨가되어 용접성을 향상시키는 안정제 (stabilizer) 역할을 수행하며 콜로비움을 니오비움(Nb)로 부르기도 한다. 매우 강한 탄화물 형성 경향을 가지며, 고온강도 및 creep 강도가 증가된다. 또한 TiC, NbC 등 타화물을 생성하여 크롬탄화물 형성(입계부식)을 저지시킨다.

2.4 용접금속의 가스 흡수 영향

2.4.1 개요

용접 중 용접금속은 고온이므로 극히 단시간에 산소, 질소, 수소 등을 흡수하게 된다. 그러나 용접금속의 냉각에 따라 그 용해도가 급격히 감소하므로 과포화된 가스는 용접금속에서 기공, 균열 등을 일으키게 된다.

2.4.2 산소 (O_2)

산소는 용융철에 다량으로 용해하나 용접금속의 응고와 함께 그 용해도가 급격히 감소한다. 산소는 1,500℃ 이상의 고온에서만 용해하며, 용해도가 다른 원소에 비해 매우 크다. 아크용접 중의 산소 근원은 대기 중의 산소, 피복제 중의 산화물, 이음부의 습기 등을 들 수 있다. 산소와 철이 화합하면 FeO, Fe_2O_3, Fe_3O_4가 된다. 철은 고온에서 산화되기 쉬우며, 용융상태에서는 더욱 강한 산화작용을 일으키게 된다. 강중의 산소는 FeO와 기타 원소와의 산화물로서 존재하며, 림드강 중에서는 CO 가스로서 존재한다. 또한 순철에 산소가 용해되면 고온에서의 단연성이 없어진다. 즉 충격값이 약 900℃에서 현저하게 저하된다. 이 적열취성은 산화막이 결정립계에 존재하고, 그것의 취성에 기인한다. 강중의 용해산소는 적열취성의 원인이 되므로 산소의 함유량을 저하시키기 위하여 탈산제(Al, Mn, Si 등)을 첨가한다.

탈산의 목적

- 적열취성 원인인 산소의 제거
- 산소로 인한 기포발생을 방지
- 용접 아크의 안정 및 용접이행의 안정화

탈산반응은 강의 용해과정 또는 용가재에 Mn, Al, Si 등의 탈산제를 첨가하여 다음과 같은 반응에 의하여 산소함유량을 0.001~0.005%까지 저하시키는 공정이다. 그림 3-9에 온도별 충격값의 변화를 나타내었다.

$$FeO + Mn \leftrightarrow MnO + Fe$$

$$2FeO + Si \leftrightarrow SiO_2 + 2Fe$$

$$3FeO + 2Al \leftrightarrow Al_2O_3 + 3Fe$$

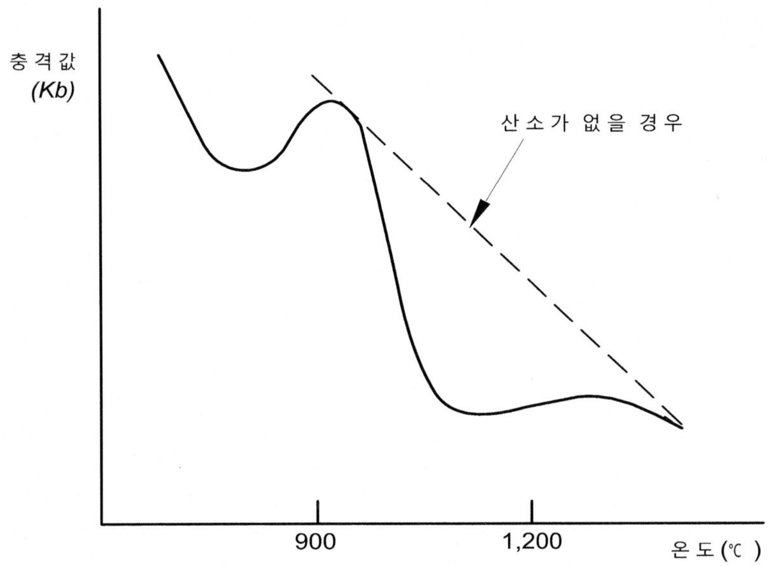

그림 3-9 산소를 함유한 강의 온도별 충격값 변화곡선

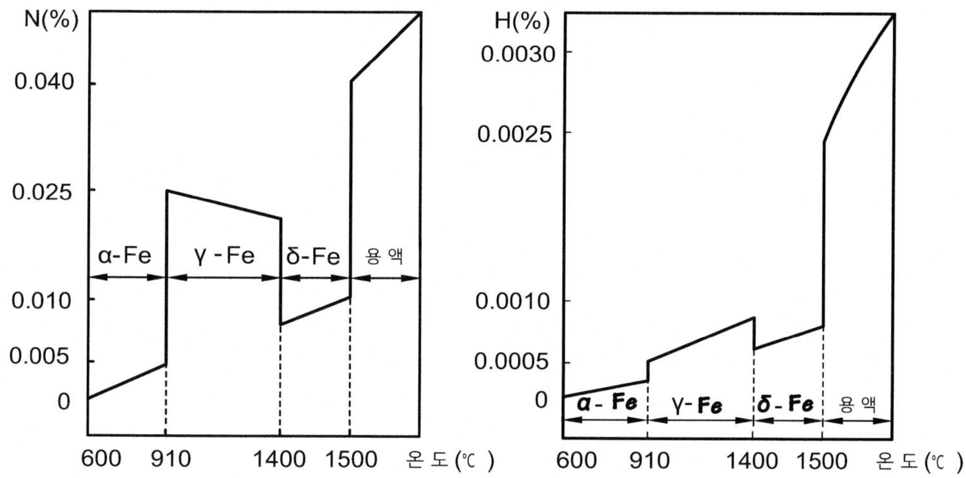

그림 3-10 철에 대한 질소와 수소의 용해도

2.4.3 질 소 (N)

질소는 용융철의 응고와 함께 그 용해도가 감소하나 석출하는 상에 의해 크게 변동된다. 아크용접 중의 질소 근원은 대부분 대기 중의 질소이므로 아크 차폐가 필요하다. 질소는 상온에서 불활성가스이지만 아크용접 중에는 N_2가 N으로 해리되어 용융금속에서 활발하게 작용한다. 그러나 용접부가 냉각되면 질화되어 Fe_4N으로 석출된다. 용융금속의 질소함유량이 증가하면 인장강도는 증가하나, 연신율 및 충격값은 감소된다. 또한 시간이 경과함에 따라 질화물이 석출하여 강을 시효 경화(변형 시효)시킨다. 뿐만 아니라, 템퍼링 취성 및 청열취성의 원인이 되기도 한다. 그림 3-10에 철에 대한 질소와 수소의 용해도를 나타내었다.

2.4.4 수 소 (H)

용접에서의 수소원의 대부분은 수분이며, 용접 분위기의 고온 때문에 용접금속 중에 녹아 들어간다. 용접금속의 냉각속도가 빠르면 수소의 방출이 어렵고 용접속도가 완만하면 수소의 방출이 용이하다. 수소는 원자상 수소(H)로서 용융철 중에 고용하며 용접부 응고 및 $\gamma \rightarrow \alpha$ 변태시에 불연속적으로 감소한다. 용융철에 용해하는 수소량은 FeO의 양이 많으면 감소된다. 따라서 림드강에 비하여 킬드강은 탈산작용으로 산소의 양이 적음으로 수소를 다량으로 흡수하기 쉬워 수소 유기균열이 발생하기 쉽다. 용접금속에 과포화된 수소는 은점(fish eye), 균열 등을 발생시키며, 용접열 영향부에 확산하여 비드밑 균열(underbead crack)을 발생시킨다.

용접 분위기 중의 수소원

- 플럭스 중의 유기물
- 플럭스에 흡착 또는 흡수된 수분, 대기 중 수분
- 개선면에 부착된 수분 및 유지류
- 피복제의 광물 성분 중에 포함되어 있는 결정수
- 피복제의 고착제 성분 중에 화학적으로 포함되는 수분

수소 흡입 방지를 위한 용접 시공 시 주의사항

- 대기 습도가 높은 일기에는 용접작업 금지(보통 상대습도 85% 이상)
- 용접 개선면의 건조 및 청결유지
- 저수소계 용접봉 및 용접재료의 건조 후 사용
- 예열 및 후열처리 시공으로 수소 방출을 촉진

용착금속의 함유 수소에 대한 정량은 저수소계에 대해 실시하며, 용착금속 중 수소는 기공, 비드 밑 균열, 은점, 선상조직 등의 결함의 원인이 된다. 수소량 측정에는 진공중에서 고온으로 가열하여 전 수소를 방출시켜 정량하는 진공추출법 이외에 상온에서 방출되는 확산성 수소량을 측정하는 방법이 있다.

용착금속의 수소량 측정을 위해 KS에서는 용접 직후부터 48시간 동안 용착금속에서 방출되는 수소가스를 글리세린 중에 포집하여 측정하며, 저수소계 용접봉의 경우 방출 수소량을 용착금속 1g당 0.10 cc 이하로 규정하고 있다. 최근에는 글리세린 대신 수은(Hg)중에서 포집하는 방법을 사용하기도 한다.

2.5 수소취화 (hydrogen embrittleness)

2.5.1 개요

수소 취화현상은 고장력강의 용접시에 용접부나 열영향부(HAZ)에 침투한 활성 수소에 의해 일어나는 현상으로 수분의 주 공급원은 플럭스, 보호가스 중 수분, 녹, 페인트, 유지, 물 등이 있다.

2.5.2 흡습 또는 확산성 수소(diffusible hydrogen)량에 미치는 인자

용접방법

용접부의 수소량에 가장 크게 영향을 미치는 인자는 용접방법이다. 일반적으로 수분이 혼입되기 어려운 GTAW(TIG) 경우가 가장 적고, GMAW(MIG), FCAW, SAW, SMAW 순으로 흡습에 의한 확산성 수소량의 증가가 우려된다. 즉, 흡습 가능성이 높은 기공을 가진 플럭스를 사용할수록 수소(H) 취화의 가능성이 높아진다. 그림 3-11에 피복 용접봉 용접 시 수소 침투과정을 나타내었다.

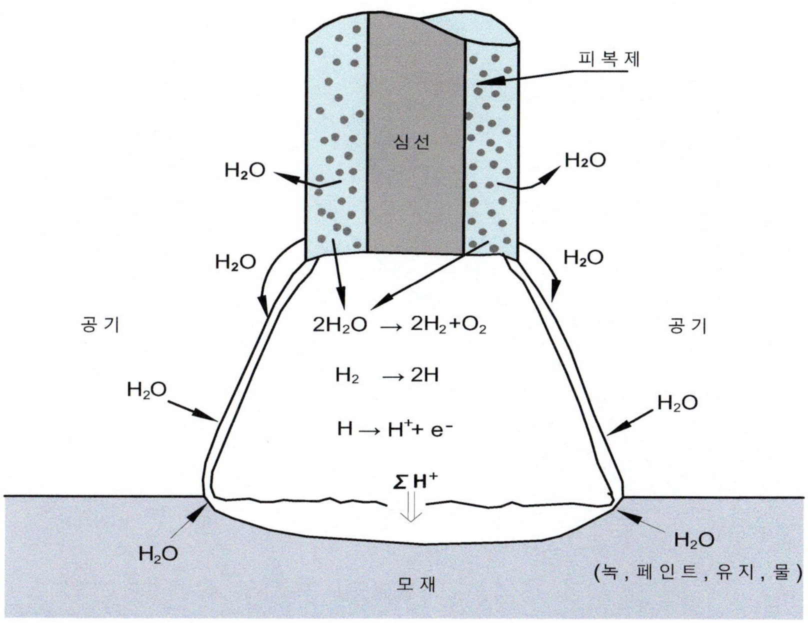

그림 3-11 피복 아크 용접봉 용접 시 수소 침투과정

피복제의 종류

동일한 피복아크용접(SMAW)이라도 피복제의 종류에 따라 동일 환경에서의 확산성 수소량에 차이가 있다. 그러나 정성적인 경향은 피복제의 종류와 무관하게 일치함을 알 수 있다. 그림 3-12와 그림 3-13에 용접방법별 흡습량과 용접봉 피복제별 용접부 수소량 변화를 나타내었다.

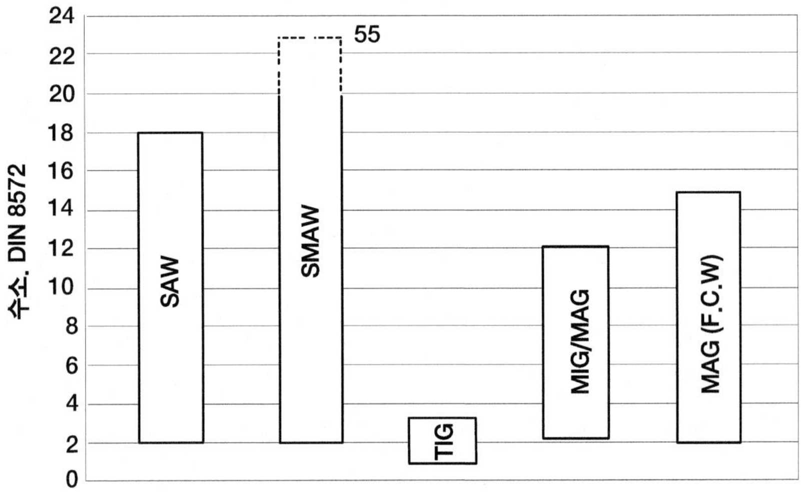

그림 3-12 용접방법별 흡습량

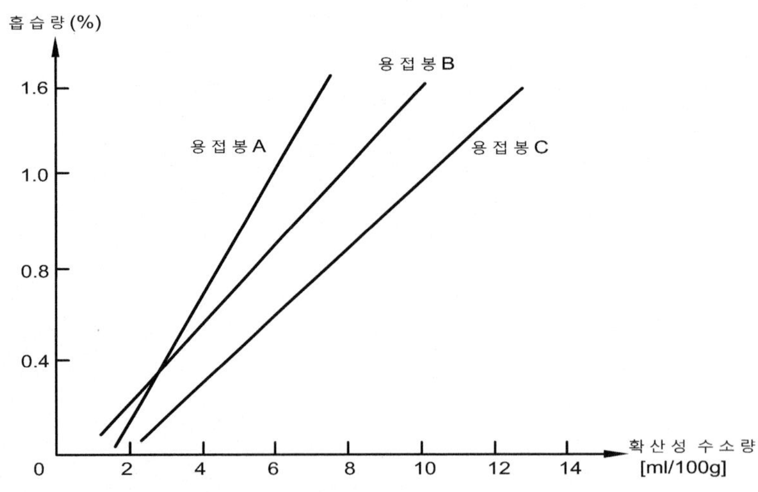

그림 3-13 용접봉 피복제별 용접부 수소량 변화

노출시간과 건조시간

일정한 건조시간이 지나면 더 이상 용접부의 확산성 수소량이 줄어들지 않으며, 흡습에 있어서는 초기에 급격히 증가하다가 점차 일정한 값에 이른다. 미국용접학회(AWS)에서는 재건조 사용을 1회로 한정하고 있으며, 보통 2회를 넘기지 않는다. 피복용접봉의 건조는 충분한 온도에서 짧은 시간(보통 300℃에서 2시간) 시행하고, 흡습이 되지 않는 온도 (보통 100℃)에서 보관하여 사용하도록 하며, 흡습 환경의 노출시간 (보통 60~70℃에서 10시간)을 제한한다. 그림 3-14에 건조 및 노출과정에 따른 피복제 내의 흡습 경향을 나타내었다.

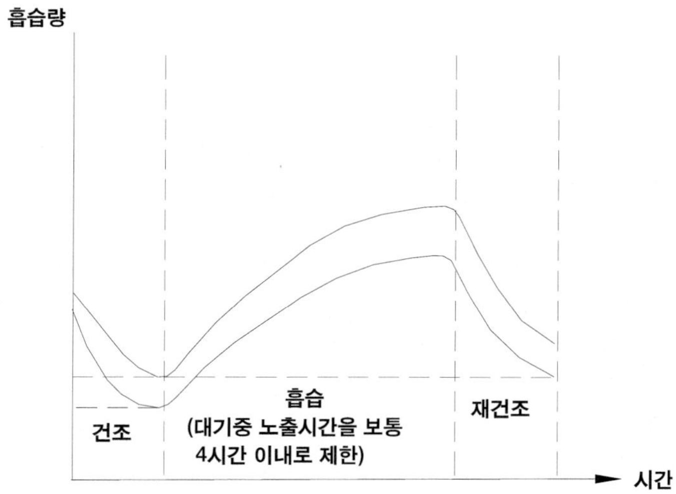

그림 3-14 건조 및 노출과정에 따른 피복재 내의 흡습 경향

2.5.3 은점 (fish eye)

수소 기공으로부터 발생하는 결함으로서 최초로 발견된 형태는 수소취화이며, 용접금속이 인장 또는 굽힘으로 파단될 때, 그 파면에 나타나는 원형의 결함으로 중심에는 작은 기공이나 슬래그가 혼입되어 있으며 확산성 수소가 이 기공이나 비금속 개재물 주위에 집결하여 발생한다. 최종적인 파면이 내부의 수소기공과 기공으로부터 느린 변형에 따라 확산성 수소가 주위로 확산하여 취성파괴가 일어난 구간과 그 나머지 인장하중에 끊어져 나간 연성파면이 차례로 나타나 마치 고기 눈과 같이 보인다고 해서 붙

여진 이름이다. 그런데 변형 속도(strain rate)가 빠른 충격시험 같은 경우에는 수소가 주위로 확산하는 데 필요한 시간이 부족하여 나타나지 않는다. 은점은 기계적 성질을 저하시키지만 용접 후 장시간 방치하거나 가열하여 수소를 방출시키면 은점은 발생되지 않는다.

2.5.4 수소 유기 균열(hydrogen induced cracking)

수소 유기 균열은 대표적인 저온 균열로서 고강도 재료에서만 일어나는 현상으로 204℃ 이하의 열영향부(HAZ)에서 발생한다. 이 균열은 용접이 완료된 후 수 일이 지나서 나타나기도 하기 때문에 지연 균열이라고도 하며, 이러한 지연 균열의 잠복기간은 부가 응력이 낮을수록, 예열온도가 높을수록 길어진다. 수소기인 균열을 설명하는 학설은 부족하지만 Trojano' s 모델 (그림 3-15 참조)이 실험결과와 비교적 잘 일치한다.

수소 유기 균열은 주로 고강도 재료에서 많이 나타나며, 균열의 진전이 불연속적인 형태를 보인다. 또한 수소 확산시간이 필요하며, 보통 48시간 후에 비파괴 검사를 실시한다.

수소 유기 균열의 형태는 활성 수소 성분이 충분할 때 용융 경계선(fusion line) 가까이에서 일어나는 매크로 균열(macro crack)과 활성수소량이 약간 적을 때 열영향부에서 발생하는 마이크로 균열(micro crack)으로 구분한다.

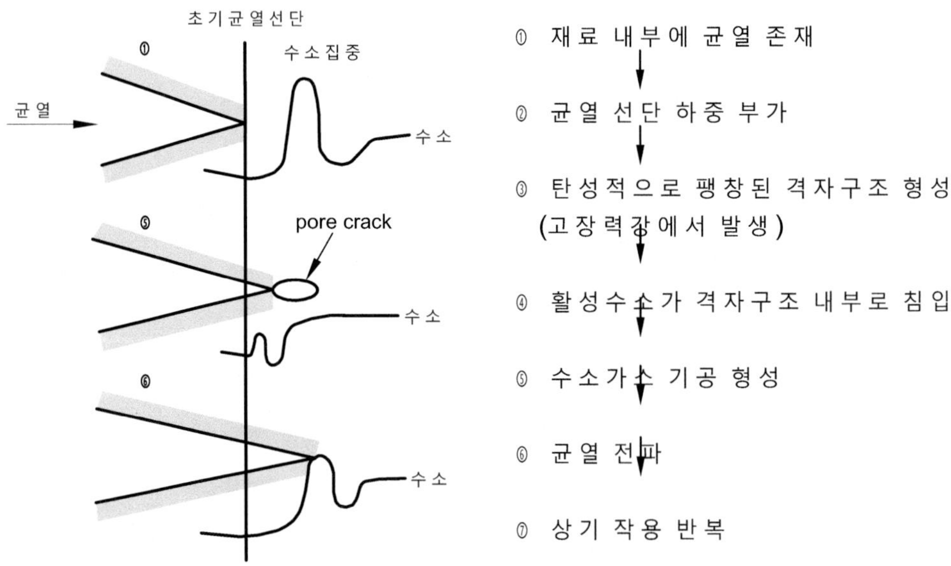

그림 3-15 Trojano' s model

매크로 균열 (macro crack)은 용융경계선 (fusion line) 인접 영역으로 가장 높은 온도에서 냉각되어 과대한 수소 함유와 마텐자이트 조직을 가지므로 균열이 발생할 뿐만 아니라, 상 변태시에 체적 팽창이 큰 응력을 발생시켜 높은 잔류응력으로 작용하여 용접 열응력 정도에서도 쉽게 균열이 형성된다.

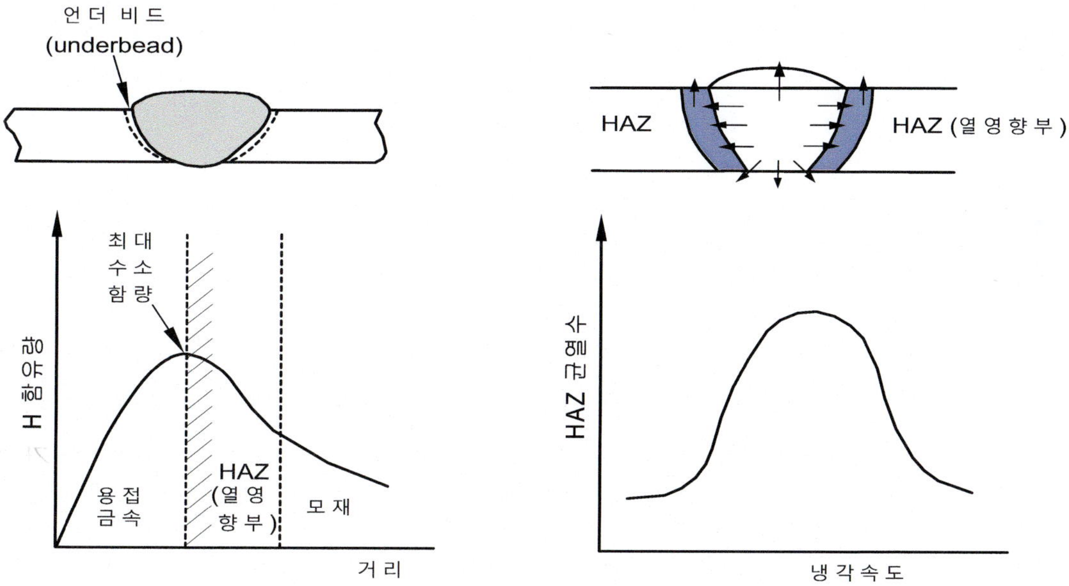

그림 3-16 수소유기 균열의 형태

마이크로 균열은 용접 후 일정 시간이 지난 다음에는 보통 비파괴 검사를 통해 발견할 수 있으며, 고장력강의 용접시에는 용접 후 비파괴 검사를 약간 지연하여 실시하도록 관리하여야 한다. 마이크로 균열은 활성수소량이 적절히 적을 때에 용접 열영향부에 확산된 활성수소가 전형적인 Trojano 모델을 따라 용접 열응력에 의해서 HAZ에 매우 미세한 마이크로 균열을 형성하는 현상을 의미한다. 이러한 마이크로 크랙은 비파괴 검사로도 발견이 쉽지 않아서 안전성에 나쁜 영향을 주며, 방지책을 강구하여야 하며, 흡습경로를 철저하게 차단하여 용접부에 활성산소가 생기지 않도록 하여야 한다. 그림 3-16에 수소 유기(기인) 균열의 형태를 나타내었다.

수소취화(H-embrittleness) 방지책

고장력강에서 수소유기 균열을 방지하기 위한 방법은 흡습의 경로, 잔류응력 조건, 유입된 수소의 방출 등으로 나누어 생각해 볼 수 있다. 첫째 흡습의 경로는 저수소 용접봉의 선택과 용접봉의 건조로 해결할 수 있다. 둘째 잔류응력 조건은 잔류응력을 제거하기 위해 급랭을 피하고 서랭(slow cooling)을 하고, 형상적 문제는 노치를 제거하면 된다. 셋째 유입된 수소 방출관련 수소 방출을 위해 예열과 후열처리를 실시하는 방법이 있다.

2.6 취성(shortness)

용접 금속 중에 가스가 침입하거나 기타 가공 또는 열처리에 의해 용접 금속의 기계적 성질 열화, 특히 연성이나 인성이 저하하는 현상을 취화(embrittleness)라 한다. 이들 현상은 수소 취화를 제외하고는 거의 용접 금속 중의 탄소, 산소 및 질소가 단독 또는 화합물로서 작용하기 때문으로 판단된다.

2.6.1 적열취성(red shortness)과 백열취성

일반적으로 강을 가열하면 연화하므로 가공이 쉽게 되지만, 불순물이 많은 강은 열간 가공 중 900~1200℃의 온도 범위에서 균열을 일으키는 취성을 나타낸다. 950℃ 부근의 적열 구간에서 발생하는 균열을 적열취성이라 하고, 1100℃ 부근의 백열구간에서 발생하는 균열을 백열취성이라 한다. 이의 원인은 유황(S), 즉 저융점의 FeS 형성에 의한 것으로 산소가 존재하면 강에 대한 FeS의 용해도는 감소하므로 산소도 취성화의 원인이라 할 수 있다. 대책으로는 강 중에 Mn을 첨가하여 MnS나 MnO를 형성하여 융점을 높임으로서 취성화를 방지하는 작용을 한다.

2.6.2 청열취성 (blue shortness)

저탄소강을 인장시험시에 약 200~300℃의 온도 범위에서 인장강도는 증가하나, 연성이 저하하는 경우가 있다. 이 현상을 청열취성(blue shortness)이라 한다. 이것은 변형시효와 같은 이유에서 발생한다. 원인은 질소이며, 산소는 그것을 조장하는 작용이 있으며 탄소도 다소 영향을 미친다. 대책으로는 Al, Ti 등의 질화물 형성원소를 첨가하면 취성은 거의 나타나지 않는다. 청열취성은 질소량의 증가에 따라 취성화의 정도가 커진다.

2.6.3 뜨임(tempering) 취성

강을 풀림(어닐링, annealing)하거나 900℃ 전후로 뜨임(템퍼링, tempering)하는 과정에서 충격값이 현저히 저하되는 현상을 말하며, Mn, Cr, Ni, V 등을 품고 있는 합금계의 용접금속에서 C, N, O 등이 입계에 편석함으로서 입계가 취약해지기 때문에 많이 발생한다. 뜨임 취성은 실온 또는 저온에서 노치인성의 저하로 나타나며 석출이 주요 원인이다. 일반적으로 용접부의 경우, 본드에서 조금 떨어진 부분이 뜨임 취성이 생기기 쉽다. 이에 대한 대책으로는 600℃ 부근에서 담금질(quenching)하거나 소량의 합금원소 Mo, V, W의 첨가가 유효하다.

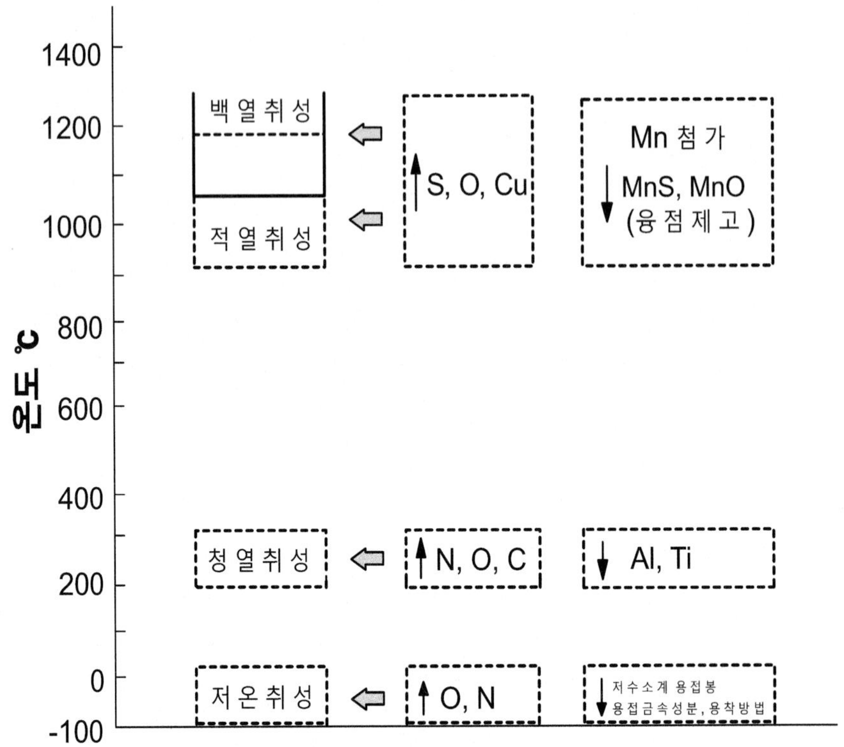

그림 3-17 온도별 대표적인 취성의 종류

2.6.4 저온취성

저온취성은 실온 이하의 저온에서 취약한 현상을 말한다. 저온 취성은 산소 및 질소가 현저히 영향을 미치는 것으로 알려져 있다. 용접금속은 통상 산소나 질소가 강재보다 많고, 주조 조직이 있는 등의 원인으로 인하여 모재에 비해 일반적으로 노치 취성이 높다. 이러한 이유로 탈산이 불충분한 림드강에서는 천이온도가 일반적으로 높고, 킬드강이 비교적 낮다. 천이온도는 결정입도에도 영향을 받아 강력한 탈산 및 질소 처리에 의해 결정핵이 증가하며, 미세 화합물이 결정 내부와 입계에 존재하여 조립화를 방지하기 때문에 킬드강의 천이온도는 낮다. 저온 취성을 예방하기 위해서는 저수소계 용접봉을 사용하여 수소의 발생원인을 최소화하고, 용접금속의 성분이나 용착방법 조정으로 개선할 수 있다. 그림 3-17에 온도별 대표적인 취성의 종류를 나타내었다.

2.7 시효(aging)

2.7.1 개 요

소입 또는 냉간가공한 강을 실온에 장시간 방치하면, 시간의 경과와 함께 경화되어 취약하게 변하는 것을 시효(aging)라고 한다. 시효경화 기구는 페라이트(ferrite)에 고용되는 탄소, 질소, 산소 등의 용해도가 온도의 영향을 받음으로서 격자변형을 일으켜 석출경화 현상을 나타내는데 기인한다. 대표적인 시효의 특징으로는 경도의 증가, 연신의 감소, 충격값 저하가 있으며 소입 후의 시효를 소입시효, 냉간가공 후의 시효를 변형시효라고 한다.

2.7.2 소입시효(담금질 시효, 석출경화)

소입시효는 주로 탄소의 석출(precipitation)에 기인한다. 즉, 페라이트 중에서 탄소 용해도는 온도 강하와 함께 감소한다. 따라서, 변태점 부근에서 급랭하면 과포화된 탄소는 급랭중에 충분히 석출되지 못하고 실온에 도달한다. 이 상태를 방치하면 시간이 경과함에 따라 과포화탄소가 점차 석출하여 석출경화(precipitation hardening)가 일어난다.

2.7.3 변형시효

금속의 결정격자는 규칙적으로 배열되어 있는 것이 정상적이지만, 불완전하거나 결함이 있을 때 외력이 작용하면 불완전하거나 결함이 있는 곳으로부터 이동이 생기게 되는데, 이를 전위(dislocation)라고 한다. 냉간가공을 실시한 강을 저온에서 뜨임(tempering)할 때 주로 발생하며, 질소가 많이 고용되어 있으면 가공에 따라서 점점 전위 주위에 질화물이 모여 전위의 이동을 방해하기 때문에 시간의 경과와 함께 강의 경도가 증가하는 현상이다. 변형시효는 주로 질소의 석출에 기인한다. 강재를 냉간으로 수% 소성변형 시키면 경도의 시간적 변화는 소입시효와 비슷하다. 최초 수일간에는 시효가 크게 일어나지만 이후는 변형시효 속도가 완만하게 된다.

2.7.4 시효 방지책

소입시효와 변형시효를 경감시키기 위해서는 탄소나 질소를 안정화시키는 Si, Al, Ti, V 등을 첨가한다. 특히 바나듐이나 티탄을 처리한 강을 비시효강(non-aging steel)이라 한다. 소입성은 후판강을 소입하는 경우 표면에서부터의 깊이에 따라 소입경화가 다르게 되는데, 어떤 깊이까지 경화하였는가를 문제로 하고 있다. 소입성이 깊은 강에서는 열영향부가 완전하게 마르텐사이트(martensite)가 되지만 소입성이 얕은 강에서는 미세한 펄라이트(pearlite)가 생겨 열영향부의 경화는 적게 된다. 일반적으로 소입 최고 경도와는 달리 합금원소의 영향이 탄소함량의 영향보다 크다.

2.8 강의 열처리법

열처리(heat treatment)는 금속 재료를 각종 사용 목적에 따라 기능을 충분히 발휘하게 하려면 합금만으로는 충분하지 않아서, 응력을 제거하거나 경도, 인성 등 강의 성질을 개선할 목적으로 가열, 유지 또는 냉각하는 조작을 의미하며, 열처리 목적에 따라 가열속도, 냉각속도나 특별한 온도에서 유지시간 등을 제어하는 것을 의미한다.

2.8.1 열처리의 목적

- 산세정, 도금 또는 용접 중에 흡수한 수소에 의한 취성 저감
- 변태에 의한 마이크로 응력의 제거 (템퍼링)
- 기계가공 중 발생한 변형 또는 파괴 원인이 되는 매크로 응력의 제거 (응력제거 어닐링)
- 냉간가공의 영향 제거 (중간 어닐링)
- 조직의 균일화, 결정립 미세화 (노멀라이징)
- 연화 또는 절삭성 향상을 위한 조직의 변화 (완전 또는 구상화 어닐링)
- 강도와 경도의 현저한 증가(담금질)

2.8.2 담금질 (quenching, 소입)

강을 A_3 변태점(아공석강) 또는 A_1 변태점(과공석강)보다 30~50℃ 정도 높은 온도로 가열한 후 물이나 기름 속에서 급속히 냉각시켜 강의 조직이 오스테나이트에서 펄라이트로 변화하는 도중에 마텐자이트 조직이 형성되도록 하여 경도와 강도를 증가시키는 방법이다.

오스테나이트(austenite)는 비자성체이며 전기 저항이 크고 경도는 낮으나 인장강도에 비하여 연신율이 큰 조직이다. 소르바이트(sorbite)는 트루스타이트보다 냉각속도가 느린 경우에 나타나는 조직으로 강인성과 경도가 크며, 트루스타이트(troostite)는 마텐자이트보다 냉각속도가 느린 경우에 나타나는 조직으로 기름이나 온탕속에서 급속히 냉각할 때 재료 중앙에 잘 나타난다. 마텐자이트(martensite)는 강을 물 속에서 급속히 냉각시켰을 때 나타나는 침상조직으로 내식성이 강하고 강도와 경도가 크며 강자성체이나, 여리고 전연성이 매우 작은 조직이다. 또한 비중이 오스테나이트보다 작으므로 변태될 때에 팽창되는 특성을 가지고 있다. 이러한 조직들의 경도와 강도는 마텐자이트〉트루스타이트〉소르바이트〉펄라이트〉오스테나이트 순으로 나타난다.

담금질의 목적은 소입에 의한 경화에 있으며, 급랭방법으로는 강의 성분에 따라 물, 기름, 공기 또는 금형 중에서의 소입이 사용된다. 물과 기름은 담금질 경화능이 크다. 물은 처음에는 경화능이 크나 기포가 생기면서 냉각능이 감소하고, 기름은 처음에는 냉각능이 약하나 온도 상승과 더불어 냉각능이 증가한다. 보통 탄소강, 망간강, 텅스텐강 등의 간단한 것은 물에 담금질하며 복잡한 형상 및 그 밖의 각종 특수강들은 기름에 담금질한다. 그림 3-18에 탄소함량별 담금질 온도범위를 나타내었다.

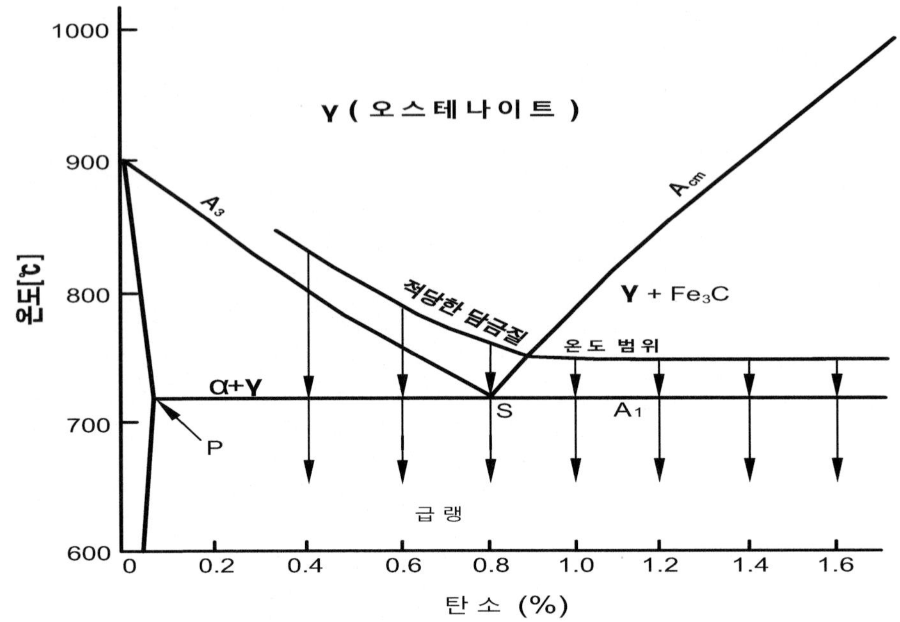

그림 3-18 탄소함량별 담금질 온도 범위

2.8.3 뜨임 (tempering, 소려)

담금질한 강은 경도가 크나 메진 성질이 있으므로 내부응력을 제거하고 인성을 증가시키기 위하여 A_1 변태점 이하에서 재가열한 후 냉각시키는 열처리를 뜨임이라고 한다. 담금질한 강을 재가열하면 마텐자이트 조직이 트루스타이트, 소르바이트나, 펄라이트 등으로 변하게 된다. 담금질 후 발생한 내부응력을 제거하고 비교적 높은 경도를 필요로 할 경우 150℃ 부근에서 실시하는 뜨임을 저온뜨임이라 하고, 담금질한 강을 500~600℃ 부근에서 뜨임하여 인성을 확보하는 것을 고온뜨임이라 한다. 강종에 따라서는 약 620℃로 가열한 다음 서랭하면 뜨임취성이 나타난다. 이것은 크롬-니켈강이나 고탄소강에서 나타나기 쉬우므로 방지책으로는 뜨임온도에서 급랭하거나 또는 특수한 원소(Mo 등)을 첨가하면 유효하다.

2.8.4 불림 (normalizing, 소준)

단조, 압연 등의 소성가공으로 인해 거칠어진 조직을 미세화하고 편석이나 잔류응력을 제거하기 위해, A_3 변태점보다 30~50℃ 정도 높게 가열하여 공기 중에서 자연 냉각하는 것을 불림이라 한다. 불림 처리한 강은 결정입자의 조직이 미세하게 되어 연신율과 인성이 증가하여 단면 수축 등이 잘 된다. 그 목적은 조직의 개선, 결정립 미세화, 가벼운 소입경화, 주물이나 단조품의 조직개선 등이다. 구조용 강은 압연한 강보다 불림을 하면 노치인성이 현저하게 상승한다.

2.8.5 풀림 (annealing, 소둔)

재료를 단조, 주조 및 기계가공을 하면 조직이 불균일하여 거칠어지고 가공경화나 내부응력이 발생하는데, 이를 제거하기 위하여 변태점 이상의 적당한 온도로 가열하고 서서히 냉각하는 것을 풀림이라 하며, 고온 풀림과 저온 풀림이 있다. 고온 풀림은 완전 풀림, 확산 풀림, 항온 풀림이 있으며 강을 A_3 변태점보다 약 50℃의 고온으로 가열하여 일정시간 유지하여 균일한 오스테나이트로 한 다음 극히 서랭하는 열처리이며, 일반적으로 노안에서 냉각된다. 풀림의 목적은 연화 또는 연성의 증가, 내부 응력의 제거 및 재결정의 균일화에 있다. 저온 풀림은 A1 변태점 이하에서 실시하는 것으로 응력제거 풀림, 프로세서 풀림, 재결정 풀림 등이 있다.

2.9 강의 강화기구 (strengthening mechanism)

2.9.1 개 요

금속재료를 강하게 하기 위해서는 난위(亂位)를 완전히 없게 하는 방법이 있으나 실용화할 가능성이 매우 적고, 대안으로 난위를 가급적 움직이지 못하게 하는 것이 바람직하다. 오늘날 실용 금속의 강화법은 주로 이러한 방법을 이용하며, 그 강화기구에는 다음과 같은 방법들이 있다.

2.9.2 고용체 경화

한 성분이 다른 성분의 금속 또는 비금속에 혼합되어 용융 상태에서 합금이 되었을 때, 또는 고체 상태에서도 균일한 융합 상태로 되어 각 성분 금속을 기계적인 방법으로는 구분할 수 없을 때 이것을 고용체(solid solution)라 한다. 모체가 되는 원소에 크기가 다른 원소를 고용시키면 용질원자는 그 주위의 결정격자를 뒤틀리게 한다. 이와 같이 격자 뒤틀림을 가진 격자면은 같은 크기의 원자가 배열한 격자면보다 난위가 움직이는데 더 많은 에너지가 소요되어, 그만큼 더 강해진다. 모든 합금원소는 원래의 원자와 크기가 다르기 때문에 크기 차이로 인한 고용강화 효과를 갖고 있다. 이때 합금원소의 크기가 모체가 되는 원자의 크기와 큰 차이가 없을 때에는 주로 치환형으로 고용되어 약간의 강압효과를 나타내고 인성에는 큰 변화가 없다. 그러나 반대로 크기의 차이가 크면 침입형으로 고용되어 높은 강화효과가 있으나 인성에 나쁜 영향을 주게 된다. 강화는 주로 용질 원자의 용해도와 모체 금속 원자의 원자 크기 차에 의존한다.

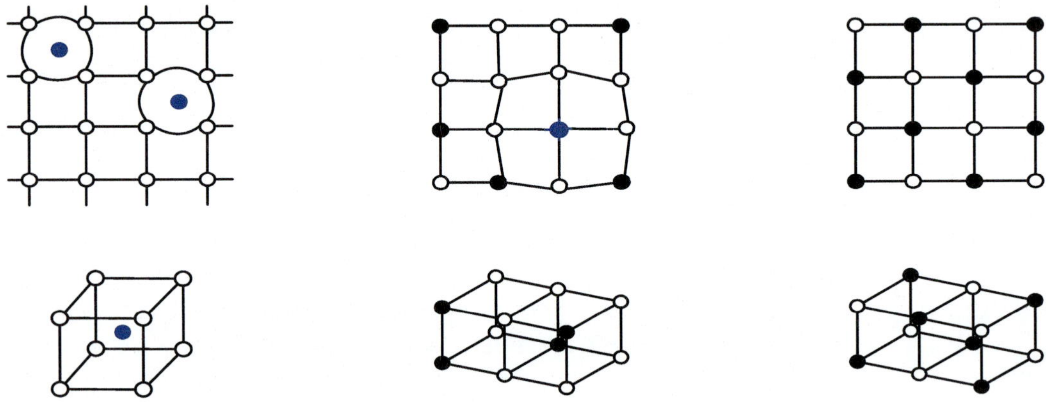

(a) 침입형 고용체 (Fe-C)　　b) 치환형 고용체 (Ag-Cu, Cu-Zn)　　(c) 규칙 격자형 고용체 (Ni_3-Fe, Cu_3-Au, Fe_3-Al)

그림 3-19 고용체의 결정격자

그림 3-20에 고용에 의한 격자의 뒤틀림 모형을 나타내었다.

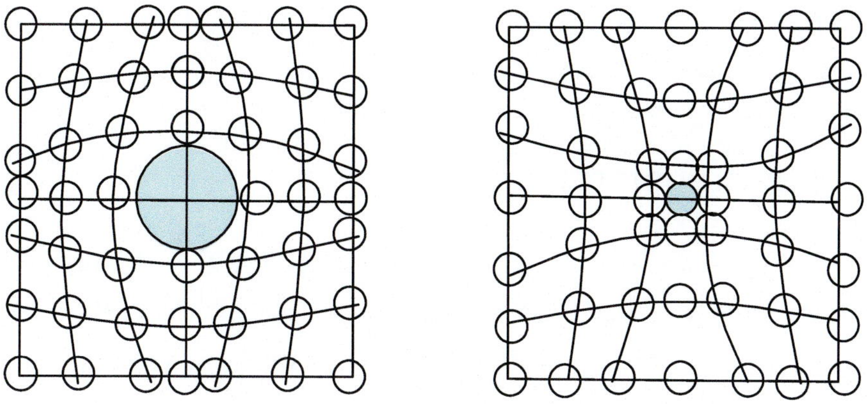

그림 3-20 고용에 의한 격자의 뒤틀림 모형도

2.9.3 석출경화

비평형 조직을 가진 고체 재료가 열적활성화를 받으면 평형상태에 접근하기 때문에 그 재료의 여러 성질이 시간과 함께 변화하는 성질을 시효라 부르고, 또 석출에 따르는 경화현상을 석출경화(precipitation hardening) 또는 시효경화(age hardening)이라고 한다. 용접에서 강에 탄화물을 잘 형성하는 원소를 첨가하면 탄화물을 형성시키고 그 탄화물의 양과 분포를 조절하여 강화하는 기구이다. 그런데 탄화물은 화합물이므로 크기가 매우 커서 계면에너지가 높아 이것 자체만으로는 인성에 나쁜 영향을 주게 된다.

2.9.4 가공에 의한 강화

가공에 의한 강화는 가공에 의한 전위밀도 증가, 결정립 미세화, 그리고 결정립의 방향 등이 주요 원인이다. 이는 가공을 하면 난위선끼리의 교차가 심하게 되어 난위 밀도가 현저하게 증대하므로 가공에 의하여 금속은 강화된다. 이러한 가공에 부수하는 효과로서 결정립의 미세화에 의한 강화가 있다. 입자가 작아지면 높은 강압효과가 있으며 인성도 높게 나타나는 바람직한 강화기구를 갖는다. 입자를 미세하게 하는 방법은 주로 A_3 온도 바로 위쪽에서 열처리하는 방법이다. A_3 온도 바로 위는 오스테나이트가 막 발생하기 시작하는 곳이기 때문에 상변태의 많은 시작점을 거기에서 급랭함으로서 미세한 입자를 얻을 수 있다. 여기에다 소성변형으로 인한 미세한 효과까지 가미한 것이 소위 'TMHT' (thermo-mechanical heat treatment)강이며 주로 자동차, 철골 등에 많이 이용된다. 압력 플랜트에서는 용접시공을 많이 하기 때문에 TMHT강이 별 효과가 없다. 따라서 압력 플랜트에서는 불림강을 주로 사용한다.

2.9.5 변 태 (transformation)

같은 물질이 한 결정구조에서 다른 결정구조로 그 상이 변하는 변태(transformation)는 어떠한 합금원소(W, TA 제외)도 CCT 선도의 MS 온도를 상승시키는 효과를 가지고 있다. 즉 합금이라는 그 자체가 경화를 높이는 효과가 있다. 물론 Cr, Mo, Ni 등이 그 중에서도 특히 그 효과가 크다. 경화는 결코 경도가 높아진다거나 취화 정도를 나타내는 말이 아니고 마텐자이트 변태를 얼마나 잘 일으키는가를 나타내는 말이다. 이와 같은 마텐자이트는 마텐자이트 내의 탄소함량의 조절에 따라 높은 인성과 강도를 가질 수 있다. 또한 마텐자이트 변태를 통해서 매우 미세한 입자도 얻을 수 있어 더욱 효과적이며 대표적인 강이 SA508이다.

연습문제

1 용착금속이 응고할 때 불순물이 한 곳으로 모이는 현상을 무엇이라고 하는가?
① 공석
② 고용체
③ 석출
④ 편석

2 용접 후 열처리의 목적이 아닌 것은?
① 결정 조대화
② 균열방지
③ 강도의 증가
④ 경도의 증가

3 용융 슬래그 중에 FeO와 CaO가 존재하는 경우에 용융 반응은?
① 탈황반응
② 단정반응
③ 탈산반응
④ 탈인반응

4 공석강의 항온 변태 중 800℃ 이상에서의 조직은?
① 오스테나이트
② 페라이트
③ 세미킬드강
④ 베이나이트

5 용접부의 풀림 처리의 효과는?
① 취성이 증대된다.
② 조직이 조대화된다.
③ 연성이 감소한다.
④ 잔류응력이 감소한다.

01④ 02① 03③ 04① 05④

6 다음 중 금속의 탈산반응을 일으키는 탈산제와 거리가 먼 것은 무엇인가?
① Si
② Fe
③ Mn
④ S

7 용접 분위기 중의 수소원이 아닌 것은?
① 용접봉 심선의 수분
② 플럭스 중의 유기물
③ 피복제 중의 수분
④ 개선면에 부착된 유지류

8 다음 중 'Fish Eye'를 지칭하는 용어는 무엇인가?
① 변태반응
② 언더비드 균열
③ 은점
④ 수소유기균열

9 다음 열처리 방법 중 내부응력을 제거하고 인성을 증가시키는 열처리법은 무엇인가?
① 담금질
② 뜨임
③ 불림
④ 풀림

10 한 성분이 다른 성분의 금속 또는 비금속에 혼합되어 용융상태에서 합금이 되었을 때, 또는 고체 상태에서도 균일한 융합 상태로 되어 각 성분 금속을 기계적인 방법으로 구분할 수 없을 경우 무엇이라 하는가?
① 고용체
② 석출경화
③ 변태
④ 가공경화

06 ④ 07 ① 08 ③ 09 ② 10 ①

Chapter

3 용접 열영향부

3.1 강의 HAZ 조직과 열 사이클

3.1.1 강의 열영향부(HAZ) 조직

용접 열영향부(HAZ, heat affected zone)은 모재에 용접열이 가해질 때 용융경계부에서 모재로 전달되어 강의 성질이 변한 영역으로 용접 후 균열 발생 등의 열화가 발생하기 쉬운 영역이다. 용융 용접 시 용접부는 급열되어 용융상태에까지 이른 후 수초 정도의 짧은 시간에 급속히 냉각된다. 이때 용접금속에 인접된 모재의 일부는 변태온도 이상으로 가열된 후 급랭되므로 모재와는 다른 현미경 조직을 나타낸다. 용접방법에 따라 이 영역의 크기는 달라지나 보통의 피복아크용접조건으로 행한 비드 용접의 경우에는 그 폭이 2~3mm 정도이다. 열영향부의 크기는 용접입열이 증가하면 폭이 증가하며, 냉각속도가 빨라지면 적어진다. 가스용접의 경우는 그 폭이 증가하며, 고에너지 밀도 용접은 그 폭이 극히 감소하며 판두께가 두꺼워질수록 적어진다. 필릿 용접은 맞대기 이음보다 급랭되므로 열영향부가 좁아지며, 열확산도가 큰 모재는 냉각속도가 빨라지게 되어 열영향부 폭이 좁아진다. 영영향부에는 야금학적으로 낮은 입열의 용접 방법이 좋으며, 기계적 성질은 미세한 주상정이 좋다. 입열 측면에서는 다층용접이 유리하며, 위빙 비드보다는 줄비드의 경우가 유리하다.

강의 열영향부 조직은 그림 3-21과 표 3-3에 나타낸 바와 같이, 용융금속, 조립역, 혼립역, 세립역, 입상역(구상펄라이트), 취화역과 모재원질부로 구성된다. 그림 3-21에

HAZ 내의 여러 영역과 Fe-Fe_3C 평형 상태도를 나타내었다. 또한 강의 열영향부 조직을 표 3-3에 자세하게 나타내었다.

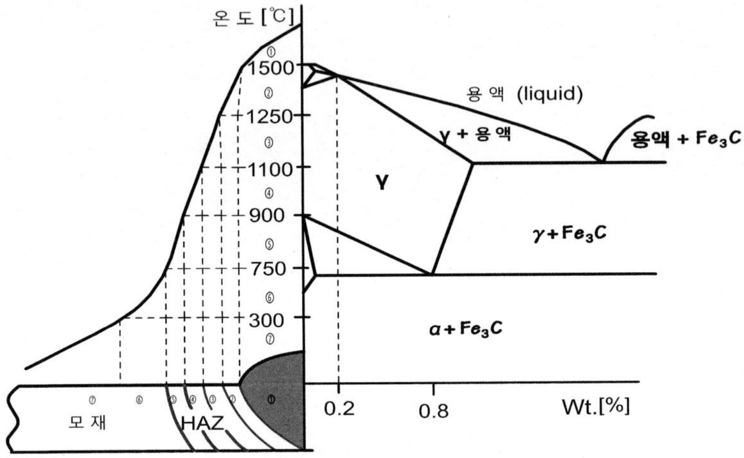

그림 3-21 HAZ 내의 여러 영역과 Fe-Fe_3C 평형 상태도

표 3-3 강의 열영향부 조직

순번	명칭(구분)	가열온도 (약 ℃)	내 용
(1)	용융금속	용융온도 (1500℃ 이상)	용융온도 이상으로 가열될 때 용가재와 모재가 용융하여 재응고한 부분으로 주조 조직 또는 수지상(dendrite) 조직을 나타낸다.
(2)	조립역	1250℃ 이상	결정립이 조대화되어 마텐자이트 등의 경화조직이 되기 쉽고, 저온균열이 발생될 가능성이 크다.
(3)	혼립역	1250~1100	조립과 세립의 중간으로 성질도 중간 정도이다.
(4)	세립역	1100~900	결정립이 A_3 변태(재결정)에 의해 미세화되어 인성 등 기계적 성질이 양호하다.
(5)	입상역 (구상펄라이트역)	900~750	펄라이트만 변태하거나 구상화하며, 서랭시에는 인성이 양호하나 급랭시에는 마텐자이트화하여 인성이 저하한다.
(6)	취화역	750~300	열응력 또는 석출에 의해 취화되는 경우가 많지만 현미경 조직은 변화가 없다. 정적연성은 변화가 없지만 충격 특성은 열화(킬드강은 취화 정도가 약하나, 세미킬드 및 림드강은 충격 특성의 열화가 광범위한 영역에서 발생)된다.
(7)	모재 원질부	300~실온	열영향을 받지 않은 모재 부분

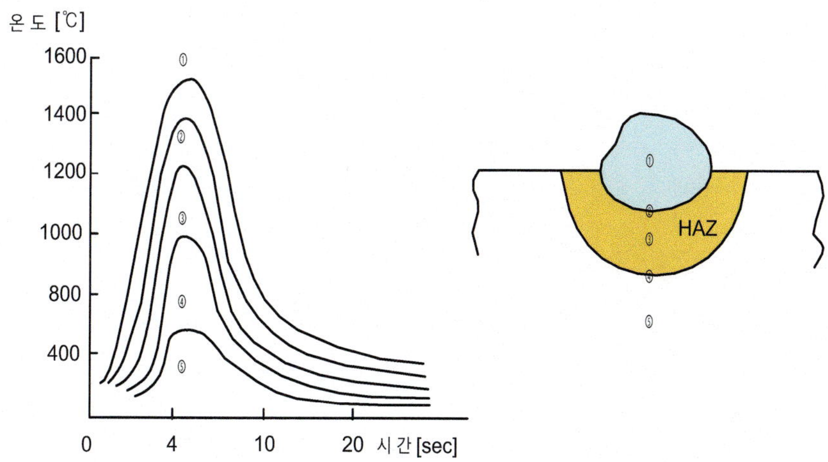

그림 3-22 아크 용접에 의한 강의 열 사이클

3.1.2 열 사이클(thermal cycle)

그림 3-22에서와 같이 용접금속에 접하는 모재는 용접금속으로부터의 거리에 따라 급열, 급냉 된다. 이 온도변화를 열 사이클이라고 한다. 예를 들어 1,200℃까지 가열되는 데는 4초 미만이지만 다시 500℃까지 냉각되는 데는 15초 정도가 더 걸린다. 그리고 200℃까지 냉각되는 데는 1분 이상이 소요된다. 이러한 용접 열 사이클에 영향을 주는 인자는 용접방법, 입열량, 이음형상, 판두께, 예열온도, 온도 확산율 등이 있다.

3.2 강의 HAZ 경도 분포

강의 용접 비드 단면의 경도분포는 아래 그림 3-23에서와 같이 본드 근방의 조립역에서 경도의 최고값을 나타낸다. 최고 경도는 강 용접 HAZ의 경화의 대소를 정량적으로 나타내고 있다.

최고 경도값은 본드 근방의 조립역에서 형성되며, 강 용접부 HAZ의 경화 정도를 정량적으로 표시한 것으로서 강의 화학조성과 냉각속도 인자(판 두께, 예열온도, 용접 이음부 형상, 열전도도, 입열량) 등에 의해서 좌우된다. 용접 열영향부의 경화는 인성과 균열과 밀접한 관계를 가지므로 매우 중요한 요소이다. HT50, HT60강에서는 최고경도가 약 350Hv(비커스 경도) 이상이면 균열발생의 위험이 있다.

그림 3-23 강의 HAZ 경도분포 곡선

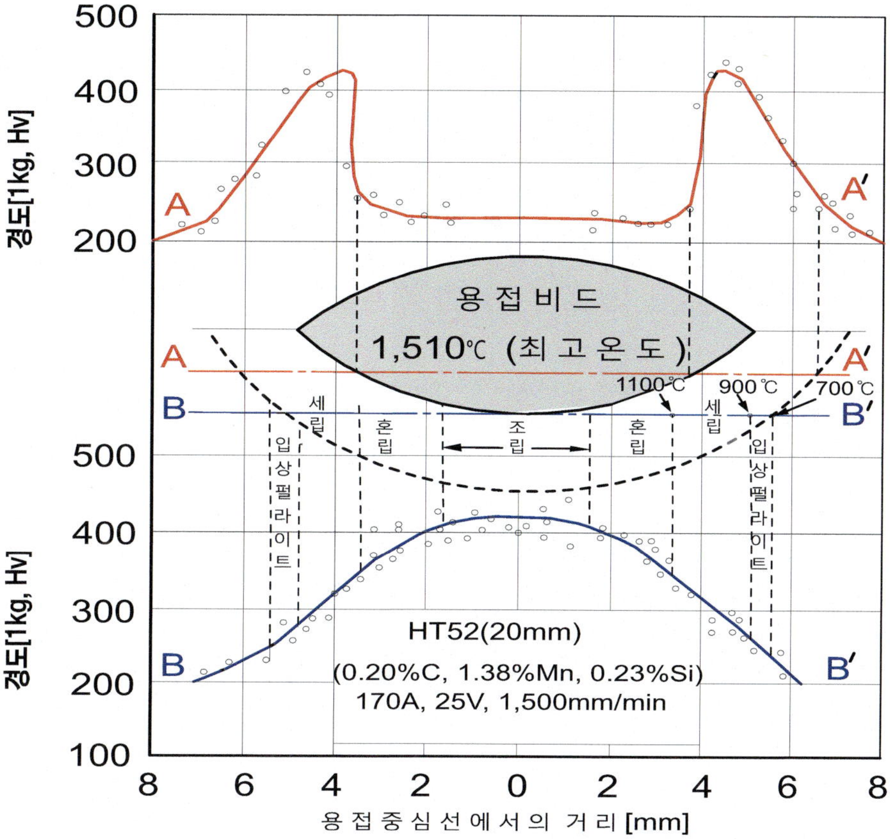

역학적관점에서 볼 때 경도, 인장강도, 항복강도는 조립역에서 최대이며, 모재 원질부에서 최소값을 갖는 반면, 단면수축률은 조립역에서 최소이고 모재 원질부에서 최대가 된다. 또한 연성은 조립역에서 최소가 된다. 충격강도(인성)은 조립역에서 최소이며 고장력강의 경우 A_1~A_3 변태점 사이에서 저하하며, 연강은 200~400℃(취화역)에서 저하하는데, 이 원인은 흑연화에 의한 석출경화와 열변형에 의한 변형시효(소성변형)에 의한 것으로 고려된다. 그림 3-24에 용접부 충격치의 정성적 분포를 나타내었다.

그림 3-24 용접부 충격치의 정성적 분포

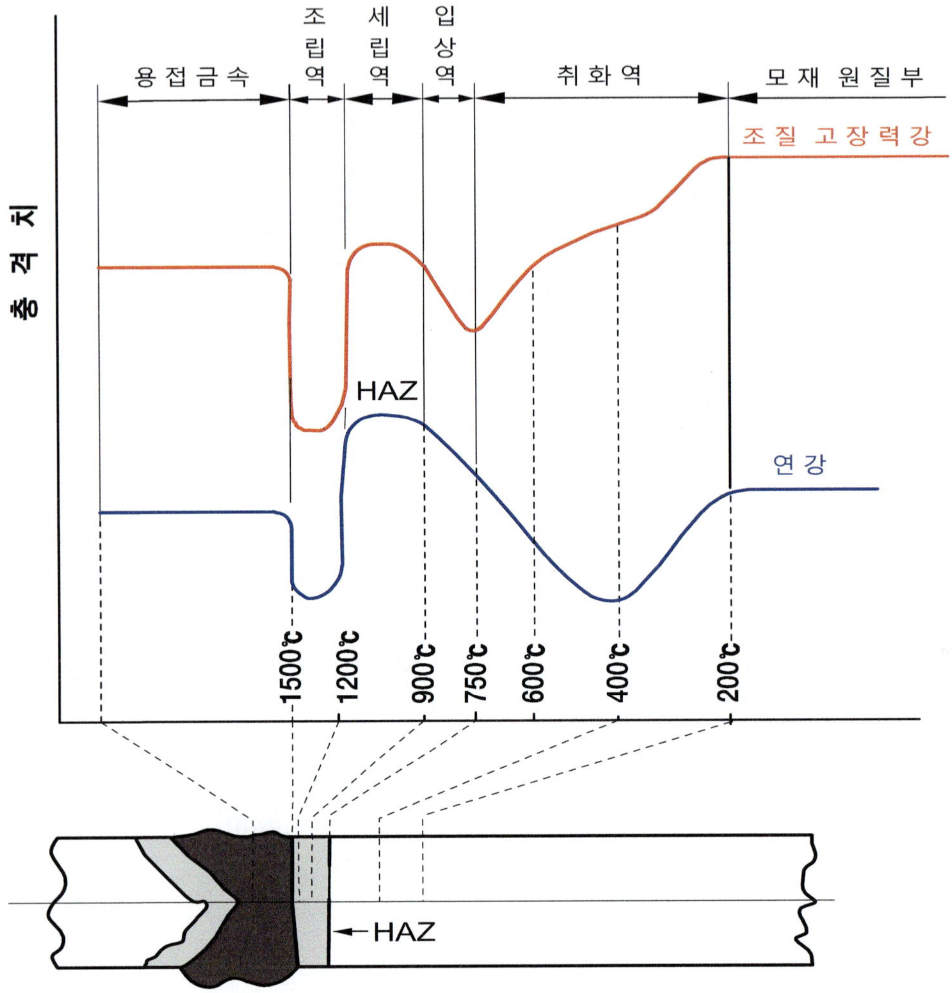

열영향부의 경화는 탄소와 합금원소가 많이 포함된 경우, 즉 탄소당량이 큰 경우 경화가 심하고, 냉각속도가 빠를 경우도 경화가 증가한다. 오스테나이트 스테인리스강, 페라이트 스테인리스강, 동합금, 알루미늄 합금은 온도변화에 의한 변태는 발생하지 않기 때문에 용접이음부의 매크로 조직을 관찰하는 것만으로는 열영향부를 명확하게 구분하기 어렵다. 그러나 결정립의 변화 (조대화나 재결정), 기계적 및 물리적 성질변화가 생기는 영역이 존재한다. 용접입열량이 증가하거나 냉각속도가 느려지면 열영향부의 조직이 마텐자이트에서 하부 베이타이트, 상부 베이나이트와 페라이트나 펄라이트 조직으로 변화한다. 인성을 지배하는 주요인자도 모재와 같이 결정립도 및 고탄소

마텐자이트를 함유한 조직이며, 가장 인성이 열악한 곳은 용접금속에 인접한 용융경계부 근방의 조립역이며, 그 다음은 A_1~A_3의 이상역 (연강: 400℃, 고장력강: 750℃)이다. 다층용접에서는 이들이 중첩된 위치로 용융선 근방이 인성이 가장 열화하는 위치가 되며, 인성에 가장 영향을 미치는 것은 최고가열온도와 냉각속도이다. 베이나이트(banite)는 탄소강이나 합금강을 담금질 온도에서 열욕에 담금질하여 항온변태(550~150℃)할 때 형성된다. 상부 베이나이트는 깃털상 조직이고 하부 베이나이트는 침상조직인데, 이는 페라이트 지층에 분산된 시멘타이트 조직이다. 가장 인성이 낮은 조직은 상부 베이나이트 조직이다.

냉각속도는 입열량과 온도확산계수에 비례하며, 초기모재온도에 반비례한다. 모재가 두꺼울수록 냉각속도가 빠르고 맞대기 이음보다 필릿 용접의 경우 냉각속도가 빨라진다. 냉각속도 파악의 목적은 예열온도를 예측하여 냉각속도를 임계속도 이하로 유지하여 급열, 급랭으로 인한 마텐자이트 조직 생성에 따른 균열을 방지하는 데 있다. 냉각시간이 짧으면(냉각속도가 빠른 경우) 경도가 증가하여 취화되고 균열발생 우려가 증가한다. 다층용접을 실시하면 먼저 행한 비드에 의한 예열효과와 다음에 용접되는 비드에 의한 후열효과로 최대경도가 저하되어 인성이 증가한다. 용접저온균열은 저탄소강에서는 거의 발생하지 않지만 중, 고탄소강의 용접부에서 발생하기 쉽다.

3.3 탄소당량(C_{eq})과 연속 냉각 변태곡선(CCT diagram)

3.3.1 탄소당량

철강에서 C의 역할은 Fe_3C(cementite) 화합물을 구성하여 강도를 향상시키고 변형도를 감소시킨다. 그러나 다량의 탄소를 함유하면 편상으로 존재하여 취약해지기 쉽다. 따라서 내열, 내식, 경화능의 증대를 위해서 탄소를 비롯한 합금원소들을 첨가하는데 이들은 임계냉각속도와 변태온도를 낮추기 때문에 마르텐사이트로의 변태를 용이하게 하여 경화능을 높이게 된다. 탄소당량은 강재 혹은 용접금속에 함유되어 있는 합금원소의 함량을 탄소에 대한 대응량으로 환산(% 농도)하여 탄소를 포함해서 전부 환산한 수치를 말한다. 이 수치는 용접 시 강재의 용접성 평가, 열영향부의 최고 경도를 추정, 용접 재료의 선택, 예열 및 후열처리 여부 판단, 저온 균열에 대한 감수성 평가 등에 활용한다.

강의 화학성분과 540℃ 부근의 냉각속도(또는 800℃로부터 500℃까지의 냉각시간)에 의하여 결정된다. 즉 냉각속도가 빠를수록 경화가 심하다. 또한 탄소당량(Ceq)가 크면 최대경도값이 증가하고, 취화되며 균열발생의 우려가 커진다.

H_{max} (최고경도) = a · C_{eq} + b

a, b: 냉각속도에 의한 상수

C_{eq}: 탄소당량

$$C_{eq} = C + \frac{Mn}{6} + \frac{Si}{24} + \frac{Ni}{40} + \frac{Cr}{5} + \frac{Mo}{4} + \frac{V}{14} [\%]$$

탄소당량은 고장력강에 첨가된 합금성분들이 용접 후 경화성에 미치는 정도를 C로 환산한 값으로 탄소당량이 0.4 이하에서는 용접성이 양호하나, 0.5 이상에서는 용접이 대단히 곤란하다. 탄소당량이 커지거나 모재의 두께가 두꺼워지면 경도가 증가하여 예열온도를 높일 필요가 있다. 탄소당량이 커지면 예열과 후열을 행할 필요가 있으며, 냉각속도가 빠르면 용접잔류응력이 증가한다. 저온균열은 탄소가 지배적이고 고온균열은 S, P 함유량과 편석이 주요 원인이다.

3.3.2 연속 냉각 변태 선도 (CCT diagram)

용접 열영향부(HAZ)의 최고 가열온도로부터 냉각속도에 따라 조직과 최고경도(Hv)가 변화하는 거동을 나타낸 것이 CCT (continuous cooling transformation diagram)선도이다. 냉각곡선 끝에는 상온에서의 경도값을 나타낸다. 그림 3-22에 HT52강의 용접용 연속 냉각 변태곡선 (CCT Diagram)을 나타내었다. 용접 시공에 있어서 용접 입열량, 모재 두께, 예열온도, 용접부 형상에 따라 결정되는 냉각속도와 CCT 곡선에서 HAZ의 최고 경도와의 관계를 알 수 있기 때문에 HAZ의 취성과 저온균열 방지를 위한 용접시공 조건을 사전에 검토할 수 있게 된다. 즉 CCT 곡선을 이용하여 HAZ의 조직이나 경도를 알 수 있기 때문에 균열방지나 경도를 일정한 값 이하로 유지하고 싶을 경우에 냉각속도 및 필요한 예열온도를 결정하는데 이용될 수 있다. 그림 3-24에 나타난 HT52강의 용접용 연속 냉각 변태곡선은 모재 시편을 1,350℃에서 여러 가지 냉각곡선에 따라서 냉각하여 냉각 중의 변태를 조사하여 작성한 변태곡선이다. 냉각곡선

최저 끝단에는 469, 375, 235, 185Hv 등의 경도를 나타내었으며, 이는 각각의 냉각곡선으로 냉각 시 최후에 얻어지는 재료의 경도를 나타낸 것이다. 이를 통해 사용자가 원하는 재료의 경도가 있다면, 그에 필요한 냉각속도를 통해 원하는 경도를 얻을 수 있게 된다. 또한 그래프에 나타난 금속 조직을 통해 냉각속도 조절을 통해 원하는 금속 조직 확보가 가능하다.

최고 가열온도 1300℃
a: 오스테나이트
f: 페라이트
p: 펄라이트
m: 마텐자이트
Z_w: 베이나이트
C'_e, C'_p, C'_f, C'_z : 임계 냉각시간

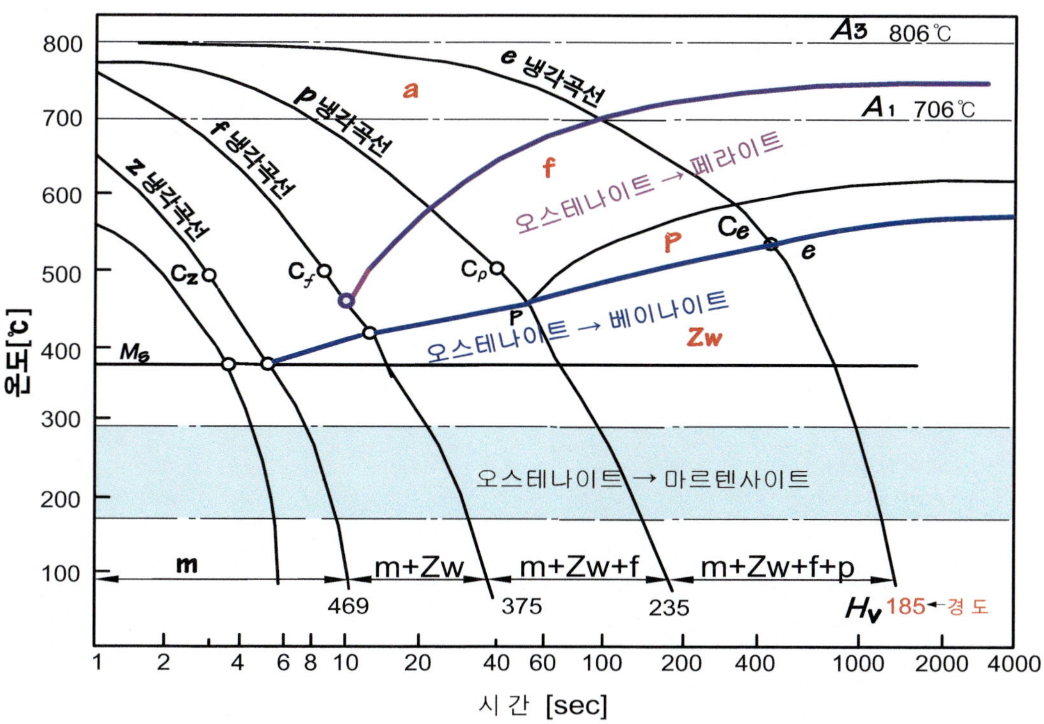

그림 3-24 HT52강의 용접용 연속 냉각 변태곡선

연 습 문 제

1 HAZ의 특성을 향상시키기 위하여 흔히 취하는 옳은 방법은?
① 특수한 용가재 사용
② 용접부 피닝
③ 용접부 냉각속도 감소
④ 용접부 예열과 후열

2 연강 용접 시 열영향부(HAZ)에 나타나지 않는 조직은 무엇인가?
① 조립역
② 세립역
③ 입상역
④ 취화역

3 용접 열영향부의 기계적 특성을 좌우하는 가장 중요한 것은?
① 용접전류
② 용접전압
③ 용접속도
④ 모재의 화학성분

4 강의 연화 및 내부 응력 제거를 목적으로 하는 열처리는?
① 침탄법
② 불림
③ 질화법
④ 풀림

5 용접 열영향부의 경도 증가에 가장 큰 영향을 미치는 원소는?
① 인
② 망간
③ 규소
④ 탄소

01① 02④ 03④ 04② 05③

6 HAZ 조직 중 펄라이트만 변태하거나 구상화하며, 서랭 시 인성이 양호하나 급랭 시 인성이 저하되는 조직은 무엇인가?
① 조립역
② 혼립역
③ 세립역
④ 입상역

7 강의 냉각속도 인자가 아닌 것은?
① 화학조성
② 예열온도
③ 용접 이음부 형상
④ 입열량

8 강의 용접 열영향부 조직 중 750℃ 이하에서 나타나는 조직은 무엇인가?
① 조립역
② 세립역
③ 입상역
④ 취화역

9 강재 혹은 용접금속에 함유되어 있는 합금유원소의 당량을 탄소에 대한 대응량으로 환산한 수치를 무엇이라 하는가?
① 경화
② 변태
③ 탄소당량
④ 열영향

10 조질 고장력강의 충격치가 가장 낮은 조직은 무엇인가?
① 세립역
② 조립역
③ 입상역
④ 취화역

06 ④ 07 ① 08 ④ 09 ③ 10 ②

Chapter

4 각종 금속의 용접성

재료의 용접성은 특정재료에 대한 용접의 쉽고 어려움을 나타내는 용어이다. 이는 재료마다 용융점, 열전도도, 열팽창계수, 선팽창계수 등의 다양한 특성에 대한 용접의 난이를 의미하며, 용접성을 고려하여 각 재료에 적합한 용접법이 사용되어야 한다.

4.1 탄소강의 용접성

4.1.1 저탄소강의 용접

저탄소강은 탄소를 0.3% 이하를 함유하고 있는 강이고, 연강은 0.25% 정도의 탄소를 함유한 탄소강을 가리키는데, 보통 저탄소강을 연강이라 부르고 있으며 일반 구조용 강으로 널리 사용되고 있다. 연강의 용접에서는 판 두께가 25 mm까지는 저수소계 이외의 용접봉을 사용하여도 균열이 발생하지 않는 등의 별로 문제가 되지 않으나, 탄소량이 비교적 많고(C > 0.25%) 판이 두꺼운 경우(t > 25 mm)에는 급랭을 일으키는 경우가 있으므로 예열이나 용접봉의 선택 등에 주의를 해야 한다. 특히 판 두께가 40 mm 이상이 되면 탄소량도 많아지고, 용접 시 냉각속도가 빨라지므로 균열이 생기기 쉽다. 이런 경우에는 적당한 예열 및 저수소계 용접봉을 사용하여야 한다. 75 mm 이상 두께 용접시에는 다층 용접 시 수소의 집적에 의해 용접 금속의 마이크로 균열, 열영향부에서의 균열 발생이 예상된다. 따라서 저수소계 용접봉을 이용하고 예열(100~150℃) 및 후열(약 250℃) 조작이 필요하다. 일렉트로슬래그 용접 (입열량

300~500kJ/cm)과 같이 대입열을 이용하면 용접금속과 용접열영향부 모두 인성이 저하한다. 인성이 요구되는 경우에는 용접 후 불림 또는 불림 템퍼링 처리가 필요하다.

4.1.2 중 · 고탄소강의 용접

중·고탄소강은 각각 탄소를 0.3~0.5%, 0.5~2.0% 함유하고 있는 강이고, 연강에 비해 용접에 의해 일어나는 열영향부의 경화가 현저하며, 균열이나 기공이 많아져서 연강에 비해 용접이 곤란하다. 탄소는 강 중에서 시멘타이트로 존재하며, 고온에서 장시간 유지되면, 흑연화 ($Fe_3C \rightarrow 3Fe + C$)가 일어나 흑연의 석출로 강재가 약하게 된다. 따라서 비드 균열을 일으키기가 쉽고 또 모재와 같은 용접금속의 강도를 얻으려면 연신율이 적어 용접균열을 일으키기 쉽다. 따라서 예열처리(150~250℃)하고 후열처리(650℃)하여 연성을 회복시켜야 한다. 고탄소강의 용접봉으로는 저수소계의 모재와 유사한 재질의 저수소계 용접봉 또는 연강 용접봉, 오스테나이트계 스테인리스강 용접봉을 사용한다. 저수소계 용접봉을 사용하려면, 100~150℃ 정도로 예열하고, 오스테나이트계 스테인리스강 용접봉을 사용할 경우, 용접 금속의 연성이 풍부하므로 잔류 응력이 저하하고, 수소로 인한 취성도 일어나지 않는다. 또한 저입열 줄비드를 사용하고 국부 수소 농도를 작게하여 균열발생 한계 응력을 높여야 한다.

일반 구조용 압연강재(SS, steel structure)의 용접시는 P와 S 함유량만 0.04% 이내로 제한하는데, 용접균열 발생이 쉽고 노치인성이 적으며, 통상 림드강이고, 충격치가 낮아서 대형구조물에 사용이 곤란하다. 용접구조용 압연강재 (SM, steel marine)의 경우에는 P와 S 함유량 이외에 C, Si, Mn에 대해서도 함유량을 규정하며 SS강에 비해 고급강인 킬드강이나 세미킬드강이 이에 해당한다. 충격치를 규정하는 경우 Mn량을 증가시켜 Mn/C를 크게 하여 노치인성과 용접성을 향상시킨다.

4.2 고장력강의 용접성

4.2.1 고장력강의 특성

고장력강은 탄소 이외의 합금 원소를 소량 첨가하여 물리적 또는 화학적 성질을 우수하게 한 강으로 강구조물에 널리 사용되며, 용접을 고려하여 용접성을 좋게 한 것을 용접구조용 고장력강이라고 한다. 고장력강의 인장강도는 50~110 kg/mm^2 범위이며 강은 내력과 인장강도가 커지면 일반적으로 용접균열이 발생하기 쉽고 인성이 저하하는 경향이 있는데 이러한 경향을 감소시키기 위해서 C, P, S 및 N_2, O_2, H_2 등 가스 성분을 낮추는 제조법이 사용된다. 강도나 인성을 향상시키기 위해 압연 후 불림, 담금질, 뜨임 등의 열처리를 행하는 경우가 많으며, 제어압연에 의해 열처리와 동등한 효과를 내기도 한다.

4.2.1 고장력강의 종류 및 용접성

비조질 고장력강은 HT50이나 HT60으로 합금성분 첨가로 강도를 향상시키는 방법이며, 탄소량이 조질강보다 많아 노치인성이 저하하며 불림 처리로 표준 조직으로 제조한 강이다. 조질 고장력강은 HT70과 HT80이 대표적인데 퀜칭(Quenching)과 템퍼링(Tempering)처리로 고강도, 고인성의 특성이 있으며, 탄소함량을 적게 하여 항복비가 높으나 피로강도 저하의 우려가 있으며, 판두께 30mm 이상 재료에 대해서는 용접균열 방지를 위한 예열이 필요하다. 조질강을 대입열로 용접하면 열영향부에 연화역이 생긴다.

고장력강 용접시는 저온지연균열, 재열(SR)균열, 응력부식균열에 유의하여야 한다. 저온지연균열은 마텐자이트 조직, 수소량, 구속상태 등 3가지 요소에 의해 영향을 받으며 예열 및 후열 처리나 저수소계 용접봉 사용으로 균열을 방지해야 한다. 재열균열은 HT80 및 Cr + Mo + V강의 용접부에 응력제거 풀림 처리를 할 경우 토부에 재열균열이 발생하므로 토부를 평활하게 하거나 줄비드와 같은 연질비드로 용접작업을 수행해야 한다. 또한 응력부식균열 (SCC, stress corrosion cracking)은 수분이나 용매의 부식환경에 경화조직이나 용접인장잔류응력이 존재 시 발생하게 된다.

4.3 내열강의 용접성

4.3.1 내열강의 개요 및 특성

내열강은 고온에서 강도와 성능을 확보할 수 있는 강으로 Cr, Mo, V을 함유한 저합금강, 고 Cr강, 오스테나이트계 스테인리스강, 초합금(superalloy) 등이 대표적이다. 초합금은 700℃ 이상의 고온시에 쓰이는 합금으로 Ni, Co가 주성분으로 합금 원소를 다량 함유하고 있다. Fe 함량이 50% 이하이며, 650~820℃에서 내산화성이나 고온강도를 유지할 수 있다. 내열강은 고온 환경에 대한 안정성, 수소나 부식성 물질에 대한 저항성 등 화학적 안정성이 요구되며, 열팽창 계수가 작고 열전도율이 크며, 팽창이나 수축이 작은 물리적 성질을 가져야 한다. 또한 고온강도나 크리프 강도, 피로강도, 열충격 저항성 등의 기계적 성질이 우수해야 하며, 가공성, 용접성 등이 양호해야 한다. 내열강의 용접법으로는 SMAW, SAW, ESW, MIG, TIG 등의 방법이 사용된다.

4.3.2 내열강의 용접성

내열강은 용접금속이나 열영향부의 경화와 연성 저하에 의한 냉간균열, 확산성 수소에 의한 지연균열(언더비드균열, 토 균열, 루트균열), 용접후열처리에 의한 재열(SR)균열 등이 용접 시 고려해야 할 주요 사항이다. 저합금 내열강은 탄소강에 비해 합금원소를 많이 함유하고 있기 때문에 용접 시 경화될 가능성이 매우 커서 용접금속의 연성과 인성이 낮기 때문에 용접 전후에 예열과 후열처리가 필요하다. 내열강의 SR 균열을 방지하기 위해서는 경화성을 감소시키기 위해서는 예열을 실시하여 2차 경화를 촉진하는 합금원소량의 저감이 필요하며, 질화알루미늄(AlN) 첨가, 템퍼 비드 용착, 입열량 감소 등을 통하여 열영향부의 조립화를 억제하여야 한다. 또한 템퍼 비드 채용, 언더컷 방지, 토 형상 개선을 통한 응력집중 경감과 용접조건 및 후열처리 조건 개선이 필요하다.

4.4 주철의 용접성

4.4.1 주철의 종류 및 특성

선철(pig iron)은 강과 같이 철과 탄소의 합금으로 보통 탄소가 2.5~3.5%, 규소가 1.5~2.5% 정도 포함하고 있으며, 이 밖에 망간, 황, 인 등이 포함되어 있다. 주철의 화학조성은 선철과 같으나 보통 규소를 많이 넣어 용융점을 낮추고 주조를 쉽게 한 것이다. 주철의 융점(1,170~1,290℃)은 강의 융점(1,420~1,540℃)에 비해 낮고 유동성이 좋으며, 가격이 싸므로 각종 주물을 만드는 데 쓰이고 있다. 그러나 주물은 연성이 거의 없고 가단성도 없다. 이런 관계로 주철의 용접은 주로 주물 결함의 보수나 파손된 주물의 수리에 사용되고 있다. 주철의 종류는 백주철, 회주철, 반주철 (mottled cast iron), 구상흑연주철 (spheroidal graphite cast iron), 가단주철 (malleable cast iron)로 구별할 수 있다. 백주철은 파면이 은백색이며, 흑연의 석출이 없고 Fe_3C 형식으로 함유하고 있다. 회주철은 흑연이 비교적 다량으로 석출되어 파면이 회색이고 흑연은 편상으로 존재한다. 반주철은 백주철 중에서 탄화철의 일부가 흑연화하여 파면이 부분적으로 흑색이다. 구상흑연주철은 회주철의 흑연이 구상으로 존재하며, Mg, Ce를 첨가하여 구상흑연주철을 만들며, 가단주철은 Cu, Si 첨가로 흑연화를 촉진하거나 백주철을 열처리하여 제조한다. 그림 3-26에 회주철의 평형상태도 및 용접부 단면도를 나타내었다.

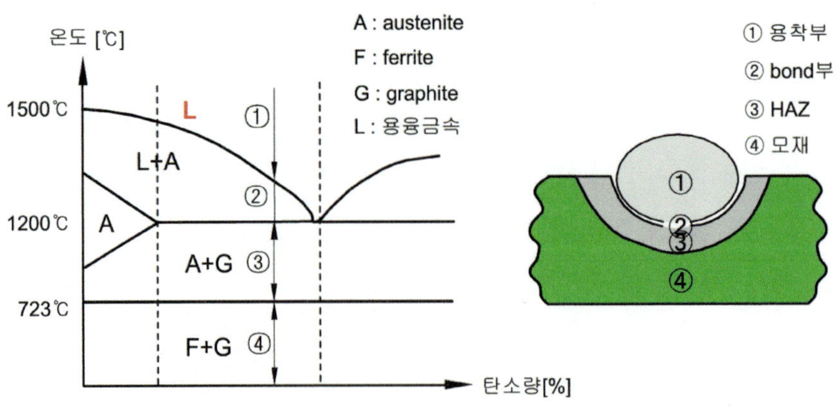

그림 3-26 회주철의 평형상태도 및 용접부 단면도

4.4.2 주철의 용접성 및 용접방법

주철의 용접은 500~600℃의 고온으로 예열하는 열간 용접법과, 예열을 하지 않든가 또는 저온으로 예열해서 용접하는 냉간 용접법으로 분류한다. 주철은 다음의 이유로 용접성이 대단히 나쁘다. ① 급랭에 의한 용접부의 백선화 (가공 난이, 수축으로 인한 균열 야기), ② 용접금속 중에 주철 모재로부터 C, Si, S, P 등의 유해원소가 용입되어 용접금속의 경도를 높이고 낮은 연성 및 인성으로 용접 시 열응력에 의한 균열 발생 용이, ③ 주철 내 다량의 탄소가 고온에서 산화 (탄산가스 발생 → 블로우 홀, 기공 발생), ④ 시멘타이트 분해로 인한 체적 팽창, ⑤ 고온에서 가열된 주철은 흑연이 조대화되고 흑연과 기지 사이에 간격이 생겨 그 부근에 기름이나 물이 스며들어 산화 스케일이 생긴다. 이러한 이물질은 용접 시 작업성을 저해하고 균열, 기공 등의 발생 원인이 된다, ⑥ 주철은 공극, 기공, 모래 혼입 등의 결함이 존재하며 용착불량을 일으키기 쉽다. 따라서 주철의 용접은 주물의 결합 부분의 보수에 그치는 경우가 많다. 주철의 용접은 용접 금속 및 열영향부에서 탄소의 흑연화를 촉진하여 백선화가 안 되도록 예열과 후열처리를 한다. 용가재로서 Ni이나 Cu-Ni 합금과 같은 연성이 큰 용접봉을 사용하며 연강, 주철계 용접봉에는 Si를 많이 함유하게 하여 흑연화를 촉진시키게 된다. 시공법은 로 중 또는 국부적인 예열과 후열처리를 통해 서랭하고, 수축 응력을 제거 또는 줄이기 위해 피닝 (peening)을 충분히 할 필요가 있다. 주철의 보수용접 방법은 버터링법, 비녀장법, 스터드법과 로킹법 등이 있다. 버터링법은 처음에 모재와 잘 융합되는 용접봉으로 적당한 두께까지 용착용접한 후 다른 용접봉으로 용접하는 방법이며, 비녀장법은 지름 6~10mm 정도의 ㄷ자형 강봉을 박고 용접하는 방법이다. 스터드법은 용접경계부 바로 밑 부분의 모재가 갈라지는 약점을 보강하기 위해 지름 6~10mm 정도의 스터드 볼트를 심는 방법이며, 스터드 볼트 대신 용접부 바닥면에 둥근 홈을 파고 이 부분에 힘을 받도록 하는 방법이 로킹법이다.

4.5 스테인리스강의 용접성

4.5.1 개 요

스테인리스강 (stainless steel)은 저탄소강에 Cr, Cr-Ni 또는 Cr-Ni에 Mo, Cd, Ti 등을 소량 첨가한 고합금강이며, 불수강 또는 내식강으로 불리우는 크롬강으로 연강에 비해 우수한 내식성과 내열성을 가지며 강인성이 풍부하기 때문에, 가정용 식기류 터어빈, 제트엔진, 차량부품 등에 중요한 재료로 쓰이고 있다. 스테인리스강은 높은 Cr 함유량과 크롬산화물인 Cr_2O_3의 용융온도가 2,275℃로 높아서, 용접작업에 어려움이 있다.

4.5.2 스테인리스 강의 분류 및 용접 특성

스테인리스강은 철에 크롬이 12% 이상 함유되어 내식성을 향상시킨 강으로서 스테인리스강의 종류는 페라이트 (ferrite), 마텐자이트 (martensite), 오스테나이트 (austenite) 등의 3종류가 있다. 스테인리스강은 특수강 중에서 비교적 용접하기 쉬운 합금강으로 연강 용접에 사용되는 피복 아크 용접, 서브머지드 아크 용접, 불활성 가스 아크 용접과 저항 용접 등이 사용된다. 스테인리스강 중에서 마텐자이트와 페라이트계 스테인리스강의 용접 특성은 연강과 유사하나, 오스테나이트계에서는 높은 열팽창 계수와 전기 저항 및 낮은 열전도도로 인하여, 용접 전기 입력을 최대한으로 줄여서 과열을 방지하고, 이음각도를 줄여 입열량을 낮추는 등의 주의가 필요하다. 용접봉은 사용전에 오스테나이트계는 150~200℃, 순크롬계는 300~350℃에서 건조 후 사용하며, 건조가 불충분한 경우, 아크 중의 수소량이 많아져 용착 금속 내 기공 및 균열의 원인이 된다. 특히 라임티탄계는 용접부 성능도 좋고, 티탄계 특유의 깨끗한 비드를 얻을 수 있다. 불활성가스 아크 용접법인 MIG 및 TIG 용접법이 널리 사용되며 표 3-4에 스테인리스강의 종류별 특성과 용접성을 나타내었으며 표 3-5에 스테인리스강의 종류별 대표 강종과 특징을 자세하게 나타내었다.

표 3-4 스테인리스강의 종류별 특성과 용접성

구분	페라이트 스테인리스강	마텐자이트 스테인리스강	오스테나이트 스테인리스강
조성	순크롬	순크롬	Cr 18% + Ni 8%
자성	자성체	자성체	비자성체
경화성	열처리 시 비경화	열처리 시 경화 (자경성)	비경화성
계열	400계열	400계열	300계열
격자 구조	BCC	BCC	FCC
취화	475℃ 취화	-	-
상	σ 상 (Fe-Cr)	-	σ 상 취화 (600~1,000℃)
용접 조건	-	예열 필요	예열 미실시 층간온도 320 이하 낮은 전류 짧은 아크 저입열 용접
기타	과도한 결정립 성장 예민화 (Cr 16% 이상) 475℃ 취화(Cr 16% 이상)	단단하고 취성 용접성 나쁨 (균열)	높은 선팽창계수 낮은 열전도율 높은 전기저항 높은 열팽창계수 변형발생 고온균열 내식성 · 내열성 우수 저온용도 입계부식 (예민화) SCC (응력부식균열) 나이프 라인 어택

표 3-5 스테인리스강의 종류별 대표 강종과 특성

조직분류		대표강종	기본조성	기본 특성
Cr계	마텐자이트 (martensite)	410 SS	13Cr	• 자성이 있고 녹이 발생할 수 있다. • 충격에 약하고 연신이 작다. • 뛰어난 강도와 내마모성이 있다. • 열처리에 의해 경화된다.
	페라이트 (ferrite)	430 SS	18Cr	• 자성이 있다. • 충격에 약하고 연신율이 작다. • 용접 구조물로 사용이 제한된다. • 열처리에 의해 경화되지 않는다.
Cr-Ni계	오스테나이트 (austenite)	304 SS 316 SS	18Cr-8Ni	• 자성이 없고 뛰어난 내식성이 있다. • 충격에 강하고 연신율이 크다. • 열처리에 의해 경화되지 않는다. • Cr 탄화물이 형성되는 예민화 영역의 사용이 제한된다.
	석출형 (precipitation)	631 SS	16Cr-7Ni-1Al	• 자성이 없고 양호한 내식성을 가진다. • 열처리 후 높은 강도와 경도를 가진다.
	이상계 (duplex)	SAF 2205 SAF 2507	18~30 Cr -4~6 Ni -2~3 Mo	• 오스테나이트 S/S의 단점을 보완한 강종으로 페라이트 기지 위에 오스테나이트가 50% 공존한 조직이며 페라이트보다 양호한 인성과 오스테나이트보다 월등한 기계적 강도를 가진다. • 열팽창계수가 작고 열전도도가 높다.

그림 3-27에 오스테나이트 스테인리스강의 열영향부 조직의 개념도를 나타내었다. 스테인리스강의 열영향부는 조립역, 용체화역, 탄화물 석출역으로 대별된다.

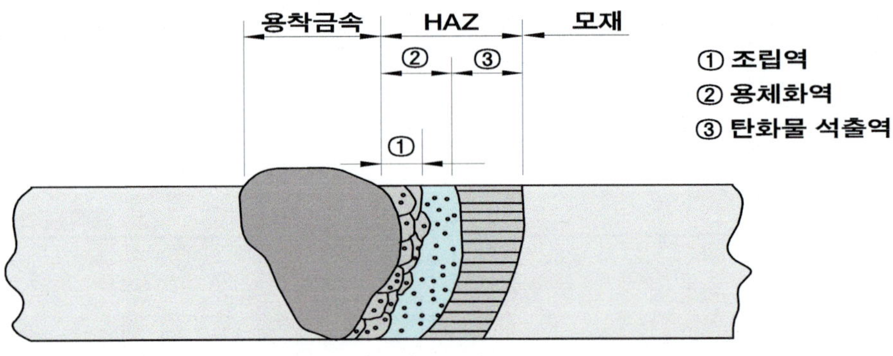

그림 3-27 오스테나이트 스테인리스강의 열영향부 조직

오스테나이트 스테인리스강 용접

오스테나이트계 스테인리스강의 선팽창계수가 연강보다 50% 크고, 전기저항과 열팽창계수가 큰 반면 열전도도는 매우 작다. 따라서 오스테나이트계 스테인리스강 용접 시 예열을 실시하지 않으며 층간온도를 320℃ 이하로 유지한다. 용접봉은 모재와 동일한 것을 사용하며 낮은 전류, 짧은 아크로 저입열 용접을 실시하고 아크 중단 전 크레이터를 채운다. 오스테나이트 스테인리스강은 용접에 의한 변형, 용접금속의 고온균열, 열영향부의 입계 부식, σ 상 취화, 응력부식균열 등의 용접 결함이 발생한다.

용착금속의 고온균열

용융금속이 응고하면서 S, P 등이 편석하고, FeS와 같은 저융점 비금속 화합물이 형성되고, 이 저융점 화합물이 결정립계에 스며들어 막(film)이 형성되어 강도가 저하된다. 냉각중에 인장잔류응력에 의해 결정립계에 균열이 발생하게 된다. 이에 대한 대책은 δ-페라이트 함유 용접봉을 사용하여 S, P를 흡수하고, Cr-Ni-Mn강 오스테나이트 용접봉을 사용한다. 저탄소 저융점 화합물 생성원소인 S, P 함량을 줄이고 Mn/C를 크게 하며, 구속을 작게 하여 인장잔류응력을 저감해야 한다.

스테인리스강 용접열영향부의 입계부식 (예민화 현상, weld decay)

오스테나이트계 스테인리스강(18Cr-8Ni)을 500~850℃로 가열하면 결정립계에 Cr 탄화물이 석출하므로 입계 근방에 고용된 Cr량이 감소하고, Cr 함량 저하에 따라 입계 근방의 내식성이 저하하는데, 이를 예민화 현상 (weld decay)라고 한다. 내식성 감소 이유는 석출물에 Cr이 많은 탄화물(Cr_4C, $Cr_{23}C_6$)이 있어 그 부분의 Cr량이 내식성 유지에 충분하지 않기 때문이다. 그림 3-28에 예민화 현상을 자세하게 나타내었다.

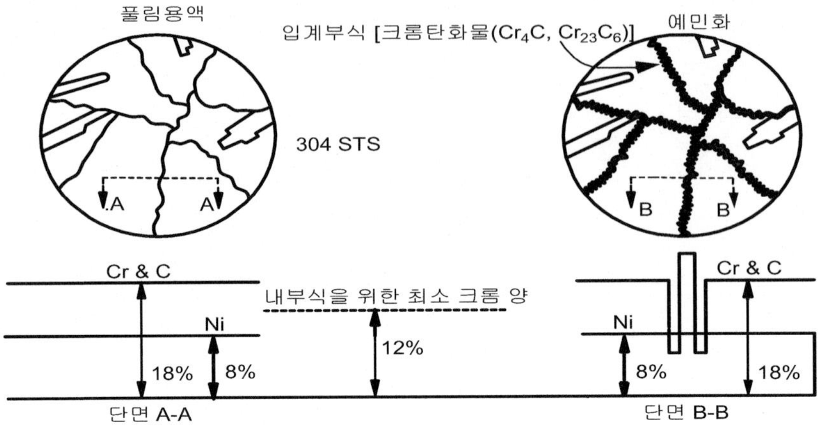

그림 3-28 스테인리스강 용접열영향부 입계부식 (weld decay)

예민화를 방지하기 위해서는 석출한 탄화물을 오스테나이트상 영역의 온도인 1,050℃ 이상으로 재가열하여 고용시킨 후 급랭처리를 한다. 또 다른 방법은 δ-페라이트 철 형성원소를 첨가하는 방법이다. 오스테나이트 조직 중에 δ-철이 혼재하면 탄화물은 오스테나이트 결정립계만이 아니고 δ-철 중에도 석출하므로 그만큼 입계부식 경감 효과가 있다. δ 영역을 넓히는 Mo, Si, V, W 등을 소량 첨가하는 방법도 있다. C와 친화력이 큰 Ti, Nb, Ta, Mo, W를 첨가하여 탄화물을 안정화하는 방법과 탄화물 석출 형태를 조절하는 방법, 즉 결정립을 미세화하고 저온가공을 하여 미끄럼면에서 강한 미끄럼이 생기도록 하는 방법이다. δ-페라이트의 효과는 고온균열과 입계부식, 응력 부식균열을 방지하고 인장강도를 증가시키는 반면, 다량 함유 시 σ상 취화 발생과 크리프 강도가 저하한다.

σ相 취화

스테인리스강을 600~1,000℃ 온도범위로 가열하여 저온영역으로 냉각하면 열응력 등과의 상호작용으로 균열이 발생된다. 오스테나이트 조직 중에 δ-철이 혼재하면 탄화물은 오스테나이트 결정립계만이 아니고 δ-철 중에도 석출하므로 그 만큼 입계부식 경감효과가 있다. 그러나 δ-페라이트가 12~15% 이상이면 도리어 내부식성과 고온 기계적 성질이 저하된다. 이것은 크롬 함량이 높은 δ-페라이트에서 취약한 금속 간 화합물인 Fe-Cr인 시그마상(δ相)을 석출하여 강의 연성과 인성을 현저히 저하시키고 내식성도 저하된다. 이에 대한 대책으로는 δ-페라이트를 5% 첨가하거나 1,050℃로 용체화처리 하는 방법이다.

2相계 스테인리스강 용접

2상계 스테인리스강은 페라이트와 오스테나이트의 2상 조직으로, 내식성 및 기타 물리적, 화학적 성질을 개선한 강으로 입계부식에 탁월한 효과가 있다. 물리적, 화학적 성질은 오스테나이트와 페라이트의 중간 성질을 가지나, 오스테나이트 스테인리스강과 동등한 인성과 페라이트 스테인리스강의 강도와 SCC 저항성도 가지고 있다. 내해수성과 내공식성이 우수하고 용접성과 가공성이 우수하여 해수를 냉각수로 사용하는 복수기용관과 석유화학 시설에 주로 사용된다. 열영향부에서 일어나는 광범위한 오스테나이트와 페라이트 변태 때문에 용접은 조심스럽게 진행되어야 하며 인성은 오스테나이트 함량에 크게 의존하며 오스테나이트계 스테인리스강보다 열전도가 높기 때문에 용접 후 냉각속도가 빠르다. 500~850℃ 온도구간에서 Cr 탄화물이 석출하는 경향을 보이며 이러한 경향은 C 함량이 높거나 Cr 함량이 낮은 강종에서 내식성에 큰 영향을 미치며, 이러한 현상을 방지하기 위해서는 다른 스테인리스강에 비해 큰 입열량을 부여해야 한다. 비교적 낮은 열팽창 계수 때문에 오스테나이트계 스테인리스강 보다 용접부 잔류응력이 낮게 형성되며, SMAW, GMAW, GTAW, SAW 등의 용접방법을 활용한다.

나이프 라인 어택 (knife line attack)

안정된 스테인리스강의 본드부를 1,100℃ 이상으로 가열하면 열영향부에서 TiC, NbC 등의 탄화물이 분해, 재고용되어 안정화의 효과를 잃고 예민화하여 나이프 절단자취와 같은 좁고 깊은 부식이 발생하는 현상이다. 이를 방지하기 위해서는 용접 후 안정화 열처리가 필요하며, 이는 850~930℃에서 모재 두께 1in당 2시간 유지 후 공랭하는 것을 의미한다. Cr 결핍층에서 발생하는 다른 결함과 달리 나이프 라인 어택은 용착금속과 접한 더 높은 온도 범위의 구간에서 발생하고 안정화처리를 실시한 오스테나이트계 스테인리스강에서만 발생하는 것이 예민화(weld decay)와 차이점이다.

4.6 구리와 구리 합금의 용접성

4.6.1 구리의 종류

구리 및 그 합금은 구리개발협회(CDA)가 제정한 방법에 따라 분류할 수 있다. CDA에 따르면 C100에서 C799까지는 단련용 합금이고, C800에서 C999까지는 주조용 합금으로 이를 세분하면 다음과 같다. 표 3-6에 구리 합금의 종류를 구별하여 나타내었다.

표 3-6 구리 합금의 종류

Cu 합금의 분류	단련용 합금	C1XX	Cu 및 고Cu 합금
		C2XX	Cu-Zn 합금(황동)
		C3XX	Cu-Zn-Pb 합금(Pb 황동)
		C4XX	Cu-Zn-Sn 합금(Sn 황동)
		C5XX	Cu-Sn 합금(P 청동)
		C6XX	Cu-Al 합금(Al 청동), Cu-Si 합금(Si 청동)
		C7XX	Cu-Ni 및 Cu-Ni-Zn 합금(양은)
	주조용 합금	C8XX	주조 Cu, 주조 고Cu 합금, 각종 주조 황동, 주조 Mn 청동, 주조 Cu-Zn-Si 합금
		C9XX	주조 Cu-Sn 합금, Cu-Sn-Pb 합금, Cu-Sn-Ni 합금, Cu-Al-Fe 합금

4.6.2 구리의 성질 및 용접 특성

구리의 융점은 1,083℃로 열전도율이 높아 (연강의 약 8배, Al의 약 2배) 용접부에서 열이 급격히 방산되어 냉각효과가 크므로 국부용융이 곤란하여 충분한 예열이 필요하고, 열영향부의 폭이 연강보다 현저히 커서 결정립이 조대화되기 쉽다. 널리 쓰이는 동합금인 황동(Cu-Zn), 청동(Cu-Sn), 규소 청동(Cu-Si), 알루미늄 청동(Cu-Al) 등은 순동에 비해 전기 및 열전도가 저하하지만, 구리와 구리합금의 선팽창계수는 연강보다 약 1.4~1.8배 크다. 구리 중에 0.04%의 산소를 함유하여도 용접성이 크게 저하하여 산화동(Cu_2O: 1,235℃)을 함유한 부분이 순동에 비해 융점이 낮아 먼저 용융되어 균열

발생이 용이하다. 또한 큰 열팽창계수로 가열 및 냉각 시 팽창 및 수축으로 균열 발생이 용이하고, 환원성 분위기 중에서 용접 시 산화동은 수소에 의해 환원(Cu_2O + H_2 → 2Cu + H_2O)되어 용적이 감소하고 스폰지 모양의 다공질 형상을 보여서 가공된 재료를 취화시키고 내식성을 저하시킨다. 구리는 산화력이 크고, 고온에서 다량의 수소를 흡수하여 응고 시 방출하므로 용접부 기공 발생이 용이하다.

구리의 용접법은 주로 가스 용접법을 이용하여 왔으나, 용접법의 발전에 따라 TIG 용접(3.2mm 이하 박판), MIG용접법(3.2mm 이상 후판)이 널리 사용되며, 서브머지드 아크용접도 실용되고 있다.

불활성 가스 아크 용접은 열의 집중이 좋고, 용제가 불필요하므로 동 및 동합금에 가장 유효하다. 동의 TIG 용접에서는 직류 정극성 (DCSP)이 사용되며, 언더컷이 발생하기 쉬워 Th(토륨)이 들어있는 텅스텐 용접봉보다 순텅스텐 용접봉이 좋다. 순도 99.8% 이상의 순 Ar을 보호가스로 사용하며, 300~500℃ 예열이 필요하다. 용가재는 탈산된 구리봉을 사용하며, 산화방지, 탈산정련작용과 유동성 향상을 위해 용제를 사용한다.

동 및 동합금의 피복 아크 용접은 슬랙 섞임, 기포의 발생이 많아 불활성 가스 아크 용접에 비해 성질이 떨어진다. 용접봉은 보통 모재와 동일 조성을 사용하고, 황동에서는 인청동 용접봉이나, 규소 청동 용접봉이 사용된다. 이종 금속을 사용할 경우에는 예열을 충분하게 하는 것이 좋다.

가스용접법은 강한 불꽃이 필요하므로 주로 산소-아세틸렌 용접을 이용하고 충분한 예열과 용제가 필요하다. 황동의 경우, 아연이 증발하여 산화아연의 흰 연기가 생겨 용접비드가 보이지 않아 용접이 어렵고 기포 발생이 쉽다. 대책으로는 불꽃 또는 대기에 의한 용융 금속의 산화를 방지하든가, 용제를 사용해 발생한 산화 아연을 용제 속에 녹이는 것이다. 불꽃은 산화 불꽃이 좋고, 환원 또는 중성 불꽃을 사용하면 용접부가 다공질로 된다. 용가재(filler metal)는 모재와 같은 조성의 용접봉, 규소 청동(Cu-Si) 용접봉, 에버듀르 용접봉 등이 많이 사용된다.

동 및 동합금은 납땜이 널리 사용되고, 연납땜인 경우 땜납은 Sn 50%, Sb 3% 잔분이 Pb인 것 또는 Cd을 함유한 Sn-Pb 합금이 사용된다. 용제는 염화아연($ZnCl_2$)이 사용된다. 경납땜인 경우 황동납이나 은납을 사용하고, 용제는 붕사가 이용된다.

따라서 구리나 구리 합금 용접 시, 열간취성 (Cu_2O + H_2 → 2Cu + H_2O), 아연증발(Zn 용융점: 419.5℃, 900℃에서 증발), 넓은 열영향부 형성 등에 유의하여야 한다. 또한 300~500℃의 고온 예열을 실시하고, TIG, MIG 등의 불활성가스 아크용접 시 직류 정극성 (DCSP)을 적용한다. 용접균열이나 기공방지를 위해서 균열방지 피닝을 실시하고 직선 비드 용접을 해야 하며, 층간온도는 70℃ 이하로 유지해야 한다. 산화구리의 환원에 의한 취성 및 균열방지를 위해 산소-아세틸렌 용접시 약산화성 불꽃으로 용접해야 하며, MIG 용접 시 순구리 용접봉 사용, 넓은 루트 간격과 백스트립(back strip)을 이용해야 한다.

4.7 알루미늄 합금의 용접

4.7.1 알루미늄 합금의 종류 및 특성

알루미늄 합금은 4자리의 숫자로 구성되며 첫번째 자리는 주합금 원소를 나타낸다. 1XXX 계열 이외에는 마지막 두 자리가 합금의 종류를 표시하고 새로운 합금이 개발될 때마다 XX01부터 차례로 번호를 부여한다. 1XXX 계열에서는 알루미늄의 순도를 나타내며, 소수점 이하의 값을 나타낸다(예를 들면 1060은 Al 99.60% 이상). 두번째 자리는 본래 합금이 변화된 것을 나타내는데 0은 본래 합금이고, 1~9는 개조된 것을 의미한다. 개발된 것은 맨 앞에 X를 삽입하고 표준화된 경우에는 이를 제거한다. 표 3-7과 표 3-8에 비열처리형 알루미늄 합금과 열처리형 알루미늄 합금의 종류 및 특성을 나타내었다.

알루미늄 합금은 강에 비해 용접하기가 쉽지 않으며, 그 이유는 알루미늄이 갖는 다음과 같은 특성 때문이다. ① 가볍고 비중이 작다(2.7). 산화알루미늄(Al_2O_3)의 비중(4.0)은 보통 알루미늄의 비중에 비해 크므로 용융 금속 표면에 떠오르기 어렵고, 용착금속 속에 남아 용제가 필요하다. ② 순 알루미늄의 융점(660.2℃)이 낮아서 지나친 용해가 되기 쉽다. 산화알루미늄은 매우 융점이 높아(2,050℃) 용융이 되지 않은 채로 유동성을 해치고, 표면을 덮어 금속 사이의 융합을 방해한다. ③ 알루미늄의 열전도율(강의 4배 이상)이 커서 단시간 내에 용접 온도를 높이는데 높은 온도의 열원이 필요하다. 높은 전류로 용접속도를 빠르게 하여야 한다. ④ 전기전도율이 높아 저항용접 시 순간 대전류의 통전을 필요로 하므로 용접조건의 선정 및 제어가 어렵다. ⑤ 비열, 용융잠열이 크므로 큰 용접 입열량을 필요로 한다. ⑥ 색체에 따른 판정이 어려워 지나친 용융이 되기 쉽다. ⑦ 구리에 비해 열팽창계수가 약 2배, 응고, 수축이 약 1.5배 크다. 용접 시 용접 변형 및 고온균열이나 응고 균열이 발생하기 쉬우며 잔류응력으로 인해 변형되기 쉽다. ⑧ 액상에서 수소(H_2) 용해도가 고상 때보다 20배 정도로 매우 크므로, 수소를 흡수하여 응고 시 기공이 되어 용착 금속에 남는다. (수소 기공 발생) ⑨ 화학적으로 활성이므로 용융금속을 공기로부터 보호하여야 한다. ⑩ 열영향부의 연화가 발생하기 쉽다.

표 3-7 비열처리형 알루미늄 합금의 종류 및 특성

합금 그룹 (alloy group)		주요 합금	특 성
비열처리형	1000계	Al (99% 이상)	순 Al으로 기계적 성질은 합금재에 비하여 내식성, 빛의 반사성, 전기 및 열의 전도성이 좋고, 가공성 및 용접성이 우수하다.
	3000계	Al-Mn계	비열처리형이지만 냉간가공에 의하여 다양한 성질을 얻을 수 있다. 성형성 및 내식성이 순 Al과 동등하지만 강도는 약간 높으며, 용접성이 양호하다.
	4000계	Al-Si계	Si함량이 12%까지는 Si의 증가에 따라 용점이 저하되며, 취화되지 않는 범위 내에서 Si를 첨가하면 용융상태에서 유동성이 좋고 응고 시 균열이 잘 발생되지 않는다. 주로 용접재료로 사용된다.
	5000계	Al-Mg계	Mg 첨가에 따라 인장강도가 증가되고, 변형에 대한 저항도 증가되어 가공이 곤란해진다. 5083 합금(4.4% Mg)은 비열처리 합금으로는 강도가 가장 우수하며, 용접성, 내식성, 가공성이 양호하여 차량, 선박 및 화학 플랜트용으로 사용된다.

표 3-8 열처리형 알루미늄 합금의 종류 및 특성

열처리형	2000계	Al-Cu계	Al-Cu계와 Al-Cu-Mg계로 나눌 수 있는데, Al-Cu계 합금은 내식성이 나쁘기 때문에 항공용으로 사용할 때에는 내식성을 개선하기 위하여 순 Al을 압연한 클래드재를 사용한다. Al-Cu-Mg계 합금은 상온 시효성이 좋으며, 두랄루민(2017)은 강도가 강의 수준이다. 대부분의 2000계열은 열처리에 따라 강도는 높지만 내식성 및 용접성이 떨어진다.
	6000계	Al-Mg-Si계	성형 가공성, 강도 및 내식성이 우수하며, 용접성도 나쁘지 않지만 용접부가 용접열에 의하여 연화되는 단점이 있다. 주로 차량, 건축 등의 구조용재로 사용된다.
	7000계	Al-Zn계	Zn이 주된 첨가원소이며, Mg은 소량 첨가한 고강도 열처리 합금이다. Al-Zn-Mg계는 인장강도가 약 300MPa로 용접성이 우수하며, 용접구조재로 사용된다. 또한 상온 시효성이 우수하여 용접열에 의해 경도가 저하된 연화부가 용접 후의 시간이 경과됨에 따라 원래의 상태로 회복된다.

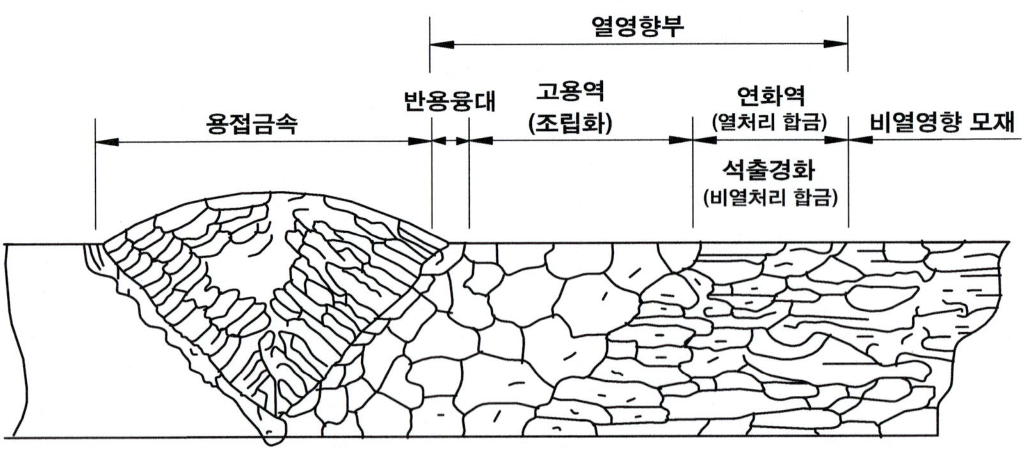

그림 3-29 알루미늄 합금의 용접부 근방의 조직

4.7.2 알루미늄 합금의 용접부 조직과 용접방법

열영향부의 구분은 열처리 합금의 경우 석출경화 부분의 변화가 일어난 부분, 비열처리 합금의 경우는 가공경화 부분의 연화가 일어난 부분으로 구분지을 수 있으며, 그림 3-29에 알루미늄 합금의 용접부 근방의 조직을 도시하였다. 실제로 열영향부에서는 입자 성장, 재결정, 석출 등의 야금학적 변화가 발생한다. Al 및Al 합금은 가공경화나 열처리에 의해서 모재의 강도를 개선시키므로 용접입열에 의한 경도나 강도는 저하되어 불림(노멀라이징)된 상태로 된다. 특히 열영향부의 연화에 의한 인장강도 저하에 유의하여야 한다. 통상 GMAW나 GTAW에서 HAZ의 폭은 6.4 mm 정도이다.

Al 및Al 합금은 용접 전처리가 필요하며, 개선가공→전처리→가접→예열→본용접→후열처리 순서로 작업이 진행된다. 또한 보호가스로 순 Ar을 사용하는 불확성가스 아크 용접이나 ACHF에 의한 용접을 실시한다. 가스용접법으로는 산소-아세틸렌 용접을 이용하며, 저항용접으로 박판 겹치기 용접을 사용한다.

알루미늄 합금의 용접에는 아크의 청정 작용이 있고, 용제를 사용하지 않는 불화성 가스 아크 용접이 가장 적절하며, TIG 및 MIG 용접이 주류를 이룬다. TIG 용접 시 아크의 청정 작용을 이용하기 위해서는 직류 역극성(DCRP)을 사용하지만, 직류 역극성에는 허용 전류의 제약이 강하고, 또 용입이 얕으므로 얇은 판에만 사용할 수 있다. 일반적으로 교류용접이 사용된다.

MIG 용접은 보통 3 mm 이상 후판에 적용되며, 예열이 필요 없고 고능률로 변형이 적다. TIG 용접에 비해 용융 금속의 응고 속도가 크므로 기포 발생이 쉬우며, 그 원인은 수소인 경우가 많다. 따라서 용접 이음, 용접 와이어의 청정 및 건조에 주의하여야 한다. 가스 용접의 경우, 얇은 판을 용접할 수 있는 장점은 있으나, 견고한 산화 피막(Al_2O_3, 용융점: 2,050℃)을 제거하기 위해 침식성이 강한 용제를 사용하여야 한다. 다만 열집중이 좋지 않아 변형이 쉽고, 균열, 이음 강도 등의 면에서 적용 합금의 종류가 제한되고, 산화성의 Mg, Zn, Cu를 많이 함유한 합금에서는 좋지 않다. 토치는 철강 용접의 경우보다 큰 것을 사용하는데, 알루미늄은 융점이 낮으므로 빠르게 조작하여야 한다.

가스용접법에서 탄화된 불꽃을 사용하고 200~400℃ 온도로 예열하며 얇은 판의 용접에서는 변형을 막기 위해 스킵법(skip method)과 같은 용접순서를 채택한다. 아크 용접법은 알루미늄 용접 시 용접 금속 내 기공의 발생, 슬래그 섞임, 열영향부의 연화와 내식성의 저하 등 결함 발생이 용이하여, 불활성 가스 아크 용접을 사용하면 용이하나, 철강 용접에 비해 용접성이 떨어진다.

박판 용접시에는 변형을 막기 위해 스킵법(skip method)를 채택하기도 한다. 스킵법은 용접을 단속적으로 실시하여, 그 뒤에 사이사이에 용접하여 용접 이음부를 완성시키는 방법으로 변형을 최소화하고 잔류 응력을 평균화시키지만, 작업 능률이 좋지 않다. 용접봉은 내식성을 열악하게 하지 않기 위해 모재와 동일한 금속이 좋고, 규소 4~13%의 알루미늄-규소 합금선이 폭 넓게 사용된다. 용제로는 KCl, LiCl, NaCl, KF 등을 함유한 것을 물로 개어 풀 모양으로 만들어 이것을 용접 이음이나, 용접봉에 균일하게 바르거나 뿜어서 사용한다. 특히 용제 중에는 염화리튬이 널리 사용되는데 흡수성이 크므로 주의해야 한다.

용접부의 청소

알루미늄과 그 합금의 용접부 및 용접 재료가 청정하지 않으면 좋은 용접을 얻을 수 없다. 즉 표면에 이물질, 기름, 구리스, 페인트, 먼지와 산화막 등을 용접 전에 제거해 주어야 한다. 청소방법은 보통 트리클로로에틸렌(Trichloroethylene), 가솔린, 벤젠, 신나 등으로 탈지한 후 다음과 같이 행해진다. ① 기계적 방법(와이어 브러쉬 사용) ② 화학적 방법(불활성 가스 아크 용접 시 주로 사용) - 5% NaOH 용액(70℃)에 약 1분간 침적 후 수세하고 15%의 초산(CH_3COOH) 액에 1~5분 담근 후에, 수세 후 충분히 건조한다.

파이프 용접

파이프용접은 산소-아세틸렌 용접법이 사용되지만, 대구경의 경우 피복 아크 용접법을 이용하면 더욱 신속하고, 용접원가를 줄일 수도 있다. 현재는 가스보호 방식의 용접법이 많이 사용되고 있다.

4.8 기타 금속의 용접성

저온용강은 LPG나 LNG 등의 저장 또는 수송용 용기 재료로 사용되며, 저온에서 충분한 인성이 요구된다. Al 합금이나 오스테나이트 스테인리스강이 사용되는 경우도 있으나 값이 싼 페라이트 강재가 많이 사용되고 있으며, 알루미킬드강(-50℃), 2.5% Ni강(-60℃), 3.5% Ni강(-100℃), .9% Ni강(-200℃)이 저온용도를 위한 것이며 저온용강이라 통칭한다. Al 합금과 오스테나이트 스테인리스강은 고가이며 -250℃ 정도의 극저온이나 특수용도에 사용된다. 용접부의 저온 인성 확보가 중요하며, 용접부의 인성은 그 화학성분 외에 용접방법이나 입열에 따라서 크게 좌우된다. 저수소계 용접봉을 사용하며 용접 후 용접부를 600℃ 정도 가열하며, 용접부의 노치인성은 용접입열량의 증가와 더불어 감소한다.

주강계 주물은 압연강이나 단강품과 거의 유사한 화학조성을 갖지만 주철이나 그 외 주물에 비해 강도나 점성이 좋고 용접성도 양호하다. 주강에는 각종 결함이 발생하는 경우가 있으며, 이에 대한 보수용접이 행하여지며, 보통 피복아크용접과 가스용접법이 사용된다. 주강은 용융점(1,420~1,540℃)이 높고 냉각 시 수축량이 크다는 주강 고유의 특징으로 인해 다른 금속에 비해 주조 시 결함이 발생하기 쉬우며 유동성이 나쁘고 수축이 크다. 또한 고온인장강도가 낮아 수축 시 주형의 저항이나 냉각속도의 차이 등에 의해 내부응력이 발생할 수 있고, 균열이 발생하기 쉽다.

TMCP (Thermo-mechanical control process)강은 제어압연 후 가속냉각을 시키면 냉각속도가 빨라져 오스테나이트가 회복될 시간적 여유가 없게 된다. 따라서 핵 발생점이 많아지게 되어 공랭했을 때보다 더욱 미세한 조직을 얻게 된다. 냉각속도의 증가에 따라 펄라이트의 생성이 억제되는 대신 베이나이트가 생성되어 페라이트와 베이나이트의 혼합조직으로 되어 강도향상효과가 나타난다. TMCP 강재는 탄소당량이 낮아 용접성이 우수하며, 인성이 풍부하기 때문에 균열발생 감수성이 작다. 대입열 용접 시 노멀라이징 강재에 비해 열영향부의 취화가 심하지 않기 때문에 대입열 용접이 적합한 재료이며, 경화 페라이트 및 베이나이트 혼합조직 (불완전한 상으로 경화)으로 항복비가 낮아 내진능이 우수하다. TMCP 강재는 용접 시 용접열영향부의 연화와 절단 시 변형이 수반되며, 연화된 용접 열영향부에 용접 후열처리를 실시하면 모재의 강도도 저하되므로 전체 용접부의 강도가 저하하여 유의하여야 한다.

탄소강 또는 저합금강의 표면에 내식, 내열성 금속을 압연하거나, 저합금강에 클래드재를 용접하여 제조하는 오버레이 용접, 폭약의 폭발 압접을 이용하는 폭발압접이나 원자간 확산을 이용하는 확산접합 등을 이용해 접합한 것을 클래드강이라 한다. 클래드강에는 탄소강계 클래드강, 스테인리스계 클래드강, 비철금속계 클래드강과 세라믹 등을 이용한 비금속계 클래드강 등이 있다.

Mg(비중: 1.74)와 Mg 합금은 강재에 비해 용접이 곤란하며 특히 용접 시 견고한 산화물인 MgO의 생성, 용제에 의한 부식작용 등으로 용접이 쉽지 않아서 TIG 용접법과 저항용접이 사용된다. Mg 합금은 용접 후의 응력제거 열처리에 의해 재질향상, 치수의 안정화, SCC 방지 등을 모색해야 한다.

Ti(비중: 4.51)과 Ti 합금은 경량이면서 우수한 강도와 내식성을 갖고 있어서 원자력이나, 화력, 수력 등의 발전용으로 사용하며 각종 화학플랜트나 잠수함, 항공기 등의 부품으로 사용된다. Ti은 융점이 약 1,670℃로 높고, 고온에서 급격히 산화되어 용접이 곤란하다. 또한 높은 항복응력으로 냉간가공이 어려우며, Ti은 안정한 산화피막형성으로 내식성이 우수하나 600℃ 이상 고온에서는 반응성이 양호하여 O_2, N_2, H_2 원소로 오염되어 내식성이 저하하며, 용접으로 인한 기계적 성질이 저하한다. Ti과 Ti 합금 용접방법으로는 TIG, MIG, 플라스마 용접과 전자빔 용접이 사용된다. 또한 용융용접의 시공이 곤란한 넓은 면적의 물체나 열화가 발생하기 쉬운 이종재료는 접합이 필요하며, 이 때 확산접합, 폭발압접, 초음파압접, 마찰압접, 브레이징 등이 사용된다.

연습문제

1 다음 중 금속의 용접성에 미치는 영향이 상대적으로 적은 것은 무엇인가?
① 내식성
② 열전도도
③ 탄소함량
④ 인장강도

2 다음 중 주철의 보수용접법이 아닌 것은?
① 스터드법
② 확산법
③ 로킹법
④ 비녀장법

3 용접부의 잔류응력을 경감시키기 위한 방법이 아닌 것은?
① 저온응력 완화법
② 응력제거 풀림
③ 피닝법
④ 냉각법

4 주철의 용접성과 관련이 없는 것은 무엇인가?
① 냉각 시 급냉에 의한 용접부 백선화
② 시멘타이트 분해로 인한 체적 팽창
③ 높은 탄소함량으로 인한 CO 생성
④ 철보다 높은 용융온도

5 강 중에 함유된 원소 중 용접성에 가장 나쁜 영향을 주는 원소는 무엇인가?
① 규소
② 인
③ 황
④ 망간

01① 02② 03④ 04④ 05③

6 다음 알루미늄 합금의 용접부 근방의 조직 중 석출경화가 발생하는 조직은 무엇인가?
① 비열영향 모재
② 반용융역
③ 연화역
④ 고용역

7 다음 중 저온용강이 아닌 것은?
① 알루미킬드강
② Ni강
③ 9% Ni강
④ 고탄소강

8 다음 중 클래드강의 종류가 아닌 것은?
① 알루미늄계 클래드강
② 탄소강계 클래드강
③ 스테인리스계 클래드강
④ 비철금속계 클래드강

9 경량이면서 우수한 강도와 내식성이 있어서 원자력이나, 화력, 수력 등의 발전용으로 사용하며, 각종 화학플랜트나 잠수함, 항공기 등의 부품으로 사용되는 금속은 무엇인가?
① W
② Ti
③ Al
④ Cr

10 다음 스테인리스강 조직 중 열처리 후 높은 강도와 경도를 갖는 것은?
① 석출형
② 마텐자이트
③ 페라이트
④ 이상계

 06 ③ 07 ④ 08 ① 09 ② 10 ①

Chapter

5 용접결함 및 용접균열

5.1 개 요

용접결함은 용접부에 발생한 외관상 또는 성능상의 불만족으로 보이는 각종 결함을 용접결함(welding defects)라고 한다. 현재 용접법의 대부분이 용접재의 유무에 상관없이 접합부를 국부적으로 가열하거나 또는 가압에 의해 크게 변형시키는 방법을 채용하고 있다. 이 결과 용접 이음부는 조성이나 조직상, 용접 금속부(weld metal)와 용접열에 의해 생성된 열영향부(heat affected zone) 및 모재 원질부(base metal)로 구성되므로, 재질적으로 불균일한 양상을 나타낸다. 이러한 용접부의 이음 성능을 약화시키는 요인을 용접 결함이라고 정의하면, 재질적 불균일성도 범주에 들어가지만, 이 현상은 용융 용접방법을 채용하는 한 불가피하며, 일반적으로는 이 현상을 제외한 이음 성능의 열화 요인을 용접 결함이라고 한다. 표 3-9에 용접결함을 분류하여 나타내었다.

용접이음에는 구조물의 형상 또는 재질적인 불연속 때문에 여러 종류의 응력집중 및 변형이 발생되어 이러한 것들이 이음이 강도에 미치는 영향은 외력의 종류에 따라 변화한다. 용접결함은 넓은 의미로 해석하면 응력이나 변형이 집중되는 모든 요소를 용접결함이라고 할 수 있다. 이러한 인자들은 비드 형상, 이음의 치수 및 형상 불균일에 의한 각 변형이나 편심, 언더컷, 오버랩, 슬래그 섞임, 기공, 융합 불량, 용접 균열, 겹치기 이음이나 덧댐판 붙임 이음 등에 의한 불균일한 응력분포, 점용접 또는 단속 용접에서의 응력 부담의 불균일, 이음의 재질적인 불균일, 용접변형과 잔류응력 등이다.

용접 결함의 발생 요인

- 용접 설계의 불량
- 부적절한 용접법의 선택
- 부적절한 용접재 및 시공 조건의 선정
- 용접 시공의 전후 처리 및 용접 분위기의 불량

치수상의 결함은 급히 짧은 시간에 용융-응고에 의해 용접부가 급열, 급랭되는 것에 의해 발생하는 것으로 피하기가 쉽지 않으며, 구조상의 결함은 주로 내부결함으로 모재 및 용접 재료의 선택이 나쁘고 용접법이 부적당할 때 생기기 쉽다.

표 3-9 용접결함의 분류

<table>
<tr><td rowspan="16">용접결함</td><td rowspan="3">치수상 결함</td><td>변형(distortion)</td></tr>
<tr><td>치수불량 : 비드 폭, 덧붙이, 목두께 등의 과부족</td></tr>
<tr><td>형상불량 : 용접공의 기량 또는 이해 부족으로 형상이 불량한 것</td></tr>
<tr><td rowspan="11">구조상 결함</td><td>기공(porosity) 및 피트(pit)</td></tr>
<tr><td>은점(fish eye)</td></tr>
<tr><td>슬래그 및 텅스텐 혼입(slag & tungsten inclusion)</td></tr>
<tr><td>융합불량(LF : lack of fusion, incomplete fusion)</td></tr>
<tr><td>용입부족(IP : incomplete penetration)</td></tr>
<tr><td>언더컷(undercut), 언더필(underfill). 오버랩(overlap)</td></tr>
<tr><td>스패터(spatter)</td></tr>
<tr><td>아크 스트라이크(arc strikes)</td></tr>
<tr><td>심스(seams) & 랩스(laps)</td></tr>
<tr><td>균열(crack)</td></tr>
<tr><td>래미네이션(lamination) 등</td></tr>
<tr><td rowspan="2">성질상 결함</td><td>기계적 성질 불량 : 연성, 인장강도 및 피로강도 등</td></tr>
<tr><td>화학적 성질 불량 : 화학성분, 부식 등</td></tr>
</table>

재질 불균일은 이음부의 불균일 같은 매크로 결함과 용접금속의 성분 원소, 불순물, 비금속 개재물의 편석, 본드 부근 열영향부의 조직변화, 희석이나 확산에 의한 이상 혼합재, 석출이나 변형에 의한 시효, 수소 취화 등의 마이크로결함으로 구분할 수 있다.

5.2 용접결함의 종류와 그 대책

기공과 피트

기공(blow hole)과 피트(pit)는 용접결함 중에서 일반적으로 가장 자주 관찰되는 것으로 용접금속에 생기는 기포를 의미하며, 용접금속 내부에 존재하는 것을 기공이라 하고, 비드 표면에 입을 벌리고 있는 것을 피트라고 한다. 용착 금속 내의 기공(blow hole)은 용융 금속 중에 발생한 기포가 응고 시 이탈하지 못하고, 용접부 내에 잔류하여 생기는 공동 (micropore)을 말하며 그 크기는 0.01~1 mm 정도로 기공 발생은 용착강 속의 수소 및 산소가 원인이 된다. 기공은 그 형상에 의해 핀 홀(pin hole), 블로우홀(blow hole) 및 웜 홀(worm hole) 등으로 분류된다. 기포의 성장에 비해 계면의 성장이 빠를 경우는 핀 홀 또는 블로우 홀이 발생하며, 계면의 성장이 기포의 성장보다 늦을 경우에는 웜 홀이 형성된다. 연강에서는 C + FeO → CO + Fe 반응에 의한 CO 가스가 기공의 원인이 된다. 또 기공 배출 특성의 차이로 아래보기 용접에 비해 위보기 용접일 경우 기공의 발생이 많다. 기공은 노치 취성(notch brittleness) 및 기밀성이 좋지 않으므로 내식성에 약하며 방지책으로는 저수소계 용접봉을 사용하는 것이 유리하다. 또한 기공은 금속학적으로 형성과정 중 그 크기(성장)에 따라 핀 홀(pin hole), 블로우 홀(blow hole), 웜 홀(worm hole)로 구분 짓기도 한다. 용착금속 내에서의 화학반응 또는 온도저하에 의한 용해도 감소에 의하여 방출되는 기체원소는 기공을 형성하여 용융금속 내를 이동하여 잔류하거나 대기 중으로 빠져나간다. 즉, 응고속도가 빠르면 핀 홀이 되고, 이보다 조금 느리면 블로우 홀이 되며, 응고 속도가 더욱 느린 경우 웜 홀(API 1104에서는 파이프 홀(pipe hole) 이라고 부름)이 형성된다. 그림 3-30에 관련 내용을 도시하였다.

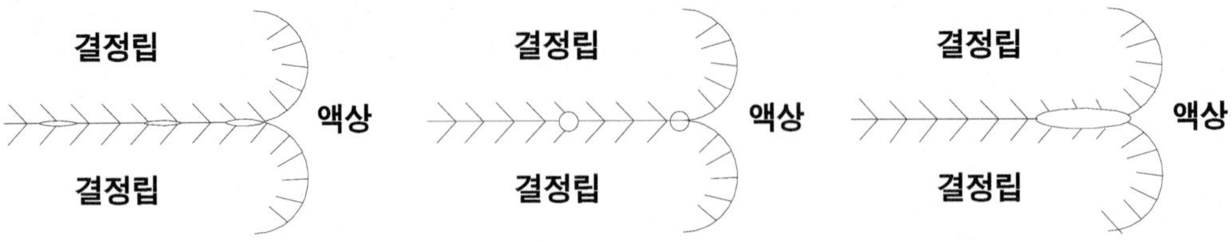

(a) 핀 홀(pin hole) (b) 블로우 홀(blow hole) (c) 웜 홀 worm hole

그림 3-30 기공의 종류

기공의 발생을 억제하기 위한 대책

- 저수소계 용접봉 사용 시 후진법 (back step법)이나 사금법을 사용한다.
- 과대한 전류를 사용하지 말고, 아크 길이를 너무 길지 않도록 유지한다.
- 흡습의 원인 제거 (모재의 청결, 용접봉 건조)
- 적절한 위빙 폭 운용
- 황 함량이 높은 강을 사용할 경우, 저수소계 용접봉을 사용

융합불량 (lack of fusion)

용접부에 두꺼운 스케일이나 오물 등이 부착되어 용접 홈이 좁을 때, 양 모재의 두께 차이가 클 때, 운봉 속도가 일정하지 않을 때, 모재를 충분히 용융시키지 못한 금속이 흘러 들어가 메워진 것과 같은 상태로 이음부의 강도가 약하게 되는 현상을 융합불량(LF, lack of fusion)이라 하며 융합(용착)불량은 용착금속과 주위의 용접 비드 또는 융합면 사이에 융합이 되지 않은 용접 불연속이다. 즉, 융합량이 특정한 용접에 대해 지정된 양보다 적은 것으로 저온 겹침(cold lap) 또는 융합불량(lack of fusion)이라고도 한다. 이는 선형으로 끝단이 날카로운 모양을 하고 있어서 균열과 거의 동일하게 다루어진다. 그림 3-31에 불완전 융합 또는 융합불량을 나타내었다.

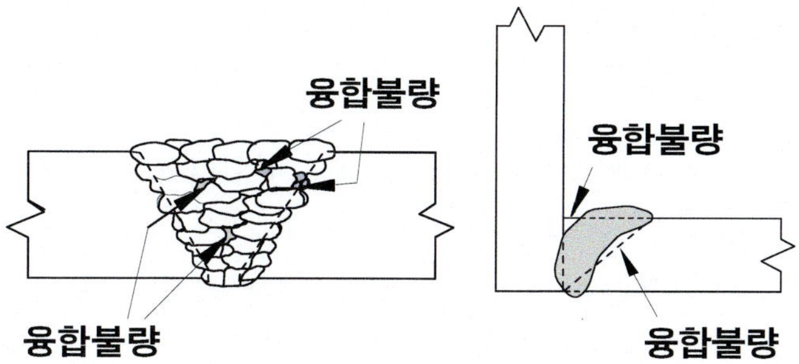

그림 3-31 불완전 융합

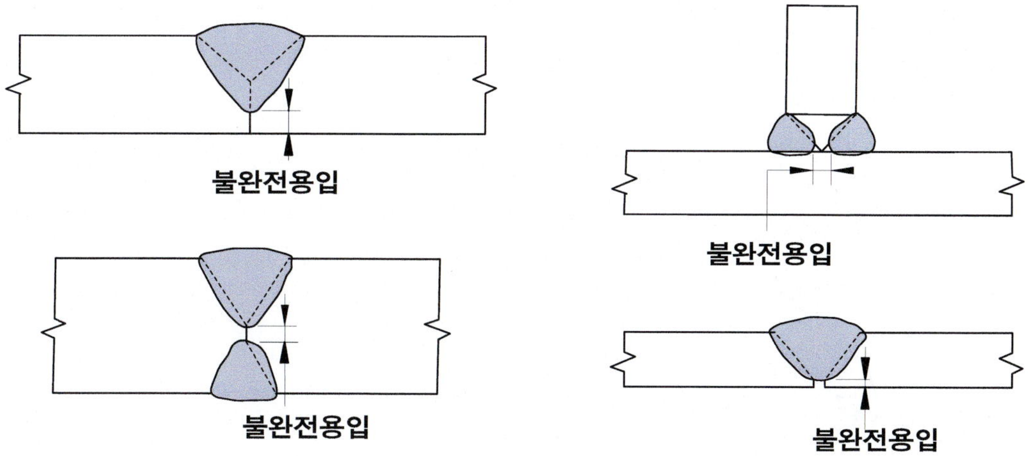

그림 3-32 불완전 용입

용입 불량(lack of penetration)

용접 기술 관리상 중요한 문제가 되는 것으로 용접 홈 안의 용접 또는 필릿 용접을 할 때 용접전류가 너무 낮아 아크열의 홈이 밑부분까지 충분하게 용융시키지 못하였을 때 생기는 현상이다. 이는 용접속도가 너무 빨라서 충분하게 모재를 용융시키지 못하는 등의 용접 속도가 부적당할 때, 용접 홈이나 루트 간격이 좁아서 아크열로 충분히 용융시키지 못할 경우, 용접봉의 선택이 잘못되었을 때 용입불량이 발생한다. 보통 용접부에 용입이 되지 않은 부분을 용입 불량(incomplete penetration)이라고 한다. 그림 3-32에 불완전 용입을 나타내었다.

슬래그 혼입(slag inclusion)

슬래그 섞임(slag inclusion)은 전층의 잔류 슬래그가 그대로 다음 용착 금속 내에 잔류하거나, 용접 조작이 나빠 용융 금속 내에 섞이는 것을 슬래그 섞임이라 하며 슬래그는 용접 비드 위에 쌓여진 비금속 물질로 금속산화물이 대부분이다. 이 슬래그가 용접 과정에서 용착 금속 내에 섞여 들어가 밖으로 배출되지 못하고 냉각되어 나타나는 결함을 슬래그 혼입이라고 한다. 용착 금속 내의 슬래그 혼입은 2가지 원인으로 발생한다. 수동 용접, 플럭스 내장 와이어을 사용하는 반자동 및 서브머지드아크용접과 같이 플럭스가 용융하여 슬래그를 생성하는 용접법에서 발생하기 쉬운 용접결함과 시공 불량에 의한 잔류 슬래그 또는 생성된 금속화합물 등의 용접금속으로의 혼입으로 기계적 성질이나 내식성 저하 요인이 된다. 수직보기나 위보기 용접의 경우, 과소 전류를 사용할 경우 발생하기 쉽고, 또한 슬래그 섞임은 기계적 성질을 매우 해치며, 내식성도 저하시킨다. 슬래그 혼입을 방지하기 위해서는 슬래그 및 불순물을 제거하고, 전류를 약간 높이고 용입이 충분하도록 적당한 운봉법 및 용접조건을 준수하며 운봉속도를 높여야 한다.

언더컷(undercut)

모재의 용융된 부분에 용착금속이 채워지지 않아서 용착 금속의 표면과 모재 표면이 접하는 부분(토우부)에 만들어진, 모재 표면보다 낮은 도랑 같이 생긴 용접 끝단의 작은 홈을 언더컷이라고 한다. 모재 단면적의 감소와 응력집중으로 강도를 저하시키므로 특히 반복응력을 받는 부분에 치명적이다. 언더컷을 방지하기 위해서는 용접전류를 낮추거나, 용접속도를 늦추거나 아크길이를 짧게 유지하고 용접조건에 적합한 용접봉 및 봉경을 사용하여야 한다.

오버랩(overlap)

용착 금속이 토우 부분에서 모재 또는 용착금속에 융합하지 않고, 겹처진 부분을 오버랩이라고 하며, 용융된 금속이 모재와 융합하지 못하고 모재면에 겹처진 상태이다. 오버랩을 방지하기 위해서는 용접전류를 증가시키거나, 용접속도를 빠르게 하고 용접조건에 적합한 용접봉 및 봉경을 사용하여야 한다.

크레이터 균열 (crater crack)

크레이터는 용접작업 시 비드의 크레이터에서 용융 풀이 급랭, 응고, 수축할 때 생기는 오목한 형상의 결함을 의미한다. 크레이터 균열을 방지하기 위해서는 적절한 재료를 선정하고, 용접작업 시 스타트 탭이나 엔드탭을 설치하거나, 용접작업 종료 시 용접금속의 수축을 고려하여 아크를 일정 시간 유지하여 크레이터를 채운 후 분리하는 방법을 사용한다.

2단 비드

비드 위로 슬래그가 흘러 내려서 비드의 윗부분에 남아 노출된 상태로 된 것. 용접전류가 과대하거나 용접봉에 습기가 찼을 때 또는 모재가 부식되었을 때 발생하기 쉬우며 용접봉의 건조와 모재의 청소가 그 방지대책이라고 할 수 있다.

언더필(underfill)

용접부 윗면이나 아랫면이 모재의 표면보다 낮게 된 것으로 용접사가 충분히 용착금속을 채우지 못하였을 경우 발생한다. 이는 용접사의 기량 부족도 원인이 될 수 있지만 용접속도가 너무 빠르거나 용접 전류 등의 용접조건이 부적절할 경우 발생된다.

스패터링(spattering)

용융금속의 소입자가 비산하는 것으로 슬래그의 점도가 높을 때, 전류가 과대할 때, 피복재 중에 수분이 존재할 경우, 아크 운봉각도 부적당할 경우, 모재온도가 낮은 경우에 스패터가 많으며, 직류보다 교류의 경우 스패터 발생이 적게 된다.

아크 스트라이크(arc strike)

용접이음의 용접부 밖으로 아크를 발생시킬 경우 아크열에 의해 모재의 결함이 생기는 것으로 때로는 스패터보다 더 심한 용접 결함이 되며, 주위의 모재로 급격히 열을 빼앗겨 급랭되어 단단하고 취약한 구조로 균열의 원인이 된다.

선상조직 (ice flower like structure)

가공된 금속 중에 가공 방향으로 선상으로 이어진 비금속 개재물을 선상개재물이라 하고, 이때의 조직을 선상조직이라고 한다. 이 선상 조직은 가공에 의한 특성이 변형된 것 (황화물, 규산염 등)과 가공 방향으로 집단을 이루어 불연속적으로 입자가 이루어진 것(알루미나)이 있고, 이러한 개재물 등은 분산되어 있는 작은 입상 개재물에 비하여 강의 기계적 성질을 나쁘게 한다. 그 방지책으로는 급랭을 방지하고 예열과 후열을 하며 건조된 저수소계 피복 아크 용접봉을 쓰면 된다. 아크 용접부 파단면에 생기는 것으로 마치 서리 기둥이 나열된 것과 같이 보이는 조직이다. 현미경으로 관찰하면 극히 미세한 주상정이 선상으로 나열되고 그 입계 사이에 비금속 개재물과 기공이 존재하여 일부 용착금속의 파편에서 볼 수 있는 것으로 선상파편이라고 한다. SiO_2 등의 금속 화합물이나 미소 블로우홀을 함유한 상주상 조직으로 기계적 성질의 저하를 초래한다.

은점(銀點, fish eye)

은점은 용착금속을 인장 또는 굽힘시험하였을 경우 파단면에 나타나는 것으로 둥글거나 타원형의 은백색의 취약한 파편으로 마치 물고기의 눈과 같이 반짝이므로 잘 식별할 수 있다. 그 중심에는 보통 작은 기공, 슬래그 섞임 등이 있다. 은점 생성의 주원인은 외력에 의해 변형을 일으킬 때, 강 중의 수소가 중심의 결함부에 집중하여, 그 압력에 의해 파단을 일으키는 것으로서 일종의 수소 취화 현상(hydrogen embrittleness)이라고 알려져 있다. 은점은 용착금속의 항복점이나, 인장강도에는 거의 영향을 미치지 않으나 연신을 감소시키며 용착 금속 중의 수소는 용접 후 가열하거나, 상온에서 오랫동안 방치하면 방출되어 은점이 자연 해소된다. 저수소계 피복 아크 용접봉을 사용하고, 예열을 하면 은점 방지에 효과가 있다.

비금속 개재물 (nonmetal inclusion)

용착금속에 있는 미세한 입자의 이물질이 0~0.001 mm 크기로 응고과정에서 발생한다. 비금속 개재물은 아크 분위기 중의 산화성 가스나 공기가 용융 금속 중의 Fe, Mn, Si 등과 반응하여 생기는 산화물, 질화물 등이 부상하지 못하고, 용접 금속 내에 분포하고 있는 것을 말한다. 이들은 보통 용착 금속 내에 미세하게 분포하고 있어, 지나치게 존재하지 않는 한 거의 해롭지 않다. 이들의 현미경적 개재물은 X선으로 검출할 수 없으나, 그 분포가 한쪽에 쏠리면 선상 조직 등의 원인이 되어 금속을 취약하게 한다.

콜드셔트 (cold shot)과 루트기공(root porosity)

전자 빔 용접에서 부분 용입 선단에 나타나는 예리한 스파이크 형성 후 과도하게 큰 냉각속도 때문에 용융금속의 누출이 방해되어 발생하는 균열이나 들뜸으로 기계적 성질 저하의 원인이 된다.

5.3 용접균열(weld crack)과 그 대책

5.3.1 개요

용접부에 발생한 각종 균열인 용접균열은 용접 금속 균열과 열영향부 균열 및 모재 균열로 대별된다. 용접균열은 용접 결함 중에서도 가장 까다롭고, 또한 중요한 것으로서 작은 것이 있어도 용접부의 성능을 현저하게 저해하므로, 이러한 것을 방지하기 위하여 재료의 선택 및 용접 시공법의 개선 등의 대책이 항상 검토되고 있다.

용접금속에 발생하는 균열에는 용접 금속의 응고 직후에 발생하는 고온균열(hot crack)과 온도 300℃ 이하에서 발생하거나 용접금속 응고 후 시간이 지나서 발생하는 저온균열(cold crack)이 있다.

용접금속 고온균열의 원인으로는 S, P 함량, 급랭 등의 응고조건, 탄소당량과 수축응력 등인데, S, P 등이 화합물(FeS: 1,190℃, Fe_3P: 1,166℃)을 형성하면 융점이 저하하고 저융점의 액상이 철의 결정립계에 편석하여 입계균열이 발생한다. 또한 연성이 저하하는 온도범위는 T_L(액상선 온도)~T_S(고상선 온도) 사이 및 T_R(재결정 온도) 부근이며, 전자를 응고 취성 온도범위(BTR), 후자를 연성저하(ductility dip) 온도범위라 부른다. 응고 취성 온도 범위는 S, P 함량 증가 시 넓어지게 되며, 고온균열의 형태는 세로균열, 가로균열, 크레이터 균열, 설퍼 균열 등이 있다.

용접열영향부 균열은 급랭으로 인해 경화되기 쉬운 고장력강, 저합금강 등에서는 용접열영향에 의해 취성을 띠게 되어 비드 밑 균열, 토균열, 루트 균열과 같은 균열이 발생하기 쉽다. 용접열영향부의 고온균열로는 응고균열 (hot cracking), 액화균열 (liquation cracking), 재열균열 (SR 균열) 등이 있으며, 저온균열로는 저온지연균열 (delayed cold)와 라멜라균열 (lamellar tearing) 등이 있다.

5.3.2 용접균열의 발생원인

용접균열의 발생원인은 아래와 같이 수소, 외적인 힘, 내적인 힘, 변태, 용착 금속의 화학성분 및 노치에 의한 균열 등 다양한 원인이 존재한다.

(1) 수소에 의한 균열

저온균열과 유화물 응력 부식 균열은 수소와 밀접한 관계가 있으며, 이것은 용접할 때 다량의 수소가 용착 금속 중에 용해되는 것이다. 용착금속이 응고되면 수소가 강 중에 그대로 남을 수 없게 되어 외부로 방출되려고 하나 용착금속부가 빨리 응고되므로 전부 나가지 못하고 잔류하여 강 내부에 큰 압력을 이루게 되므로 균열이 발생한다.

(2) 외적인 힘에 의한 균열

용접부에 가해진 외적인 힘과 내적인 힘의 균형이 용접부의 파괴 강도 이상으로 되면 균열이 발생한다. 외적인 힘에 의한 균열에는 사용 중 외부에서 가해지는 힘에 의한 것과 용접 후에 그대로 방치하여 놓아도 균열을 일으킬 때가 있는데 이때에도 외적인 힘이 균열발생의 구동력으로 된다.

(3) 내적인 힘에 의한 균열

내적인 힘 중에서 가장 중요한 것은 열응력(thermal stress)인데, 이것은 용접할 때 국부적으로 연속하여 가열, 냉각되기 때문에 팽창 및 수축이 불균일하게 되므로 균열이 일어나는 것이다.

(4) 변태에 의한 균열

용접부가 높은 온도로 가열된 부분과 용접 금속이 냉각 도중에 강 내부의 결정 구조가 변함에 따라 체적도 변해야 하지만, 이미 응고가 완료된 강은 쉽게 움직이지 못하므로 결국 변태를 수반하는 체적 변화에 상당하는 응력이 내부에 남게 되는데 이를 변태응력이라고 한다.

(5) 용착 금속의 화학 성분에 의한 균열

용착 금속의 성분 중에서 균열의 원인에 영향을 미치는 가장 유해한 것은 황(S)과 인(P)으로 이들 중에서 특히 황에 의한 균열이 가장 큰데, 황은 부분적으로 층상 편석이 되는 성질이 있으며, 모재의 편석은 균열 발생의 원인이 된다.

(6) 노치에 의한 균열

예리한 각도를 가지는 노치가 있으면, 내부에 있는 응력이 노치 끝 부분에 응력이 집중되므로 균열 발생의 원인이 된다. 그러므로 표면 덧붙이와 같은 것을 필요 이상으로 높게 하면 응력집중의 원인이 되므로 유의하여야 한다.

5.3.3 발생 위치에 따른 균열의 종류

균열의 종류는 크레이터 부분의 균열, 용접선 위의 비드 균열, 마이크로 균열, 언더비드 균열 또는 토우 균열, 열영향부 균열 등 다양하게 존재하며, 방향에 따라 가로균열과 세로 균열로 분류할 수 있다. 그림 3-33에 발생위치에 따른 균열의 종류를 나타내었으며 그림 3-34에 용접금속에 나타나는 균열의 유형을 나타내었다.

용접방향에 수직으로 발생하는 균열을 가로균열(transverse crack)이라 하며, 이것은 모재와 용착금속부의 확장될 수 있는 것으로 용착금속의 인성이 극히 작을 때 및 경화육성 (hard facing) 용접할 때 자주 볼 수 있다. 이 균열의 방지는 모재를 용접 전에 예열하면 효과적이다. 용접방향과 같거나 평행한 균열을 세로균열(longitudinal crack)이라 하는데 이것은 용접금속 내에서 많이 발견되는데 보통 용접선의 중심에 나타난다. 이 균열은 보통 크레이터 균열의 확장 때문에 발생하며, 표면으로의 확산은 용접부가 냉각될 때 발생하여, 균열의 방지하기 위해서는 적당한 용접전류, 용접봉 및 모재 등을 선택하여야 한다.

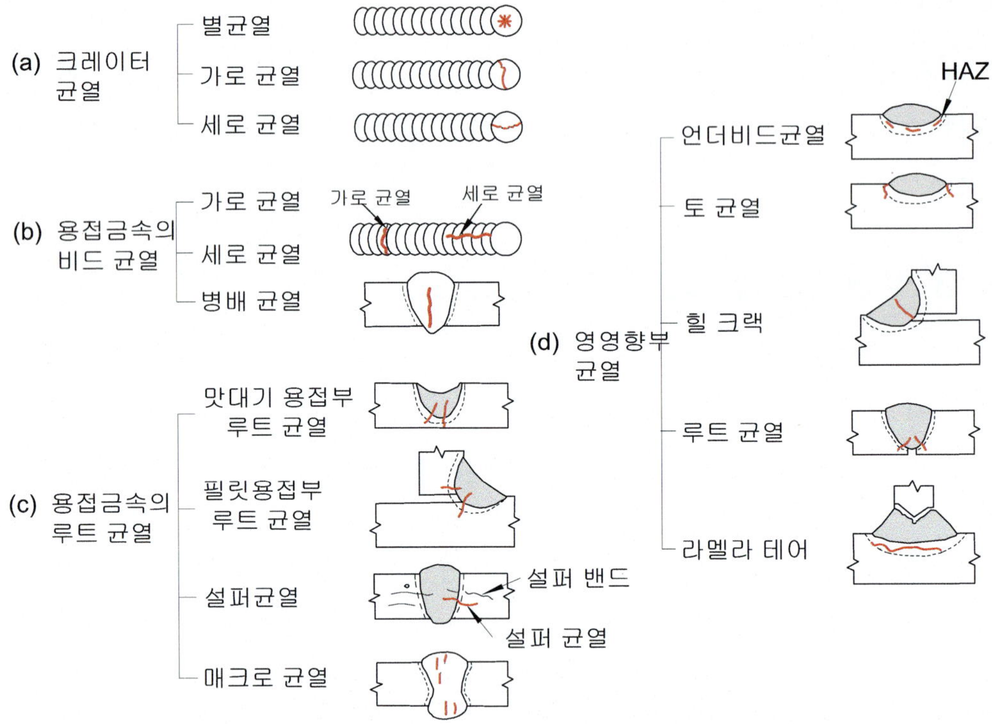

그림 3-33 발생 위치에 따른 균열의 종류

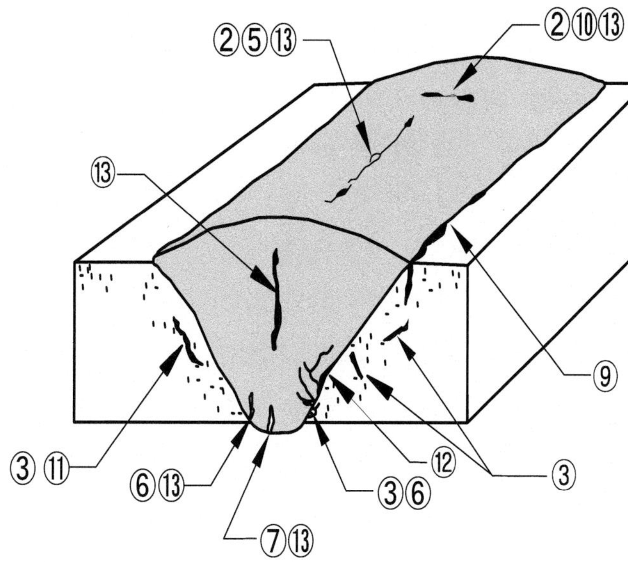

(a) 맞대기 이음

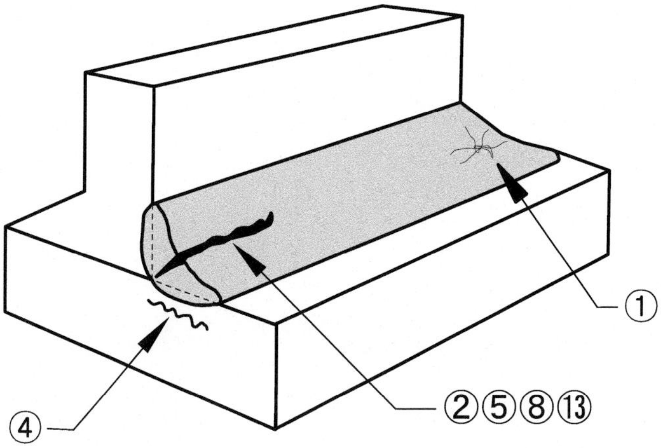

범례 :
① 크레이터 균열
② 면 균열
③ 열영향부 균열
④ 라멜라테어
⑤ 종 균열
⑥ 루트 균열
⑦ 루트면 균열
⑧ 목 균열
⑨ 토우 균열
⑩ 횡 균열
⑪ 비드 밑 균열
⑫ 용접면 균열
⑬ 용접금속 균열

(b) 필릿 이음

그림 3-34 용접금속에 나타나는 균열 유형

5.3.4 고온균열 (hot crack)

응고 온도 범위 또는 그 바로 아래의 비교적 고온에서 발생하는 용접부의 균열을 고온균열 (hot crack)이라고 한다. 응고균열 (solidification crack)은 응고결정립계를 따라 발생하며, 경우에 따라 아결정립계를 따라 발생한다. 응고 마지막 단계에서 액상의 필름이 응고결정립계를 따라 존재하여 입계를 약화시켜 균열을 발생한다. 이 잔류액상에 P, S 원소가 편석하여 저융점 화합물(FeS: 1,190℃, Fe_3P: 1,166℃)을 형성하고 모재의 응고온도와 마지막 응고하는 고상의 응고온도 차이가 응고균열 감수성에 영향을 미치며 이 온도가 클수록 균열감수성이 증가한다. 액상필름이 존재하는 입계가 응고 및 냉각 중 발생하는 수축과 외적 구속으로 발생하는 응력을 견디지 못하고 용접균열을 발생한다.

액화균열 (liquation cracking)은 부분용융역이나 열영향부의 결정립계를 따라 발생하는 균열을 열영향부의 액화균열이라고 한다. 최고온도가 국부적인 응고온도 이상, 모재의 응고온도 이하로 가열된 영역에서 냉각 시 발생한다. 액상 표피를 형성한 금속간화합물(탄화물, 유화물, 인화물 등)이 열영향부에서 성장하는 입계와 만나면 액상이 입계로 침투하여 입계를 젖게 하면 미세조직이 취화되고, 충분한 구속력이 작용하면 균열이 발생하는 침투이론과 편석이론이 있다. 그림 3-35에 발생원리에 따른 고온 균열의 분류를 나타내었다.

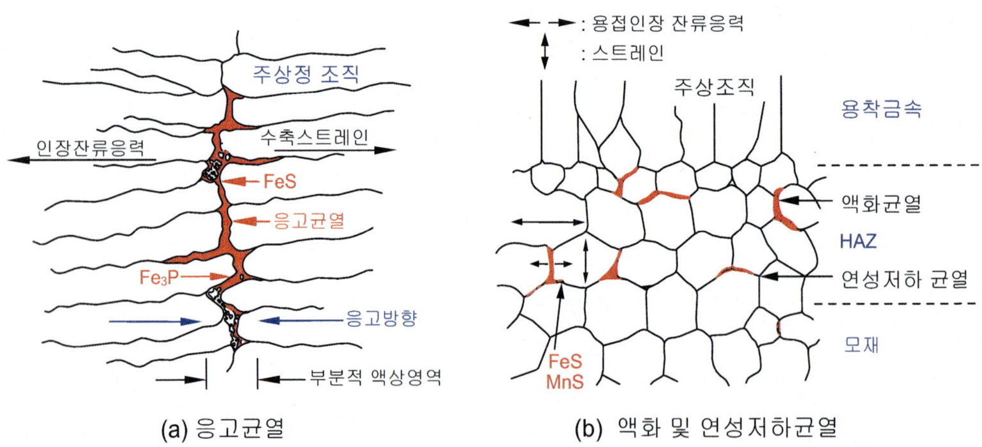

그림 3-35 발생원리에 따른 고온균열의 분류

용접금속의 액화균열은 다층용접 중 재가열된 용접금속에서 발생하며, 응고결정립계나 이동결정립계를 따라서 발생한다. 합금원소나 불순물 원소의 편석에 의해서 응고결정립계가 국부적으로 용융됨으로서 발생한다.

연성저하균열 (ductility dip cracking)은 고상선 이하의 연성저하 온도범위에서 이동결정립나 재결정에 따른 신결정립계에서 발생하는 입계균열로 열영향부보다는 용접금속에서 발생한다.

고온균열의 폭은 약 0.05~0.5mm로 저온 균열의 크기인 0.001~0.01 mm에 비하여 수십 배 크고 끝단은 둥그스름하다.

고온균열의 종류

설퍼 크랙 (sulfur crack)은 강 중의 황이 층상으로 존재하는 소위 설퍼 밴드가 심한 모재를 서브머지드 아크 용접하는 경우에 볼 수 있는 대표적인 고온균열로 황의 영향을 덜 받는 와이어와 플럭스의 선택을 고려하거나 저수소계 용접봉으로 수동 용접하는 것이 방지책의 하나이다.

크레이터 균열 (crater crack)은 용접비드 종점의 크레이터에서 흔히 보는 고온균열이며, 고장력강이나 합금 원소가 많은 강종에서 자주 본다. 균열이 발생하는 형태는 합금원소의 양이나, 용접방법에 따라 약간씩 다르지만 아크를 끊는 점을 중심으로 발생하는 것으로, 용접 금속의 수축력에 영향을 받는다. 크레이터를 처리할 때와 같이 아크를 끊을 때의 처리방법이 중요하다. 이 균열은 가로 모양, 세로 모양, 별 모양의 형태로 나타난다.

병배 비드 균열은 일종의 서양배의 형상을 닮은 용접 비드 단면에 생기는 대표적 고온 균열로 주상 결정의 회합선에 저융점 불순물이 편석되어 균열을 일으키는 것이다. 이 균열은 CO_2 아크 용접 및 서브머지드 아크 용접과 같이 용입이 깊은 용접법을 택하였을 경우 잘 나타나며, 평평한 비드를 만듦으로써 방지할 수 있다. 이것은 비드 단면 형태의 '너비 대 깊이의 비'를 1 : 1~1 : 1.4 이상 크게 함으로서 방지할 수 있다. 또한 이 균열은 입열이 큰 이음의 끝부분에서 잘 나타나는 강판의 회전변형에 기인하는 균열과 복합해서 발생한다. 용접 종점의 엔드 탭을 단단히 붙여서 회전변형을 충분히 구속해주는 것이 필요하다. 그리고 균열이 비드 표면까지 도달하지 않고, 비드 내부에서만 갈라지는 경우가 많으므로, 용접 이음부에 대한 검사를 철저히 할 필요가 있다.

5.3.5 저온균열(cold crack)

저온균열은 주로 300℃ 이하에서 응고 후 48시간 이내에 발생하며, 주로 수소에 의한 지연균열로서 일반적으로 HAZ의 결정 입내 및 입계에서 발생하여 진전한다. 저온균열은 고온균열과 달리 약 300℃ 이하의 온도에서 주로 발생하는데 용접부에 잔류하고 있는 수소가 주요 발생원인이다. 저온 균열(cold crack)에는 루트균열, 토우 균열, 비드 밑 균열 등이 있으며, 냉각에 의한 수축 응력과 변태에 의해서 발생하는 응력, 그리고 이와 같은 응력을 국부적으로 크게 하는 노치 효과와 수소 등의 유해 원소에 의해서 발생하며, 용접 금속과 열영향부의 용접 금속측에 인접한 결정립의 조대화 부에서 발생하기 쉽다.

저온 균열의 발생원인

저온균열의 원인으로는 경화 조직, 수소(H) 및 구속력을 들 수 있지만, 교량, 건축, 철골 등의 구조물 및 공장에서 실제로 일어난 저온균열의 중요한 발생원인은 다음과 같다.

- 부적당한 용접봉 사용 : SM50재 특수계 용접봉 사용 시 비드 외관은 좋지만 균열 발생이 쉽다. 고장력강의 용접균열의 대책으로 저수소계 및 극저수소계 용접봉의 사용이 유용하나 작업성이 나쁘고 용접봉에 습기가 차기 쉬우므로 충분한 기량과 올바른 건조관리가 필요하다. CO_2 아크 용접은 극저수소계 용접봉을 사용한 경우와 같은 효과가 있다.
- 루트 간격(root opening)의 과대 : 루트 간격이 큰 맞대기 용접이나 필릿 용접의 1차 용착 금속은 구속응력이 커지기 때문에 그 이면은 노치효과가 되어 루트 균열이 발생하기 쉽다. 대책으로는 가공 정도, 취부 정도를 높이고, 루트 간격이 클 경우는 보수 요령에 따른다.
- 예열 및 후열관리의 불충분
- 용접순서의 부적당
- 모재에 대한 지식 부족(C_{eq} : 탄소당량, P_{cm} : 균열 감수성 지수)
- 용접 작업 중단시의 처치가 잘못되었을 때
- 구조 및 이음설계의 불량

저온균열의 종류

라멜라테어 (lamellar tear 층상균열)는 T 이음, 모서리 이음 등에서 강의 내부에 강판 표면과 평행하게 층상으로 발생하는 균열로서 주요 원인은 모재의 비금속 개재물에 의한 것으로 일반적인 저온균열과 같이 특별히 배려된 강재를 사용하는 것이 그 방지에 가장 효과적이다 (방지 대책 : 예열, 수소량 억제, 부재의 회전 변형 구속). 그림 3-36에 라멜라테어가 발생하기 쉬운 형상을 도시하고, 그림 3-37에 용접부 형상 개선에 따른 라멜라테어 개선방법을 나타내었다.

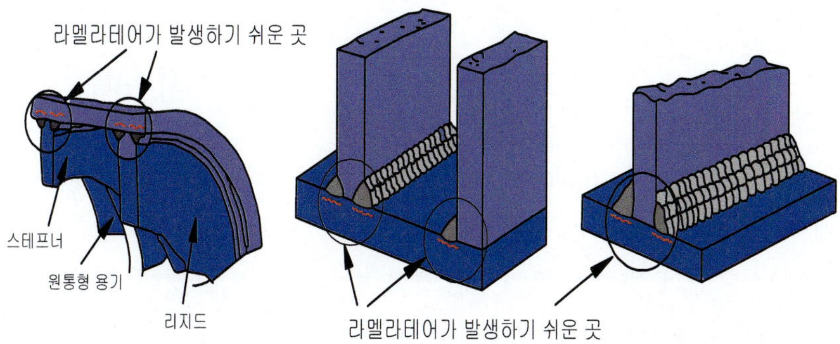

그림 3-36 라멜라테어가 발생하기 쉬운 형상

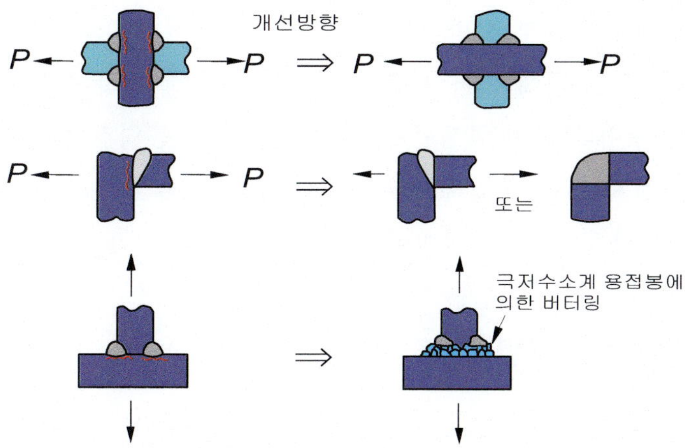

그림 3-37 용접부의 형상 개선으로 라멜라테어 개선법

힐 크랙(hill crack)은 필릿 용접 이음부의 루트 부분에 생기는 저온균열이며 모재의 열팽창 및 수축에 의한 비틀림이 주요 원인이다. 이 균열은 50 kgf/mm^{2}급 고장력 강의 대입열 용접과 T형 필릿 용접 이음에 많이 보인다. 루트균열과 같이 이를 방지하기 위해서는 수소량의 감소와 예열이 효과적이며, 용접 금속의 강도를 낮추거나, 용접 입열을 적게 하는 것이 효과적이다.

루트 균열(root crack)은 맞대기 용접의 가접, 또는 초층 용접의 루트 근방 열영향부에 발생하는 균열로 열영향부에서 발생하여 점차 비드 속으로 성장해 들어와 몇 일 동안에 걸쳐 서서히 진행된다. 발생원인은 열영향부의 조직 (강재의 경화성), 용접부에 함유된 수소량, 작용하는 응력 등으로 알려져 있다. 방지 방법으로 용접부에 들어가는 수소량 감소, 수소 방산, 용접봉의 건조, 예열, 후열 실시 등이 있다.

비드밑 균열 (underbead crack)은 비드 밑에서 용접선에 아주 가까이 거의 이와 평행하게 모재 열영향부에 생기는 균열로 고탄소강이나 저합금강과 같은 담금질에 의한 경화성이 강한 재료에서 발생한다. 이 균열의 발생원인은 급랭에 의한 열영향부의 경화 및 마텐자이트의 생성에 의한 변태 응력이 주요 원인이다. 이를 방지하기 위해서는 예열 및 후열처리를 실시하여 마텐자이트 생성을 방지하고 용접봉도 저수소계를 사용하면 유효하다.

토우 균열(toe crack)은 맞대기 용접 이음, 필릿 이음 등의 어느 경우든지 비드 표면과 모재와 열영향부의 경계부에 발생하며, 반듯하게 벌어져 있기 때문에 침투탐상 검사로 검출할 수 있다. 용접에 의한 부재의 회전 변형을 무리하게 구속하거나 용접 후 곧바로 각 변형을 주거나 하면 발생한다. 언더컷에 의한 응력집중이 큰 원인이 되므로 우선 언더컷이 생기지 않는 용접을 해야 한다. 또한 예열을 실시하거나 강도가 낮은 용접봉을 사용하는 것도 좋은 예방법이다.

5.3.6 재열균열 (SR 균열)

재열균열은 응력완화 균열 (stress relief cracking), 즉 SR 균열이라고도 하는 것으로 고장력강 용접부의 후열처리 (PWHT) 또는 480℃ 이상 고온에서 장시간 사용에 의하여 열영향부에 생기는 입계균열을 의미한다. SR 균열은 미소하므로 육안이나 방사선 투과검사로 발견하기 어려우며, 잔류응력이 존재하는 용접이음에 크리프 변형이 생기는 정도의 고온(500~700℃)까지 가열할 때 응력완화에 의한 소성변형이 응력집중부에 집적하여 발생한다. SR 균열은 큰 잔류응력과 노치(응력 집중)가 없으면 발생하기 어렵다. 연강에서는 판두께 32 mm 이상이 되면 발생하기 쉽고, 저합금강의 압력용기에서는 노즐 이음부 토부의 조립역에서 발생하기 쉽다. SR 균열에 영향을 미치는 인자로는 SR 조건(온도, 유지시간, 가열 및 냉각속도), 합금성분, 용접조건(열영향부의 조직), 응력집중(잔류응력과 노치), 용접금속의 강도 등이 있는데, 모재와 화학성분 중에서 특히 Mo와 V가 유해한 것으로 알려져 있으며, 다음으로 Cr, Cu, Nb, Ti 등이 있다. 재열균열 감수성(P_{SR})은 다음과 같으며, $P_{SR} \geq 0$이면 균열이 발생하며, P_{SR}이 클수록 그 경향은 현저하게 된다.

$$P_{SR}(\%) = Cr + 2Mo + 10V + Cu + 7Nb + 5Ti - 2$$

용접 시공 방법에 의한 SR 균열 방지법

- 조립역 조직의 개선 (마르텐사이트 감소와 인성 확보)
- 토부의 응력 집중 감소
- 설계상 응력집중이 되지 않게 하고, 판두께의 급격한 변화를 피한다.

용접 후 열처리는 고장력강 및 저합금강의 SR 균열, 저합금강의 취화, 모재 및 용접부의 강도 저하, 이종 금속 이음에서의 탈탄 또는 침탄, 탄화물 석출에 의한 내응력 부식성의 저하를 유발할 수 있다.

SR 균열은 용접 후열처리 과정에서 용접 토부의 열영향부에 발생하는 결정립계 균열로 열영향부의 조립역, 큰 구속력(잔류응력) 및 응력 집중, 2차 경화원소를 함유하는 강 등의 3가지 조건이 균열발생의 필수조건이며, 고장력강이나 Cr-Mo-V강 등의 구속이 큰 후판 용접부, 특히 압력용기의 노즐 이음부에 발생하기 쉽다. SR 취화는 어닐링 취성은 터빈 로터 축용 Ni-Cr-Mo-V강 또는 화학공업이나 발전용 보일러에 이용되는 Cr-Mo강 등이 375~575℃ 온도로 가열 유지하거나 서랭된 경우에 발생하는 취화현상이다.

5.3.7 래미네이션 균열(lamination crack) 및 델라미네이션(delamination)

모재의 재질 결함으로 강괴일 때의 기포가 압연되어 생기는 래미네이션은 설퍼 밴드와 같이 층상으로 편재해 있어 강재의 내부 노치를 형성한다. 이것은 금속의 강도를 Z 방향 또는 강판 두께 방향의 강도를 감소시킨다. 이 균열을 방지하기 위해서는 모재를 킬드강이나, 세미킬드강을 사용하는 것이 좋다. 델라미네이션은 응력이 걸려 래미네이션이 갈라지는 것을 의미하는데 이 균열을 방지하기 위해서는 역시 모재를 킬드강이나 세미킬드강을 사용하는 것이 좋다. 그림 3-38에 래미네이션과 델라미네이션을 그림으로 나타내었다.

래미네이션의 발생원인은 강 중의 수소 집적, 강 중심부의 C, Mn, P, S 등의 용질편석 및 개재물, 냉각속도, 과열도 등의 연속 주조조건 불량이 있으며, 그림 3-39에 래미네이션 진행 메커니즘을 나타내었으며, →표는 응고진행방향으로 표면에서 시작하여 내부로 진행된다. 그러므로 래미네이션의 발생위치는 최종응고부($t/2$) 이며, 이 부분에 용질(C, Mn, P, S 등) 편석물과 개재물에 의한 것이다.그림 3-40에 초음파 탐상시험을 통한 래미네이션 검출에 대해 나타내었으며 모재 중앙부에 균열이 존재할 경우 초음파 탐상을 통한 초음파 신호의 크기와 발생 위치 파악으로 결함을 탐지하는 것을 보여준다.

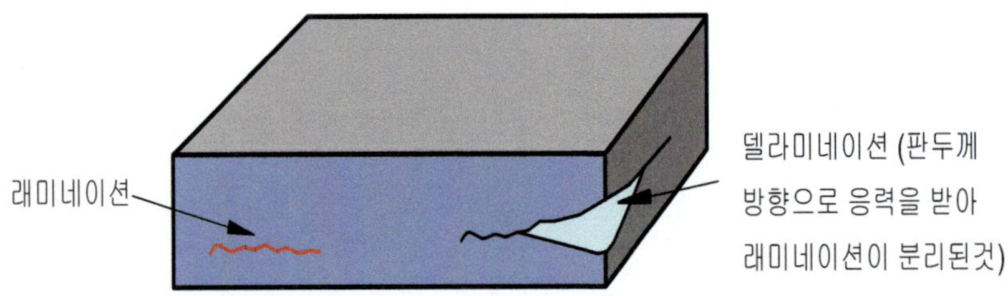

그림 3-38 래미네이션(Lamination)과 델라미네이션(delamination)

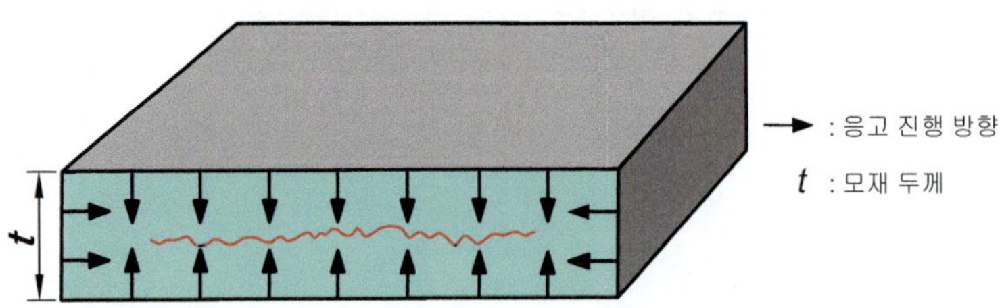

그림 3-39 래미네이션(Lamination)의 진행 메커니즘

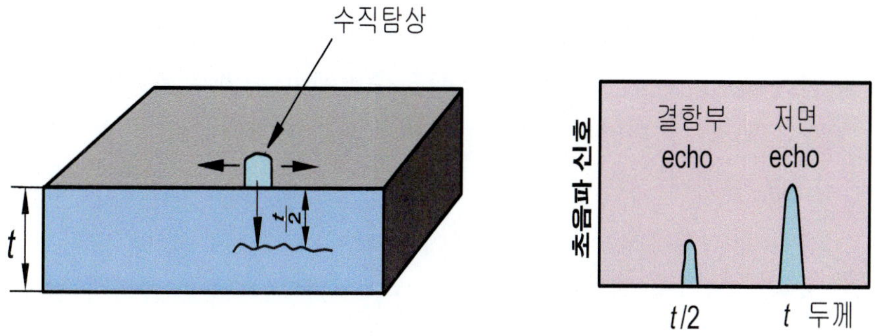

그림 3-40 초음파 탐상시험(수직탐상)을 통한 lamination 검출

층상 균열이 발생하기 쉬운 조건

- 판두께가 두껍고 용착량이 많은 경우
- 부재의 강성 또는 구속도가 큰 경우
- 강판을 관통시켜 취부한 노즐부(set on nozzle에 의한 라메라테어 방지)
- 원통상 구조물에 스티프너가 취부된 경우
- 원통용기 내면에 스티프너 (stiffner)가 취부된 경우 (shell plate에 라메라테어 발생)
- 상자형 단면 부재
- 교량 또는 건축 구조에서 볼 수 있는 이음이나 모서리 이음
- 스티프너와 다이어프램의 이음부
- 구속이 작을 경우, I빔의 제작에서 강재의 라메라테어 감수성이 높거나 용착량이 큰 경우

층상 균열을 피하는 용접 설계상의 고려

- 강판의 판두께 방향으로의 수축응력 완화 ← 수축력의 방향을 변화
- 구속도의 완화, 수축력의 분산, 수축방향의 변화, 수축력의 완화,
- 용접방법 : 일렉트로 슬래그 및 일렉트로 가스와 같은 대입열의 깊은 용입의 용접을 이용, 수동용접, 탄산가스 아크용접, MIG 용접, 서브머지드 아크용접 등은 용접입열을 가능하면 크게 하여 용입을 깊게 하여야 하고, 수동보다는 반자동, 자동 용접이 유리하다.
- 용접조건의 선택 : 입열량이 크고 용접봉 지름이 굵은 것이 유리
- 예열 및 후열처리

5.3.8 용접금속의 편석

매크로 편석은 용접금속의 용융 경계 부근 주변에서 중앙부 주변에 걸쳐서 성분이 변화하는 것으로 Al 합금 등에서 발생한다. 비드용접의 크레이터 및 점 용접부 등에서 응고 중에 새로운 금속이 공급되지 않아 주조 시 잉곳의 응고와 같은 상황에서 편석이 발생하며 철강의 용접부에서는 황의 편석이 크레이터 중심부 등에 나타난다.

마이크로 편석은 하나의 주상정(dendrite) 또는 서브스트리크 와이어 입계에서의 성분 변화나 탄소강에서는 입계에 Mn, S, P 등이 편석을 잘 일으킨다. 스테인리스 강에서는 Cr, Mn, S, P 등이, Al 합금에서는 Fe, Cu, Mg 등이 편석을 잘 일으킨다.

리플 편석은 용융지 내에는 여러 가지 원인에 의해서 액상의 요동이 일어나 주상정은 단속적으로 그 성장속도나 온도 구배가 변한다. 이것이 용접 금속의 리플(ripple)선이 된다. 이 리플선을 따라 용질이 농화된 것을 리플 편석이라고 한다. 온도 구배의 변화는 용접 응고에서 조성적과냉역의 변화와 직접 결부되어 리플선은 용융지형과 일치하여, 용질이 풍부한 영역과 감소된 영역이 검은 선으로 나타나고 일정한 주기로 형성되는데 이를 편석 밴드라고 한다.

연 습 문 제

1 다음 중 수소에 의한 결함이 아닌 것은?
① 비드 밑 터짐
② 은점
③ 선상조직
④ 변형시효

2 다음 중 질소가 크게 영향을 미치는 것은?
① 변형시효
② 비드 밑 터짐
③ 미세균열
④ 은점

3 다음 용접균열 중 기공의 종류와 거리가 먼 것은?
① 웜 홀
② 블로우 홀
③ 피트
④ 핀홀

4 저온균열의 발생 원인에 대한 설명 중 거리가 먼 것은?
① 경화조직
② 수소 함량
③ 구속력
④ 예열처리

5 다음 중 T 이음, 모서리 이음 등에서 강의 내부에 강판 표면과 층상으로 평행하게 발생하는 균열은 무엇인가?
① 토우균열
② 루트균열
③ 라멜라테어
④ 힐크랙

01④ 02① 03③ 04④ 05③

6 다음 중 맞대기 용접의 가접부에 주로 발생하는 균열은 무엇인가?
① 토우균열
② 루트균열
③ 라멜라테어
④ 힐크랙

7 다음 중 필릿 용접 이음부의 루트 부분에 생기는 저온균열로 모재의 열팽창 및 수축에 의한 비틀림이 주요 원인인 균열은 무엇인가?
① 토우균열
② 루트균열
③ 라멜라테어
④ 힐크랙

8 다음 중 비드 아래에서 용접선에 아주 가까이 거의 이와 평행하게 모재 열영향부에 생기는 균열로 고탄소강이나 저합금강과 같은 담금질에 의한 경화성이 강한 재료에서 주로 발생하는 균열은 무엇인가?
① 비드밑균열
② 루트균열
③ 라멜라테어
④ 힐크랙

9 다음 중 맞대기 용접 이음, 필릿 이음 등의 어느 경우든지 비드 표면과 모재와 열영향부의 경계부에 발생하는 균열은 무엇인가?
① 비드밑균열
② 루트균열
③ 토우
④ 힐크랙

10 다음 중 응력완화 균열 또는 SR 균열이라고도 불리는 균열은 무엇인가?
① 비드밑균열
② 루트균열
③ 재열균열
④ 힐크랙

 06 ② 07 ④ 08 ① 09 ③ 10 ③

제 4 장

용접부 검사

Chapter

1 용접부 검사

1.1 개 요

각종 용접·접합과 관련된 기계부품, 구조물, 플랜트 및 설비들은 재질과 형상이 다양하며, 용접·접합의 시공방법 및 제작공정도 다르다. 이러한 설비들은 안전검사의 신뢰도에 따라 사용의 적정성 평가와 안전가동의 기준이 된다. 검사방법과 사용여부의 평가기준은 사고방지의 수단인 동시에 불필요한 개보수를 없앰으로서 경제적인 손실을 줄일 수 있다.

용접·접합이음은 볼트 및 리벳이음과 같은 기계요소이음과 달리 피용접물에 열을 가하여 접합되며, 피용접재에 국부가열, 용융금속 첨가 및 압력을 가하는 과정에서 불완전한 결합이 발생된다. 즉, 모재와 용가재가고온상태에서 용융되고 응고과정에서 재질변형 및 잔류응력의 발생으로 변형 및 결함발생의 메카니즘이 매우 복잡하다.

1.2 용접 · 접합결함 검사

용접부 검사에는 양호한 용접·결과를 얻기 위해 접합 전 또는 접합 중에 검사하는 작업검사와 용접 전체 요구사항의 만족여부를 검사하는 접합 후에 실시하는 완성검사가 있다. 또한 검사 방법에 따라 검사부를 절단시험, 굽힘시험, 인장시험 등의 파괴시험과 파괴하지 않고 검사하는 비파괴시험법이 있다. 작업검사에는 용접·접합재료, 용접기능, 용접·접합 시공상황, 접합 후 열처리까지 포함되며, 완성검사에는 주로 용접부를 파괴하지 않고 시험하는 비파괴검사로 수행된다.

1.2.1 용접 · 접합성

용접·접합성은 용접·접합의 난이(難易)를 나타내는 용어로서 용접·접합방법 및 시공방법에 따라 차이가 있으며, 실용적 의미에서 복잡한 용접과 특수시공을 필요로 하는 재료는 용접·접합성이 저하된다고 할 수 있으며, 용접·접합성이 우수하다는 것은 용접·접합부에 결함이 없고 기계적 성질이 우수하며, 내식성 및 기밀성을 갖는 용접·접합을 말한다.

(1) 결함 없는 이음성

용접·접합부품이 강도, 인성, 내식성, 기밀성 등의 용접·접합부품의 사용성능을 만족하도록 용접·접합성을 유지해야 한다. 알루미늄은 대기 중의 산소와 결합하여 두께 1.25×10^{-5} mm의 산화피막을 형성하여 내식성을 갖는다. 순수 알루미늄은 용융점이 660℃이나 산화피막은 약 2,050℃에 해당된다. 알루미늄 합금은 융점은 낮고 열전달율이 크며, 용접 시 외부환경의 영향을 많이 받아 특수한 시공법이 필요하므로 접합성이 저하된다고 할 수 있다.

(2) 공작상의 용접성

용접·접합의 난이와 용접·접합부 결함유무에 따라 판정되며 공작상의 용접성에 영향을 주는 인자로서 모재 및 용접·접합금속의 열적성질과 용접·접합결함의 발생에 관련된다.

① 모재 및 용접금속의 열적 성질

재료의 융점, 열전도도, 온도확산율이 낮으면 급열되기 쉽고 접합하기도 용이하다. 강, 티탄은 열전도도가 나빠 국부적으로 융점까지 가열이 용이하나 은, 동, 알루미늄은 열의 이동이 빨라 융점까지 가열이 어려워 예열이 필요하여 용접성이 저하된다. 융점이 낮고 열팽창계수가 적을수록 용접중의 팽창과 수축에 의한 변형이 작다.

② 모재 및 용접부의 결함

균열, 기공, 슬랙 혼입, 용입불량 등의 용접결함 발생이 적을수록 이음성이 좋다. 결함은 모재의 성질, 두께, 이음설계, 시공조건 등도 영향을 주며, 많은 금속재료는 시공법 및 설계에 주의하면 건전한 접합부를 얻을 수 있다. 접합시공에서 주의를 적게 해도 양호한 접합부가 얻어지는 재료일수록 이음성이 우수하다. 연강은 공작상의 용접성이 우수하나 중탄소강, 저합금강의 용접은 예열 등 특별한 처리가 요구되므로 용접성이 저하된다고 할 수 있다.

(3) 사용성능에 대한 용접·접합성

① 모재 및 용접부의 기계적 성질

용접·접합 구조물이 충분한 사용성능을 유지하기 위해서는 모재 및 용접·접합부가 충분한 강도, 연성, 노치인성이 요구된다.

② 모재 및 용접부의 물리적, 화학적 성질

용접·접합 구조물이 고온부식 환경하에서 장시간 사용될 때 산화나 부식에 대한 저항이 요구된다. 모재와 용착금속이 다를 경우 전기화학적으로 부식이 촉진된다.

1.2.3 탄소강의 용접성 판정

용접 구조물의 재료, 용접·접합 시공방법, 판정에 있어 시험과 검토가 필요하다.

(1) 기초적 검토

모재의 화학성분, 기계적 성질, 층간분리(delamination), 황화물(sulfides) 유무 등을 점검한다.

(2) 주요 용접성

① 모재의 notch인성 - V-Notch 샤르피 충격시험(Charpy impact test)
② 용접·접합부 연성 - 코머렐 시험(Kommerell test)
③ 용접·접합부 경도 - 용접·접합부 연성, 균열감수성 시험
④ 모재 및 용접봉 균열감수성 - 균열시험, 열영향부 균열시험

(3) 이음에 대한 시험

① 이음부의 안정성 - X선 투과, 초음파검사, 육안 검사, 자분탐상시험 등의 비파괴검사
② 이음부의 기계적 성질 - 인장시험, 압축시험, 충격시험, 굽힘시험, 피로시험 등

(4) 특수시험

구조물의 사용목적에 따라 내식성시험, 고온강도시험, 저온강도시험 등이 있다.

1.3 용접 · 접합부의 시험 · 검사

소재와 용접 · 접합부에 대한 건전성 판단은 시험(test)과 검사(inspection)가 명확한 구별 없이 혼용되고 있으나, 여기서는 어느 기준에 도달했는지 합부판정을 목적으로 할 경우는 검사, 단순히 어느 정도인지 결과를 보기 위한 경우를 시험으로 정의한다.

1.3.1 개 요

부적절한 접합시공으로 인하여 접합부를 보수하고자 할 경우, 소재의 변형과 경제적 부담을 초래하므로 기본계획을 잘 수립하고 시공해야 한다. 용접·접합부 검사는 용접 · 접합제품의 품질측정을 위해 소재, 생산과정 및 시공 상태를 검사대상으로 하며 아래의 주요 항목에 대한 고려가 필요하다.

① 용접 · 접합품의 도면 및 규정치수 확인
② 불완전 용융, 용입 부족, 절삭 손실, 균열, 표면 불규칙, 다공성, 슬랙·텅스텐 혼입
③ 제품 및 소재의 성질 - 인장강도, 연성, 탄성, 경도, 피로강도와 같은 기계적 성질과 부식, 산화와 같은 화학적 성질 및 열전도율, 열팽창, 용융점과 같은 물리적 성질이 있다.

1.3.2 시험 · 검사의 절차

(1) 시험방법의 선택

적용규격이나 법률에서 제시한 대로 실시하며, 검출부 형상 및 결함의 위치 및 종류와 검사작업의 환경도 고려해야 한다. 시험재료를 파괴하여 그 성능을 평가하는 것을 파괴시험(destruction test)이라 하고, 시험재료를 파괴하지 않고 결함 유무를 판정하는 것을 비파괴시험(NDT, nondestruction test)라고 한다. 표 4-1에 용접부의 파괴시험과 비파괴시험 항목에 대하여 나타내었다.

표 4-1 용접부의 시험과 검사

파괴 시험	비파괴 시험
① 기계적 시험 - 인장시험, 굽힘시험, 경도시험(정적시험) - 피로시험, 충격시험(동적시험) - 기타 고온시험, 저온시험 ② 용접·접합성 시험 - 노치취성, 경화성, 연성, 균열감수성 ③ 화학적 시험 - 화학분석시험, 분석시험, 수소시험 ④ 물리적 시험 - 열전도도, 비중, 아크불림, 뒤틀림구속 ⑤ 조직학시험 - 매크로시험, 에칭시험, 현미경조직, 설퍼밴드 ⑥ 야금학 시험 - 육안조직, 현미경조직시험 ⑦ 기타 시험법 - 비중시험, 낙중시험, 균열시험 등	① 방사선투과시험(RT) - X선, γ선 검사 ② 초음파탐상시험(UT) ③ 자분탐상시험(MT) ④ 침투탐상시험(PT) ⑤ 누설탐상시험(LT) ⑥ 음향방출시험(AET) ⑦ 와전류탐상시험(ECT) ⑧ 육안검사(VT) 등

(2) 복수시험의 적용

(a) 표면결함의 검출

자분탐상시험은 선상결함 검출에 우수하고 침투탐상시험은 비자성체 검출이 가능하므로 자분탐상과 침투탐상 및 육안검사 등의 복수시험으로 명확한 결함검출을 해야 한다.

(b) 내부결함의 검출

방사선투과시험은 파이프홀, 블로우홀, 슬래그 혼입과 같은 체적결함의 검출이 양호하다. 또한 균열, 용입부족, 융합불량과 같은 면상결함은 조사방향과 결함방향이 평행인 경우에 검출이 불가능하다. 한편, 초음파투과시험은 초음파의 진행방향에 수직인 면상결함 검출에 우수하고, 기공과 같은 체적결함은 방사선투과시험에 비해 검출 능력이 저하되므로 두 가지 이상의 시험이 필요하다.

(3) 시험 전 준비

시험에 필요한 소요자재를 준비하여 검사시간의 단축, 경제적 손실을 감소시킨다. 시험결과가 다를 경우를 대비하여 처리방법을 발주자와 검사자, 당사자 간에 결정해야 한다. 규격결정은 시험대상물을 상정하여 최소한의 규정만을 결정하는 방법도 있다.

파괴시험인 경우, 시험기, 시험편 및 시험방법에 대한 지식과 규격을 알아야 하고, 비파괴검사는 방사선탐상인 경우 방사선원의 위치, 필름의 등급 및 형식, 노출시간 및 에너지, 필름현상 방법, 코드 적용범위, 농도계, 결함크기, 장치 사용법 등을 알아야 한다.

1.3.3 검사결과 해석

접합부의 합부판정은 용접 전·후에 육안검사, 치수검사, 방사선 필름검사, 파괴검사를 통해 수행하며, 각 시험검사 후 정해진 규격에 따라 결함점수를 계산하여 등급분류를 결정한다. 경도시험은 소재에 압자를 가압하여 생기는 흠의 직경 크기로 측정되는 것으로 재료의 강도, 인성값, 환경부식 균열적응도 등을 평가하는데 적용한다.

연 습 문 제

1 용접부의 시험검사 중 파괴시험이 아닌 것은?
① 야금학 시험
② 조직학 시험
③ 육안검사 시험
④ 화학적 시험

2 용접부 파괴시험법 중 기계적시험이 아닌 것은?
① 인장시험
② 분석시험
③ 피로시험
④ 굽힘시험

3 다음중 비파괴 시험법이 아닌 것은?
① 방사선투과시험(RT)
② 초음파탐상시험(UT)
③ 침투탐상시험(PT)
④ 현미경 조직 시험(MFT)

4 용접부의 비파괴 시험법 중 자성을 이용하는 시험법은?
① 방사선투과시험(RT)
② 초음파탐상시험(UT)
③ 침투탐상시험(PT)
④ 자분탐상시험(MT)

5 다음 파괴검사 중 물리적 시험법이 아닌 것은?
① 열전도도
② 비중
③ 뒤틀림 구속
④ 매크로 시험

01③ 02② 03④ 04④ 05④

6 용접부의 용접, 접합성 시험 항목과 거리가 먼 것은 무엇인가?
① 노치취성
② 경화성
③ 연성
④ 열전도도

7 용접부 시험법 중 조직학시험이 아닌 것은?
① 굽힘시험
② 매크로시험
③ 에칭시험
④ 현미경조직시험시험

8 수소함량분석시험은 다음 중 어디에 해당되는가?
① 물리적시험
② 화학적시험
③ 조직학시험
④ 야금학시험

9 용접부의 비파괴 시험법 중 방사선투과시험법은 무엇인가?
① RT
② UT
③ PT
④ MT

10 용접부의 비파괴 시험법 중 침투탐상시험법은 무엇인가?
① RT
② UT
③ PT
④ MT

 06 ④ 07 ① 08 ② 09 ① 10 ③

Chapter

2 파괴시험

용접이음매의 강도를 평가하는 시험으로는 용착금속의 인장시험, 충격시험과 용착금속의 형틀굽힘시험으로 대별된다.

파괴인성을 시험하기 위해서는 샤르피 충격시험 같은 노치충격시험, 티퍼시험과 칸 인장균열시험과 같은 노치인장시험, 그리고 반데르빈시험과 같은 노치굽힘시험으로 대별된다.

노치취성을 파악하기 위해서는 노치충격시험, 노치인장시험, Khan 인장균열시험과 Van der Veen 시험과 같은 모재의 노치취성시험과, Kinzel 시험과 Leigh 시험과 같은 비드의 노치취성시험이 있다.

이외에 용접재료의 파괴시험으로는 경도시험, 취성파괴 전파시험, 용접균열시험 등이 있다.

2.1 인장 시험(引張試驗, tensile test)

2.1.1 일반 사항

재료의 강도나 기계적인 특성파악으로 비례한도, 항복강도, 극한강도, 파단강도, 연신율, 포와송비, 단면수축률, 영률 등이 있다. 시험편은 소재나 용착강에서 규격치수대로 채취하여 시험기에 장착한 후 하중을 걸어 변형상태에서 특성을 파악한다. 인장시험편은 판, 관, 보의 형태로서, 재료의 인장강도는 재료가 파괴되지 않고 견딜 수 있는 최대하중을 원래의 단면적으로 나눈 값이며, 항복현상이 없는 재료는 항복현상에 상당하는 내력을 구해 평가한다.

2.1.2 기준강도

부재의 설계 및 해석에 사용되는 허용하중의 결정은 안전계수를 사용하며, 안전계수(factor of safety)는 부재가 파괴될 때까지 유지되는 재료의 기준강도(基準强度)를 허용하중(許容荷重)으로 나눈 값이다. 기준강도는 연성재료는 항복점, 취성재료는 극한강도, 반복하중을 받는 부재에 있어서는 피로한도, 고온상태에서 사용되는 재료는 크리프 강도를 재료의 기준강도로 한다.

2.1.3 인장시험 방법

인장시험은 인장시험기에 대한 규격(KS B 0805), 시험편에 대한 규격(KS B 0801의 금속재료 인장시험편), 인장시험방법에 대한 규격(KS B 0802)에 따라 시험한다. 인장시험기는 보통 인장, 압축, 굽힘 시험 겸용의 만능재료시험기(UTM)가 사용된다. 전동기를 구동하여 크로스헤드를 동작시키며, 크로스헤드의 일정속도를 유지할 수 있는 기계식 시험기와 유압펌프를 이용하여 실린더에 작동유를 공급하여 램을 작동시켜 크로스헤드를 동작시키는 유압식 시험기가 있다. 시험기는 시험편 파단 시 축적된 탄성에너지가 순간적으로 방출될 때 발생하는 충격파 에너지를 견딜 수 있는 충분한 강성과 강도를 가져야 한다. 그림 4-1에 노치 인장시험 시 시험편과 단면을 나타내었다.

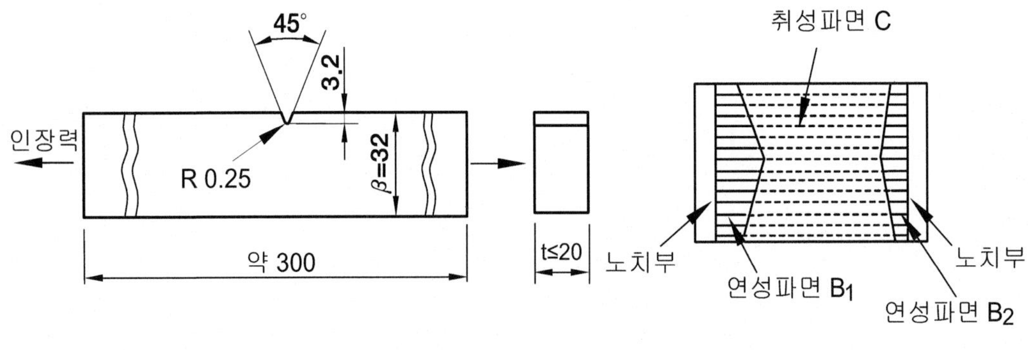

(a) 노치 인장시험편 (b) 파단면 형상

그림 4-1 노치 인장시험편과 파단면 형상

금속의 인장시험에서 얻을 수 있는 특성은 다음과 같으며, 그림 4-2에 연강의 응력-변형률 선도를 나타내었다.

- 최대 인장강도(ultimate tensile strength)
- 항복강도(yield strength), 연성(ductility)
- 연신율(percent elongation), 단면 수축률(percent reduction of area)
- 탄성계수(modulus of elasticity), 선형 변형한계(proportional limit)
- 탄성한계(elastic limit), 인성(toughness)*

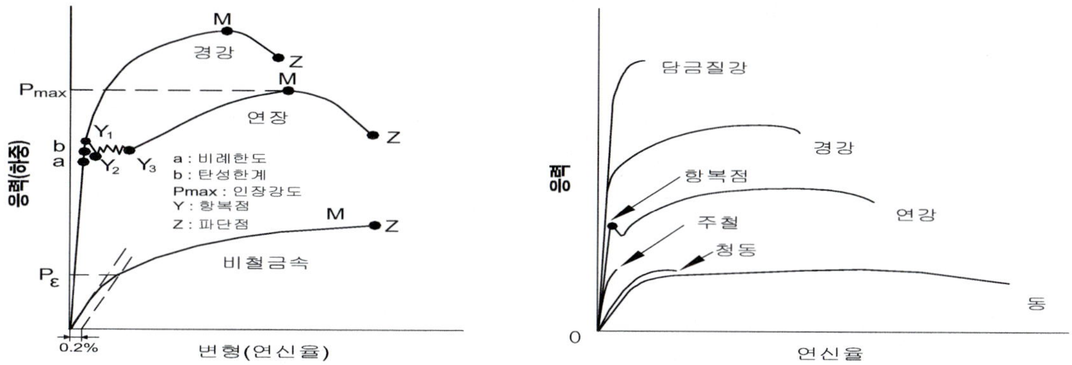

(a) 응력 변형률 선도　　　(b) 여러 가지 재료의 응력-연신율 곡선

그림 4-2 연강의 응력-변형률 선도

2.2 경도시험 (hardness test)

2.2.1 압입경도

경도는 통상 단단한 정도를 의미하며, 담금질강이나 다이아몬드의 구, 원추, 각추를 이용하여 일정하중으로 시험편을 눌러 시험하며, 변형에 대한 저항의 대소를 판정하는 기준이 된다. 압흔의 깊이나 면적이 적으면 경도가 높으며, 브리넬 경도, 록크웰 경도, 비커스 경도가 이에 해당된다.

압입경도는 압흔 주변에 응력발생의 문제, 박판제품의 시험적용 문제, 소성변형으로 인한 경화정도가 경도값에 영향을 준다. 또한 시험체가 곡면이거나 거칠기가 거친 경우 및 압자의 변형도 고려해야 한다. 고온경도는 비커스나 록크웰 경도계를 이용하여

* 금속의 인성을 표현하는 방법은 연신률과 단면수축률 2가지가 있다. 일반적으로 단면 수축률은 연신률의 2배 정도이다.

부하시간과 더불어 압흔 깊이가 깊어지는데 이는 creep 현상으로 볼 수 있다.

브리넬 경도(HB, Brinnel hardness)시험법

금속의 넓은 경도 범위를 측정할 수 있는 방법으로 가장 많이 사용된다. Brinnel 경도값(BHN)는 탄소강의 인장강도와 관련이 있는데 BHN에 500배를 하면 대략 인장강도와 일치한다. 그림 4-3에 Brinnel 경도 시험 측정기를 나타내었다.

Brinnel 경도시험법의 단계는 다음과 같다.

- 시편의 시험편 준비
- 시편에 하중 가함
- 일정시간 동안 하중 유지
- 압입자국의 크기 측정
- 테이블로부터 BHN 결정의 순서이다.

(a) 외형

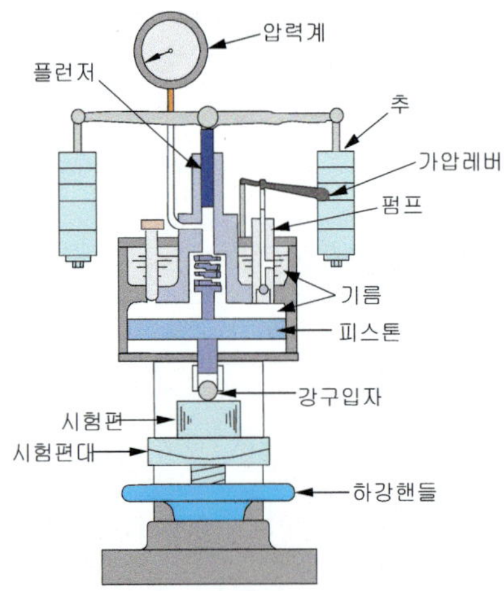

(b) 구조와 원리

(c) 자국 지름 측정기

그림 4-3 브리넬 경도 시험법

이 단계 중 일정 시간 동안 하중을 유지하는 것이 가장 중요한 단계이다. 철이나 강재는 10~15초를 유지하고 연한 금속에 대해서는 30초를 유지한다. 강구나 초경합금재의 압자를 사용하여 시료면에 압흔을 만들어 하중을 압흔의 직경으로부터 구한 표면적으로 나눈 값으로 d : 압흔직경(mm) 또는 압흔 깊이 h를 측정하여 HB $= P/\pi dh$로 산출하는 경우도 있다. 산출식은 다음과 같으며 현장에서 간이로 경도를 측정하기 위해 가장 널리 사용되는 경도 측정방법이다..

HB = P (하중) / A (압입자국 면적)

HB : 브리넬경도(kg/mm^2)

P : 하중(kg)

D : 강구직경(mm)

d : 압흔직경(mm)

h: 압흔 깊이(mm)

로크웰 경도(Hr, Rockwell hardness)시험법

재질에 따라 압자를 선택하여 기준하중으로 가압한 후 시험하중을 적용하며, 다시 기준하중으로 복귀시킬 때 전후 2회의 기준하중에 대한 압흔 깊이 차로부터 구한 값이다. 다이아몬드 압입자 지름이 1/16, 1/8, 1/4, 1/2 인치의 경화 강철볼을 사용한다. 록웰 경도시험의 압입자국은 브리넬 시험보다 작아서 상대적으로 작은 면적의 시험을 행할 수 있다. 그림 4-4에 록웰 경도 시험기를 나타내었다.

록웰 경도시험절차는 다음과 같다.

- 시편 표면 준비
- 시편을 기기에 장착
- 초기 하중을 가함
- 시험 하중을 가함
- 시험하중을 제거
- Dial gage에서 경도값 파악
- 초기 하중 제거 후 시험편 제거

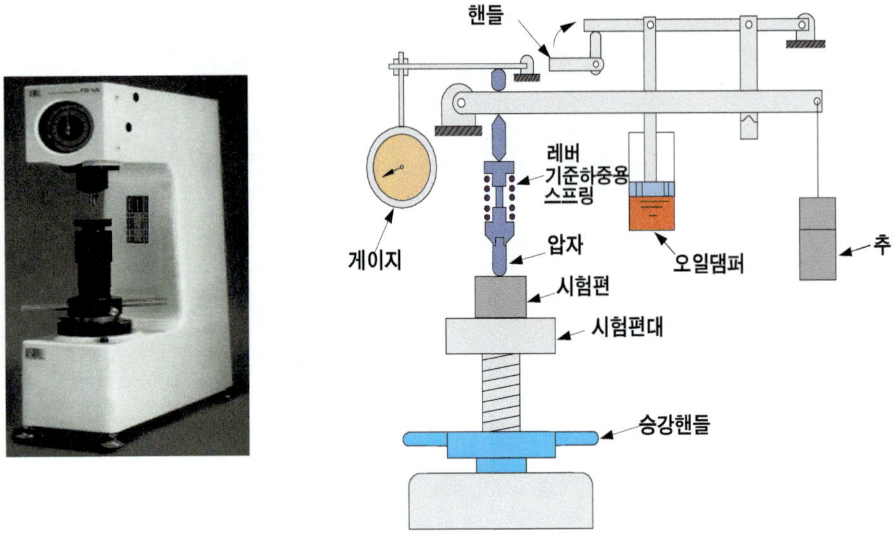

(a) 시험기 (b) 구조와 원리

그림 4-4 록웰 경도 시험법

하중을 제거한 후에 오목자국의 깊이가 지시계에 나타나서 경도를 나타낼 수 있는 것으로 그 표기법은 Hr이다. 록웰 경도는 실험실 등에서 상용되고 있지만 반드시 시편을 제작하여 경도를 측정해야 하는 어려움이 있어 현장 적용이 어려운 단점이 있다. 록웰 경도는 브리넬식에 비해 압입자국이 작고 시험편이 얇고 작은 것 등 다양하게 적용할 수 있는 방법으로 일정한 기준 하중을 작용시키고 다음에 시험 하중으로 한 다음, 처음 하중과 시험 하중으로 생긴 자국의 깊이 차(h)로 측정한다.

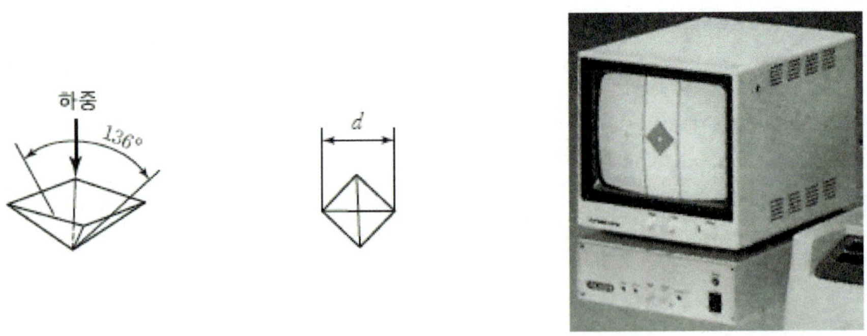

(a) **압자** (b) **대각선의 길이** (c) **대각선의 길이 측정**

그림 4-5 비커스 경도 측정 방법

비커스 경도(Vickers hardness, H_v) 시험법

비커스 경도 시험은 꼭지각 θ =136° 의 다이아몬드 피라미드 압자를 시험편의 표면에 압입하였을 때, 시험편에 작용한 하중 $P(kg_f)$를 그림 4-5의 피라미드의 압입자국의 대각선 d로부터 얻은 겉넓이 $A(mm^2)$으로 나눈 값을 경도로 한다.

쇼어 경도(shore hardness, H_s)

Hs로 표시하며 작은 강구나 다이아몬드를 붙인 소형 추(2.5g)를 일정 높이(25 cm)에서 시험 표면에 낙하시켜 튀어 오르는 높이로 경도를 측정하는 것이다. 시험재에 오목자국이 남지 않기 때문에 정밀 제품이나 완성품 등의 경도시험에 널리 사용된다. 경도시험 시 주의할 점은 낙하체 통로인 유리관을 수직으로 해야 하며, 반복시험할 때에는 위치를 바꾸어야 한다. 크기가 작아 휴대가 간편하며, 널리 사용되지만 표면거칠기에 따라서 측정값의 오차가 크다. 그림 4-6에 쇼어 경도 시험기를 나타내었다.

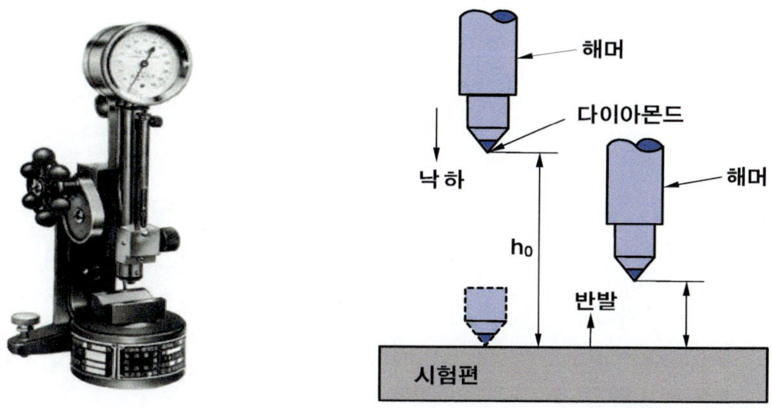

(a) 시험기 (b) 시험 원리

그림 4-6 쇼어 경도 시험법

2.3 굽힘시험 (bending test)

2.3.1 일반 사항

굽힘시험은 재료에 굽힘 모멘트가 작용할 때 변형저항 및 파단강도를 측정한다. 재료의 소성가공성 및 접합부의 변형능 측정을 위한 굽힘시험(bend test)와 주철, 초경합금과 같은 취성재료의 굽힘 파단 강도를 측정하는 항절시험(transverse test)로 구분된다. 즉, 항절시험은 구부러짐에 대한 저항성을 평가하는 시험이다.

(a) 탄성영역의 굽힘시험 - 재료의 탄성계수, 형상이 복잡한 단면 및 구조물의 이론계산

(b) 소성영역의 굽힘시험 - 재료의 변형능, 재료의 연성 검토

(c) 굽힘 파괴시험 - 항절시험, 취성재의 강도 측정, 선재 및 판재의 반복굽힘시험

2.2.2 굽힘시험의 정의

환봉의 굽힘에서 인장 또는 압축력은 시험편 표면에서 최대이고 중심부에서는 영이 된다. 굽힘시험은 접합부 양부의 검토와 소성영역의 굽힘이론 연구에 이용된다. 인장 및 압축 시험에서는 뚜렷한 응력구배가 없어 진응력을 구할 수 있으나 굽힘시험은 시험편의 탄성범위에서 응력은 중심축에서 거리에 따라 비례하므로 각 위치에서 응력계산이 가능하다. 소성영역은 응력분포가 복잡하여 취성재료는 항절시험 결과를 이용하나 연성재료는 노치부를 갖는 재료를 이용한다. 그림 4-7에 재료의 굽힘시험법인 반데르빈 시험 방법을 나타내었다.

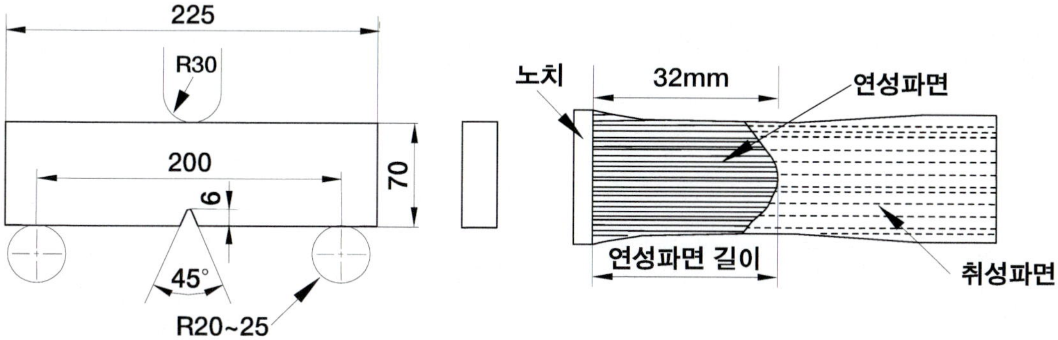

(a) 반데르빈 시험 (van der veen test)

(b) 파단면 현상

그림 4-7 반데르빈 시험(van der veen test)

형틀굽힘시험은 용접공의 기능 점검과 용접부의 작업성을 시험하는 방안으로 180°를 굽힌다. 굽힘의 종류는 표면굽힘, 이면굽힘, 측면굽힘 등의 3가지 방법이 있으며, 그림 4-8에 3가지 굽힘 시험 방법과 굽힘시험 후의 시편의 형상을 나타내었다. 굽힘시험 시편은 3.2mm 이상의 균열이나 현저한 결함이 없어야 한다. 굽힘시험을 통해 연성이나 안전성 같은 용접부의 건전성 유무를 확인할 수 있다.

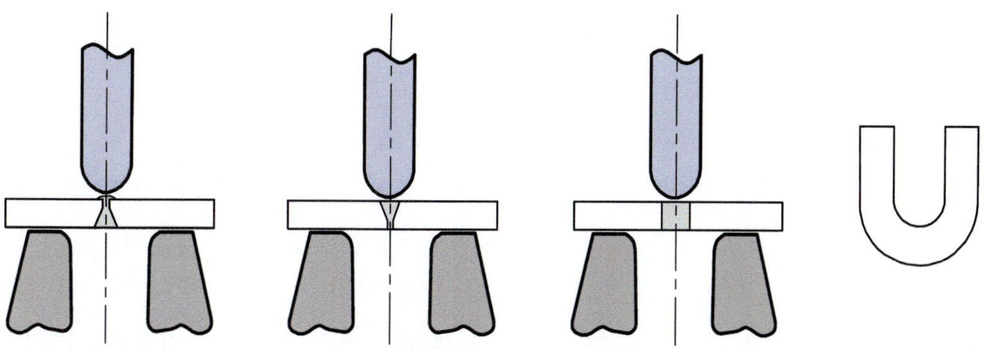

(a) 표면굽힘

(b) 이면굽힘

(c) 측면굽힘

(d) 180 굽힘시험

그림 4-8 굽힘 시험 방법

2.4 파괴인성시험 (fracture toughness test)

2.4.1 일반사항

소재가 인장시험과 같이 정적하중을 받는 경우와 부하 후 10^{-2}~10^{-3} sec 이내에 파단되는 충격하중을 받을 경우 다른 성질을 나타내며, 인성은 충격력에 대한 재료의 저항력을 의미한다. 시험을 통해 기계의 안전설계를 위한 자료를 얻고, 고속의 소성가공에서 가공성의 판단과 변형 메카니즘 해석에 사용된다. 충격 흡수에너지는 해머의 1회 충격으로 시험편의 파단에 필요한 에너지 값으로 재료의 연성, 저온취성, 노치취성, 템퍼링 취성, 인성평가, 연성-취성 천이온도 등을 결정한다.

파괴인성의 평가는 균열전파에 대한 재료의 저항력을 파악하는 시험으로 천이온도에 의한 평가와 파괴역학적 평가로 나누며, 충격시험을 통해 흡수에너지, 파면양상 및 천이온도에 따라 결정된다. 천이온도 (transition temperature)의 천이영역은 파괴강도와 항복점과의 상대관계에 의해 결정되며, 파괴하중, 단면수축률 및 연성파괴의 파면율이 급격히 변화하는 점의 온도이다.

재료의 파괴인성평가는 천이온도의 높고 낮음, 또는 어느 특정온도에서 흡수에너지의 크기로 결정한다. 에너지 천이온도는 샤르피 충격시험에 의해 최대 흡수에너지의 50%가 되는 온도이며, 에너지 천이온도가 낮을수록 흡수에너지 값이 높을수록 파괴인성은 우수하다. 또한 파면천이온도는 파괴인성에 의한 파면율을 조사하여 취성파면율이 50%가 되는 온도이다. 파면천이온도가 낮을수록 파괴인성은 우수하다. 용접부의 파괴인성은 재료 조성, 용접·접합법, 접합조건 등에 따라 다르며, 중·고강도의 강은 모재의 파괴인성에 비해 떨어지고, 저강도의 강에서도 용접입열이 커지면 파괴인성은 감소한다.

용접부 파괴인성시험은 취성파괴에 대한 저항성을 조사할 목적으로 실시된다. 이를 위해 충격시험의 흡수에너지, 한계 COD값 δ_c, 평면변형률 파괴인성시험 K_{IC}, 천이온도에 의한 방법 등이 있다. 인성은 금속의 에너지 흡수 능력이며 인성시험법에는 Charpy V-notch test, 중량낙하시험 (drop weight nilductility test), 균열개구변위 시험법 (CTOD, crack tip opening displacement)와 폭발팽창법 (explosion bulge)과 dynamic tear와 같은 기타 노치 인성시험법 등이 있다.

2.4.2 샤르피 충격시험

충격시험에는 노치 시험편을 앤 빌(anvil)에 단순지지 상태로 놓고 노치부 이면을 해머로 타격하는 샤르피 충격시험 (Charpy impact test)과 노치 시험편은 외팔보 상태로 지지하고 노치부 쪽을 해머로 타격하는 아이조드 충격시험 (Izod impact test)이 있다. 그림 4-9에는 샤르피 충격시험 (Charpy impact test)에 사용되는 시험편에 대해 나타내었다.

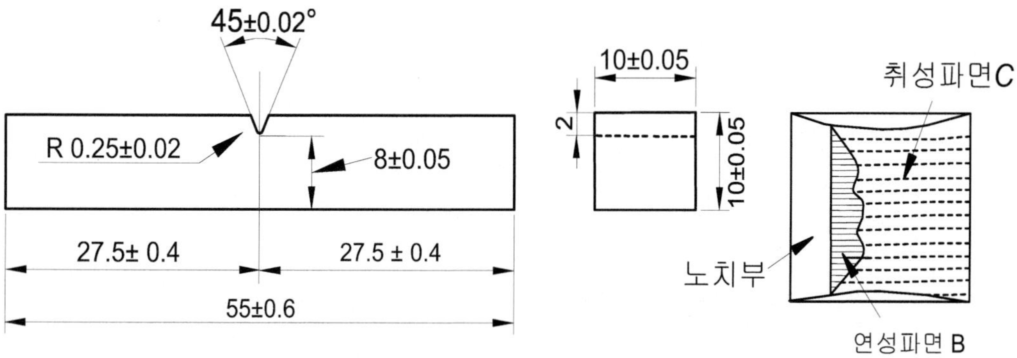

그림 4-9 표준 샤르피(Charpy) 시험편

샤르피 충격시험에 의해 충격치의 천이온도를 구하여 모재의 인성 정도를 파악한다. 파단면은 벽개 (취성 또는 결정립상) 파단면이나 연성 파면을 형성한다. 시험결과를 통해 충격치의 연성파면율을 구하고, 연성파면율이 50%가 되는 파면천이온도를 구하여 모재의 인성의 양부를 판단한다. 용접부의 천이온도는 열영향부 조립역에서 높게 나타나고, 세립역에서 가장 낮은 분포를 보인다. 이후 400~600℃ 온도 범위의 취화역에서 가장 높게 나타난 후 비열영향 모재부에서 감소 후 일정한 값을 유지한다. 그림 4-10에 용접부 천이온도 분포를 나타내었다.

$$\text{연성파면율}(S, \%) = \frac{\text{연성파면의 면적}(B)}{\text{연성파면의 면적}(B) + \text{취성파면의 면적}(C)} X\,100$$

참고로 연성파면은 미소공동의 합체 (micro-void coalescence)로 등축이나 신장형 등의 딤플 (dimple) 모양이다. 각 단결정 내부에는 많은 슬립면이 있고, 파면은 슬립면을 따라서 지그재그로 통과하며, 재료가 항복되면서 소성변형이 수반된다. 전단응력에 의한 결정립계의 미끄럼 파괴이며, 전단응력방향 (수직응력의 45° 방향)의 섬유상 파면을 형성하고 파면은 회색이다. 상온에서 주로 발생하며, 파단속도가 느리고 소음은 비교적 적다.

반면에 취성파면은 항복점보다 훨씬 낮은 응력하 (저응력파괴)에서 발생하며, 소성변형 없이 유리가 깨지는 것 같은 벽개형 파단이다. 파면은 은백색의 쉐브론(chevron) 파면을 형성하고 결정립 분리 파괴이다. 저온 영역에서 주로 발생하며, 파단속도가 빠르고 소음이 심하다.

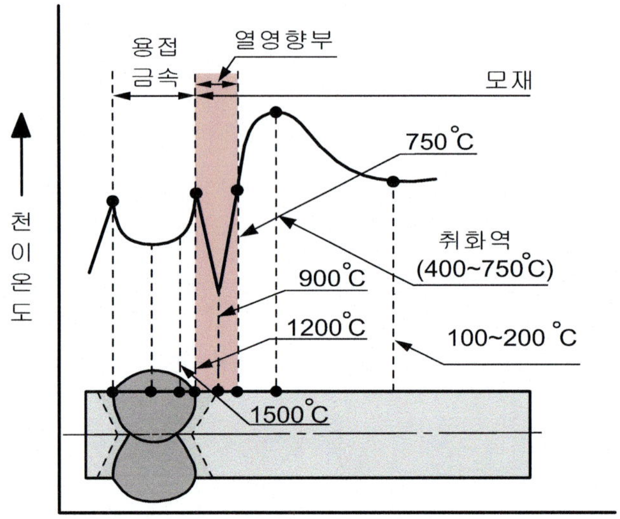

그림 4-10 용접부 천이온도 분포

2.4.3 중량낙하시험

중량낙하시험은 강판의 표면에 덧붙이용의 딱딱하고 부서지기 쉬운 비드를 용접하고 이것에 예리한 노치를 가공하여 반대측에서 중추를 낙하시켜 파단하여 용접부의 취성을 시험하기 위한 방법이다. 파괴는 온도에 따라 확연히 구분되며, 용접부가 파괴되는 최고온도를 NDT 온도 (비연성 온도)라고 한다.

2.4.4 응력확대계수(K, stress intensity factor)

응력확대계수(K)는 노치재료에서 노치 선단의 응력집중의 정도를 표시하며 응력이 항복응력의 60% 미만일 경우 파괴인성 값을 의미한다. 응력확대계수에서 취성파괴를 일으키지 않을 조건은 K〈Kc이며 판두께가 두꺼워질수록 Kc값은 저하한다. 판두께가 두껍게 되어 Kc값이 일정한 값으로 되었을 때의 파괴인성 값을 평면 변형률 파괴인성값 K_{IC}라 한다.

$$K = \sigma \sqrt{\alpha \pi C}$$

K: 응력확대계수, σ: 부하응력, C: 균열길이의 50%

α: 시험편의 크기와 균열의 크기에 의해 결정되는 양

2.4.5 균열 개구 변위 시험법(COD, crack opening displacement)

COD (crack opening displacement) 시험은 응력이 항복응력의 60% 이상일 경우 적용되는 파괴인성 값으로 소규모 항복을 초과한 상태에서 탄성체의 파괴인성 파라미터인 응력확대계수 값은 의미를 상실하게 된다. COD는 균열선단의 소성변형의 정도를 나타내는 하나의 지표로 COD, δ값이 파괴발생한계 COD(δ_c)에 도달하면 구조물이 취성파괴 된다는 개념이다. 대규모 항복 조건에서 파괴되지 않을 조건은 $\delta \langle \delta_c$ 경우이다.

CTOD (crack tip opening displacement) 시험은 탄소성 파괴역학을 적용하는 파괴인성시험법으로 균열이 길게 성장하지 않는 응력하에서 균열이 벌어질 수 있는 간격(δ)을 측정한다. 즉 연성과 취성 천이영역에서 적용 가능하며 CTOD는 균열을 가진 부재에 하중이 작용하여 균열선단이 벌어지는 변위량을 의미한다. CTOD가 재료의 한계 CTOD 값에 도달하면 취성파괴가 발생한다는 이론이다. 균열선단의 둔화현상에 직접 관계되며, 간단한 칩 게이지를 사용해서 직접 재료의 파괴인성을 측정할 수 있는 장점이 있지만, 시험편에 균열이 미리 존재해야 하고, 실험오차가 큰 단점이 있다.

2.5 노치취성시험(notch brittleness test)

재료의 노치취성시험은 크게 모재의 노치취성시험과 비드의 노치취성시험으로 구분할 수 있다. 모재의 노치취성시험은 노치충격시험, 노치인장시험, Khan 인장균열시험과 반더빈 (Van der Veen test)로 구분할 수 있으며, 비드의 취성시험은 Kinzel시험과 Leigh 시험 등이 있다.

노치충격시험은 샤르피 충격시험에 의해 연성파면율을 구하고 파면천이온도를 구하여 인성 정도를 파악한다. 노치인장시험은 대표적으로 Tipper 시험으로 시험편에 노치를 만든 후 인장 파단 후 50% 전단파면율을 기준으로 흡수에너지 천이온도를 구하여 인성 양부를 파악한다. Khan 인장균열시험법은 정적 인장 균열 시험으로 키홀 모양의 노치를 만들어 인장시켜 파단하는 방법으로 미해군 인장균열시험이라고도 한다. 반더빈 시험은 노치 정적굽힘시험으로 시험편의 한쪽에 V-노치를 가공하여, 액체 속에 20분간 시험온도에 침지시킨 후 굽힘시켜 최대하중점에서의 휨량으로 연성천이온도를 구한다.

비드노치취성시험인 Kinzel 시험은 종방향의 비드에 노치를 가공 후 굽힘시켜 최대하중 시 굽힘각도, 흡수에너지나 파면상태를 조사한다. Leigh 시험은 노치부가 2개인 점이 Kinzel 시험과의 차이점이다.

2.6 취성파괴 전파시험법

취성파괴의 전파는 일정 한도 이상의 응력이 필요하고 일정 응력에서 모재의 온도가 일정한 한도 이하가 필요하다. 이 응력의 한계치와 온도의 한계치와의 관계를 전파특성이라 한다. 온도를 횡축에 응력을 종축으로 하여 처음에는 완만한 경사를 형성하나 어떤 온도에 도달하면 급격하게 상승하며 이 점이 바로 취성파괴의 전파가 정지하는 전파정지 천이온도이다. 이 전파특성 천이온도가 낮을수록 취성파괴에 대한 저항성이 크고 안전한 상태에 있다고 할 수 있다. Robertson 시험법은 시험편의 한쪽을 가열하고 반대쪽은 냉각시켜 온도구배를 만든다. 인장상태에서 냉각부에 있는 노치부에 있는 1in 구멍의 톱니 노치부에 충격력을 가하고 균열을 전파시켜 일정 온도 영역에 균열이 도달하면 더 이상 전파되지 못하고 균열이 정지되는 현상이 관측된다.

2.7 용접균열시험법

용접균열시험법은 y형 또는 U형 홈을 가공하고 용접을 실시한 후 절단하여 균열의 유무 및 균열의 길이를 측정하는 방법이 슬릿형(y형) 용접균열시험과 U형 용접균열 시험이다. 리하이 구속형 용접균열시험은 구속형 맞대기 용접균열시험으로 주변 슬릿 길이 변화로 구속도의 변화를 준다. 균열의 측정은 용접절단면의 부식시험에 의해 육안으로 행한다. 임플랜트 시험은 원형 노치를 갖는 원형시험편을 모판에 미리 가공해 둔 구멍에 삽입하고, 시험편 상단부에 비드 용접한 후 용접부가 150℃로 냉각되었을 때 부하를 개시하여 파단 될 때까지 시간을 조사하여 임계파단응력을 구한다. T형 필릿 용접균열시험은 필릿의 한면을 용접하고 필릿의 한 면을 용접하여 용접균열의 길이를 측정하는 방법이다.

2.8 피로시험 (fatigue test)

재료는 다소의 내부결함, 불균질성, 원자배열의 이상이 있어 작은 응력에서도 완전 탄성거동을 볼 수 없으며, 항복응력 이하의 반복응력을 가하여도 작은 변형이 축적되어 재질변화가 일어나 피로가 발생된다. 피로시험은 재료의 반복하중에 대한 강도, 강도의 크기, 가공법, 하중부하 방법의 영향을 구하는 수단으로 수행된다. 반복하중에 의한 재료의 피로한도, 내구한도시험을 하는 것으로 종축에 응력진폭(σ_a) 또는 최대응력(S)를 횡축에 피로파괴까지의 응력반복수(N)을 취해 실험치를 정리한 것을 S-N곡선이라 한다.

반복하중을 가하는 피로시험은 반복응력의 종류를 조합방법에 따라 구분하며 반복응력 부과 방식에 따라 시험속도, 응력제어의 정확도와 기능면에서 차이가 생긴다. 하중반복장치를 기구적으로 분류하면 크랭크 구동방식, 관성력·원심력에 의한 방식, 전자석에 의한 방식, 중추·스프링에 의한 방식이 있다. 기타 재료의 물성을 파악하기 위한 시험으로 크리이프 시험, 마모시험, 비틀림시험 등이 있다.

2.9 수소량 측정

2.6.1 개 요

연강 및 저합금강의 용착부에 함유되는 수소는 비드 밑 터짐, 은점, 선상조직 등의 결함에 중요한 영향이 있다. 수소량의 측정에는 진공 중에서 고온으로 가열(800℃로 1시간)하여 전 수소를 방출시켜 정량하는 진공 추출법 이외에 상온에서 방출되는 확산성 수소를 측정하는 방법이 있다. 보통 연강계 저수소계 용접봉에 대해서는 포집 수소량이 0.1 cc/g 이하로 KS D 7004에 규정하고 있다.

2.6.2 시험법 개요

- 시험편 준비 (수소를 제거한 두께 12 mm, 폭 25 mm, 길이 130 mm의 판에 한 줄의 비드 115mm로 용착)
- 용착 완료 후 30초 내에 20℃ 물에 급랭
- 글리세린 치환법에 의한 수소 포집기에 압입, 용착 후 2분 이내 완료
- 시험편을 글리세린에 48시간 담가 가스 포집
- 용착금속 1g당 수소량 측정(0℃ 용적 cc로 환산, 4개 평균)

연 습 문 제

1 용접부의 수밀검사는 다음 중 무엇으로 하는가?
① X-선 검사
② 외관 검사
③ 자기 검사
④ 수압검사

2 압력용기와 수압 파이프 등에 대하여 설계 압력 이상의 내압을 걸어서 용접부를 시험하는 방법은?
① 비중검사
② 누설검사
③ 음향검사
④ 압력시험

3 시험편을 인장파단시켜 항복점 (또는 내력), 인장강도, 연신율, 단면수축률 등을 조사하는 시험(검사)법은?
① 경도시험
② 굽힘시험
③ 인장시험
④ 충격시험

4 취성파괴를 방지하려고 할 때, 유의할 점으로 틀린 것은?
① 응력집중이 생기지 않도록 한다.
② 사용재료의 천이온도가 높은 것을 택하여야 한다.
③ 잔류응력을 제거해야 한다.
④ 공작상 결함이 생기지 않도록 한다.

5 Y형 또는 U형 홈을 가공하고 용접을 실시한 후 절단하여 균열의 유무 및 균열의 깊이를 측정하는 시험법은 무엇인가?
① 용접균열시험
② 피로시험
③ 취성파괴전파시험
④ 노치취성시험

6 COD는 다음 어느 시험법에서 사용하는 용어인가?
① 용접균열시험
② 노치취성시험
③ 균열개구변이시험
④ 중량낙하시험

7 다음 중 용접재료의 수소량과 관련이 적은 것은 무엇인가?
① 비드 밑 터짐
② 은점
③ 선상조직
④ 고온균열

8 다음 경도시험법 중 강구나 소형 추를 시험표면에 낙하시켜 튀어 오르는 높이로 경도를 측정하는 방법은 무엇인가?
① 쇼어경도시험법
② 비커스경도시험법
③ 로크웰경도시험법
④ 브리넬경도시험법

9 파괴인성을 시험하는 시험법이 아닌 것은?
① 노치충격시험
② 변형률시험
③ 노치인장시험
④ 노치굽힘시험

10 다음 중 파괴인성시험에서 알 수 없는 항목은 무엇인가?
① 재료의 연성
② 저온취성
③ 인장강도
④ 노치취성

 06 ③ 07 ④ 08 ① 09 ② 10 ③

Chapter

3 비파괴 검사

3.1 개 요

과학기술의 발전으로 초고층 빌딩, 대형 선박, 대형 플랜트, 고압 파이프라인, 고속 철도 등의 사용이 많고, 구조물은 대형화, 고속화, 고압화 되어가고 있다. 또한 압력용기, LNG선, 파이프라인 등의 내용물도 초저온이나 부식성 환경, 방사성, 인화성, 휘발성 등 위험성이 높은 환경에서 취급되고 있다. 따라서 질적이나 양적인 측면에서 구조물의 안전성 확보를 위한 수단으로서 비파괴시험이 수행된다.

3.1.1 일반 사항

비파괴검사 (NDT, Non-destructive test))는 재료나 제품의 원형과 기능을 변화시키지 않고도 그 성질이나 상태, 내부구조 등을 알아내는 모든 검사를 의미한다. 각종 구조물과 설비들은 재질과 형상이 다양하며 제작공정도 다르다. 이들은 비파괴검사를 통하여 사용의 적정성 평가와 안전가동의 기준이 되며, 불필요한 개보수를 생략하여 경제적 손실을 줄일 수 있다.

3.1.2 비파괴검사의 목적

① 제조기술 향상 - 제조조건·공정 수정 및 보완으로 제조기술 향상
② 안전성 확보 - 제조 중 또는 사용 중 결함 발생과 성장이 수명에 영향
③ 원가절감 - 소재검사로 불량품 조기 발견과 조치, 공정 수 단축, 수명 예측

④ 품질관리 및 품질보증 - 완제품 검사로 제조상 결함 파악
⑤ 신뢰성의 향상 - 구조물의 대형화, 고압화, 고속화에 따른 안전성 확보

3.1.3 비파괴시험 원리

재료 또는 제품에 대하여 물리현상을 이용한 특수한 방법으로 원형 및 기능에 전혀 손상 및 변화를 주지 않고 내부구조 및 이상 유무를 파악하는 시험이다. 자주 이용되는 물리현상은 방사선 및 광의 투과, 전자기의 유도, 열, 음파 및 초음파의 방사, 침투액 및 미립자의 적용 등이 있다. 또한 내압시험 및 누설시험은 압력용기나 저장탱크, 배관 등에 사용되며, 좁은 의미에서 보면 비파괴시험으로 포함되지 않는다.

3.1.4 비파괴검사의 과정

① 에너지 적용 - 에너지 선택과 적용 방법
② 에너지 반응 - 결함, 조직변화와 상호작용
③ 에너지 변환 - 센서나 변환자로 에너지 변환 검출
④ 변환신호 추출 - 해석 및 평가에 유용하게 표시
⑤ 해석 및 판정 - 추출정보에서 해석 및 판정

3.1.5 비파괴검사의 성질

① 소재 및 제품의 결함 검사 - 검사대상의 표면 및 내부결함
② 검사체의 구조 - 내부조직, 입도, 조성 및 접착상태 등
③ 크기 및 형상 - 시험체의 내부구조, 두께, 밀도, 형상, 결함의 크기, 방향 및 위치 등
④ 소재 및 제품의 성질 - 기계적 성질(인장강도, 경도), 물리적 성질(열, 전·자기성질)
⑤ 화학분석 및 조성 - 시험체의 원소, 불순물, 물리·화학적 상태
⑥ 응력(외력)에 따른 반응 - 강도, 응력, 피로, 기계적 손상, 화학적 손상으로 인한 결함 발생 및 전파, 소성변형, 크리프, 진동
⑦ 기타 성질 - 동위원소, 전자기장의 분포상태

* 비파괴시험은 검사대상품의 90%가 용접품이며, 방사선검사가 대부분을 차지하고 있음.

3.2 방사선투과시험 (RT, radiation test)

3.2.1 일반사항

방사선은 라듐, 우라늄, 토륨 등의 원자핵이 부서질 때 방출되는 매우 빠른 속도의 α선, β선, γ선으로 투과력이 강하고 감광작용, 형광작용을 하는 것을 알려져 있다. 방사선은 산업설비의 비파괴검사 및 의료분야에 널리 이용되고 있으며, 방사선의 흡수 산란을 이용한 제어계측, 조사를 통한 염색성, 식·의약품의 살균, 방사선 추적을 이용한 극미량의 물질 검출, 정량 분석 등에 이용한다. 방사선 투과시험은 X선, γ선, 중성자선으로서 방사선의 흡수가 재질 및 두께에 따라 차이가 남을 이용한다. 조사방향과 평행한 결함검출에 유리하고, 결함의 종류 및 형상의 판별이 용이하다. 그러나 작업 종사자에게 장애를 주므로 안전규칙의 준수와 필름뱃지, 포켓선량계, TLD 선량계 등의 개인방호장비를 갖추고, 외부피폭선량 감소를 위한 ① 시간(time) ② 거리(distance) ③ 차폐(shielding)의 3대 요소를 준수해야 한다.

3.2.2 방사선의 특성

방사선은 전자기 방사선으로서 무게나 질량이 없는 에너지 파형으로 사람의 감각으로 탐지가 불가능하다. γ선은 동위원소마다 특정 에너지만을 방출하며, 선원의 크기를 2배로 하면 방출방사능은 2배로 되나 에너지는 동일하다. 방사선은 단파장과 고주파수를 가지며, 에너지는 Kev, Mev로 측정하여 침투능력을 결정하며 다음과 같은 특징이 있다.

① 투과력이 강하다(파장이 $1.0 \times 10^{-8} \sim 1.0 \times 10^{-12}$ m)
② 전기장, 자기장에서 휘지 않는다.
③ 전리작용, 화학작용, 형광작용, 생리작용이 있다.
④ 사진효과, 광전효과가 있고 결정체에 조사 시 간섭, 회절로 특유의 무늬가 나타난다.

3.2.3 방사선의 종류

방사선 검사에서 많이 사용되는 X선과 γ선은 무게나 질량이 없는 에너지 파형이다. 또한 정상적인 감각으로는 측정할 수 없는 동일 종류의 전자기 방사선으로 매우 짧은 파장과 매우 높은 주파수를 갖는다. X선은 전원차단 후 방출되지 않으나 γ선은 방출되므로 주의를 요한다.

(1) X선

고전압 전자관의 음극 필라멘트가 가열되면 전자가 발생되고 점차 필라멘트 온도증가로 전자 방출량이 많아져 양극 쪽으로 이동한다. 양극의 전압을 증가시키면 전자의 이동속도가 빨라져 고속으로 된 전자가 양극의 표적에 충돌하여 X선이 발생된다. 음극의 전자흐름을 관전류(mA)라 하고, 관전류 증가 시 전자 방출량이 많아져 방사선의 양이 많게 된다. 방사선의 강도는 양극의 전압(kV)을 증가시키면 전자의 이동속도가 빨라져 투과력을 나타내는 방사선의 질이 결정된다. X선은 선원의 조절이 가능하며 모든 금속에 적용이 가능하다. 또한 명암도와 민감도가 우수하고 전원이 필요하며, 초기비용이 비싸고 이동이 불편하다.

(2) γ선

γ선은 방사성물질의 핵이 분열하거나 붕괴 시 발생하며, 비파괴시험용은 주로 γ선으로 Ir^{192}(반감기 74.5일, 76 mm 강판 투과), Co^{60}(반감기 5.3년, 230 mm 강판 투과)가 있다. 동일 에너지일 경우 X선 장비보다 저렴하고 외부전원이 필요 없으며, 작은 직경에서도 360도 방향으로 투사가 가능하다. 초점-필름거리가 짧을 때 용이하며, X선보다 투과능력이 크나 조도가 떨어진다. 이동성이 좋으며 장비의 취급 및 보수가 간단하다.

3.2.4 방사선의 사진 촬영

방사선 투과시험을 하면 결함이 있는 곳은 방사선 농도가 크게 되어 필름상에 검게 나타난다. 통상 기공은 독립된 원형상의 검은 점으로 나타나며, 슬래그 혼입은 기공보다 다소 연한 점의 형태이고 어딘가 터진 듯한 형태로 나타난다. 균열은 선단이 매우 예리하고 선상의 검은 선으로 보여지나 방사선 검사로 검출이 곤란하다. 언더컷은 가장자리 부근에 검고 불규칙한 선상이나 약간 굵은 선상으로 검출되며 오버랩은 약간 흰부분으로 나타나고 용입불량은 중앙부에 검고 진한 직선상의 결함으로 쉽게 판별되는 형태를 보인다.

투과도계(IQI, image quality indicator)는 방사선 투과 사진의 상의 질(감도)를 나타내는 척도로 7~10개의 철심으로 나란히 배열한 게이지로 X선 검사의 결함검출기준으로는 판두께 2%에 해당하는 철심이 필름에 나타난다. 투과도계는 검사 시 시험편에 위치시켜 시험편과 동시에 사진이 촬영되며, 현상된 투과사진의 상에서 투과도계 형상의 선명도가 상질의 척도가 된다. 계조계는 20mm 이하의 평판 맞대기 용접에 대해 촬영조건을 결정할 경우에 사용하며, 투과 사진의 상질을 관리하려는 목적으로 농도계를 사용하므로, 투과도계의 식별에 있어서 개인차를 해소하여 정량적으로 상질을 평가할 수 있다.

방사선 사진 품질에는 상의 휨, 선명도, 명암도 및 농도(1.5~4.0 범위 적합)가 관련된다. 양호한 방사선 사진은 상의 휨량이 작고 시험물 내부결함이 그대로 나타나야 한다. 선원과 필름은 수직으로 위치하고 물체와 필름이 평행을 유지하며 선원이 작을수록 기하학적 불선명도가 감소한다. 방사선 사진에서 그림자가 흐릿한 부분이 기하학적 불선명도(Ug)이며, 선원과 시험체의 거리(D), 시험체와 필름거리(T), 선원의 크기(F)와의 관계는 다음과 같다.

$$Ug = FT / D$$

선명하고 실물과 가까운 상을 얻기 위해 선원 크기는 작고, 선원과 필름거리는 멀고 필름은 시험체와 밀착되어야 한다. 또한 선원은 필름과 수직방향으로 위치하고 시험체와 필름은 평행을 유지해야 한다. 사진의 선명도에 영향을 주는 요인은 고유불선명도, 산란방사선, 기하학적 불선명도, 필름입도가 관련된다. 명암도, 선명도와 산란방사선의 관련변수는 아래와 같다.

(1) 명암도

① 시험물 명암도 : 시험물의 두께 차, 시험물의 밀도, 방사선에너지, 산란방사선

② 필름 명암도 : 필름의 종류 및 농도, 현상액 강도, 현상시간·온도, 증감지 종류

(2) 선명도

① 선원 크기, 선원-필름거리, 시험체-필름거리, 시험물 배치, 시험물 두께 차,

② 필름 입도 : 필름 종류, 증감지 종류, 스크린 종류, 방사선 선질, 현상작업 조건

(3) **산란방사선**

내부산란, 측면산란, 후방산란

3.3 초음파 탐상시험 (UT, ultrasonic test)

3.3.1 개 요

초음파는 주파수가 20,000Hz 이상으로 높아서 사람의 귀로 들을 수 없는 영역으로, 주파수가 높고 파장이 짧아서 지향성이 크므로 높은 분해능을 갖는다. 인체에 장해가 없고, 액체와 고체의 경계에서 반사, 굴절, 회절현상을 가져 결함부에서 잘 반사된다. 투과법, 펄스반사법, 공진법 등이 있고 용접부에는 펄스반사법이 많이 이용된다. 초음파의 속도는 공기중에서는 340m/sec, 물 속에서는 1,500 m/sec, 강에서는 5,900 m/sec 이므로 공기와 강의 경계면에서 초음파는 대부분 반사된다. 초음파는 자기수축 진동자, 전기-자기유도법, 압전체 결정을 여기(勵起)시켜 음파를 발생시키며, 파는 종파, 횡파, 표면파, 판파를 이용한다. 불연속에서 반사된 에너지량에 의해 결함검출이 되므로 반사면이 크면 반사신호가 커진다. 초음파 빔이 결함면에 수직한 면상결함 검출에 탁월하나 결함 종류를 식별하기 곤란한 점이 있다. 금속조직이나 결정립 크기에 영향을 받기 쉽고 탐상면의 거칠기에도 크게 영향을 받는다. 그림 4-11에 초음파 탐상의 원리를 나타내었다.

3.3.2 탐상방법

비파괴 시험에 사용되는 초음파는 4~5MHz 정도의 초음파가 경계면, 결함표면 등에서 반사되어 되돌아오는 성질을 이용하는 것이며, 반사파의 시간과 크기를 스크린으로 관찰하여 결함의 유무나 크기, 종류 등을 평가한다.

(1) **펄스 반사법**

결함에 의해 반사되는 음파만을 수신하고 결함검출 감도가 양호하여 정밀검사에 적용한다. 송신펄스 및 표면 에코와 분리가 필요하므로 적용두께의 하한이 있고, 내면이 부식된 재질에도 두께 측정이 가능하다.

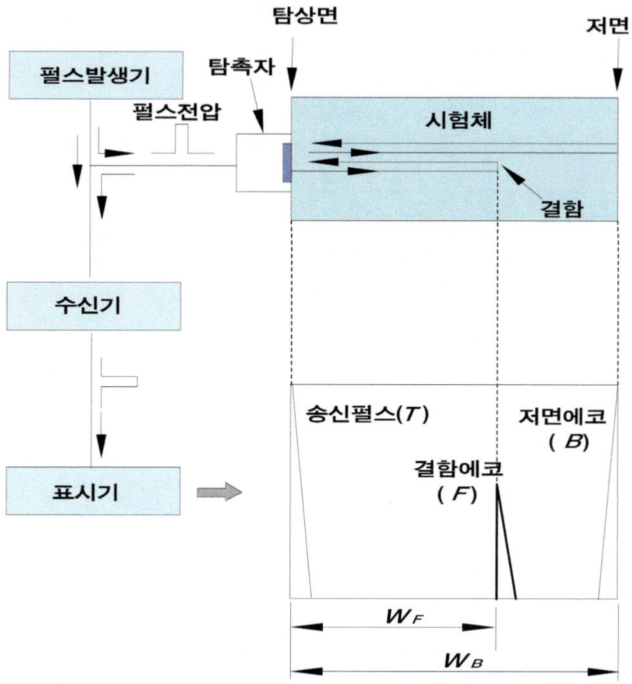

그림 4-11 초음파 탐상시험의 원리

(2) 투과법

결함부에서 초음파 산란감쇠에 의해 결함을 파악하는 방법으로 결함의 검출능력은 펄스반사법보다 낮으며, 결함 깊이의 위치 파악이 어렵고 정보가 적다.

(3) 공진법

판 두께의 정밀측정이 가능하며, 판 두께 100 mm 이상은 적용할 수 없다. 결함검출능력은 투과법보다 약간 좋으나 너무 부식된 제품의 두께는 측정할 수 없다. 표 4-2에 탐상방식에 의한 초음파 검사방법을 나타내었다.

표 4-2 탐상방식에 의한 초음파 검사방법

탐 상 법	이 용 파	용 도
수직탐상법	종파	재료의 두께측정, 라미네이션 검출
경사탐상법	횡파	불연속부에서 반사, 용접결함 검출
탠덤탐상법	횡파	탐촉자 2개 (발신탐촉자, 수신탐촉자)

3.3.3 초음파탐상의 특징

인체에 무해하며 침투력이 높아 두꺼운 단면의 깊은 곳에 있는 결함검출과 고감도로서 미세한 결함검출이 가능하다. 내부 불연속의 위치, 크기, 방향, 모양을 정확하게 측정할 수 있다. 또한 거친표면이나 모양이 불규칙한 제품, 반사면이 평행하지 않는 부품은 탐상이 곤란하며, 표면 직하의 얕은 결함검출이 어렵고 내부조직의 입도가 크고 기포가 많은 부품은 탐상이 곤란하다. 초음파탐상은 초음파가 가진 우수한 지향성, 동일재질에서 일정한 속도와, 온도변화에 따라 속도변화가 없으며, 재질이 다른 경계면에서는 반사하며, 진행거리에 따라 빔의 감쇠가 발생한다. 다만 결함의 형상을 정확하게 감지하기 어려우며, 기록보존이 어렵고, 검사자의 기능이 탐상결과에 영향을 미칠 수 있다.

3.3.4 초음파탐상 적용

① 불연속부의 검출 : 소재내부의 기공, 슬래그 혼입과 라미네이션(lamination), 균열 등의 면상결함의 검출능력이 우수하다.

② 시험체의 구조 : 재질의 조직, 입도, 조성 및 접착상태 등의 측정

③ 시험체의 크기 및 두께 : 시험체 및 내부의 결함 크기, 위치 등의 측정

④ 소재의 성질 : 시험체의 탄성률, 음속 측정

⑤ 화학적 분석 및 조성 : 시험체의 원소, 불순물 분포 등의 측정

⑥ 제품 제조공정 중 변수에 따른 영향의 평가 : 유속 측정 등

3.4 침투탐상검사 (PT, penetration test)

3.4.1 개 요

표면에 개구를 갖는 균열, 슬랙 혼입 등의 검사법으로 모든 재료에 적용할 수 있으며 비자성 재료의 표면결함 검출에 효과가 있다. 침투탐상법으로는 염색침투법과 형광침투법이 있으며, 취급이 간단하고 검사자의 숙련에 검사결과가 좌우되지 않는다. 대형구조물의 국부적 시험이 가능하며, 미세균열 감지능력이 크다. 또한 가격이 저렴하고 판독이 용이한 장점이 있다. 다만 표면 결함만 검출이 가능(내무 결함 탐상 불가)하며, 표면거칠기나 온도에 민감하고 침투제로 인한 오염이 우려되는 단점이 있다.

표면장력이 적고 침투성이 좋은 침투액을 표면에 도포한 후, 현상액을 뿌려 결함 속에 남아있는 침투액을 흡입하여 결함이 잘 관찰되게 한다. 침투제는 점성, 표면장력, 젖음성(wettability), 밀도, 휘발성, 인화점, 화학적 불활성, 세척 시 용해성, 침투제 자체의 용해성, 유화성, 무독성, 가격 등을 고려하여 선정해야 한다.

3.4.2 탐상 과정

침투탐상 순서는 통상적으로 ① 침투 → ② 수세법 → ③ 용제세정 → ④ 현상 → ⑤ 관찰의 순으로 진행되며, 액체침투탐상 검사방법을 그림 4-12에 자세하게 나타내었다.

(1) 침투처리

시험품 표면에 침투액을 적용시킨 후 존재하는 결함안으로 침투액이 침투하는 과정으로 침적법, 분무법, 붓칠법이 있다. 침투시간(dwelling time)은 침투제 적용 후 모세관현상에 의해 침투액이 충분히 침투되는데 허용되는 시간으로 침투제, 시험품 재질, 예상 결함의 종류, 크기, 시험품, 침투액 온도를 고려하여 선정한다.

(2) 배액처리

침투처리 후 유화처리 또는 세척처리를 용이하게 하기 위해 시험품 표면에 필요 이상 도포된 침투액을 제거하는 처리과정으로 배액정도는 침투처리 방법, 시험품의 형상, 크기, 거칠기에 따라 차이가 있다.

(3) 유화처리

유화성 침투탐상 시험에 사용되는 침투액을 수세성 침투액과 같이 수세성을 갖도록 하기 위해 미리 유화제를 포함한 침투액과는 다른 유화제를 포함하지 않는 침투액을 시험면에 침투처리하고 소정의 침투시간이 경과한 후 수세성을 주기 위해 유화재를 도포처리하는 과정이다.

(4) 세정처리

물 또는 용제를 사용해서 결함의 내부에 침투되어 있는 시험면의 과잉 침투액을 제거하는 처리로 수세성, 유화성 침투액을 사용하는 것은 수세정으로 하고 용제제거성 침투액을 사용한 것은 용제세정을 한다.

(5) 현상처리

세척 후 시험편 표면에 백색 미분말의 현상제를 도포하여 현상제 입자간 모세관 현상에 의해서 결함내부의 침투액을 시험표면으로 흡출시켜 지시모양을 형성하는 처리이다.

(6) 건조처리

세정처리 후 현상처리 전 또는 후에 시험면에 남아 있는 세척액 또는 습식 현상제의 수분을 효과적으로 건조하여 처리하는 것이지만 건조처리 여부, 적용시기는 세정처리 방법과 적용하는 현상법에 따라 다르다.

(7) 관찰

결함지시 모양을 확인하는 것으로 결함지시 모양을 검출하고 등급을 분류하며 결함평가 후 최종적으로 합부를 판정하는 과정이다.

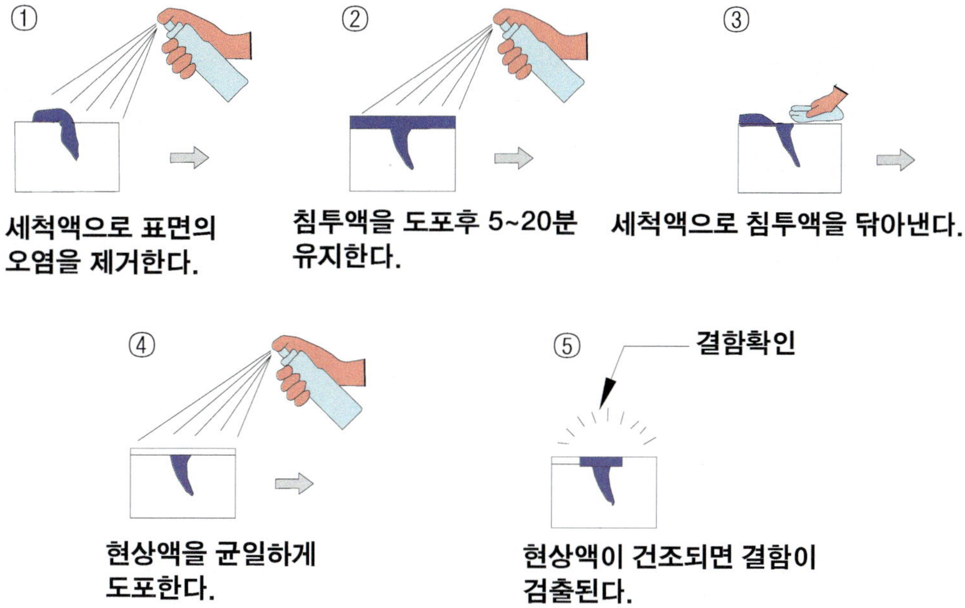

그림 4-12 액체침투탐상 검사방법

3.5 자분탐상법 (MT, magnetic particle test)

3.5.1 개 요

자분탐상은 강자성의 표면 또는 표면 근처의 결함이 있는 시험체를 자화하여 자분을 적용시켜 검출하는 방법이다. 자성체 중에 결함이 존재하면 그 부분의 자기저항이 다른 건전부분보다 크기 때문에 누설자속이 크게 된다. 시험체에 적절한 자장을 가해 결함부에 생기는 누설자장에 의해 자분을 자화하여 결함부에 자분이 집적되어 자분모양이 형성된다. 누설자속을 공기 또는 점성이 작은 액체로 균일하게 분산시킨 미세한 철분(자분)을 이용하여 측정함으로써 표면에 개구된 결함을 찾아내는 방법으로 미세한 표면결함(교류)이나 표면 직하의 결함(직류) 탐지에 뛰어나고 취급이 간단하며 인체에 해롭지 않다. 통상 형광 및 착색 자분을 사용하며, Al, 오스테나이트계 스테인리스강, Cu 등의 비자성체에는 적용이 불가하다.

강자성체는 작은 자석의 집합체이며 자화는 임의의 방향을 하고 있지만 자장 중에서는 동일한 방향으로 정렬되어 새로운 자석이 된다. 즉, 자극에 의해 자속이 발생하고 단위면적에 대한 자속을 자속밀도(B)라고 한다. 시험체 중 자속흐름을 방해하는 불연속부가 있으면 우회하거나 공기 중으로 누설하여 흐르며 이 자속을 누설자속, 이 결과 생긴 자장을 누설자장이라고 한다.

3.5.2 시험 방법

강자성체의 불연속부에 생긴 누설자장에 의해 자화된 자분이 집적되어 결함의 폭 보다 넓은 자분모양이 형성되며 이를 관찰하면 결함유무를 쉽게 판정할 수 있다. 자분시험방법은 ① 표면청소 → ② 형광제 스크린 액 도포 → ③ 습식자분 도포 → ④ 자화(MT)의 순으로 진행된다.

자분 적용에 대한 자화시기에 따라 연속법, 잔류법으로 분류하고, 자분의 종류 (형광자분, 비형광자분), 자분의 분산매 (건식법, 습식법), 자화전류의 종류 (직류, 맥류, 충격전류, 교류), 자화방법 (축통전법, 직각통전법, 프로드법, 전류관통법, 코일법, 극간법, 자속관통법)에 따라 분류하기도 한다.

3.5.3 시험편

자분탐상의 시험편에는 A형 시험편과 B형 시험편이 있다. A형 시험편은 장치, 자분, 검사액의 성능조사와 시험품 표면의 유효 자장강도와 방향 조사 및 시험조작의 적부에 사용한다. B형 시험편은 장치, 자분, 검사액의 성분조사에 사용한다.

3.5.4 자분의 특성

자분은 낮은 보자성의 강자성체로서 미세분말로 되어 있고 자장 특성, 크기, 모양, 밀도, 유동성, 가시도 등의 재질 특성이 자분형성의 요인이 된다. 자분은 시험편 재질, 표면상태, 결함, 성질에 따라 자성입도, 분산성, 현탁액, 유색인 제품을 사용해야 한다.

자분의 특성

① 자기 특성 : 자분은 높은 투자율을 가지고 낮은 누설자장에도 불연속부를 잘 지시할 수 있어야 하며, 또한 낮은 항자성 및 낮은 보자성이 요구된다.

② 입자 크기 : 크고 무거운 자분은 불연속부에서 작은 누설자장에 의해 끌리기 어렵지만 미세자분은 약한 자장에서도 지시가 잘 된다. 또한 거친 건식자분은 미세한 불연속부의 누설자장에도 끌리지 않고 이탈하는 경향이 있다. 다만 미세자분은 손자국이나 거친 표면에서 의사지시를 형성하기도 한다.

③ 입자 모양 : 길고 가는 자분입자는 구형입자에 비해 분극성이 탁월하다.

④ 가시성 : 시험품 표면의 색과 대조색을 선정하여 증대시킬 수 있다.

3.6 와전류탐상시험 (ECT, eddy current test)

3.6.1 개 요

도체에 와전류(eddy current, 맴돌이 전류)를 발생시켜 그 와전류의 변화를 측정하여 용접부의 결함 유무와 결함의 크기를 추정하는 방법이다. 또한 금속의 합금성분, 열처리 상태, 재질검사와 도체와의 거리변화측정 등의 검사에 이용된다. 자기검사로 할 수 없는 Al, 오스테나이트계 스테인리스강, Cu 등의 비자성체에도 적용이 가능하다.

와전류 탐상검사의 특징으로는 결함크기, 변화, 재질 등을 동시에 검사하는 것이 가능하여 관, 환봉, 선 등을 고속자동화 및 온라인 전수검사가 가능하다. 표면결함에 대한 검출도가 우수하며 고온에서 가늘고 얇은 시험체 구멍내부 등을 비파괴 및 비접촉 검사하며 지시가 전기적으로 얻어진다. 그러나 표피효과 때문에 표면 아래 깊은 곳은 검출이 곤란하며 검사해서 얻은 지시가 직접 결함의 종류, 형상 등을 판별하기 어려우며 검사대상 이외의 재료적 인자의 영향으로 잡음이 검사의 방해가 되는 경우가 있다.

3.6.2 와전류 검사의 특성

전도도에 영향을 주는 인자는 화학성분, 합금성분, 불순물 영향, 냉간가공, 온도, 재질강도와 경도, 잔류응력이 있다. 표피효과는 시험 코일에 적용 되는 교류주파수와 원주안의 와전류 분배에 나타나는 관계로서 주파수가 증가할수록 표면 부근의 와전류가 집중, 분배되고 내부로 들어 갈수록 감소된다. 주파수가 낮아지면 와전류는 중심 안으로 깊게 분배한다. 밀도가 표면치의 37%로 저하하는 곳의 깊이가 표준 침투깊이가 되며 표면 침투깊이 δ는 다음과 같다.

$$\delta = \frac{1}{\sqrt{\pi f \mu \sigma}}$$

여기서, δ는 침투깊이(m), f는 교류주파수(Hz), σ는 도체의 전도율(v/m), μ는 투자율(H/m)이다.

3.6.3 임피던스 변화에 의한 검출방법

(1) 임피던스 시험 (impedance test)

와전류 코일로 시편 탐촉 시 재료변화(전도성, 투자율, 치수변화)가 임피던스의 원인이 되어 지침이 움직인다.

(2) 변조분석 시험 (modulation analysis test)

시험코일에서 수신된 신호는 기록침에 전달되어 기록계에 전달된다. 불연속부 신호와 잡음신호 구별이 어렵고 필터를 전자회로 내에 설치하여 원하는 신호만 추출하는 것이다.

(3) 위상분석 시험 (phase analysis testing)

위상분석 방법은 CRT 스크린 상에 나타나는 지시모양으로 시험정보를 얻을 수 있다.

3.7 음향방출시험 (AET, acoustic emission test)

3.7.1 개 요

음향방출시험은 물체가 파괴되거나 변형될 때 생기는 음향이 방출되는 것을 탐촉하는 방법이다. 물체 내부에 파괴현상이 생길 때 축적된 에너지의 일부가 해방되는 과정에서 발생하는 탄성파동 현상이다. 전위 등의 마이크로 결함에 관계하는 연속형 음향방출과 수소취화나 파단에 의한 폭발형 음향방출로 구분한다. 음향 방출의 누적 총수는 균열면적에 비례하며, 여러 개의 센서를 붙여 위치 판별이 가능하다.

재료 내에서 방출되는 음향방출은 횡파, 종파, 표면파의 형태로 재료 내부를 진행한다. 이 음향펄스는 재료표면에 부착된 검출기에서 전기신호로 변환하여 신호를 증폭, 정형, 계수하면 소성변형이나 결함유무의 추정이 가능하다.

음향방출 신호는 재료 내부의 음향방출에 대응하여 개개의 방출 에너지, 지속시간, 시간적 빈도, 공간적 위치에 관한 정보를 얻을 수 있다. 음향방출 파형의 변수로는 발생수, 에너지, 진폭, 지속시간, 상승시간과 쇠퇴시간이 관련된다. 파괴원 탐사에 있어서는 방출된 음향 변환자에 최초로 도달하는 것은 종파(P파), 횡파(S파), 표면파의 순서대로 전달되며, 얇은 판재는 표면파의 레이레이(Rayleigh)파나 판파로 알려져 있다.

음향방출의 특징으로는 넓은 면적을 갖는 구조물의 결함 파악이 가능하고 다른 비파괴법으로 할 수 없는 분야까지 시험이 가능하다. 또한 시험자의 경험과 판단이 크게 좌우되지 않으며, 균열발생 원인규명이 가능하며, 가동 중인 상태에서도 검사가 가능한 특징이 있다. 용접·접합시공이 많은 원자력 발전소의 고압용기 파괴예지, 운전 중 감시, 피로균열, 용접균열, 응력부식균열 등의 발생과 진행탐지에 이용되고 있다.

음향방출시험은 ① 금속 파괴 → ② 탄성파(초음파) 발생 → ③ AE 센서 → ④ 증폭기 → ⑤ 필터 → ⑥ 오실로스코프 → ⑦ AE 카운터 · AE 발생률 → ⑧ 해석의 순서로 진행된다. 그림 4-13에 음향 방출 시험의 개략도를 나타내었다.

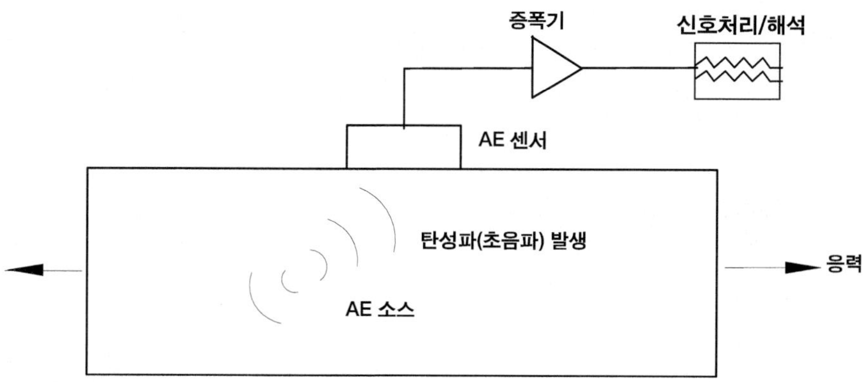

그림 4-13 음향 방출 시험

3.7.2 AE 계측기의 구성

(1) 검출기

검출기는 대상으로 하는 신호 주파수가 높고 신호 레벨이 매우 작은 경우의 소자로써 압전효과의 공진주파수를 이용한 것이 사용된다. 기타 정전용량형, 차동형, 레이저 간섭형 변환자 등이 있다. AE검출을 위해서는 감도가 양호하면 좋고, 공진형 변환자는 공진주파수 부근이 감도가 가장 좋다.

(2) 증폭기

고에너지 현상에서 포화되지 않도록 증폭은 진폭역은 크고, 잡음이 적으며 미소 AE에도 감도를 양호하게 검출할 수 있도록 S/N비도 커야만 된다. 음향방출신호의 검출기 출력은 수 10μV ~ 수 10mV 정도로서 신호처리는 50~100dB 정도의 증폭이 필요하다. 검출기 출력 임피던스는 수 10~수 100pF로서 긴 케이블 접속 시 케이블에서 감쇠가 크므로 피측정물 근처에 주는 전치증폭기와 이를 통과한 신호를 증폭하는 주증폭기가 있다.

(3) 필터 (Filter)

증폭기의 주파수 응답과 필터의 대역이 AE를 특징이라고 할 수 있으므로 고주파수 대역까지 넓은 대역을 수용할 필요가 있으며, 필터의 사용목적은 잡음제거이다. 변별기는 문턱값의 설정과 횡단 시 펄스 출력, 포락선 검파, 첨두값의 검출 등이 가능하도록 전기회로를 갖추어 주증폭기와 필터에서 이루어진다.

(4) 기록장치

순간 변환장치(transient recorder)나 파형기록(wave memory)장치 등의 고속 디지털 파형 기억장치가 필요하다.

3.7.3 음향방출 계측

(1) AE 신호처리

어떤 에너지를 가지고 어느 시간 지속하는 하나의 음향방출 사상이 재료 중에 발생하면 재료 표면에 부착된 AE 검출기는 그 음향방출 사상과 재료내에서 진행특성에 대응하는 신호파형이 관측된다. 음향방출 신호에서 얻을 수 있는 정보는 다음과 같다.

① 각각의 음향방출 신호파형, 최대진폭과 주파수 성분

② 단위시간당 음향방출 사상의 발생빈도 및 그 진폭분포와 주파수분포

③ 다수의 검출기를 사용하는 경우에 음향방출 도착 순서와 시간차

(2) 분석 파라미터

NDIS 2409에는 AE 파라미터로써 AE 사상 수 (event count), AE 계수 (count), AE 파 첨두값 (amplitude), AE 실효값 (root mean square value : RMS전압)으로 하고 있다.

① 발생빈도

AE는 미소한 파괴에 대응하여 발생하는 것이므로 파괴과정을 연구하기 위해 발생빈도의 특성조사가 필요하다. AE 계수라고 하며, 누계를 총 계수, 어느 시간 간격에 있어서 카운트 수를 계수율(count rate)라고 한다.

② 계수법

ⓐ Ring down계수 : 소성변형 시험 등의 재료평가에 사용되며, 문턱 값을 넘는 진폭의 회수를 모두 계수한다.

ⓑ Event 계수 : 파괴나 위치 표정에 사용되며 하나의 AE 신호를 한 개로 계수한다.

③ AE 파의 첨두값 (최대진폭값)

AE파형은 오직 계속시간이 수 ms 이하의 과도적인, 파동현상으로 직접 구할 수 없고 포락선 절대값의 최대값으로서 결정된다.

④ 상대 에너지

횡축에 AE파의 전파거리, 종축에 최대진폭, 전압값과 대수값을 취한 거리-감쇠곡선을 대상으로 재료마다 구해, 그 곡선을 이용하여 얻어진 AE파 진폭을 발생원에서 값으로 환산한다. 계산된 AE파 첨두값의 2승 값을 상대에너지 값으로 한다.

⑤ 진폭분포

진폭규모별 빈도분포라고 하고 있는 AE파 첨두값과 발생빈도를 합한 파라미터이다.

3.8 누설검사(LT, leak test)

시험체 내외부의 압력차로 유체의 유출부를 감지하며, 고압가스밸브, 자동차 엔진블록, 압력용기, 배관제품에 대해 실시한다. 보통 수압시험이나 고압가스를 이용하여 누설검사를 실시한다. 수압시험은 물을 압력매체로 사용하며 최대사용압력의 1.5배를 사용하며, 누설검사는 최대 수압시험압력의 2/3 이상 60분간 유지한다. 공압시험은 공기나 질소를 압력매체로 사용하며, 최대사용압력의 1.25배 이상으로 하고, 누설검사는 시험압력의 80% 이상 충분한 유지시간으로 실시한다.

3.9 육안검사(VT, visual inspection test)

용접이음의 신뢰도와 외관은 반드시 일치되지 않으나, 외관에 따라서 어느 정도는 추정되나 시험의 간편성 때문에 널리 사용된다. 주로 표면균열, 용접루트 산화, 미용해 용접봉 부착, 아크 스트라이크(arc strike), 표면 라미네이션, 제조공정 중의 결함, 피트(pit), 표면부식, 언더컷, 비드의 파형, 균일성, 오버랩, 균열, 기공, 치수불량, 스패터, 비드이음, 용접의 상태, 용접이면의 상태 등을 검사할 수 있다.

3.10 복합재료의 비파괴검사

복합재료의 성형 후 제품보증을 위한 검사는 공정검사와 제품검사가 있으며, 기술면에서는 제품검사 중의 비파괴검사가 중요하다. 비파괴검사법은 다양한 방법이 개발되어 있지만 결함의 종류, 크기나 위치를 고려하여 적합한 방법을 선택해야 하며 만능인 검사방법은 존재하지 않는다. 현재 양산부품에 대해 초음파시험법과 X선시험법의 적용이 많으며, 초음파법에는 투과법과 반사법이 이용된다. 결함의 종류나 형상, 위치 파악을 의해서 투과법이 많이 이용되고 있고, 기공이나 라미네이션, 균열검출에 유효하다. 또한 X선법과 비교하여 검출정도가 좋고 디지털이나 컬러방식에 의한 결함레벨의 자동표시 기록, 성능 및 조작성이 향상되어 있다. 또한 X선법은 이물질이나 미소균열 등에 유효하다.

3.11 화학 및 야금학적 시험법

3.11.1 화학적 시험법

(1) 화학분석

① 목적 : 용접봉의 심선, 모재, 용착금속의 화학조성 분석
불순물 함유량 조사

② 방법 : 화학분석

(2) 부식시험

① 목적 : 용접 구조물의 내식성 조사

② 방법 : 부식성 분위기를 만들어서 시험함

(3) 수소시험

① 목적 : 수소량 측정

② 방법 : 확산성 수소량 측정, 진공 추출법

3.11.2 야금학적 시험법

(1) 파면시험

① 목적 : 용접금속과 모재의 파면검사

② 방법 : 육안 또는 저배율의 확대경을 사용

(2) 육안조직시험

① 목적 : 용접부의 용입상태, 열영향부의 범위, 결함의 분포상황으로 조사

② 방법 : 조직시험 시험편을 만들어 육안으로 검사

(3) 현미경 조직시험

① 목적 : 용입상태, 열영향부의 조직, 결함분포의 조사

② 방법 : 시험편을 만들어 약 50~2,000배 현미경으로 검사

(4) 설퍼프린트 시험

① 목적 : 유화물의 함유량과 분포상태를 검출

① 방법 : 묽은 황산에 담근 사진용 인화지를 시험편 단면에 밀착시킨 후 정착액으로 정착시킨다.

표 4-3에 용접부의 결함 검출에 사용되는 방사선 검사, 초음파 탐상, 자분탐상, 침투탐상, 와류 탐상과 음향방출탐상 등의 비파괴 시험 방법의 장점과 단점 등에 대해 자세하게 나타내었다.

표 4-3 비파괴 시험방법의 장점과 단점

시험 종류	장점	단점	기타
침투 탐상 (PT)	모든 재료 탐상 가능 (다공질 재료 제외) 이동 용이, 비용 저렴 전원 불필요, 판독이 쉽다.	내부 결함 탐상 불가 세정 필요	표면 결함 탐상 검사 대상 표면에 침투액 도포
자분 탐상 (MT)	경제적이고 검사설비의 이동 용이	강자성체만 탐상 가능.. 균열길이 0.5mm 이상 시 검출 가능 결함 깊이 파악 불가	표면 또는 표면 직하 결함 탐상
와전류 탐상 (ECT)	탐상이 편리하고 저비용. 자동화 용이. 비접촉식 탐상	도체만 결함 검출 가능. 균열 길이 0.1~0.2mm 이상 표층 결함 탐상	용접부 표면 또는 표면 직하 결함 탐상. 합금 성분. 열처리 정도. 판두께 측정 가능
초음파 탐상 (UT)	평면 형상 결함 탐상 빠른 측정 결과. 장비 이동 용이	용접부가 작거나 얇은 판 탐상이 어려움. 표준시편 및 대비시험편 필요. 숙련 필요	4~5MHz 초음파 이용 결함의 반사파 이용
음향방출검사 (AET)	내부 및 표면결함 관찰 용이. 연속적인 결함발생 과정 모니터링 가능. 금속, 비금속, 복합재료에 적용 가능	신호판독에 전문성 요구. 대상물이 가동중이거나 응력하에 있어야 함. 신호 전달 센서가 시편에 부착되어 있어야 함	재료의 파단 시 발생하는 탄성파 검출. 결함발생 여부 및 위치 파악. 용접 후 냉각 시 용접 내부 균열 발생 및 전파속도 측정
방사선 검사 (RT, X선)	에너지 조절 가능 감마선에 비해 양질의 방사능 영구 기록 보존 가능	장비 고가 방사선 노출 시 감마선보다 위험 大	용입불량, 융합부족, 슬래그, 기공, 두께 측정 금속, 비금속, 복합재료에 적용 가능 주조물, 전자부품, 항공기 부품, 자동차 부품에 적용 가능
방사선 검사 (RT, γ선)	반영구적 기록 보전. 감마선원 전원 불필요. 파이프 등의 내부 검출 가능	방사선 노출에 유의 균열이 조사선에 평행해야 함. 선원 제어가 곤란하고 시간에 따라 감소함	감마선원, 감마선, 노출장비, 조사 및 모니터링 장비 주조물이나 대형구조물 등의 두꺼운 재료에 주로 적용(용입불량, 융합부족, 슬래그, 기공, 두께 측정)
외관 검사 (VT)	경제적이고, 숙련도와 장비가 적게 소요됨	용접부 표면 결함만 파악 가능	육안 또는 저배율 현미경이나 전용 게이지 사용. 용접부 표면결함과 모든 재료에 적용 가능

연 습 문 제

1 용접부 비파괴시험기호 중에서 어쿠스틱 음향방출시험을 의미하는 것은?
① AET
② ET
③ VT
④ ST

2 비파괴검사 시험법 중 자기검사법을 적용할 수 없는 것은?
① 연강
② 주철
③ 오스테나이트계 스테인리스강
④ 고속도강

3 자기검사에서 피검사물의 자화방법이 아닌것은?
① 코일법
② 극간법
③ 직각 통전법
④ 펄스 반사법

4 침투 검사 중 전등불이나 햇빛 아래서 검사할 수 있는 특징을 갖는 검사법은?
① 자분 침투검사
② 자기 침투검사
③ 형광 침투검사
④ 염료 침투검사

5 용접부 비파괴시험기호 중에서 자분탐상법을 의미하는 것은?
① AET
② ET
③ MT
④ ST

01① 02③ 03④ 04④ 05③

6 용접부 비파괴시험기호 중에서 내부결함탐상이 불가능한 것은?
① MT
② PT
③ UT
④ RT

7 비파괴검사 시험법 중 도체인 경우에만 결함 검출이 가능한 것은?
① VT
② RT
③ ECT
④ UT

8 다음 비파괴 검사법 중 결함의 반사파를 이용하는 방법은 무엇인가?
① RT
② PT
③ MT
④ UT

9 다음 초음파 탐상시험방법 중 탐사방식에 의한 초음파 검사방법이 아닌 것은?
① 침투탐상법
② 수직탐상법
③ 경사탐상법
④ 탠덤탐상법

10 다음 중 방사선의 특징과 거리가 먼 것은?
① 투과력이 강하다.
② 전기장, 자기장에서 휘지 않는다.
③ 전리작용과 화학작용이 없다.
④ 사진효과와 광전효과가 있다.

06 ② 07 ③ 08 ④ 09 ① 10 ③

찾아보기

(ㄴ)

(ㄷ)

(ㄹ)

(ㅁ)

참고문헌

- 용접공학의 이해, 이용일외 1인, 문운당
- 용접공학 (제2판), 이용일외 1인, 문운당
- 一般 용접 (비파괴검사(N.D.T) 기사 1, 2급 수험서), 권호영외 3인, 원창출판사
- 실용 용접학, 권호영외 3인, 원창출판사
- 용접공학 (비파괴검사(N.D.T) 기사 1, 2급 수험서), 권호영외 3인, 원창출판사
- 용접공학, 이용일, 대덕대학 출판부
- 기계재료, 국가기술시험연구회, 일진사
- 특수용접법과 선박제조, 이용일외 1, 2010 중소기업 기술사관 사업, 대덕대학 출판부
- 특수용접, 박정식외 2인, 원창출판사
- Welding Handbook, AWS (American Welding Society)
- 구조용 강 용접기준, 최진성, ANSI/AWS, 도서출판 골드
- 기계재료, 국가기술시험연구회, 일진사
- 용접 강도 핸드북, 최정영, 도서출판 골드
- 용접 야금학, 최병진외 1인, 원창출판사
- 로봇 용접공학, 우성문외 1인, 선학
- 판금용접학, 오영욱외 1인, 원창출판사
- 용접 및 브레이징, 한현철외 1인, 도서출판 골드
- 용접기술사, 윤경근, 일진사
- Final 용접기술사, 이정한, 예문사
- 용접기술실무, 이진희, 21세기사
- 용접산업기사, 조성규, 구민사
- 용접산업기사, 용접기술시험연구회, 일진사
- 용접실습, 정균호 · 박승리 공저, 구민사
- 최신 용접공학, Welding Engineering, 이은학, 대광서림
- 정밀 용접공학, 박종우, 일진사

- 비파괴검사개론, 한국비파괴검사학회, 도서출판 골드
- 비파괴검사개론, 권호영외 3인, 도서출판 골드
- 최신비파괴검사개론, 권호영외 3인, 원창출판사
- 로봇용접의 종류, Haps staff, 햅스 매거진 코리아,
- 로봇 이용한 용접법 7가지와 장점, 이윤희, AI Times
- 협동로봇 늘리는 조선업계, 이정구, 조선일보

저자약력

저자 이용일

- 공학박사 (한국과학기술원, 기계공학)
- SK 이노베이션 수석연구원
- 대기관리기술사
- 용접기술사 (1차 합격)
- 대덕대학교 총포광학과 학과장
- 대덕대학교 산학협력단장
- 현 대덕대학교 부총장
- 현 대덕대학교 총포광학과 교수

용접공학 개론

초 판 발 행 | 2024년 6월 20일
초 판 2 쇄 | 2025년 5월 2일

저　　자 | 이용일
발 행 인 | 이성범
발 행 처 | 문운당
주　　소 | 서울시 종로구 혜화로5길 16 (명륜1가 45-3)
전　　화 | (02)762-6010
팩　　스 | 영업 (02)745-0265 / 편집 (02)762-8758
이 메 일 | 영업 munun2@daum.net
편집 munundang@naver.com
홈페이지 | http://munundang.co.kr

ISBN 979-11-5692-706-8 93550

정가 28,000원